矿区生态环境修复丛书

铀矿山生态环境修复

谢水波　曾涛涛　王国华　杨金辉　著

科学出版社
龍門書局
北京

内 容 简 介

本书分析我国铀矿资源及其开发利用中的环境问题，阐述铀矿山放射性三废的特征，简述铀在自然界的形态特征及其在铀尾矿（库）中的迁移规律与数值模拟方法，论述铀矿冶放射性污染的物理、化学及生物修复技术，重点论述铀污染的生物处理技术方法、放射性环境功能材料，以及铀尾矿（库）的退役治理基本方法，最后介绍几类典型铀矿山生态环境修复案例。

本书可供高等院校、科研院所环境类专业的本科生、研究生参考阅读，也可供环境科技工作者、工程技术和管理人员，以及矿山企业管理人员参考使用。

图书在版编目（CIP）数据

铀矿山生态环境修复 / 谢水波等著. —北京：龙门书局，2021.7
（矿区生态环境修复丛书）
国家出版基金项目
ISBN 978-7-5088-6031-2

Ⅰ.① 铀…　Ⅱ.① 谢…　Ⅲ. ①铀矿床-矿山环境-生态恢复-研究-中国
Ⅳ. ① X322.2

中国版本图书馆 CIP 数据核字（2021）第 130282 号

责任编辑：李建峰　杨光华　刘　畅 / 责任校对：张小霞
责任印制：彭　超 / 封面设计：苏　波

科 学 出 版 社
龍 門 書 局　出版

北京东黄城根北街 16 号
邮政编码：100717
http://www.sciencep.com
武汉精一佳印刷有限公司印刷
科学出版社发行　各地新华书店经销
*
开本：787×1092　1/16
2021 年 7 月第　一　版　　印张：18
2021 年 7 月第一次印刷　　字数：425 000

定价：228.00 元

（如有印装质量问题，我社负责调换）

“矿区生态环境修复丛书”

编 委 会

“矿区生态环境修复丛书”序

我国是矿产大国，矿产资源丰富，已探明的矿产资源总量约占世界的12%，仅次于美国和俄罗斯，居世界第三位。新中国成立尤其是改革开放以后，经济的发展使得国内矿山资源开发技术和开发需求上升，从而加快了矿山的开发速度。由于我国矿产资源开发利用总体上还比较传统粗放，土地损毁、生态破坏、环境问题仍然十分突出，矿山开采造成的生态破坏和环境污染点多、量大、面广。截至 2017 年底，全国矿产资源开发占用土地面积约 362 万公顷，有色金属矿区周边土壤和水中镉、砷、铅、汞等污染较为严重，严重影响国家粮食安全、食品安全、生态安全与人体健康。党的十八大、十九大高度重视生态文明建设，矿业产业作为国民经济的重要支柱性产业，矿产资源的合理开发与矿业转型发展成为生态文明建设的重要领域，建设绿色矿山、发展绿色矿业是加快推进矿业领域生态文明建设的重大举措和必然要求，是党中央、国务院做出的重大决策部署。习近平总书记多次对矿产开发做出重要批示，强调“坚持生态保护第一，充分尊重群众意愿”，全面落实科学发展观，做好矿产开发与生态保护工作。为了积极响应习总书记号召，更好地保护矿区环境，我国加快了矿山生态修复，并取得了较为显著的成效。截至 2017 年底，我国用于矿山地质环境治理的资金超过 1 000 亿元，累计完成治理恢复土地面积约 92 万公顷，治理率约为 28.75%。

我国矿区生态环境修复研究虽然起步较晚，但是近年来发展迅速，已经取得了许多理论创新和技术突破。特别是在近几年，修复理论、修复技术、修复实践都取得了很多重要的成果，在国际上产生了重要的影响力。目前，国内在矿区生态环境修复研究领域尚缺乏全面、系统反映学科研究全貌的理论、技术与实践科研成果的系列化著作。如能及时将该领域所取得的创新性科研成果进行系统性整理和出版，将对推进我国矿区生态环境修复的跨越式发展起到极大的促进作用，并对矿区生态修复学科的建立与发展起到十分重要的作用。矿区生态环境修复属于交叉学科，涉及管理、采矿、冶金、地质、测绘、土地、规划、水资源、环境、生态等多个领域，要做好我国矿区生态环境的修复工作离不开多学科专家的共同参与。基于此，“矿区生态环境修复丛书”汇聚了国内从事矿区生态环境修复工作的各个学科的众多专家，在编委会的统一组织和规划下，将我国矿区生态环境修复中的基础性和共性问题、法规与监管、基础原理/理论、监测与评价、规划、金属矿冶区/能源矿山/非金属矿区/砂石矿废弃地修复技术、典型实践案例等已取得的理论创新性成果和技术突破进行系统整理，综合反映了该领域的研究内容，系统化、专业化、整体性较强，本套丛书将是该领域的第一套丛书，也是该领域科学前沿和国家级科研项目成果的展示平台。

本套丛书通过科技出版与传播的实际行动来践行党的十九大报告“绿水青山就是金山银山”的理念和“节约资源和保护环境”的基本国策，其出版将具有非常重要的政治意义、理论和技术创新价值及社会价值。希望通过本套丛书的出版能够为我国矿区生态环境修复事业发挥积极的促进作用，吸引更多的人才投身到矿区修复事业中，为加快矿区受损生态环境的修复工作提供科技支撑，为我国矿区生态环境修复理论与技术在国际上全面实现领先奠定基础。

干　勇　胡振琪　党　志
柴立元　周连碧　束文圣
2020年4月

前　言

天然铀是核电与国防建设的重要战略资源，铀矿冶是核工业的基础。铀的采冶对铀矿山地域的生态环境威胁备受采铀国及国际原子能机构、国际放射防护委员会等国际组织的重视。我国铀矿冶工业创建于 20 世纪 50 年代末，由于矿石中铀品位低、杂质量大、腐蚀性强，又具有放射性，铀的冶炼工艺较复杂，需多次改变铀的形态，对铀化合物进行浓缩与纯化，较多采用采冶一体的溶浸采矿工艺。铀资源开采过程中及结束后，大量的“三废”残留于矿区，其废石、尾矿中铀的含量比普通岩石或土壤高 1～3 个数量级，雨水流经废铀石场、尾矿时渗出的酸性水，常含有大量的 ^{238}U、^{230}Th、^{226}Ra、^{222}Rn 等核素，以及 As、Pb、Ni、Cd、Cr 等非放射性有害物质。《中国核工业三十年辐射环境质量评价》表明，铀矿冶地域水气途径对环境居民最大有效剂量可达 0.65～1.67 mSv/a，集体有效剂量可达 17.57 人·Sv/a。铀矿冶系统对居民集体剂量贡献占整个核燃料循环系统总量的 93%，而铀废石、尾矿对环境的剂量贡献占铀矿冶的 80%，远高于联合国原子辐射效应科学委员会的典型值 9.47%。我国铀尾矿库 82%的废石和 95%的尾矿分布在人口较为稠密的地区，有些丰水地区还与耕地、河溪相邻，或者地下水丰富，对生态环境构成潜在威胁。早期的铀尾矿库、废石场治理较多仅进行表面覆盖，减少雨水入渗。20 世纪，美国发生了 12 起铀尾矿污染事故，28 个水冶场地治理费高达 7000 亿美元；德国花费约 130 亿马克用于铀矿山退役治理。国内外铀矿山生态修复实践表明，常规手段难以将铀废石、尾矿与环境永久隔离，退役治理并未中止铀矿山渗出水，外渗溢出水的水质一般需要数十年甚至几百上千年才逐步恢复，长期影响生态环境。

我国在采铀初期就非常重视辐射防护、放射性环境影响评价工作，较早开展了以矿山退役治理为重点的铀矿山生态修复研究工作。相比常规矿山，铀矿山中放射性与非放射性污染物质同时存在，生态修复要求更高，在建设前、采冶中及退役后全程都要进行严格的环境影响评价、安全评估，铀矿山退役后均须进行相关设施去污与环境治理工作。由于核污染的特殊性，铀矿山生态环境问题成为制约核工业可持续发展的瓶颈之一。

铀矿山的生态环境修复的根本任务是确保在役与退役铀矿山的生态与环境安全稳定。在制订铀矿山修复治理方案时，要深入了解铀矿区各阶段生态环境的主要特征，利用现代技术手段与信息技术对铀矿冶地域进行全面监测、评估，重点关注以铀为核心的核环境安全问题，实现铀矿山生态修复治理与监测智能化。

天然水中，铀的稳定价态主要是易溶的六价和难溶的四价，六价铀比四价铀的迁移能力强。在铀矿山地域微环境下，可迁移态铀与砷、铅和铜多存在于胶体中，存在复杂的理化与生物等多过程耦合作用，残余的强酸、浸矿微生物、溶解性铀等通过溶解、转化与水动力作用等进行迁移。自 Lovley 等研究铁还原菌对铀的转化固定作用以来，生物技术在铀矿山生态修复研究中受到高度关注，有关铀矿冶放射性污染的生物修复技术取得了较大进展。铀矿山生态环境修复技术在实践中不断得到发展，由于铀矿山微环境及污染物的复杂性，如何更加有效、更加可靠、具有针对性地处理好相关生态环境问题，需要对铀在铀矿冶地域的环境行为进行系统深入的研究。

近十五年来，笔者及课题组在国家自然科学基金项目“铀矿冶地域地下水中核素迁移不确定性理论与方法”（10475038）、“耐辐射、超富集铀基因工程菌的构建与应用基础研究”（10775065）、“铀尾矿（库）中铀在地下水中的化学-生物稳定性控制机理研究”（11175081）、“酸法地浸退役采铀区地下水中铀的微生物控制机制研究”（11475080）、“铀识别功能杯芳烃负载天然高分子材料及选择键合铀酰离子机制”（21177053）、“U(VI)印迹生物高分子复合磁性微球的制备及其对铀的识别、吸附机理研究”（20707008）、“生物还原耦合生物矿化修复含铀地下水的机理及强化机制”（51904155）、湖南省科技计划项目“（放射性）重金属污染土壤的植物-微生物修复机理与工艺研究”（2011SK2015）、湖南省研究生教学平台项目（湘教通〔2019〕370号）、建筑环境气载污染物治理与放射性防护国家地方联合工程研究中心及南华大学相关学科平台建设项目等的资助下，以铀矿山环境中铀等重金属的环境行为为对象，围绕铀在自然界和铀水冶过程的形态特点、我国铀资源开发利用中存在的环境问题、铀在铀尾矿（库）中的迁移转化规律，以及铀矿冶放射性废水、固体废物的特征，系统开展了铀矿冶放射性污染的物理、化学及生物行为规律研究，重点探讨了铀矿山污染的生物处理技术方法、放射性环境功能材料，以及铀尾矿（库）的退役治理方法，取得了一系列的研究成果。本书对这些研究工作进行较全面的介绍和总结，还给出铀矿山生态环境修复典型案例。

全书共8章，第1章为绪论，第2章介绍铀矿区铀等重金属的运移与数值模拟，第3章介绍铀矿冶放射性废水处理及修复方法，第4章介绍功能材料及其处理放射性废水的机制，第5章介绍铀矿冶放射性废水治理实践，第6章介绍铀矿冶放射性固体废物管理，第7章介绍铀矿区铀污染土壤评估与生态修复，第8章介绍铀矿区生态环境修复实践。

本书的撰写建立在谢水波教授团队成员多年研究工作的基础上，书中的研究成果和成果的总结出版是在南华大学曾涛涛副教授、王国华副教授、杨金辉教授、刘迎九高级工程师、刘金香教授、李仕友副教授、谭文发副教授等，以及博士生荣丽杉、刘红娟、刘岳林、黄华勇、刘海燕，硕士生杨晶、陈泽昂、张纯、胡轶、刘奇、梁颂军、张亚萍、段毅、周帅、王永华、冯敏、赵聪、罗景阳、马华龙、苑仕超、陈婧、高加旺、陈华柏、胡柯琛、范黎锋、赵聪、杨瑞丽、刘星群等的共同努力下完成的。博士及硕士研究生的学位论文及与笔者共同发表的科研论文是本书的写作基础。本书由谢水波、曾涛涛统稿，参与本书资料收集整理与撰写工作的还有硕士生杨帆、谭娟、王越、司子彦、朱奥琦、莫官海、张诗琦等。在此，对他们一并致以诚挚的感谢！

本书在撰写的过程中，参考了不少相关文献资料。由于涉核技术文献的特殊性，获得的关键文献资料有限，特别是受笔者的学术水平与分析总结凝练能力的限制，本书内容仍有疏漏与不足之处，期待来自各方专家和读者的批评指正！

作　者

2020年7月于南岳衡山

目　录

第 1 章　绪　　论

1.1　铀的性质、分布及毒性

1.1.1　铀的物理性质及分布情况

铀（uranium），元素符号为 U，是天然放射性核素之一，在元素周期表中的序号为 92，为 IIIB 族的锕系元素。铀在常温下是延展性很好的银白色金属，其密度为（19.05±0.02）g/cm^3，沸点为 3 818 ℃，熔点为 1 132 ℃。铀有 ^{234}U、^{235}U、^{238}U 三种天然放射性同位素，自然界存在的铀是上述三种同位素的混合物，其相对丰度分别为 0.006%、0.71%、99.28%；其半衰期分别为 2.475×10^5 a、7.13×10^8 a、4.507×10^9 a。

铀以化合态广泛分布于地壳和水中。在地壳中铀的质量分数约为 3 mg/kg，在地球表面铀的平均质量分数低于 4 mg/kg，海水中铀的质量浓度约为 2×10^{-9}～3×10^{-9} g/L。

1.1.2　铀的化学性质

铀的化学性质很活泼，自然界不存在游离态的金属铀。铀有+3、+4、+5、+6 四种价态，其中以+4 价和+6 价的化合物最为稳定。金属铀在空气中易于氧化，生成一层发暗的氧化膜，主要氧化物为 UO_2 和 U_3O_8 等，以 U_3O_8 最为稳定。铀能和除稀有气体外的所有的非金属作用，能与多种金属形成合金。铀的亲氧性强而亲硫性弱，能在地壳上部形成花岗岩圈聚集。

铀在水环境中主要以四价离子和六价离子存在，以 U^{4+}、UO^{2+}和 UO_2^{2+} 三种离子形态为主，其中 UO_2^{2+} 的溶解性较好、稳定性最高、不易分离。铀的存在形态随 pH 的变化而变化，在酸性条件下易水解，在中性和碱性条件下会和碳酸根螯合，加入过氧化物能生成水溶性的过铀酸盐。

1. 四价铀

四价铀的离子半径为 0.93×10^{-10} m，离子电位为 4.3，在戈尔德施密特表中，位于阳离子区，靠近两性氧化物（离子电位为 4.7～8.6）的边界，具有弱碱性，可生成 UCl 型的盐。四价铀化合物中的 UCl_4 和 $U(SO_4)_2$ 易溶于水，在强酸性环境中最为稳定。

U(IV)的溶解度很低，其矿物的硬度也较铀酰矿物大。四价铀在水中易氧化成铀酰离子，仅存在于强酸性环境中。当酸性降低时，它将水解并生成 $U(OH)^{3+}$和 UO^{2+}。广泛分布于自然界中的 UO_2 为难溶化合物，它最易溶于强酸性介质中，其次是溶于碳酸盐介质中。在低温条件下，UO_2 的水合物逐渐变为 U_3O_8。

2. 六价铀

六价铀具有化学两重性：容易与该系元素生成络合物，也可以生成铀酸盐；在酸性、中性和弱碱性介质中表现为弱碱性，在强碱性介质中则表现为弱酸性。

六价铀主要以铀酰离子(UO_2^{2+})的形态存在。UO_2^{2+} 的离子半径较大，为 3.20×10^{-8} cm，比自然界中的主要阳离子的半径大得多，因而易于溶解迁移。铀酰离子不仅存在于酸性介质中，在多数中性及碱性介质中都能快速迁移。铀酰离子体积很大，容易被硅酸盐胶体、黏土矿物等带负电荷的胶体吸附。铀酰具有阳离子的某些性质，其硫酸盐易溶于水，铀酰硫酸盐形成的所有复盐和络盐也均易溶于水。主要已知的铀酰碳酸盐络合物有 $UO_2(CO_3)_2^{2-}$ 和 $UO_2(CO_3)_3^{4-}$，多数铀酰碳酸盐络合物都易溶于水。

六价铀的盐是 UO_3 的衍生物，由于 UO_3 的两性性质，铀在碱性介质中生成阴离子。所有的铀酸盐，包括铀酸钠，均难溶于水。但铀酸盐极易溶解于酸，并形成铀酰盐类。当 pH 为 3.8～6.0 时，$UO_2(OH)_2$ 沉淀。

1.1.3 铀的化学毒性与放射性

铀及其化合物均具有较大的毒性，人体对天然铀的放射性可溶性铀化合物允许剂量为 7400 Bq，不溶性铀化合物为 333 Bq。空气中可溶性铀化合物的允许浓度为 0.05 mg/cm^3，不溶性铀化合物的允许浓度为 0.25 mg/cm^3。

1. 铀的化学毒性

铀与铅、铬、镉、汞等一样，都是重金属，具有重金属离子毒性，铀的化学毒性主要指其重金属毒性。铀元素积累在水及土壤中会对生态环境和人体健康构成极大威胁。铀可以通过呼吸道、皮肤组织或消化道进入人体，易与人体内无机酸或有机酸形成配合物，造成人体组织功能受损；其主要毒性是易导致人体肾小球细胞坏死与肾小管管壁萎缩，致使肾功能衰竭。铀还会引起人体呼吸疾病、皮肤疾病、免疫功能下降、神经功能紊乱、染色体损伤、遗传毒性和生殖发育障碍等健康危害，甚至诱发癌症。

已经证明，浓缩铀具有生殖毒性，它可引起遗传物质损伤，导致胎鼠畸形或显性突变死亡。动物实验和人体暴露实验表明，肾脏是受铀化学毒性损害最大的器官。短期急性摄入超过每克肾含 1 μg 铀将导致轻微的肾功能紊乱。在英国皇家学会调查的参加海湾战争的老兵与维和人员中，最坏损伤估计值为每克肾含 0.1～0.2 μg 铀，稍高浓度的铀可能在几天内导致肾衰竭；美国对战后退伍军人健康监察仍发现贫铀对靶器官的影响。

2. 铀的放射性

与含铅、铬、镉、汞等重金属废水相比，含铀等放射性废水还具有放射性。放射性是指一些核素由于其原子核不稳定而自发地衰变为其他核素，同时放出带电粒子（α 射线或β射线）和电磁波（γ射线）。铀的放射性源于自身衰变，主要指其对组织器官的内照射损伤。放射性是一种自发地释放原子内能量与粒子的方式，可以造成化学键的断裂及生物细胞的损伤，其影响与化学毒性类似。自然界中的 ^{234}U、^{235}U、^{238}U 三种同位素在衰变的同时辐射出以α射线、β射线、γ射线为主的多种射线。其中，α射线对生物的伤害高出β射线和γ射线数倍，但由于α射线本质为高速运动的氦原子核的粒子束，较大的质量导致其穿透能力较弱，在空气中的射程只有几厘米，故在生物体外的威胁较小；但是其一旦被摄入生物体内，则会诱导相邻的器官组织细胞发生突变，造成不可恢复的伤害。表 1.1 为铀衰变辐射出三种射线的危害及特点。

表 1.1 铀衰变辐射射线的危害及特点

射线类型	特征	危害
α射线	氦核，穿透力较弱，在人体中穿透射程 30～110 μm	对人体外危害不大，进入人体有较大危害
β射线	高速运动中的电子，透射力较强，可穿透人体阻碍	对眼部危害较大
γ射线	电磁波，穿透力很强	超剂量辐射可致人死亡

人类遭受辐射后的主要临床表现有脱发、白细胞和血小板减少，进而引发白血病等癌症。当辐射剂量超过生物体限值时，甚至可能导致死亡。由于铀一旦进入人体后会长期在体内富集，难以排出体外，对人体器官产生严重的毒害作用，许多国家及国际组织对此问题给予极大重视，制定了限制铀排放的严格标准，例如，世界卫生组织建议饮用水中铀的质量浓度不应高于 50 μg/L，美国环境保护局的饮用水标准中要求铀质量浓度不高于 20 μg/L。

近年来，放射性废水对人类健康和自然环境危害依然存在。日本的福岛核电站发生的核泄漏事故，导致核电站附近的居民受到核辐射的危害。在受污染地区中，成年人发病率比平均水平高出 20%～30%，而儿童发病率比平均水平高出 50%之多。

1.1.4 铀的生物毒性

铀元素不仅具有较强化学毒性和放射性，铀在生物的代谢及生物酶合成过程中可取代其他元素参与微生物代谢，生物毒性极强。

研究表明，铀对枯草杆菌的生长繁殖影响的最大无作用剂量小于 1 mg/L，致死剂量为 500 mg/L。0.063～0.500 mg/mL 的铀可引起肾上皮细胞活力降低，损伤细胞膜、线粒体、溶酶体等，使细胞抗氧化能力下降。贫铀可在大鼠体内长期蓄积，主要蓄积于肾脏、骨组织、睾丸等，其中睾丸器官对铀的敏感性较强。贫铀气管灌注对大鼠的机体损伤具有系统性、功能性及器质性损伤特点，对肺的损伤最为严重。进入人体后的铀主要蓄积于肝脏、肾脏和骨骼中，不同辐射剂量可引起不同程度的急性或慢性中毒，甚至诱发多种疾病。在较大的辐射剂量下，会对人体和生物体的组织和器官造成不同程度的损伤，如皮肤红斑、脱发、破坏白细胞和血小板、白血病、影响生殖机能、癌症等。

对战后伊拉克进行的居民健康调查表明，贫铀污染后因严重的免疫缺陷导致传染性疾病的发病率在当地人群中升高，如白血病、贫血和恶性肿瘤发病率和死亡率升高。

1.2 铀资源及其开发利用

1.2.1 我国铀资源概况

1. 我国铀资源的分布

我国铀矿床分为南、北两个大区，北方铀矿区以火山岩型为主，南方铀矿区则以花岗岩型为主，铀矿资源分布不均衡，已探明铀矿储量居世界第10位。已经探明的大小铀矿床（田）有200多个，集中分布在江西、广东、贵州、湖南、广西、新疆、辽宁、云南、河北、内蒙古、浙江、甘肃等23省（自治区）。江西、湖南、广东、广西4省（自治区）铀资源较为丰富，占探明工业储量的74%。主要铀矿床（田）包括江西相山铀矿田，湖南郴县铀矿床、下庄铀矿田、产子坪铀矿田，河北秦青龙铀矿田，云南腾冲铀矿床，黑龙江桃山铀矿床、小丘源铀矿床、黄村铀矿床，辽宁连山关铀矿床，陕西蓝田铀矿床，四川西北部若尔盖铀矿床、芨岭铀矿床，新疆伊犁铀矿床、白杨河铀矿床等。

已经建成或退役的铀矿有湖南衡阳铀矿、郴州铀矿、大浦街铀矿、澜河铀矿，江西上饶铀矿、抚州铀矿、乐安铀矿，广东韶关市翁源铀矿、仁化铀矿，浙江衢州铀矿，辽宁本溪铀矿，陕西蓝田铀矿，新疆伊犁铀矿等。

2. 我国铀矿资源的特点

我国铀矿资源分布不均衡，铀矿成矿时代跨度距今1900 a～3 Ma，即古元古代到新生代，以中生代的侏罗纪和白垩纪成矿最为集中，主要集中在距今87～45 Ma。

铀矿床规模以中小型为主，占总储量的 60%以上。已探明的铀矿体埋深多在地下500 m以内。有些铀矿田内，矿床常成群出现，从几个到几十个，常存在1～2个主体矿床。矿床主要有花岗岩型、火山岩型、砂岩型、碳硅泥岩型4种类型，其储量分别占全国总储量的38%、22%、19.5%、16%。含煤地层中铀矿床（煤型铀矿）、碱性岩中铀矿床及其他类型铀矿床，在探明储量中所占比例很小，但具有找矿潜力。

根据矿床成因、赋矿围岩和成矿特征，我国主要铀矿床分为内生铀矿床、外生铀矿床和复成因铀矿床三种类型，其中内生铀矿床主要为岩浆型和热液型，外生铀矿床主要为成岩型和后生淋积型。成矿的先后顺序是：混合岩型、伟晶岩型、花岗岩型、火山岩型、碳硅泥岩型和砂岩型。根据铀矿床矿化类型、成矿时代和大地构造分布特征，可以划分为东部铀成矿省、天山-祁连山铀成矿省及滇西铀成矿区。

我国铀矿石品位偏低，品位在 0.05%～0.3%的矿石量占总资源量的绝大部分，以中低品位铀矿石为主。矿石组分相对简单，主要为单铀型矿石，仅在极少数矿床中，含有磷、硫、有色金属、稀有金属及其他金属元素与之共生或伴生，形成铀-钼矿床、铀-汞矿床、铀-铜矿床、铀-多金属矿床、铀-钍-稀土矿床。

3. 我国铀矿勘查状况

全球铀矿床主要分布于两条跨大洲的巨型铀成矿带，即近东西向欧亚巨型铀成矿带及环太平洋巨型铀成矿带，这两条成矿带均横穿我国，对我国的铀成矿地质背景有利。

在鄂尔多斯地区，中国核工业集团208大队创新了找矿理念和成矿理论，提出了“古层间氧化带铀成矿观点”。在前人宣布无铀矿的鄂尔多斯盆地等地区，探明了我国迄今为止最大的铀矿床——鄂尔多斯铀矿床，铀资源量达到数万吨。

截至2005年，我国已探明铀储量为7万t。北方地区存在大型－特大型铀矿基地，有一批潜力大的找矿新区；南方老矿田铀资源潜力挖掘效果明显。伊犁和鄂尔多斯地区，铀矿地质勘查成效尤为显著。我国实现了地浸砂岩型铀矿找矿的重大突破，发现了万吨级可地浸砂岩型铀矿床，在伊犁盆地南缘发现的第一个万吨级地浸砂岩型矿床，也是第一个地浸砂岩型铀矿资源大基地，推动了铀矿勘查从硬岩型向砂岩型的战略性转移。

我国还有十多个铀成矿带及大面积的勘查空白区尚待展开系统的勘查评价。预计我国潜在铀资源量超过数百万吨，基本可以满足核电发展与国防战略资源的需求。为了适应发展核电的需要，部分企业已经在海外勘探和开采铀矿，以满足核电日益增长的铀矿需求。

1.2.2　铀资源开采工艺

在我国铀矿冶创建初期，铀的提取加工一般采用常规的矿石破磨、搅拌浸出、固液分离、浓缩纯化的工艺。这种工艺浸出液的选择性差、工艺流程较复杂，铀矿资源回收率较低、提铀成本偏高、生产的经济性较差，加上资源逐渐枯竭等因素，在20世纪90年代初期，一批铀矿冶生产企业陆续退役。

针对我国的铀矿资源特点，学者们积极研发高效开采工艺，20世纪60～70年代，在地浸、堆浸等提铀技术研发上取得了投资少、成本低的实用技术，并且成功应用。我国已经形成了以地浸、堆浸等工艺为主，常规搅拌浸出工艺为辅的铀矿冶格局，同时加快极贫铀资源的绿色开采技术攻关，渗滤浸出提铀工艺也实现了工业化应用。主要溶浸采矿工艺方法及特点见表1.2。

表1.2　主要溶浸采矿工艺方法及特点

主要方法	工艺流程	特点
原地浸出法	将溶浸液送入注液孔，使其与矿层及矿石中的有用组分发生化学或者生物作用，选择性地将其溶解到溶浸液中，在压力驱动下向抽液孔汇集，利用潜水泵将含有用组分的浸出液提升至地表，通过富集液汇集管进入沉淀池，澄清后将富集液泵送至水冶厂处理。浸出液经吸附后，合格产品经压干处理后运出，尾液则返回循环利用	用溶浸液直接选择性地浸出有用组分；简化了全系统工艺过程；采出来的是含铀溶液。但对矿床地质条件有特别要求

续表

主要方法	工艺流程	特点
堆浸法	针对不在原地的铀矿或废石堆直接浸出，通过一定方式提取合格浸出液。其工艺过程包括铺底、围堰、筑堆、淋浸、集液、提取及卸堆等	不用加氧化剂；溶浸液一般为非饱和流。但浸出周期长且回收率低
就地破碎浸出法	崩落矿块内的矿石，并运出由于爆破造成松散而膨胀的那部分矿石；安装淋浸和集液设施；矿堆淋浸；浸出液的收集处理及贫液返回循环利用	减少了堆浸场地、卸堆的工作量及其对环境的污染，资源利用率高。但对矿房要求高，需要维护，作业环境差

针对铀矿床的特点，我国铀矿冶具有如下特点：从勘探到开采生产全过程中都须与放射性物探密切配合，重视安全防护（辐射防护）与环境保护工作；采矿方法种类繁多，以充填采矿法为主，回采工艺灵活，适应性较强；以地下开采方式为主，地下开采占80%～85%，露天开采仅占15%～20%；地浸、堆浸等溶浸采铀工艺广泛应用。

1.2.3 我国铀资源开采中的主要问题与对策

1. 我国铀资源开采中存在的主要问题

（1）当前我国铀矿冶面临的主要问题是矿石品位不断降低、开采深度日益加大，处理矿性日趋复杂，采冶难度增大，成本越来越高。大量品位低与极低品位、难处理的边际经济、次边际经济及内蕴经济型的铀资源将逐渐成为开发主体，常规开采工艺难以应对这类低品位资源的开采。

（2）我国铀资源储量潜力较大，但勘察程度总体偏低，勘察技术与采冶技术有待进一步提高，矿山智能化水平较低，勘察查明程度小于25%，多数地区是空白，总体投入与研发投入不够。

（3）我国国内铀矿矿业权没有得到有效保障，有资源“无权找矿”、探明资源“无权开矿”的情况较为突出；海外铀资源开发统筹协调还不够。

（4）铀资源利用率还有待进一步提高。快堆、钚铀混合氧化物（mixed oxide，MOX）燃料的研发工作刚起步，海水提铀缺乏可用的先进技术。

2. 解决我国铀资源开采问题的对策

（1）尽快落实国家铀矿地质勘探的中长期规划与铀矿冶研发计划，加大研发投入与装备投入，调动政企双方积极性，加快实施天然铀产品和铀资源战略储备计划。

（2）强化新工艺、新技术、新设备、新材料研发，不断降低天然铀提取成本、提高提铀效率，从国家战略高度重视海水提铀技术研发，扩大铀矿资源的开发范围，增加可供开发提铀资源量。建设与国家国防与核电发展相适应的国家级铀纯化基地和铀矿采冶基地，加快实施铀矿冶基地和低品位铀资源开发战略，强化铀矿冶创新与核心技术攻关，提高水平，形成规模。

（3）出台与完善相关矿业权法规、政策，建立矿业权协调机制，按照资源利用最优化原则，科学确定铀矿与共生条件下的油气、煤（煤层气）等相关矿产资源的勘察和开发秩序。解决铀与油气、煤炭等资源在沉积盆地叠置，而矿权大都被煤炭和油气企业占有及矿权排他性的规定，以致相当部分铀矿无法正常勘探和开发的问题。

（4）完善国家级海外铀资源开发组织协调机构，开拓海外市场，力争获得更多可采铀资源。将天然铀纳入国家矿产资源境外开发的矿种，完善国际化矿产投资、融资机制，以及相应的财政、金融和税收优惠政策，设立国外矿产资源地调查和风险勘查专项基金。

（5）加大回收铀的技术研发，推动增殖快堆、钚铀混合氧化物燃料元件、后处理等关键技术研发，降低对天然铀资源的依赖。回收铀（堆后铀）指从核电站卸出的乏燃料经过一系列的转化和分离后得到的铀。我国大量压水堆的乏燃料通过后处理，将产生大量的回收铀和回收钚。回收铀的利用可以降低大量乏燃料处置费用，以及浓缩分离成本。补充回收铀作为重要的铀资源，前景广阔。

3. 回收铀开发利用面临的挑战

回收铀成本及加工成燃料前储存管理成本略高，回收铀的应用主要是政府间的后处理协议。需要解决在天然铀的价格持续低迷的背景下，推动价格略高的回收铀的使用。

按照当前全球核电装机规模，每年将产生约 1 万 t 乏燃料，回收铀的获取源于乏燃料的后处理，但目前全球回收铀循环设施布局及能力还不能完全适应潜在需求。

需要制定回收铀加工和应用的标准体系。国际标准化组织和美国材料与试验协会（American Society for Testing and Materials，ASTM）对回收铀和浓缩回收铀的可接受核素水平做了相关规定，但由于后处理工艺差异，以及反应堆运行工况的差异，还可能造成回收铀的组分变化。

1.3 铀资源开发中的三废污染及其特点

在铀矿开采和冶炼的过程中，同其他矿产资源一样，会产生废水、废气和废渣（总称三废）。不同的是，其产生的三废具有较高的天然放射性水平。如果三废处理不当，日积月累，就会对生态环境和社会环境造成放射性污染和危害，由于铀的半衰期长达 40 余亿年，产生的影响将会是长期或永久性的。

铀矿区的三废之间联系密切，彼此之间相互影响、相互制约，强化了环境污染危害，给污染的防治增大了难度。铀矿废气中的氡易溶于水，从而加重废水对环境的放射性污染；废水中溶解的氡也可以析出至大气中，加重对环境的放射性污染。

1.3.1 含铀等放射性废水污染

铀矿开采过程中的废水来源主要有坑道废水、水冶废水、尾矿废水和废石场废水等。开采废水主要是地浸、堆浸和就地破碎浸出等开采过程中产生的各种矿坑水和采出废石地表堆放产生的径流水。由于铀矿区地域差异或者水冶工艺不同，废水排放量差异较大。矿山井下采出 1 t 矿石一般产生 0.5～3.0 t 废水；水冶厂的外排废水量约为处理矿石量的 2.5～5.5 倍。一般干旱地区、地下水欠丰富地区的铀矿山废水排放量很少，而地下水丰富或者丰水地区的铀矿山废水排放量较大，有的每天可达数千吨。

铀矿冶废水中不仅含有常见的镉、锰、铅、锌、钼等重金属，采用溶浸采铀工艺的外排废水中还含有硫酸根、硝酸根等离子，特别是还含有铀、镭、钍、氡等放射性核素。铀矿区废水中的放射性元素与非放射性元素的浓度，均明显高于矿区未污染的地下水。矿区地下水中放射性元素与非放射性元素的浓度，以矿石堆废水的最高，其次为露天采场废水，再次为坑道废水。

按照放射性活度的高低，放射性废水可分为弱放射性废水、低放射性废水、中放射性废水和高放射性废水 4 类，详见表 1.3。

表 1.3 放射性废水按活度分类

分级	分类	放射性活度 ρ/（Bq/L）
I 级	弱放射性废水	$\leqslant 3.7\times10^{2}$
II 级	低放射性废水	$3.7\times10^{2}<\rho\leqslant3.7\times10^{5}$
III 级	中放射性废水	$3.7\times10^{5}<\rho<3.7\times10^{9}$
IV 级	高放射性废水	$\geqslant 3.7\times10^{9}$

铀矿、尾矿、废石经雨水等的淋融、冲刷也可以加重废水的污染。铀矿冶放射性废水不经过处理直接排放，会造成地表水或地下水污染，同时污染周围的土壤和生物。如果全部处理后外排，则废水处理成本大，企业的经济效益会受到显著影响。这些废水应尽可能地进行处理实行循环利用，减少废水排放，条件许可下应尽可能实现废水零排放。

1.3.2 含铀等放射性废气污染

铀矿山中的氡从地层深部迁移到地表的过程中，外部影响因子很多，随着铀、镭在岩层内迁移，随后铀、镭在近地表衰变，氡在一系列地质作用下迁移到地表。

氡是放射性气体，会对人体造成内、外照射危害。辐射流行病学研究表明，氡是潜在的致癌气体，长期暴露在氡浓度较高的环境中，人体肺癌的发病率和死亡率明显偏高。在我国云南省的锡矿山中，曾经发生矿井中氡的浓度较高，造成矿工癌症的发病率明显升高。氡较易溶于水，矿坑水中往往也含有一定量的氡，从而加大铀矿废水的污染程度。

铀矿开采过程中废气的主要来源包括铀矿粉尘、放射性气溶胶、氡及其子体等。其中，粉尘主要来自铀矿开采过程中的凿岩、爆破、放矿、矿石的装卸和运输及水冶等环节。放射性气溶胶是指长期悬浮于空气中、颗粒极其微小的含有放射性核素的铀矿尘。除 Hg 外，绝大多数的重金属以气溶胶的形式进入大气环境中，再通过降水等方式返回土壤圈。

氡（^{222}Rn）是铀矿开采中最主要的废气，主要来源有采场或巷道壁表面析出的氡、铀矿井空气中的氡、废石堆和尾矿渣中释放的氡、矿坑水及冶炼水中释放的氡，以及矿井排风口排出的氡等。在氡的诸多来源当中，铀矿山露天采场和铀矿废石渣堆中析出的氡相对较多。张展适等（2007）曾对我国部分铀矿山露天采场和废石堆中 ^{222}Rn 的析出率进行了测量，其结果见表 1.4。无论是铀矿山的露天采场还是铀废石堆，其氡的析出率都明显高于矿区的背景值。铀矿山废石场与尾矿场的氡析出率分别高达 0.8～2.8 Bq/（m^2·s）和 2～16 Bq/（m^2·s）。

表 1.4 我国部分铀矿山露天采场和废石堆中的 ^{222}Rn 析出率

序号	地点	测量位置	^{222}Rn 析出率/[Bq/（m^2·s）]	
			测量平均值	矿区背景值
1	江西	露天采场	0.476～1.46	0.01～0.02
2	江西	露天采场，边坡面积 1.11 hm^2	1.35～5.18	0.02～0.08
3	江西	铀废石堆	2.45～8.68	0.01～0.02
4	江西	铀废石堆	0.39～2.23	0.02～0.08
5	广东	露天采场，边坡面积 5 190 m^2	1.72	0.07～0.116
6	广东	露天采场，矿脉处边坡面积 16.7 hm^2	1.78～5.18	0.07～0.11

在自然条件下，大气扩散对氡有极强的稀释作用，随着距离的增加氡的活度浓度显著下降，其与污染源的距离成幂函数关系。

在铀矿井中，氡气的来源丰富，如果矿井通风不畅，极易造成氡气的大量富集。研究表明，一个中型铀矿井每天析出的 ^{222}Rn 为 2.2×10^{11}～7.6×10^{11} Bq，其活度浓度可达 5 000～7 000 Bq/m^3，氡子体的 α 潜能浓度可达 2.7×10^{-4}～17.4×10^{-4} μJ/m^3，在矿区周围 500 m 范围的室外大气中，氡的活度浓度仍可达 7～150 Bq/m^3，氡子体的 α 潜能浓度也有 1.9×10^{-4}～6.4×10^{-4} μJ/m^3。露天开采爆破时氡的活度浓度可达 500 Bq/m^3，比对照区的浓度高出 5～11 倍。观测研究表明，当距离污染源 50 m 时，大气中的氡浓度仅为其源浓度的 1%左右。因此，氡污染主要集中在铀矿山附近的区域，在距离污染源 500～1 000 m 以外时，大气中的氡浓度值基本上都在本底范围以内。

1.3.3 含铀等放射性固体废物污染

铀矿区的固体废物主要是指铀矿开采过程中的废石、尾矿渣，以及生产过程中废弃的部分设备、器材和劳保用品等。其中，数量最多、危害最大的是铀废石和铀尾矿渣。目前世界每年采出有用矿物 400 亿～500 亿 t，废石 700 亿～800 亿 t。世界上共积存铀废石超过 500 亿 t，铀尾矿 200 余亿 t。

尽管铀矿冶的废石、尾矿的核素活度较低，但其半衰期长，固体废物数量巨大，分布面广，对环境构成长期潜在危害。铀废石、尾矿不仅含有 ^{238}U、^{230}Th、^{226}Ra、^{222}Rn、^{210}Po、^{210}Pb 等核素，而且含有非放射性有害物质，如 As、Pb、Ni、Cd、Cr、Hg、Zn 等。将铀矿冶废石、尾矿与环境永久隔离的难度很大，因此铀矿冶废石、尾矿对环境的影响是长期的。铀废石和铀尾矿中的放射性核素含量较高，约比普通岩石和土壤高 1～3 个数量级，见表 1.5。

表 1.5 铀废石和尾矿中放射性核素含量

样品	^{238}U /（mg/kg）	^{226}Ra /（Bq/kg）	∑α /（Bq/kg）	表面氡析出率 /（Bq/cm^2·s）	γ 辐射水平 /（10^{-8} Gy/h）
铀废石	30～300	370～7 400	4 100～25 900	0.6～11.83	20～309.5
铀尾矿	80～300	8 510～55 500	4 100～92 500	1.65～26.53	162.3～848.9
普通岩石	1.2～66	260～1 400	276～2 626	0.01～0.67	8.0～13.1
土壤	0.74～1.8	184～287	1 290～2 170	0.01～0.1	5.5～12.8

注：∑α 为总 α 辐射水平，后同

铀尾矿堆积，尾矿等废弃物的任意堆放，不仅占用了土地资源，而且是土壤中重金属污染的重要来源。这些尾矿废弃物中保留着大量的重金属离子，污染以尾矿库、矿渣堆为中心向四周扩散。铀废石和尾矿内大都含有硫化物或磷化物，受降水影响，特别是在雨季，雨水淋滤经废石场、尾矿库的渗出水常常呈酸性，在一些浸矿区域，有时 pH 达 2～3。呈酸性的渗滤液常含有较多的放射性核素和非放射性有害物质，污染地表水或地下水。大多数铀矿冶废石场、尾矿库所在地都存在核素迁移污染地面水和地下含水层的势头，下伏浅层含水层受到不同程度的污染。如果农田靠近铀废石场和尾矿库，还会污染农田。铀矿冶废石和尾矿的流失和扩散，也加重了水环境的污染。上述这些不确定性因素，使铀矿冶所在地域形成了较为复杂的放射性环境污染问题，已经引起国际原子能机构、国际放射防护委员会等有关国际组织的高度重视，多数国家已经投入了相当大的人力和物力进行地下水污染修复和无害化处置及矿区生态修复。

凌勤等（2018）通过调查和统计分析了四川某退役铀矿区重金属的空间分布和运移特征，研究发现该铀矿区 Cd 和 Zn 的含量很高，且渗出率高，环境风险极大。铀矿区中铀的含量是影响土壤污染的主导因素，铀尾矿刚被排出时尚未被风化，铀元素活动性不强，较为稳定，但是在地表长期露天堆放过程中逐渐与空气中的氧接触，受到风化氧化，铀元素被活化释放。某些铀尾矿自身含有的黄铁矿及残余的酸性离子，也会加快尾矿中其他污染物的释放。尤其在南方酸降雨的淋浸作用下，污染物会随淋滤液直接进入水体及土壤中，很难通过自然调节作用去除，对当地的生态环境造成严重的危害。而且，铀尾矿成为一种放射性金属毒性复合污染源，产生持续的环境污染。铀的危害性极强，土壤铀污染导致土壤质量恶化，使土地失去利用价值，危及农业生态环境，威胁人类的健康和其他生物的生存。

1.3.4 我国铀矿区三废产率与核素分布

我国铀矿冶工业创建于 1958 年，建成了 60 余个矿井和多个集中的铀水冶厂，还有一些铀矿冶生产单位正在进行或准备退役治理。在湘、粤、赣、浙、辽、陕、新等省份仍保留了一些厂矿。湘、粤、桂、甘、冀、蒙、滇等省份还在进行残矿回收和部分新矿点的建设。随着技术的进步，大都采用了地浸、堆浸和就地破碎浸出工艺，并就近矿山建厂，推行绿色生产。在铀矿山生产和退役治理过程中，还存在许多安全问题和潜在环境问题，亟待通过创新技术手段解决。

我国铀矿开采过程中的废石量一般占其年采矿总量的 10%～40%，这与铀矿石的品位总体不高有关。据统计，一个年产 10 万 t 的铀矿山，其每年产出的废石多达 10 万～60 万 t。铀废石和尾矿中往往含有大量的 ^{238}U、^{230}Th、^{226}Ra 和 ^{40}K 等放射性核素，它们的含量可比正常的环境本底高出 2～3 个数量级。这些放射性核素不仅含量较高，且半衰期长，如 ^{238}U 的半衰期为 4.47×10^9 a，^{230}Th 的半衰期为 7.7×10^4 a，^{226}Ra 的半衰期为 1.6×10^3 a，因此其放射性的影响将长期存在。我国铀矿冶三废产率见表 1.6。

表 1.6 铀矿冶三废产率

项目	类别	废气 ^{222}Rn 析出量 /（Bq/t 矿石）	废水 /（t/t 矿石）	废渣 /（10^3 t/t 铀）	废石 /（10^3 t/t 铀）
铀废石	地下矿	7.1×10^3	0.3～3.0	0.5～1.2	—
	露天矿	—	0.1～0.6	5～8	—
铀选冶厂	选矿厂	20	0.5～1.0	—	0.2～0.3
	水冶厂	5.1×10^2	5.0～8.0	—	～1.2

铀矿区除存在重金属污染等外，还会有放射性核素的影响。铀矿冶中产生的三废污染矿区内及其邻近区域的土地、水体及底泥等，这些污染物通过动植物、农作物的富集作用会对当地的人、畜及其他生物造成放射性、重金属复合污染。由于矿点多、规模小、布局分散，铀矿冶地域环境影响范围大，一旦出现问题将产生严重后果。

1.3.5 我国铀矿冶三废对环境影响的特点

我国铀矿床品位低、规模小且分散，三废产生量相对较高，表现为以下特点。

（1）影响范围广。我国铀矿冶共有废石场、尾矿场 150 处以上，82%（以重量计）的废石和 95%的尾矿分布在人烟稠密的湘、粤、赣等地区，这些地区人口密度有的达 200～400 人/km^2，年均降水量为 1200～2000 mm。铀矿冶地域与当地的稻田、鱼塘、河溪相邻，与当地居民密切相关。

（2）铀矿冶地域的污染源对环境的辐射剂量贡献大。铀废石、尾矿中含有的核素种类多、寿命长，其铀、镭等核素的迁移扩散对环境构成长久潜在的危害。从《中国核工业三十年辐射环境质量评价》可知，铀矿冶地域水气途径对环境居民最大有效剂量可达 0.65～1.67 mSv/a，集体有效剂量可达 17.57 人·Sv/a。铀矿冶系统对居民集体剂量贡献占整个核燃料循环系统总贡献的 91.5%。而铀废石尾矿对环境的剂量贡献占铀矿冶的 80%。

（3）放射性危害与非放射性危害共存。我国铀矿冶多采用酸法水冶工艺，尾矿中含有余酸。堆浸采铀技术的广泛应用，产生大量的含酸浸出尾渣；另外许多含硫化物的废石和尾矿在环境作用下，最终也产生含酸污水。一般从废石和尾矿堆场中渗出的酸性水 pH 为 2～4，不仅含有放射性核素，而且还含有 As、Pb、Cd、Cr、NH_3-N、NO_3^-等有毒有害非放射性物质，放射性物质和非放射性物质都随着水流动扩散迁移，对环境造成严重污染。

（4）铀矿冶退役治理措施还有待完善，已治理的污染源还可能继续对环境造成影响。早期的铀矿区退役治理方式简单，对于铀尾矿库、废石场往往仅进行表面覆盖，结合截水沟与排水沟进行清污分流，抑制 ^{222}Rn 析出的同时减少地表雨水入渗，以降低其对地下水的影响。对坑道渗出水的治理，一般采用堵水封闭淹井的办法。上述措施无法从根本上确保已治理的污染源不再对环境产生影响，矿坑水或渗出水对地下水污染并不能马上恢复到可接受水平。国内外铀矿冶退役治理实践表明，关停或退役治理后，并未完全终止外渗出水，外渗出水的水质一般需数十年、几百年乃至上千年才能逐步得到恢复。因此铀矿冶地域外渗出水有可能造成长期的环境危害。

1.4 铀矿山各阶段对环境的影响

1.4.1 铀矿山开发前期对环境的影响

我国的铀矿山分布在全国 15 个省（市、自治区）、30 多个地县境内，在铀矿勘探与开发建设的不同阶段均会产生一定量的污染物，如果得不到有效处理，将在一定程度上影响周围大气、水、土壤等环境。在铀矿山开发建设过程中，诸如地表景观受到影响，耕地植被遭受破坏、水土流失加剧等问题时有发生，还可能引起地面塌陷、滑坡等环境地质灾害。

1.4.2 铀矿山生产运行阶段对环境的影响

铀矿山生产运行阶段为重点阶段和环境污染最严重的时期，主要包括铀等重金属对土壤及地下水的污染、固体废物对环境的污染等。

1. 铀等重金属对土壤的污染

铀矿冶中，尤其是溶浸采铀生产过程中，铀尾矿、废石中重金属元素很容易随雨水在土壤中迁移，铀等重金属进入土壤环境后，扩散迁移较缓慢，又不能被微生物降解，通过溶解、凝聚、沉淀、络合、吸附等物理化学过程，容易形成不同的化学形态进入环境。当其在土壤中积累到一定程度时，就可能进入土壤-植物生态系统，通过食物链被动物或人体摄入，对生态环境和人类的潜在危害性极大，必须引起高度重视。

2. 铀等重金属对地下水的污染

传统的铀矿开采、加工和水冶过程中产生的放射性元素经过多种途径进入地下水，并随地下水流动而迁移扩散，对地下水及其生态安全构成严重潜在危害。矿区地质变化会引起地下水位下降。采用较多的原地浸出采铀工艺，具有明显的环保优势，放射性废水、废气与固体废物总量大为减少，但溶浸液的扩散或渗漏也在不同程度上污染地下水。特别是酸法浸出工艺对地下水影响较大，大量溶浸剂和氧化剂的使用导致含矿含水层中试剂组分含量升高，地下水的 pH 低，许多金属离子被溶出，水中重金属浓度和有害元素大大超标。碱法浸出工艺也存在铵离子引入造成的环境污染问题。在生产中必须加强对矿区及附近地下水质检测与监控。

3. 固体废物对环境的污染

我国铀矿具有类型多、规模小、埋藏条件多变、形态复杂、矿化不均匀、品位低、矿石开采量大、采矿贫化率高等特点。铀矿冶产生的固体废物主要是放射性废物，铀矿开采、冶炼时产生大量低品位废石和矿渣，长期存放在矿区废石堆和尾矿库中，虽然其放射性不及高放废物强，但其规模大、数量多，又多以露天存放，是重点放射性污染源之一。同时，生产中使用过的各种被污染的设备、构筑物、器材和劳保用品等也对环境产生污染，必须进行去污处理或者送到规定的尾矿库或者危险废物处理场所进行处置。

1.4.3 退役铀矿山与尾矿库对环境的影响

我国早期的铀矿山一般已完成了退役治理。但早期的退役治理较多采用简单的封堵、覆盖等方法，退役后放射性的酸性渗出液仍可能对环境构成威胁。退役铀矿山的主要污染包括集中堆放的放射性废渣、未封闭的坑道口、露天采场废墟、矿冶尾渣、废水、土壤中氡析出等。退役铀矿山废水中放射性物质浓度低，但废水量大、分布广，对附近天然水系构成威胁，既对农作物和水生生物有影响，也不利于居民的身体健康。

铀尾矿是从含铀矿石提取铀的过程中产生的残渣。它与一般的金属尾矿、煤矿废渣、生活垃圾及非矿化尾矿等固体废物相比，具有放射性核素含量高、重金属含量高、铀尾矿的粒度小空隙大等特征。铀废石、尾矿中放射性核素及化学有害物含量见表 1.7（潘英杰 等，2009）。

表 1.7　铀废石、尾矿中放射性核素及化学有害物含量

有害物	废石	尾矿（粗砂）	尾矿（细砂）	一般岩石
U/（mg/kg）	5～210	72～650	170～740	0.1～4.5
Ra/（kBq/kg）	0.25～12.36	5.77～24.1	11.5～48.1	0.18～1.41
Po/（kBq/kg）	—	11.1～14.8	55.5～66.6	—
∑α/（kBq/kg）	4.19～25.9	15.5～52.9	74～92.5	1.29～2.17
SO_4/%	2.48	0.24	15.9	—
NO_3/%	—	0.7	0.7	0.35～0.75
Mn/%	—	0.12	1.9	＜0.03
Fe/%	—	1.83	3.18	—
F/%	—	0.23	1.27	—
Cl/（mg/kg）	—	0.28	0.88	—

大量的铀废石和尾矿渣本身就是巨大的低水平放射性污染源。一些露天堆放的铀废石和尾矿渣还会导致二次污染，特别是在气候湿润的丰水地区，雨水的冲刷溶浸作用会使各种放射性核素和酸碱等有害物质逐渐析出，使污染范围扩大。由于部分矿区对废石、废渣管理不严，我国矿区还有过附近居民盗取废石和尾矿渣的现象。例如，一些村民曾将铀废石用作建筑材料，导致其建筑物内的 γ 辐射水平和室内氡浓度异常偏高。曾有研究人员发现，个别村民室内的γ辐射水平达 30×10^{-8} Gy/h，空气中的氡活度浓度高达 10^{-3} Bq/m^3。另外，运输过程中也会有少量的矿渣洒落，这往往会对路线两侧农田的土壤造成放射性污染。铀废石、铀尾矿的放射性核素含量和 γ 辐射剂量率见表 1.8。

表 1.8　铀废石、铀尾矿放射性核素含量与 γ 辐射剂量率

项目	^{238}U /（Bq/kg）	^{226}Ra /（Bq/kg）	Σα /（Bq/kg）	γ 辐射剂量率 /（$\times10^{-8}$）
铀废石	756～7 560	370～7 400	1 200～25 900	61～309
铀尾矿	2 016～7 560	8 510～55 500	12 000～92 500	162～309

建成的铀尾矿库提供了一个特有的生态系统，其中存在一系列的生物地球化学效应，微生物的活动非常活跃，如硫酸盐还原菌（sulfate reducing bacteria，SRB）、铁还原菌、脱硝菌、红环菌、假单胞菌、肠杆菌属、真菌、氨氧化菌、希瓦氏菌、泛菌属等。

微生物的活动使铀尾矿库中的硫酸盐发生还原作用，也存在硝化与反硝化作用，铀、镭等核素受这些反应的影响进一步析出、转化、沉淀和迁移。邻近矿区存在放射性污染的场地，以及铀尾矿库外排水的误用，能引起放射性核素在区内生物及农田作物的运移和积累，既影响农作物等植物的生长，又造成核素通过食物进入人体，威胁人体健康。

1.5 铀矿山铀的生态环境效应

1.5.1 铀对土壤的影响

土壤是生态圈的重要组成部分，是人类赖以生存的最基本的物质基础，又是各种污染物的主要归宿。铀是地下水、地表水及土壤中最频繁出现的放射性污染物，尤其对环境中土壤的污染不可忽视。土壤中存在的铀主要是在成土母质过程中，岩石经风化、雨淋浸蚀、溶解与淀积，以及火山爆发等活动，土壤中形成的放射性核素的本底值。天然铀在土壤中的含量较低，在人类可以接受的范围之内，一般不会对人类生活构成威胁。

铀矿冶等工业活动是铀污染土壤的主要来源。在核工业生产中，铀矿的开采、冶炼、放射性同位素的生产及其应用，核武器制造、核试验、核能生产及核泄漏事故等过程中产生的三废，容易对土壤造成污染甚至对整个生态环境造成破坏。化肥的施用是环境中铀主要的来源之一。化肥是促进作物生长的重要材料之一，且含有少量的放射性核素。自然界的磷矿石中常伴生有铀、镭、钍等天然的放射性元素，且矿石中铀的含量与磷肥中铀的含量相关，磷酸盐矿石，尤其是海生磷酸盐矿石中的铀含量较高，若长期使用便会造成带有放射性的核素在土壤中富集。

土壤层是含铀渗滤液流入环境的第一道天然屏障，由于多种因素的影响，铀开采过程和尾矿库中所产生的含铀渗滤液有可能穿过工程屏障，渗入土壤层，并随着水的流动迁移进入生物圈，土壤受到铀污染后，不仅存在放射性污染，通过放射性衰变产生射线穿透机体组织，损害细胞，同时可通过呼吸系统或食物链等途径进入人体，造成损害更大的内照射损伤，严重威胁生态环境和人体健康。

1.5.2 铀对土壤微生物的影响

土壤微生物种类繁多、形体较小、种群数量庞大，可以深入土壤的各个角落。土壤微生物几乎参与土壤中的所有生物及生物化学反应，对土壤的发育形成及功能的实现起着十分重要的作用。微生物对外界干扰较灵敏，是土壤环境质量评价不可缺少的生物学指标。土壤呼吸、土壤酶的活性对土壤环境质量产生直接或间接的影响，能够较好地反映土壤受重金属污染后质量变化状况。

周仲魁等（2018）发现放射性核素对土壤微生物活性影响较大。不同浓度区块土壤呼吸作用随着放射性核素活性浓度的增加而降低，且不同浓度区块土壤脲酶、过氧化氢酶、脱氢酶、磷酸酶和芳基硫酸酯酶等含量变化差异显著，均随着放射性核素活性浓度的增加而降低，放射性核素对土壤微生物活性存在显著抑制作用。

铀对土壤微生物的活性、数量及多样性产生影响。利用宏基因组技术研究土壤微生物多样性表明，放射性核素对土壤微生物存在显著影响，变形菌门（Proteobacteria）和放线菌门（Acfinobacteria）在铀尾矿库的土壤中广泛存在。土壤中铀的含量越高，对微生物的抑制作用越显著，不同铀含量土壤中微生物的种群存在差异。随着土壤中放射性污染的增加，土壤微生物数量和多样性均会发生较大变化。

微生物种群数量随着污染的增加而减少，铀尾矿内中、低浓度污染区块土壤中微生物数量的顺序为细菌＞放线菌＞真菌，但在高浓度污染区块土壤中放线菌数量相比细菌和真菌表现出较低水平。在中、低浓度污染区块土壤中检测到 7 个菌门，而高浓度污染区仅检测到 4 个菌门，三个浓度污染区块土壤中 Proteobacteria 均为绝对优势菌群。王丽超等（2014）采用常规微生物活性评价法和 Biolog 法研究铀尾矿区不同污染程度、深度土壤微生物活性及群落功能多样性的变化特征结果也表明，放射性污染引起了土壤微生物活性和群落功能多样性的变化。尾矿区土壤微生物活性变化显著，微生物生物量和可培养细菌数量显著降低，而土壤基础呼吸和代谢熵则明显升高，距地表深度 15 cm 处土壤的微生物活性指标值基本都低于 30 cm 处。

1.5.3　铀对植物生长的影响

不同浓度的铀对植物生长的影响不同。一般低浓度铀可促进种子萌发和植物生长，而高浓度的铀会使植物受到毒害，生长受阻，主要表现在破坏细胞的膜结构、出现严重的质壁分离和空泡化现象、细胞核变形、核仁解体、核基质分布不均匀、核中央出现大空泡等。细胞膜的损伤必然影响与膜相结合的酶和细胞内酶的平衡，严重时导致植物死亡。此外，高浓度的铀还可通过抑制细胞分裂，导致染色体断裂、重排和粘连，染色体畸变等，对植物细胞产生遗传毒害。

以凤眼莲和大薸为对象，研究不同铀浓度下，铀胁迫对凤眼莲和大薸的根系与叶片的损伤状况。研究表明，0.1 mg/L 铀浓度胁迫对凤眼莲和大薸生长不产生毒害作用。铀浓度大于 0.1 mg/L 时，凤眼莲和大薸叶片与根系均有损伤。萌芽试验结果表明，多数植物表现为低浓度铀可促进种子萌发，而高浓度铀会严重抑制种子发芽甚至致死。如低浓度（1.5 mg/L）铀促进三叶草、苜蓿草、高丹草和黑麦草种子萌芽，当铀的浓度大于 5 mg/L 时，严重抑制其萌芽甚至致死，苏丹草在不同铀浓度下均受抑制作用，在所选铀浓度范围内 5 种牧草种子抗铀性强弱为高丹草≥黑麦草＞苜蓿草＞三叶草＞苏丹草。低浓度（1.5 mg/kg）铀促进高丹草和黑麦草生长，以 5 mg/kg 铀浓度促进作用最强，而高浓度（15 mg/kg）铀抑制高丹草和黑麦草生长。

采用盆栽模拟试验考察不同铀浓度胁迫下，苜蓿草和黑麦草等植物的生理生化指标变化试验结果表明，低浓度铀可刺激黑麦草等耐铀植物的生长，随着铀浓度升高，植物受到铀的毒害，生长受阻。植物对铀富集量随铀浓度的升高而增加。廉欢等（2017）证明超低浓度（1 mg/L）的铀处理时能够促进黑麦草种子的萌发和生长，大于 5 mg/L 时其萌发程度和整齐程度与铀处理液的浓度显著相关。

1.6 铀矿山生态环境修复的目标及原则

铀矿冶产生的三废对生态环境构成威胁，矿区及其周边的生态环境、土壤基质与结构、地下水及生物多样性等可能遭受严重影响甚至被破坏。铀矿山生态环境修复与常规金属矿山的生态修复具有较多共性，由于开采对象铀具有放射性，其要求更为严格，环境影响评价与监测贯穿于铀矿开采整个过程及矿山退役治理中，必须在满足铀矿山退役治理相关要求的基础上，进行铀矿山生态环境修复与长期监测。

1.6.1 铀矿山生态环境修复的目标任务与依据

铀矿冶设施终产后必须实施退役治理，对退役铀矿山及其周边受到污染的地域进行生态修复与恢复。在铀矿山完成资源开采后通过退役治理与生态修复，实现山体修复、污染治理、安全隐患消除、生态重建、环境绿化、铀资源可持续发展。

铀矿山生态环境修复的主要任务是使铀矿冶产生的放射性废水、废气与放射性固体废物得到有效的处理。废弃物尽量得到回收或者综合利用，使其危害最小化。

铀矿山生态环境修复相关法律法规有《中华人民共和国矿产资源法》、《中华人民共和国环境保护法》、《铀矿冶设施退役环境管理技术规定》（GB 14586—1993）、《铀矿冶辐射防护和环境保护规定》（GB 23727—2020）、《铀矿冶辐射环境影响评价规定》（GB/T 23728—2009）等。

1.6.2 铀矿山生态修复的原则

铀矿山生态修复的总原则是坚持生态优先，发展绿色矿业，推进绿色铀矿山建设，实现开采方式标准化，铀等资源利用高效化，生态工艺环保化。对铀矿区受污染的环境进行有效治理，开展铀矿山退役治理与生态复原和生态修复，尽量恢复到自然状态或者可以利用状态。对矿山开发活动中的坑、井、巷等工程进行封堵或者填实，恢复到安全状态；对采矿形成的危岩体、地面坍塌、地裂缝、地下水系统破坏等地质灾害进行治理，保护矿区及周围的生态环境和自然景观。

（1）自然原则：考虑当地自然特征和环境因素，因地制宜进行恢复、修复。

（2）系统原则：遵循生态系统、资源高效利用，节约土地资源，绿色无害与可持续发展。

（3）社会经济原则：实事求是，兼顾经济效益与社会效益；减少污染，美化环境，兼顾地力与环境承载力。

参 考 文 献

曹存存, 吕俊文, 夏良树, 等, 2012. 土壤胶体对渗滤液中铀(VI)迁移影响的研究进展. 核化学与放射化学, 34(1): 1-7.

陈婧, 谢水波, 曾涛涛, 等, 2016. 羟基铁插层膨润土的制备及其对铀(VI)的吸附特性与机制. 复合材料学报, 33(11): 2649-2656.

韩玲, 刘志恒, 宁昱铭, 等, 2019. 矿区土壤重金属污染遥感反演研究进展. 矿产保护与利用, 39(1): 109-117.

李银, 谢水波, 刘迎九, 等, 2012. 纳米 α-Fe_2O_3 微球对 U(VI)的吸附特性研究. 安全与环境学报, 12(2): 66-71.

廉欢, 高柏, 李志勇, 等, 2017. 临水河表层沉积物中的重金属污染评价. 环境工程, 35(8): 159-162.

凌勤, 董发勤, 杨刚, 等, 2018. 川西某退役铀矿区土壤重金属的空间分布和迁移特征. 绵阳: 2018 年全国矿物科学与工程学术会议论文摘要文集.

刘星群, 谢水波, 曾凡勇, 等, 2017. 亚铁铝类水滑石吸附铀的性能与吸附机制. 复合材料学报, 34(1): 183-190.

马倩, 2014. 白云鄂博矿区稀有金属矿产资源的可持续利用研究. 包头: 内蒙古科技大学.

潘英杰, 李玉成, 薛建新, 等, 2009. 我国铀矿冶设施退役治理现状及对策. 辐射防护, 29(3): 167-171.

彭文彪, 羊海文, 2014. QYW 铀矿山地质环境问题及原因探析. 采矿技术, 14(6): 63-68.

阙为民, 王海峰, 牛玉清, 等, 2008. 中国铀矿采冶技术发展与展望. 中国工程科学(3): 44-53.

荣丽杉, 梁宇, 刘迎九, 等, 2015. 5 种植物对铀的积累特征差异研究. 环境科学与技术, 38(11): 33-36, 56.

石磊, 吕惠进, 刘丹丹, 2011. 中国环境影响评价中公众参与存在的问题与对策. 中国人口·资源与环境, 21(S1): 68-70.

谭嘉亮, 郭思媛, 游姿, 等, 2020. 分子印迹技术应用于环境修复的研究进展. 天津化工, 34(6): 4-6.

王昌汉, 童雄, 王文涛, 等, 2003. 矿业微生物与铀铜金等细菌浸出. 长沙: 中南大学出版社.

王飞飞, 2018. 油气煤铀同盆共存全球特征与中国典型盆地剖析. 西安: 西北大学.

王丽超, 罗学刚, 彭芳芳, 等, 2014. 铀尾矿污染土壤微生物活性及群落功能多样性变化. 环境科学与技术, 37(3): 25-31.

王永华, 谢水波, 刘金香, 等, 2014. 奥奈达希瓦氏菌 MR-1 还原 U(VI)的特性及影响因素. 中国环境科学, 34(11): 2942-2949.

武易, 2015. 我国铀矿山主要环境问题与修复技术. 广东化工, 42(2): 95-96.

谢水波, 2007. 铀尾矿(库)铀污染控制的生物与化学综合截留技术. 北京: 清华大学.

谢水波, 张亚萍, 刘金香, 等, 2012. 腐殖质 AQS 存在条件下腐败希瓦氏菌还原 U(VI)的特性. 中国有色金属学, 22(11): 3285-3291.

徐乐昌, 张国甫, 高洁, 等, 2010. 铀矿冶废水的循环利用和处理. 铀矿冶, 29(2): 78-81.

闫逊, 2015. 铀尾矿土壤环境放射性核素的浓度分布及其对土壤微生物多样性的影响. 哈尔滨: 东北林业大学.

严政, 谢水波, 李仕友, 等, 2012. 凤眼莲、大薸对铀胁迫的生理生化响应. 安全与环境学报, 12(3): 1-5.

杨瑞丽, 荣丽杉, 杨金辉, 等, 2016a. 柠檬酸对黑麦草修复铀污染土壤的影响. 原子能科学技术, 50(10): 1748-1755.

杨瑞丽, 谢水波, 荣丽杉, 等, 2016b. 铀胁迫对 5 种牧草种子萌发的影响. 安全与环境学报, 16(4): 373-378.

曾毅君, 牛玉清, 张飞凤, 等, 2003. 中国铀矿冶生产技术进展综述. 铀矿冶, 22(1): 24-28.

张淑梅, 刘平辉, 魏长帅, 2016. 江西某铀矿区土壤中 Cr 污染评价. 东华理工大学学报(自然科学版), 39(2): 174-177.

张展适, 李满根, 杨亚新, 等, 2007. 赣、粤、湘地区部分硬岩型铀矿山辐射环境污染及治理现状. 铀矿冶, 26(4): 191-196.

周书葵, 娄涛, 庞朝辉, 2012. 放射性废水处理技术. 北京: 化学工业出版社.

周仲魁, 孙占学, 郑立莉, 等, 2018. 某铀矿区放射性核素对土壤微生物活性的影响研究. 有色金属(冶炼部分)(4): 75-80.

邹兆庄, 夏子通, 张保增, 等, 2015. 铀矿山污染场地治理技术初探. 世界核地质科学, 32(1): 57-62.

BARKAT M, NIBOU D, AMOKRANE S, et al., 2015. Uranium(VI) adsorption on synthesized 4a and P1 zeolites: Equilibrium, kinetic, and thermodynamic studies. Comptes Rendus Chimie, 18(3): 261-269.

TANG H X, LI Y P, HUANG W X, et al., 2019. Chemical behavior of uranium contaminated soil solidified by microwave sintering. Journal of Radioanalytical and Nuclear Chemistry, 322(3): 2109-2117.

XIE S B, HU L, ZHANG X J, et al., 2007. Bioremediation of uranium by bacillus subtilis: Efficiency, models and mechanism. ISEST 2007 Progress in Environmental Science and Technology, 1(1): 293-298.

XIE S B, YANG J, Chao C, et al., 2008. Study on biosorption kinetics and thermodynamics of uranium by *Citrobacter freudii*. Journal of Environmental Radioactivity, 99(2): 126-133.

XIE S B, ZHANG C, ZHOU X H, et al., 2009. Removal of uranium(VI) from aqueous solution by adsorption of hematite. Journal of Environmental Radioactivity, 100: 162-166.

ZOU H B, ZHOU L M, HUANG Z W, et al., 2017. Characteristics of equilibrium and kinetic for U(VI) adsorption using novel diamine-functionalized hollow silica microspheres. Journal of Radioanalytical and Nuclear Chemistry, 311(1): 269-278.

第 2 章　铀矿区铀等重金属的运移与数值模拟

2.1　概　　述

铀进入环境中严重污染生态环境的根源是铀的不稳定性——铀的迁移。铀等重金属的迁移释放是一个复杂的物理、化学、生物作用过程。在自然状态下，铀尾矿、铀废弃物中的铀等重金属进入环境后不能被生物降解，但在一定环境条件下可以溶解、转化，进而进入水体、土壤和地下水中，造成大范围的环境污染，还导致资源的大量流失。

2.1.1　矿区土壤中铀及其他重金属污染

采矿与矿物加工是造成矿区及周边土壤重金属污染生态环境的主要原因。铀矿区铀及重金属污染来源很广，包括采矿、冶炼加工等工业生产的废气、废水的排放，以及尾矿等废弃物的堆放等。铀矿区污染土壤的重金属主要包括 U、Cd、Pb、As[①]、Zn、Cu、Cr、Ni、Mn 等。表 2.1 给出了土壤重金属污染及污染源。铀等重金属不仅污染生态环境，还会通过生物积累效应、食物链等途径危及人类健康（张金远，2016）。滞留在环境中的重金属具有长期性、隐蔽性、不可逆性和不可降解等特点，一般较难被发现，往往是当土壤中的重金属含量达到一定量，引起土壤肥力下降、农作物减产、水资源和生态环境受到破坏，甚至危害到了人们的健康时才被引起重视。

表 2.1　土壤重金属污染及污染源

重金属种类	主要污染源
U	采（铀）矿、冶炼等核工业产生废水、废弃物、废渣、粉尘排放
Cd	冶炼、电镀等产生的废水，肥料杂质
Cr	冶炼、电镀等工业生产过程中产生的废水和污泥
Pb	冶炼等工业废水，防爆汽油燃烧排气
Zn	冶炼等工业废水和污泥、废渣
Ni	冶炼等工业生产过程中产生的废水和污泥
As	硫酸、化肥、玻璃等工业产生的废水、废气

① As 为类金属，但其毒性与重金属相近，因此本书将其归为重金属

2.1.2　地下水中放射性铀等核素的来源

地下水中铀的浓度主要取决于该铀矿区域地下介质中矿物构成成分、工程地质与环境水文地质条件，以及人类活动的影响。如采（铀）矿、工业废液废气的排放、燃料燃烧等。铀矿区地下水系统中铀迁移主要受控于微环境中铀的生物-化学-矿物平衡及水动力学过程。

1. 区域岩石矿物的溶解

天然条件下，地下水含水层中含铀矿物的溶解释放是造成矿区地下水中铀浓度升高的原因之一。韩国 WOO 等（2002）发现韩国中部地下水中的铀来源于沥青铀矿，释放出的铀随之以钒钾铀矿或 $U_4O_9(c)$形式沉淀，在酸性及氧化环境下，重新释放进入地下水，引起地下水中铀浓度超标。另外铀的浓度还与 Ca^{2+}和 SO_4^{2-} 具有显著的相关关系，表明地下水中的铀与硫化物的氧化作用相关，或溶解的铀来源于碳酸盐和硫酸盐的复合物。NEPI 等（2002）发现靠近韩国大田市花岗岩的含水层，铀质量浓度高达 400 μg/L；Kim 等（2000）研究发现了大田地区某些地热水中高浓度的铀来自围岩花岗岩，说明大田地区附近的地下水铀主要来源于溶解的花岗岩。

2. 铀尾矿库渗漏及酸性矿山废水

铀矿在开采过程中会产生大量的酸性矿山废水（acid mine drainage，AMD），其中存在大量的铀及其他重金属元素。酸性废水在排放过程中，重金属离子伴随其流动、迁移和转化，如果处理不当，会污染土壤和水体。加拿大对已关闭几百年的部分矿山的酸性矿山废水进行持续监测，调查的 108 座废矿中有 21 座存在持续渗漏酸性矿山废水的现象，其浓度超出加拿大饮用水标准值 10 倍，土壤和地下水受到严重污染。我国某铀矿周边地下水存在铀浓度升高，可能是铀尾矿库渗漏引起的（丁小燕 等，2017）。

3. 人类活动

铀的开采加工等会引起生态环境中铀含量升高，最终进入地下水，使地下水中铀浓度升高。左维等（2014）对某退役地浸井场地下水的污染状况进行了监测分析，发现矿物中 U、Fe、Ba、Cu、Ni、F 等元素也进入地下水中，致使下游 800～1000 m 范围内地下水污染严重。

使用含铀磷酸盐化肥也容易造成地下水铀污染，在合适 pH 及氧化条件下，化肥中的铀经过淋滤从农田转移到地下水或地表水。德国研究表明，在 1951～2011 年，因持续使用磷肥已导致农田累积铀约 14 000 t，相当于每公顷含铀 1 kg，河流流域中铀浓度是森林区域的 10 倍，位于农田土壤下的浅层地下水中铀的浓度是森林区域浅层地下水的 3～17 倍（Schnuget al.，2013）。

2.2 铀的赋存形态及其对迁移转化的影响

2.2.1 铀在水中的形态与分布特征

铀元素是变价元素，在环境中以易溶的 U(VI)为主，其形态为 UO_2^{2+}、$(UO)_2CO_3$、$UO_2(OH)^+$、$(UO)_2(OH)_2^{2+}$、$(UO_2)_3(OH)_5^+$等。在氧化性环境中，UO_2^{2+} 为 U(VI)主要存在形态。在还原性环境中，只有四价的氢氧化四铀、氟化铀在水中可溶。在自然界中，随着碳酸根浓度的升高，多分子形态的铀酰碳酸盐为主要形态。Guillatunount 等（2003）研究了在水溶液中 pH 与铀的主要形态分布的关系，图 2.1 为 pH 与铀存在的形态分布图，溶液中铀的总浓度为 200 μmol/L。

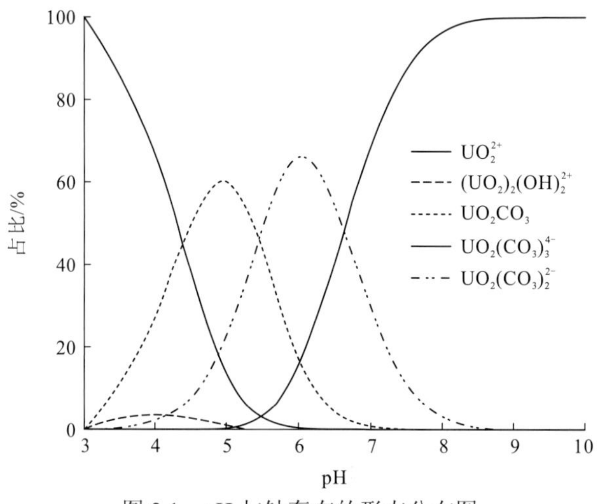

图 2.1 pH 与铀存在的形态分布图

水中铀的化学形态取决于水溶液的化学组分等理化微环境，主要用 pH、Eh、矿化度和阴离子与阳离子的浓度等化学参数来描述。表 2.2 为铀还原过程的半反应式及 Eh^0、Pe^0 和 lg$K$ 值。表 2.3 为溶液中铀的不同形态的相互转化形式。

表 2.2 铀还原过程的半反应式（Guillatunount et al，2003）

反应式	Eh^0/V	Pe^0	lg$K$
$U^{4+}+e = U^{3+}$	−0.553	−9.35	−9.35
$4H^++UO_2^{2+}+2e = 2H_2O+U^{4+}$	+0.267	4.51	9.02
$UO_2^{2+}+e = UO_2^+$	+0.088	1.49	1.49
$UO_2^{2+}+2e = UO_2$	+0.411	6.95	13.89
$2H^++U_4O_9+2e = 4UO_2+H_2O$	+0.456	7.71	15.41
$4\beta\text{-}U_3O_7+2H^++2e = 3U_4O_9+H_2O$	+0.517	8.74	17.48

表 2.4 给出了某典型铀尾矿区地下水成分，地下水为 HCO_3^--SO_4^{2-}-Ca^{2+}-Mg^{2+}型。地下水化学特征：酸碱度为中性、水介质属氧化型、低矿化、HCO_3^--SO_4^{2-}-Ca^{2+}型，有利于铀的溶解物迁移。含铀渗出液进入土壤后，在偏酸性条件下，极易形成铀酰离子 (UO_2^{2+}) 及其各种配合物，铀废石渗出液中 U (VI)进入土壤之后，被土壤胶体牢固地吸附，此为土壤的自我调节能力（曹存存 等，2012）。

表 2.3　溶液中铀不同形态的相互转化

形态转化反应式	$\lg K(I=0)$
$UO_2^{2+}+H_2O = UO_2OH^++H^+$	5.25
$UO_2^{2+}+2H_2O = UO_2(OH)_2(aq)+2H^+$	−12.15
$UO_2^{2+}+3H_2O = UO_2(OH)_3^-+3H^+$	−20.25
$UO_2^{2+}+4H_2O = UO_2(OH)_4^-+4H^+$	−32.40
$2UO_2^{2+}+H_2O = (UO_2)_2OH^{3+}+H^+$	−2.70
$2UO_2^{2+}+2H_2O = (UO_2)_2(OH)_2^{2+}+2H^+$	−5.62
$3UO_2^{2+}+4H_2O = (UO_2)_3(OH)_4^{2+}+4H^+$	−11.9
$3UO_2^{2+}+5H_2O = (UO_2)_3(OH)_5^++H^+$	−15.55
$3UO_2^{2+}+7H_2O = (UO_2)_3(OH)_7^-+7H^+$	−32.20
$4UO_2^{2+}+7H_2O = (UO_2)_4(OH)_7^++7H^+$	−21.90
$UO_2^{2+}+CO_3^{2-} = UO_2CO_3(aq)$	9.94
$UO_2^{2+}+2CO_3^{2-} = UO_2(CO_3)_2^{2-}$	16.61
$UO_2^{2+}+3CO_3^{2-} = UO_2(CO_3)_3^{4-}$	21.84
$3UO_2^{2+}+6CO_3^{2-} = (UO_2)_3(CO_3)_6^{6-}$	54.00
$2UO_2^{2+}+CO_3^{2-}+3H_2O = (UO_2)_2CO_3(OH)_3^-+3H^+$	−0.86
$3UO_2^{2+}+CO_3^{2-}+3H_2O = (UO_2)_3CO_3(OH)_3^++3H^+$	0.66
$11UO_2^{2+}+6CO_3^{2-}+12H_2O = (UO_2)_{11}(CO_3)_6(OH)_{12}^-+12H^+$	36.43
$2Ca^{2+}+UO_2^{2+}+3CO_3^{2-} = Ca_2UO_2(CO_3)_3(aq)$	30.70
$Ca^{2+}+UO_2^{2+}+3CO_3^{2-} = CaUO_2(CO_3)_3^{2-}$	27.18
$Mg^{2+}+UO_2^{2+}+3CO_3^{2-} = MgUO_2(CO_3)_3^{2-}$	26.11
$UO_2^{2+}+NO_3^- = UO_2NO_3^+$	0.3

表 2.4　典型地下水化学成分

分析项目		ρ（$B^{z\pm}$）/（mg/L）	C（$B^{z\pm}$）/（mol/L）	分析项目		ρ（$B^{z\pm}$）/（mg/L）	C（$B^{z\pm}$）/（mol/L）
阳离子	K^+	21.52	0.55×10^{-3}	阴离子	HPO_4^{2-}	0.03	3.12×10^{-7}
	Ca^{2+}	72.7	1.81×10^{-3}		Cl^-	59	1.66×10^{-3}
	Mg^{2+}	8.82	3.6×10^{-4}		SO_4^{2-}	1041	1.08×10^{-2}
	Fe^{3+}	0.35	6.27×10^{-6}		HCO_3^-	158	2.59×10^{-3}
	Fe^{2+}	未检出	—		CO_3^{2-}	0.0073	1.21×10^{-7}
	Cu^{2+}	0.01	1.57×10^{-7}		合计	1258.03	15.05×10^{-3}
	Mn^{2+}	0.6	1.09×10^{-5}				
	Pb^{2+}	0.1	4.83×10^{-7}	pH	6.8		
	Zn^{2+}	0.04	6.12×10^{-7}	U	0.02		
	Ni^{2+}	0.02	3.1×10^{-7}				
	Cd^{2+}	0.02	1.78×10^{-7}				
	合计	104.18	2.78×10^{-3}				

注：U 为地下水中总铀质量浓度，mg/L；ρ（$B^{z\pm}$）为离子质量浓度，mg/L；C（$B^{z\pm}$）为离子体积摩尔浓度，mol/L；CO_3^{2-} 未能检出，数据为水温 16 ℃时的计算结果

2.2.2　铀在土壤中的赋存形态与分布特征

1. 土壤中铀的相态

铀矿区土壤环境中重金属主要包括 U、Cd、Pb、Zn、Cu、Cr、Ni、Mn 与类重金属 As 等。影响土壤中铀等放射性核素的迁移、扩散、环境有效性及毒性的主要是铀的赋存形态。土壤中铀的相态有多种类型，只有活性态铀才会对环境构成威胁。

（1）可交换态（包括水溶态），指被土壤中有机/无机固体介质吸附的部分，水溶态铀的浓度一般极低，通常与可交换态合并计算。

（2）碳酸盐结合态（含专性吸附），指随着碳酸盐沉淀进入碳酸盐矿物晶格的部分。

（3）无定形铁锰氧化物/氢氧化物结合态，指被非晶态的铁锰氧化物/氢氧化物结合态胶结的部分。

（4）晶质铁锰氧化物/氢氧化物结合态，指赋存于晶质铁锰氧化物/氢氧化物结合态等矿物晶格的部分。

（5）有机质结合态，指与不溶有机质结合态的部分。

（6）残渣态，指赋存于石英、硅酸盐等稳定矿物晶格中的部分。

在对放射性核素的环境有效性评价过程中，一般认为可交换态、碳酸盐结合态的活性态铀在生态环境中容易迁移、扩散，易被动植物吸收。无定形铁锰氧化物/氢氧化物结合态、晶质铁锰氧化物/氢氧化物结合铀态，即为潜在活性态铀，在自然条件下具有一定的活性；而有机质结合态、残渣态在自然条件下较为稳定，在一定的时间内不会向周边环境迁移，被称为惰性态铀。

2. 土壤中铀的形态分布特征

1）表层土壤中铀的形态分布特征

表层土壤中铀相态分布不均匀。铀的主要相态占比的顺序是残渣态（31.07%）＞碳酸盐结合态（25.41%）＞无定形铁锰氧化物/氢氧化物结合态（20.06%）＞有机质结合态（17.83%）＞可交换态（包括水溶态）（3.69%）＞晶质铁锰氧化物/氢氧化物结合态（1.87%）（周秀丽 等，2015）。

2）根际土壤中铀的形态分布特征

根际土壤中铀的几种相态分布较不均匀。铀的主要相态占比的顺序是碳酸盐结合态（30.30%）＞残渣态（24.12%）＞有机质结合态（21.09%）＞无定形铁锰氧化物/氢氧化物结合态（16.47%）＞可交换态（包括水溶态）（6.15%）＞晶质铁锰氧化物/氢氧化物结合态（1.87%）。

3）根际土壤中铀与非根际土壤中铀的形态分布特征比较

根际土壤中的可交换态（含水溶态）铀、碳酸盐结合态铀、有机质结合态铀相比非根际土壤中的铀含量要高，而其他相态要比非根际土壤中的含量低，即根际土壤中可交换态（含水溶态）铀（6.16%）＞非根际土壤中可交换态（包括水溶态）铀（4.66%）；根际土壤中碳酸盐结合态铀（30.30%）＞非根际土壤中碳酸盐结合态铀（21.49%）；根际土壤中有机质结合态铀（21.09%）＞非根际土壤中有机质结合态铀（17.41%）；非根际土壤中无定形铁锰氧化物/氢氧化物结合态铀（16.67%）＞根际土壤中无定形铁锰氧化物/氢氧化物结合态铀（16.47%）；非根际土壤中晶质铁锰氧化物/氢氧化物结合态铀（2.63%）＞根际土壤中晶质铁锰氧化物/氢氧化物结合态铀（1.87%）；非根际土壤中残渣态铀（37.15%）＞根际土壤中残渣态铀（24.12%）（周秀丽 等，2015）。

遭受重度铀污染的土壤剖面，活性态铀与潜在活性态铀所占比例较高（63.18%～66.66%），而在远离污染源的剖面中，活性态铀与潜在活性态铀比例为 53.16%。残渣态铀的平均质量分数随距离铀尾矿库呈现上升趋势（33.61%→36.82%→46.70%）（孔秋梅 等，2017）。

2.2.3　影响铀赋存形态的因素及其对铀迁移转化的影响

铀矿冶废水包括铀矿开采和水冶废水、铀的精制和核燃料制造废水、生产及使用放射性同位素产生不同形态特征的废水等。需要特别重视的是铀矿山建设和生产中的矿坑排水，铀矿石加工提取过程中形成的尾矿水，露天矿、排矿堆、尾矿及矸石堆受雨水淋滤、渗透溶解矿物中可溶成分的废水。

铀的吸附和迁移与其化学形态密切相关。铀的各种化学形态有不同的扩散系数、吸附速率常数，确定铀在水中的化学形态对研究其行为规律十分重要。

当放射性核素进入水体之后，其形态可能因微环境变化而发生转化，可能呈简单阳离子、配合物阴离子或中性分子等溶解态，也可能以胶体粒子或微粒态存在。呈现不同形态的核素，其迁移与吸附行为相差很大。了解核素的形态对认识其吸附行为规律有重要意义，有助于对核素迁移研究结果的深入理解。在评价含铀废水对环境的影响时，需要通过现场环境调查了解铀迁移分布的情况，应该深入、系统地研究其在环境中的形态特征及行为规律，为处理含铀废水创造条件。

1. 碳酸根对铀形态的影响

铀离子的络合遵照“软硬酸碱”法则。锕系离子（尤其高价锕系离子）属于“硬酸”，碳酸根属于软碱。碳酸根很容易与铀酰离子配位，形成 $UO_2(CO_3)_2^{2-}$ 与 $UO_2(CO_3)_3^{4-}$ 。对铁矿吸附剂而言，10^{-5} mol/L 的碳酸浓度对 1 mg/L 铀的吸附是没有影响的。而当浓度大于 10^{-5} mol/L 后，吸附率将逐渐降低。证明碳酸根会竞争吸附，影响铀的吸附形态，当碳酸根浓度升高后，铀转化为碳酸铀酰离子，从而使吸附率减低。

在大气条件下，当 pH＞7 时，硅酸盐矿物吸附铀的比例显著下降。通过铀化学形态的分析，碳酸铀酰的出现使其吸附率下降。

2. 碱土金属对铀形态的影响

自然环境中铀的主要存在形态之一是 $UO_2(CO_3)_3^{4-}$，碳酸铀酰阴离子特别容易与碱土金属结合。Geipel 等（2006）利用激光诱导时间分辨荧光光谱技术得到了碱土金属与碳酸铀酰离子的稳定常数，认为可形成 $M_2UO_2(CO_3)_3^0$（M=Ca，Sr，Ba）和 $M_2UO_2(CO_3)_3^{2-}$（M=Ca，Mg，Sr，Ba）。Dong 等（2006）利用阴离子交换的办法来研究平衡常数，得到的产物为 $M_2UO_2(CO_3)_3^0$（M=Ca，Ba）和 $M_2UO_2(CO_3)_3^{2-}$（M=Ca，Mg，Sr，Ba），证明了 $Ca_2UO_2(CO_3)_3^0$ 含量的升高降低了铀在阴离子交换树脂上的吸附。Stewart 等（2011）研究得出，随着 Ca^{2+}的浓度由 0 升高到 1 mmol/L，三种吸附剂（铁氧化物和两种底泥）对铀的吸附量均显著减少了；研究 $MgUO_2(CO_3)_3^{2-}$ 时发现，在 Mg^{2+}存在的条件下，阴离子交换树脂吸附铀的能力下降了，对吸附后树脂成分的分析中没有测到 Mg，虽然 $UO_2(CO_3)_3^{4-}$ 同为阴离子，但是 $MgUO_2(CO_3)_3^{2-}$ 却不能被阴离子交换树脂吸附。

碱土金属与铀的配合物影响铀的吸附，使环境中的铀难以被去除，增加了铀扩散迁移的危险。Prat 等（2009）的研究表明，长期饮用含有高浓度 $Ca_2UO_2(CO_3)_3^0$ 和 $CaUO_2(CO_3)_3^{2-}$ 井水的群体没有出现明显的临床症状，表明铀形态的改变使其毒性也发生了很大变化。

3. 腐殖质对铀形态的影响

腐殖质由生物体物质在土壤、水和沉积物中转化而成，其结构中含大量苯环、羧基、羟基和酚基，是带负电的高分子弱电解质，分子量为 300～30 000，其本身的吸附能力很强。

腐殖质对重金属在环境中的迁移转化过程有重要影响，主要通过对重金属离子的螯合作用和离子交换作用实现吸附，不仅能与金属离子螯合，还能与水中的水合氧化物、黏土矿物等无机胶体物质结合成为有机-无机胶体复合物。沉积在底泥里的重金属通过和腐殖质的配合，重新溶于水中，进行迁移和转化；而与腐殖质配合的重金属也可能沉淀下来，长久固定于底泥中。

在环境中腐殖质与铀几乎同时存在。腐殖质的配合能力势必对铀的迁移转化产生影响。研究吸附剂-腐殖质-铀三元体系的规律与相互作用，对理解实际体系中铀的迁移转化很有意义。研究高岭土在腐殖酸条件下对铀吸附的结果表明，在酸性条件下，腐殖酸的存在提高了铀的吸附，而在近中性条件下，腐殖酸的存在将降低铀的吸附。研究表明，在三元体系中，铀不是直接与高岭土表面键合，而是与腐殖质形成络合物吸附在黏土表面。

2.2.4　铀矿区铀等重金属污染与迁移特点

土壤是生态系统层面各种物质迁移转化最活跃的多相介质，了解放射性核素在土壤中的迁移转化规律非常重要。人类活动与土壤的直接接触产生外照射，摄取有积累放射性核素作用的动植物可能造成内照射。学术界对铀等放射性核素在多相介质中的迁移转化规律的研究主要集中在室内研究、对照研究及计算机数值模拟等方面，包括铀矿区铀等重金属的形态、迁移规律、形成机制、地球化学分析等。

土壤表土层与生态环境密切联系，易受人类活动干扰，而心土层和母质层受人类活动影响较小，保持土壤固有的元素含量水平，故心土层和母质层能大致反映原生环境元素分布。不同重金属在土层中含量的变化趋势存在差异，即不同含量的各种重金属经过同一剖面后，在土壤中含量均发生了变化。表明重金属元素在土壤中迁移能力存在明显的差异，土壤对它们的吸附机理及各种影响因素，如土壤理化性质的微小差异都可能影响重金属的迁移。土壤有一定的吸附能力及过滤作用，铀等放射性核素在土壤层中迁移的深度大多集中在 0～50 cm，在距地表深度 60 cm 以内的土壤层中，铀等重金属离子在土壤中的含量随土层加深而降低。

重金属含量随土壤深度增加而降低，除与土壤的吸附能力和过滤作用及重金属本身的迁移能力有关外，还可能与所在地域降水情况，重金属随水流失而迁移至土壤深层有关（胡瑞霞 等，2009）。铀尾矿库附近的土壤中 Cu、Ni、Cd、Pb 和 Zn 等重金属的分布特征与迁移规律研究表明，其含量与距污染源的水平距离呈反比，与垂直深度呈正比，存在累积沉淀现象。对某铀矿区尾矿堆周围不同深度土壤剖面的 Zn、Ni、Cu、Cd 和 Pb 等重金属元素沿垂直方向的迁移规律研究结果表明，在垂直方向上重金属含量随着土层加深而降低，有表面富集的趋势。

研究铀尾矿库内非放射性重金属在生态链上的迁移特点结果表明，被检测的 Cd、Pb、

Cu、Zn、Mn、Cr 和 Ni 等重金属均能从尾矿砂向上层覆土中迁移，且均能沿着“土壤—生产者—初级消费者—次级消费者”生态链迁移。彭渤等（2009）对湘中 HJC 铀矿区黑色页岩土壤重金属污染的研究表明，土壤因继承母岩的元素富集特征而富集 V、Cr、Co、Ni、Cu、Zn、Mo、Cd、Sn、Sb、U 等重金属，形成 Cd、Mo、Sn、Sb、U 等重金属复合污染。

上述几种重金属含量在剖面深度 20 cm 时都显示为最大值，土壤作为开放的缓冲动力学体系，外来重金属大多富集在土壤表层。在被试重金属中，除 Pb 以外，其他重金属含量在剖面深度 60～80 cm 处都存在不同程度上升趋势，说明区域土壤重金属含量受土壤母质的“遗传”影响，即土壤底层本身有高的重金属含量。而剖面中 Pb 的含量呈下降趋势，表明该区域的 Pb 主要是外来的，很容易被土壤吸附而难以迁移。

铀的迁移机理的地球化学研究表明，铀可能以$[UO_2(HPO_4)_2]^{2-}$和$[UO_2(H_2PO_4)_3]^{-}$形式进行迁移。Th、U 和 Pu 在盐柱介质内的迁移转化，表明水溶液体系中的 pH 对 Th、U 的溶解能力有直接影响，添加的化学配位剂改变 U、Pu 在介质内的移动。在厌氧环境中，有机物能阻碍生物对铀的吸收、吸附及沉淀作用，使铀的迁移作用增强。胶体与铀的相互作用非常复杂，不同的浓度差及时间尺度对铀的迁移产生的影响不同。

水体和土壤的 pH 与水平距离成正比，由近及远逐渐升高，即离尾矿坝污染源越近，水体的酸性明显增强。而重金属含量与水平距离成反比，也说明污染进程由近及远。pH 与重金属含量负相关，即酸性越强的水体和土壤，溶浸作用增强，促进重金属元素向活性形态转化，其重金属含量越高。

铀、钍在外部力量的影响下，铀易发生迁移转化，而钍则更易在介质中富集。土壤及河道底泥中铀、钍元素的迁移转化，受多个因子影响，地貌位置、底泥颗粒的尺度、咸水反蚀作用、有机碳含量都对铀、钍的迁移产生明显影响。

氡的迁移是随着铀、镭在岩层内迁移，随后铀、镭在近地表衰变，氡在一系列地质作用下迁移到地表。氡从地层深部迁移到地表的过程中，氡受外部影响因子较多。

关于钍在土壤中的迁移，研究者多把注意力集中在稀有金属矿方面，白丽娜等（2001）研究表明，稀土开采场地范围内堆过废渣的场地土壤中，钍核素超出本底值 4.9 倍，使用第三代酸法工艺时，96%的钍元素进入了尾渣中，另有 2%～3%进入了废水，1%进入了大气；使用碱法工艺时，95%～96%进入了尾渣中，4%～5%进入了废水中。

2.3 铀的形态特征及其热力学计算

2.3.1 铀的热力学计算

热力学分析计算铀的存在形态和迁移形式，是研究铀在水-岩土体系（铀尾矿、铀废石）中迁移的有效方法，也是研究铀矿山环境地球化学的基础。以铀矿山的环境地质为对象，将化学热力学平衡模式与环境地球化学相结合，利用元素水文地球化学迁移形式热力学分析方法，对铀矿区地下水环境中铀的存在、迁移形态进行理论分析十分重要。通过了解铀所在地下水的基本情况，可以确定其可能化学形态；根据平衡常数与反应自由能变化值的关系式等基本热力学理论，结合已知热力学数据计算平衡常数，再利用平衡常数推算出铀在水中各形态的浓度，其结果可以为铀的迁移模拟提供参考。由于简化了热力学模型，对个别热力学数据进行近似处理，结果存在误差，但方法完整、简单。

2.3.2　U(IV)的存在形式及浓度估计

1. U(IV)的浓度计算

金属铀和三价铀的 Eh^0 很低，自然界中基本不存在。由于铀离子的歧化反应，五价铀只能短暂存在，铀在自然界中以 U(IV)和 U(VI)的化合物最为稳定。当地下水为还原条件时，Eh 值为负值，可能存在四价铀水化物（固相）与 U^{4+}之间的平衡。当水温为 25℃，其他组分不变，由

$$UO_2(OH)^+ \rightleftharpoons UO_2^{2+} + OH^-$$

及 $K_{sp}=10^{-54.46}$，将 $C_{OH^-}=10^{-7.92}$(mol/L)，代入上述平衡方程得

$$C_{U^{4+}}=10^{-54.46}/(10^{-7.92})^4=10^{-22.78}(mol/L)$$

再将地下水的化学成分和 $C_{U^{4+}}$ 分别代入其他方程中，可以解出 U(IV)在其他形态下的浓度，K_{sp} 为溶度积常数，K 为反应平衡常数，C 为浓度，mol/L。结果如下：

$$U^{4+}+H_2O \longrightarrow U(OH)^{3+}+H^+ \qquad K=10^{-1.14}$$

$$C_{U(OH)^{3+}}=10^{-1.14}\times10^{-22.78}/10^{-6.08}=10^{-17.84}\ (mol/L)$$

$$U^{4+}+2H_2O \longrightarrow U(OH)_2^{2+}+2H^+ \qquad K=10^{-2.28}$$

$$C_{U(OH)_2^{2+}}=10^{-2.28}\times10^{-22.78}/(10^{-6.08})^2=10^{-12.9}(mol/L)$$

$$UCl^{3+} \longrightarrow U^{4+}+Cl^- \qquad K=10^{-0.28}$$

$$C_{UCl^{3+}}=10^{-22.78}\times1.66\times10^{-3}/10^{-0.28}=10^{-24.78}(mol/L)$$

$$U(SO)_4^{2+} \longrightarrow U^{4+}+SO_4^{2-} \qquad K=10^{-5.46}$$

$$C_{U(SO_4)^{2+}}=10^{-22.78}\times1.08\times10^{-2}/10^{-5.46}=1.08\times10^{-19.28}(mol/L)$$

$$U(OH)_4^0 \longrightarrow U^{4+}+4OH^- \qquad K=10^{-47.43}$$

$$C_{U(OH)_4^0}=10^{-22.78}\times(10^{-7.92})^4/10^{-47.43}=10^{-7.03}(mol/L)$$

2. 离子态 U(IV)富集形式的浓度差异

离子态 U(IV)最富集的形式为 $U(OH)_2^{2+}$，其最大可能值为 $10^{-12.9}$ mol/L 或 $10^{-10.5}$ g/L，比天然水中的铀浓度（2×10^{-5} g/L）低 5～6 个数量级。其他离子态 U(IV)的总和很低。天然水中 U(IV)离子态可忽略不计。不同形式 U(IV)的浓度顺序为 $C_{U(OH)_4^0} \gg C_{U(OH)_2^{2+}} \gg C_{U(OH)^{3+}} > C_{U(SO_4)^{2+}} > C_{U^{4+}} > C_{UCl^{3+}}$。

如果将地下水的 Eh 值降到 0 以下，则可能发生还原反应：

$$U(VI)+2e \longrightarrow U(IV)$$

于是水中铀的浓度可以降低 5～6 个数量级。因此，开展铀矿区退役治理工程隔离屏障研究非常必要。在天然水中 U(IV)的浓度较高，但其迁移形式为胶体 $U(OH)_4^0$，易附着在固态物上，对存在 $U(OH)_4(s)$的强还原性或中性环境，其最大浓度可能达到 $10^{-7.03}$mol/L 或 2.2×10^{-5} g/L，该浓度比离子态的总浓度高 6 个数量级。所以，U(IV)的迁移主要是以 $U(OH)_4^0$ 胶体态占优势。因此，控制铀以 $U(OH)_4^0$ 胶体形式随地下水迁移是铀矿区退役治理的重点。

研究铀在铀矿区地下水中的化学形态，关注的是其微环境，其氧化性很强，Eh 在 400 mV 以上。不存在 $U(OH)_4^0$ 胶体的生成条件，离子态 U(IV)存在可能性非常小。

2.3.3 U(VI)在地下水中的化学平衡方程与平衡常数

1. U(VI)在地下水中的形态

地下水中铀的浓度取决于水-岩系统的地球化学作用和介质性状，包括地下介质的含铀性、温度、水溶液的化学组分，以及系统的酸碱性和氧化还原性能等。平衡状态时，水中各种铀的溶解态之间存在定量关系，这种定量关系是由其平衡常数决定的。

以物理化学和地球化学理论为基础，采用化学热力学平衡分析可计算铀的化学形态。首先选择在特定条件下，可能存在的各种反应方程式及其平衡常数。在富含碳酸盐、磷灰石[$Ca_5(PO_4)_3Cl$ 和 $Ca_5(PO_4)_3F$]的地区，$UO_2(HPO_4)_2^{2-}$ 等是主要的赋存形态，可能是铀的主要迁移形式。查明特定条件的地下水化学成分，对建模很重要。

在天然水中铀的稳定价态有六价和四价。对于纯水，铀的存在形式为铀酰离子(UO_2^{2+})、铀离子(U^{4+})及它们的水化物形式。天然水中一般存在多种盐类，铀与它们形成各种络离子或胶体形式。由于氧化物、硫化物、氯化物及碳酸盐、磷酸盐类分布很广，CO_3^{2-}、HPO_4^{2-}、SO_4^{2-}、OH^-和 Cl^-等阴离子，便成为配位体与 UO_2^{2+} 和 U^{4+}形成络离子。

已知的铀的溶解态在 46 种以上，其中 U(VI)的溶解态在 24 种以上，对特定环境而言，可忽略那些痕量形态的物质。当研究场址地下水为中性、氧化性、低矿化和 $HCO_3^- - SO_4^{2-} - Ca^{2+}(Mg^{2+})$ 水化学特征，可以基本忽略四价铀的溶解态，重点选取与 OH^-、CO_3^{2-}、HPO_4^{2-} 和 SO_4^{2-} 等阴离子相关的 UO_2^{2+} 络合物形态，研究各种不同形态铀的化学平衡关系，并得到相应的平衡常数。

因此，铀在水溶液中的存在形式还与温度有关，需要对平衡常数进行温度校正。

2. 化学平衡方程和平衡常数计算

平衡常数 K 可按下式计算：

$$\lg K = \frac{-\Delta_r G^{\ominus}}{2.303RT} \tag{2.1}$$

式中：$\Delta_r G^{\ominus}$ 为反应的标准自由能变，kJ/mol，由反应物和生成物的标准生成吉布斯自由能计算得到；R 为气体常数，$R=8.314$ J/（mol·K）；T 为绝对温度，K。

将 $T=298.15$ K 代入式（2.1），得到

$$\lg K = -\Delta_r G^{\ominus} / 5.7087(\text{kJ/mol}) \tag{2.2}$$

当地下水的温度偏离 25℃较大时，可采用简化的 $\Delta H^{\ominus}$ 与 T 的关系式，进行温度校正：

$$\lg K_T \cong \lg K_{25℃} + \frac{\Delta_r H^{\ominus}}{0.01914}\left(\frac{T-298.15}{298.15T}\right) \tag{2.3}$$

式中：$\Delta_r H^{\ominus}$ 为反应的标准焓变值，kJ/mol。对场址而言，将 $T=289.15$ K 代入（2.3）得

$$\lg K_{16℃} = \lg K_{25℃} - 5.45\times10^{-3}\Delta_r H^{\ominus} \tag{2.4}$$

根据场址的水文地球化学条件，化学平衡方程主要有

$$UO_2(OH)^+ \rightleftharpoons UO_2^{2+} + OH^-$$

$\Delta_f G^{\ominus}$：−1356.87　　−1156.876　　−157.297　（kJ/mol）

$\Delta_f H^{\ominus}$：−1512.934　　−1258.547　　−229.940　（kJ/mol）

$\Delta_f G^{\ominus}$ 为标准生成自由能，kJ/mol；$\Delta_f H^{\ominus}$ 为标准生成焓，kJ/mol；由上述数据计算 $\Delta_r G^{\ominus}=42.698$ kJ/mol 和 $\Delta_f H^{\ominus}=24.447$ kJ/mol，代入式（2.2）、式（2.3），得到 $K_{25℃}=10^{-7.48}$、$K_{16℃}=10^{-7.61}$。表 2.5 给出了部分热力学参数。

表 2.5　化学热力学参数

项目	化学式	物质状态	$\Delta_f G^{\ominus}$ /（kJ/mol）	$\Delta_f H^{\ominus}$ /（kJ/mol）
U(VI)	UO_2^{2+}	aq	−925.7	1 018.8
	$UO_2(OH)^+$	aq	−1 156.9	（−1 258.5）
	$UO_2(OH)_2^0$	aq	−1 356.9	−1 512.9
	$UO_2(CO_3)_2^{2-}$	aq	−2 105.4	−2 358.5
	$UO_2(CO_3)_3^{4-}$	aq	−2 658.4	（−3 087.0）
	$UO_2(CO_3)^0$	aq	（−1 538.0）	（−1 692.4）
	$UO_2(SO_4)^0$	aq	−1 712.9	（−1 907.1）
	$UO_2(SO_4)_2^{2-}$	aq	−2 466.0	−2 812.5
	UO_2Cl^+	aq	−1 085.3	（−1 180.7）
	$UO_2(OH)_3^-$	aq	−1 529.7	（−1 751.4）
	$UO_2(OH)_4^{2-}$	aq	−1 685.7	（−1 973.6）
	$(UO_2)_2(OH)_2^{2+}$	aq	−2 347.6	（−2 566.5）
	$UO_2HPO_4^0$	aq	−2 089.9	（−2 305.0）
	$UO_2(HPO_4)_2^{2-}$	aq	−3 237.2	（−3 622.9）
	UO_2	am	−1 000.0	—

续表

项目	化学式	物质状态	$\Delta_f G^\ominus$ /（kJ/mol）	$\Delta_f H^\ominus$ /（kJ/mol）
配位体	H^+	aq	0	0
	OH^-	aq	−157.3	−230.0
	H_2O	l	−237.2	−285.8
	CO_3^{2-}	aq	−527.9	−677.1
	HCO_3^-	aq	−586.8	−692.0
	SO_4^{2-}	aq	−744.5	−909.6
	Cl^-	aq	−131.3	−167.1
	HPO_4^{2-}	aq	−1 089.3	−1 292.1

同理得到其他各化学平衡式的$\Delta_r G^\ominus$、$\Delta_r H^\ominus$和K值，其结果见表2.6。

表2.6 铀在地下水中的化学平衡方程、存在形态与平衡常数

平衡方程	铀存在形态	$K_{25℃}$	$K_{16℃}$
$UO_2(OH)^+ \rightleftharpoons UO_2^{2+} + OH^-$	$UO_2(OH)^+, UO_2^{2+}$	$10^{-8.208}$	$10^{-8.261}$
$UO_2(OH)_2^0(aq) \rightleftharpoons UO_2(OH)^+ + OH^-$	$UO_2(OH)_2^0$	$10^{-7.475}$	$10^{-7.608}$
$UO_2(CO_3)_2^{2-} \rightleftharpoons UO_2^{2+} + 2CO_3^{2-}$	$UO_2(CO_3)_2^{2-}$	$10^{-16.980}$	$10^{-16.900}$
$UO_2(CO_3)_3^{4-} \rightleftharpoons UO_2^{2+} + 3CO_3^{2-}$	$UO_2(CO_3)_3^{4-}$	$10^{-21.400}$	$10^{-21.601}$
$UO_2(CO_3)^0(aq) \rightleftharpoons UO_2^{2+} + CO_3^{2-}$	$UO_2(CO_3)^0(aq)$	$10^{-10.066}$	$10^{-10.047}$
$UO_2(SO_4)^0(aq) \rightleftharpoons UO_2^{2+} + SO_4^{2-}$	$UO_2(SO_4)^0(aq)$	$10^{-2.749}$	$10^{-2.633}$
$UO_2(SO_4)_2^{2-} \rightleftharpoons UO_2^{2+} + 2SO_4^{2-}$	$UO_2(SO_4)_2^{2-}$	$10^{-4.252}$	$10^{-4.113}$
$UO_2Cl^+ \rightleftharpoons UO_2^{2+} + Cl^-$	UO_2Cl^+	$10^{-0.235}$	$10^{-0.207}$
$UO_2(OH)_3^- \rightleftharpoons UO_2^{2+} + 3OH^-$	$UO_2(OH)_3^-$	$10^{-18.393}$	$10^{-18.625}$
$UO_2(OH)_4^{2-} \rightleftharpoons UO_2^{2+} + 4OH^-$	$UO_2(OH)_4^{2-}$	$10^{-18.170}$	$10^{-18.360}$
$(UO_2)_2(OH)_2^{2+} \rightleftharpoons 2UO_2^{2+} + 2OH^-$	$(UO_2)_2(OH)_2^{2+}$	$10^{-22.355}$	$10^{-22.730}$
$UO_2(HPO_4)^0 \rightleftharpoons UO_2^{2+} + HPO_4^{2-}$	$UO_2(HPO_4)^0$	$10^{-8.402}$	$10^{-8.369}$
$UO_2(HPO_4)_2^{2-} \rightleftharpoons UO_2^{2+} + 2HPO_4^{2-}$	$UO_2(HPO_4)_2^{2-}$	$10^{-18.563}$	$10^{-18.671}$

2.3.4　铀矿山水环境中铀的化学平衡与解析

1. U(VI)离子形态化学平衡模型

1）化学平衡模型

在平衡体系中，六价铀的不同离子形态浓度存在定量关系，它与其共存的络合阴离子有关，其值与平衡常数有关。后者的表达式即为U(VI)离子形态化学平衡模型：

$$\alpha_{UO_2(OH)^+}=\alpha_{UO_2^{2+}}\cdot\alpha_{OH^-}/10^{-8.261} \tag{2.5}$$

式中：α为活度，mol/L；铀有14种U(VI)形态，对应14个变量，同理可以写出$\alpha_{UO_2(OH)_2^0}$、$\alpha_{UO_2(CO_3)_2^{2-}}$、$\alpha_{UO_2(CO_3)_3^{4-}}$、$\alpha_{UO_2(CO_3)^0}$、$\alpha_{UO_2(SO_4)^0}$、$\alpha_{UO_2(SO_4)_2^{2-}}$、$\alpha_{UO_2Cl^+}$、$\alpha_{UO_2(OH)_3^-}$、$\alpha_{UO_2(OH)_4^{2-}}$、$\alpha_{(UO_2)(OH)_2^{2+}}$、$\alpha_{UO_2(HPO_4)^0}$、$\alpha_{UO_2(HPO_4)_2^{2-}}$的等式。求解上述方程需要再增加一个U(VI)质量守恒方程，作为定解条件。

假定上述的14种U(VI)形态的浓度之和与水样中测定的铀含量相等，即

$$\begin{aligned}C_{U_{mea}}=&C_{UO_2(OH)^+}+C_{UO_2^{2+}}+C_{UO_2(OH)_2^0}+C_{UO_2(CO_3)_2^{2-}}+C_{UO_2(CO_3)_3^{4-}}+C_{UO_2(CO_3)^0}\\&+C_{UO_2(SO_4)^0}+C_{UO_2(SO_4)_2^{2-}}+C_{UO_2Cl^+}+C_{UO_2(OH)_3^-}+C_{UO_2(OH)_4^{2-}}\\&+C_{(UO_2)_2(OH)_2^{2+}}+C_{UO_2(HPO_4)^0}+C_{UO_2(HPO_4)_2^{2-}}\end{aligned} \tag{2.6}$$

2）CO_3^{2-}与总铀浓度确定

模型中除铀的化学形态变量外，还有CO_3^{2-}、HPO_4^{2-}、SO_4^{2-}、OH^-和Cl^-等参数，可以根据化学平衡关系计算求得。

根据$HCO_3^- \rightleftharpoons CO_3^{2-}+H^+$　$K=10^{-10.33}$（25℃）

反应的$\Delta_r H^\ominus=14.853\ 2$ kJ/mol代入式（2.4）得

$$\lg K_{16℃}=\lg K_{25℃}-5.45\times10^{-3}\Delta_r H^\ominus=-10.41$$

得到$K_{16℃}=10^{-10.41}$，再代入平衡常数关系式得

$$C_{CO_3^{2-}}=\frac{C_{HCO_3^-}\cdot K_{16℃}}{C_{H^+}}=1.21\times10^{-7}\ \text{mol/L}$$

OH^-的浓度：将水的离子积常数$K_W=10^{-14}$（25 ℃）及水解反应的$\Delta H^\ominus$，代入式（2.4）求得

$$HCO_3^- \rightleftharpoons CO_3^{2-}+H^+$$

$$\Delta_r H^\ominus=-229.94-(-285.84)=55.90\ \text{kJ/mol}$$

$$\lg K_{16℃}=-14-5.45\times10^{-3}\times55.90=-14.30$$

其中，$K_{16℃}=10^{-14.30}$，由$K_{16℃}=C_{OH^-}\cdot C_{H^+}$得

$$C_{OH^-}=K_{16℃}/C_{H^+}=10^{-8.22}\ \text{mol/L}$$

在强氧化介质中，铀的浓度可忽略U(IV)的存在，把水样中铀的实际测定值全部视

为 U(VI)，其 $C_{U(VI)} = 10^{-8.77}$ mol/L。

2. 离子强度的计算

溶液中的离子对其他离子的活度产生影响，这种影响力称为溶液的离子强度 I，其单位为 mol/kg，可按下式求得

$$I = \frac{1}{2}\sum_{j=1} m_j Z_j^2 \tag{2.7}$$

式中：m_j 为离子 j 的质量浓度，对天然水，可与体积浓度 M_j 通用，mol/L；Z_j 为该离子的价电荷数。

3. 离子活度系数

离子强度 I 大于 0.02，应当采用修正的德拜-休克尔公式计算水中离子活度系数 γ_j：

$$\lg\gamma_j = \frac{-AZ_j^2\sqrt{I}}{1+Bd_j\sqrt{I}} \tag{2.8}$$

式中：A 为溶剂的特性常数，与温度有关；d_j 为离子 j 在溶液中水合作用的有效直径，nm；B 为 d_j 的温度系数。部分数据列于表 2.7 和表 2.8。

表 2.7　德拜-休克尔公式中 A 和 B 数值

温度/℃	A	$B\times10^8$	温度/℃	A	$B\times10^8$
10	0.496 0	0.325 8	20	0.504 6	0.327 6
15	0.500 2	0.326 7	25	0.509 1	0.328 6

表 2.8　德拜-休克尔公式中 d_j 数值

d_j/nm	离子	d_j/nm	离子
0.9	H^+，Fe^{3+}，Cr^{3+}，Al^{3+}，La^{3+}	0.45	CO_3^{2-}，HPO_4^{2-}，CrO_4^{2-}，Pb^{2+}
0.8	Mg^{2+}，Be^{2+}	0.4	PO_4^{3-}，SO_4^{2-}，$Fe(CN)_6^{3-}$
0.6	Ca^{2+}，Fe^{2+}，Ni^{2+}，Co^{2+}，Mn^{2+}，Cu^{2+}，Zn^{2+}	0.35	OH^-，F^-，HS^-，MO_4^-
0.5	Sr^{2+}，Ra^{2+}，Cd^{2+}，S^{2-}	0.3	K^+，Cl^-，I^-，NO_3^-，NO_2^-
0.4～0.45	Na^+，HCO_3^-，$H_2PO_4^-$		

将有关参数代入式（2.8），分别计算出各离子的活度系数如下：

$\gamma_{H^+} = 0.843\,0$　$\gamma_{OH^-} = 0.839\,5$　$\gamma_{Al^{3+}} = 0.216\,0$　$\gamma_{Cl^-} = 0.839\,2$

$\gamma_{HCO_3^-} = 0.840\,1$　$\gamma_{CO_3^{2-}} = 0.498\,5$　$\gamma_{Ca^{2+}} = 0.501\,1$　$\gamma_{Mg^{2+}} = 0.504\,4$

$\gamma_{SO_4^{2-}} = 0.497\,6$　$\gamma_{Fe^{3+}} = 0.216\,0$　$\gamma_{Pb^{2+}} = 0.498\,5$　$\gamma_{HPO_4^{2-}} = 0.498\,5$

$\gamma_{Cd^{2+}} = 0.499\,3$　$\gamma_{K^+} = 0.839\,2$　$\gamma_{Mn^{2+}} = 0.501\,1$　$\gamma_{Zn^{2+}} = 0.501\,1$

U(VI)缺少 d_j 数据，可根据离子价和溶液的离子强度 I，从文献中查得粗略的 γ_j 值。1 价、2 价、3 价、4 价离子的 γ_j 值依次为 0.85、0.545、0.25、0.10。

4. UO_2^{2+} 配位体浓度分析

由地下水分析数据可知，铀矿区地下水为低硬度水，水中+2 价以上阳离子（Ca^{2+}、Mg^{2+}、Fe^{3+}等）的摩尔浓度为 2.35×10^{-3} mol/L，而阴离子（HPO_4^{2-}、Cl^-、SO_4^{2-}、HCO_3^-、CO_3^{2-}等）的摩尔浓度为 15.05×10^{-3}mol/L，即阴离子摩尔浓度比阳离子高 12.70×10^{-3}mol/L。

水中铀质量浓度为 2×10^{-5} g/L，以 UO_2^{2+} 作为铀摩尔浓度的基本单元，得出 $C_{(UO_2^{2+}1/2)}=1.68\times10^{-7}$ mol/L。可见，即使+2 价以上的阳离子全部与阴离子配合，剩余的阴离子摩尔浓度为 12.70×10^{-3} mol/L，还比铀摩尔浓度 1.68×10^{-7} mol/L 高 6.56×10^4 倍。这种情况下，金属阳离子与 UO_2^{2+} 争夺配位体的作用不明显。因此，可以直接用水质分析结果作为 UO_2^{2+} 的配位体浓度。

5. 化学模型与数学模型

将 UO_2^{2+} 的配位体参数代入化学模型，通过代换将铀的各种形态转化为 UO_2^{2+} 的函数式。

将 $\alpha_{UO_2(OH)^+}=\dfrac{\alpha_{UO_2^{2+}}\alpha_{OH^-}}{10^{-8.261}}$、$C_{OH^-}=10^{-7.92}$、离子浓度以活度归一，代入式（2.5）得 $C_{UO_2(OH)^+}=1.1734\cdot C_{UO_2^{2+}}$。

同理得到相应的关系式：

$C_{UO_2(OH)_2^0}=0.4106\cdot C_{UO_2^{2+}}$

$C_{UO_2(CO_3)_2^{2-}}=286.3749\cdot C_{UO_2^{2+}}$

$C_{UO_2(CO_3)_3^{4-}}=4.7725\cdot C_{UO_2^{2+}}$

$C_{UO_2(CO_3)^0}=366.3085\cdot C_{UO_2^{2+}}$

$C_{UO_2(SO_4)^0}=0.7978\cdot C_{UO_2^{2+}}$

$C_{UO_2(SO_4)_2^{2-}}=0.3760\cdot C_{UO_2^{2+}}$

$C_{UO_2(OH)_3^-}=2.02\times10^{-6}\cdot C_{UO_2^{2+}}$

$C_{UO_2Cl^+}=1.0390\times10^{-3}\cdot C_{UO_2^{2+}}$

$C_{UO_2(OH)_4^{2-}}=2.377\times10^{-14}\cdot C_{UO_2^{2+}}$

$C_{(UO_2)_2(H)_2^{2+}}=2.9544\times10^{6}\cdot C_{UO_2^{2+}}^2$

$C_{UO_2(HPO_4)^0}=19.8250\cdot C_{UO_2^{2+}}$

$C_{UO_2(HPO_4)_2^{2-}}=1.1238\times10^{5}\cdot C_{UO_2^{2+}}$

6. 铀的化学计算与讨论

1）理论计算结果

将上述主要形态关系式分别代入式（2.6），得

$$C_{UO_2^{2+}}=7.43\times10^{-13}\ \text{mol/L}$$

再用 $C_{UO_2^{2+}}=7.43\times10^{-13}$ 分别求出各种化学形态 U(VI)的浓度，并计算出其在总浓度中的占比（%），列于表 2.9。

表 2.9　地下水中铀的各种化学形态的浓度

U(VI)的化学形态	C_B/（mol/L）	Y_B/%	U(VI)的化学形态	C_B/（mol/L）	Y_B/%
$UO_2(CO_3)_2^{2-}$	2.128×10^{-10}	0.25	UO_2^{2+}	7.43×10^{-13}	8.84×10^{-4}
$UO_2(CO_3)_3^{4-}$	3.547×10^{-12}	4.2×10^{-3}	$UO_2(SO_4)^0$	5.93×10^{-13}	7.06×10^{-5}
$UO_2(CO_3)^0$	2.722×10^{-10}	0.324	$UO_2(SO_4)_2^{2-}$	2.795×10^{-13}	3.327×10^{-6}
$UO_2(HPO_4)_2^{2-}$	8.348×10^{-8}	99.3	$UO_2(OH)_3^-$	1.502×10^{-18}	1.79×10^{-6}
$UO_2(OH)_2^0$	3.051×10^{-13}	3.63×10^{-4}	UO_2Cl^+	7.724×10^{-16}	9.195×10^{-8}
$UO_2(OH)^+$	8.723×10^{-13}	1.038×10^{-3}	$(UO_2)_2(OH)_2^{2+}$	1.663×10^{-18}	1.98×10^{-9}
$UO_2(HPO_4)^0$	1.473×10^{-11}	1.75×10^{-2}	$UO_2(OH)_4^{2-}$	1.767×10^{-26}	2.1×10^{-17}

注：表中 C_B 为 U(VI)各化学形态的浓度，mol/L，合计为 8.402×10^{-8} mol/L；Y_B 为各化学形态在铀总浓度的占比，合计为 99.99%。

2）铀矿区地下水中铀的各种化学形态浓度关系

铀矿区地下水中 U(VI)的化学形态的浓度次序为

$$C_{UO_2(HPO_4)_2^{2-}}99.3\%>C_{UO_2(CO_3)^0}0.324\%>C_{UO_2(CO_3)_2^{2-}}0.25\%>C_{UO_2(HPO_4)^0}1.75\times10^{-2}\%>$$
$$C_{UO_2(CO_3)_3^{4-}}4.2\times10^{-3}\%>5.0283\%>C_{UO_2(OH)^+}1.038\times10^{-3}\%>C_{UO_2^{2+}}$$

后几种占比不足 0.01%。碳酸铀酰络合物与磷酸铀酰络合物占绝对优势。

铀在矿区地下水中，阴离子迁移形式约占 95%；中性络合物或胶体形式约占 5%；$UO_2(OH)^+$和 UO_2^{2+} 阳离子形式不到万分之一。表明碱性环境利于铀的稳定，如果采取环境地球化学阻隔措施增加地层岩土的正电荷量，可以有效阻止铀酰络合阴离子的迁移，控制退役铀矿区铀的释放迁移。

如果铀酰碳酸盐、磷酸盐络阴离子为主要迁移形式，提升地下水中 CO_3^{2-} 浓度，将促使铀在地下水中溶解和迁移。反之，采用工程措施降低地下介质中的 CO_3^{2-} 及其盐类浓度，有利于有效控制铀的迁移。

在天然水中，当 $\sum C_{PO_4}\geqslant0.01$ mg/L 时，铀的主要形式为 $UO_2(HPO_4)_2^{2-}$；控制水中铀形式的主要因素为 HCO_3^- 的浓度，如果水中 $C_{HCO_3^-}\geqslant(3\pm2)$ mg/L 时，有形成 $UO_2(CO_3)_n^{2-2n}$ 的优势，n=1～2。

某铀矿区地下水体系中 $\sum C_{PO_4}$ 为 0.03 mg/L，而 $C_{HCO_3^-}$ 高达 158 mg/L，属后一种情况。理论分析与计算步骤如下：

（1）分析得到矿区地下水的基础资料。

（2）根据分析结果，忽略痕量的形态，确定铀元素可能的化学形态及平衡式。

（3）充分利用酸碱度、氧化还原电位等条件，对铀的化学形态进行筛选。

（4）从平衡常数与反应自由能变化值的关系等基本热力学理论出发，利用已知热力学数据，计算出平衡常数。

（5）再利用平衡常数关系式，反算出元素各种形态的浓度。

在天然条件下，由于氧化性很强，地下水环境中铀的离子态基本上是六价铀，四价铀离子可以忽略不计。碳酸盐铀酰络合物形态在铀矿区地下水中存在和迁移，是铀的迁移需要研究解决的主要问题。如果采用缓释剂使地下水长久地保持为强还原介质，使U(VI)还原为难溶和不溶的形态，则可使水中铀浓度减少 5～6 个数量级。

铀矿区地下水中 U(VI)主要以络合物形态存在，主要有 $UO_2(HPO_4)_2^{2-}$、$UO_2(CO_3)^0$、$UO_2(CO_3)_2^{2-}$ 等，占绝对优势（>99%）；然后为 $UO_2(OH)_2^0$ 和 $UO_2(OH)^+$、UO_2^{2+} 等，但占比均不足 1%。

2.4　铀等放射性核素迁移方式与主要影响因素

2.4.1　土壤中铀等放射性核素的迁移机理与迁移方式

铀等核素的迁移机理与重金属迁移机理基本相似，主要有对流、水动力弥散等。

1. 对流

由于对流作用能显著影响核素在裂隙介质中的迁移结果，存在流动裂隙水的同时也存在对流，尤其在渗透系数较高的含水层中，必须考虑对流作用对核素迁移的影响。通常能根据研究区的对流情况，估算出该区域中核素迁移的规模，以对其污染范围有一个宏观概念。裂隙介质中的核素受水流影响而运动的过程中，某点核素的对流通量为

$$J=QC \tag{2.9}$$

式中：J 为放射性核素的对流通量；Q 为溶液通量；C 为核素的浓度。

2. 水动力弥散

铀在地质环境中的迁移受载体（水）传输动力学及铀与介质（水、岩、土壤）相互作用机制两方面因素的控制，地下水流动引起铀的弥散和扩散，地质环境中的各种物理化学作用机制则影响铀的迁移行为。

核素在随裂隙水迁移的过程中，会逐渐溶解扩散，释放的范围逐步扩大，渐渐超出了先期估算的范围。目前，对此类核素迁移机理的研究，多数以地下水为介质，考虑核素在单一介质、多种介质中运移为主。当核素渗入地下水中，其迁移方式主要有分子扩散、渗流、渗流-弥散等。一般而言，地下水中的核素能同时存在上述三种迁移情况，迁移的具体情况随周围介质而定，Boscov 等（2001）在研究独立于水流的溶质迁移机理时，

仅考虑了扩散、化学反应和吸附作用对黏土层中 Ra 的迁移进行模拟，发现大部分的 Ra 迁移集中于黏土层的上部。

水动力弥散主要是以分子扩散迁移、渗流迁移和渗流弥散迁移三种方式进行。核素在土壤中扩散的过程中，上述三种方式均存在。条件不同，占主导作用的扩散方式存在差异。当存在浓度梯度时，溶质粒子在地下水介质中将受到扩散的影响，当流速较低时，扩散项的影响显著。宏观非均匀型的最常见的模式为低透水性的地段与高透水性的地段相互紧密地交错。这种情况下的溶质迁移在高透水性地带以对流为主，在透水性较低的地带以分子扩散为主。

在铀矿冶地域地下水系统中，土壤介质的透水性较低，放射性核素在土壤中的迁移方式主要以分子扩散为主。当铀在地浸地下水系统中迁移时，有多个过程参与，如水解沉淀、溶解迁移等，整个迁移过程随着水文环境的不同其迁移规律存在较大差异。土壤介质的土质、孔隙度、溶质浓度、时间、距离等都影响溶质在地下水介质中的迁移。

3. 引起延迟效应的吸附、解吸

介质中的流体因固体表面力而被阻滞固定下来，称为吸附，其反过程即为解吸。Wang 等（2012）基于广东省铀尾矿库浸出实验，认为主要的浸出机理是表面溶解和扩散机制，当所用溶浸剂、pH 不同时，浸出机理所占的比重不同，利用基质扩散对核素的阻滞机制研究发现，核素在围岩基底的裂隙中扩散，并被吸附于裂隙表面或赋存于孔隙水中。

赖捷等（2017）通过动态淋滤实验法研究了铀在地质（土壤）中的迁移行为，得到铀在土壤柱中的迁移速度为 7.3～8.5 cm/a，土壤对铀具有较好的滞留能力，水的流速是影响核素迁移的主要因素之一。

4. 放射性衰变作用

放射性核素在迁移过程中，自身发生衰变，从而导致其浓度降低。

2.4.2 影响土壤中铀等放射性核素迁移的主要因素

介质的影响主要考虑介质的种类、介质的含水量、介质的 pH、介质的粒径等对核素迁移、吸附的影响。影响放射性核素迁移的主要因素为水动力学条件、介质的构成与理化性质，这里主要讨论后者。

放射性核素迁移的方式可分为横向迁移和纵向迁移，横向迁移指核素首先污染周围的土壤，通过土壤污染地表水；纵向迁移指核素通过渗透作用抵达地下水，随着地下水流向四周扩散，造成矿区周围地下水受到核素污染。地下水系一旦受到污染，将导致整个生态系统发生改变，带来一系列的核环境污染问题。

1. 腐殖质

在自然条件下，铀矿区常存在大量腐殖质（humic substances，HS），形成比表面积

大、结构复杂、官能团种类多的腐殖酸（humic acid，HA），它能与金属阳离子结合形成相应的离子键、共价键及螯合键网，从而影响其赋存和迁移规律。Samadfam 等（2000）在 pH 为 3.5～10、引入腐殖酸浓度为 0～20 mg/L 的情况下，研究了高岭土对镅、锔的吸附，发现 pH 升到 5 左右，腐殖酸的存在会加强高岭土对镅、锔的吸附，当超过整个 pH 范围，不含腐殖酸的镅的吸收会增加。

2. 胶体的影响

大多数地下水中都存在诸如黏土微粒、硅酸、铁的氢氧化物、矿物或有机物形成的天然胶体、腐殖质胶体和放射性胶体等，这些胶体的表面化学活性强，易通过络合或离子交换过程吸附高电荷金属离子，进而促进或阻滞核素的迁移与吸附。

3. 粒径的影响

在探讨核素迁移机理时，分配系数 K_d 是表征核素在固体与液体中的吸附状态的重要参数，理论上，颗粒直径越小，比表面积越大，K_d 值相应增加。有研究者用静态法通过测定不同粒径的黏土对 ^{137}Cs 的吸附比，得出吸附比随黏土粒度的减小而增大。

4. pH 的影响

pH 直接影响铀等核素在介质中存在的形态。pH 不同，水溶液中铀的溶解能力差异很大，在酸性或碱性的水溶液中六价铀的溶解能力显著增强。六价铀在水溶液中以离子态存在时溶解能力最强。当 pH 趋近于中性时，六价铀的溶解能力明显减弱，有助于形成铀的沉淀。六价铀在黏土上的吸附容量在偏碱性或偏酸性条件下会迅速减少，当 pH 接近中性时，黏土对六价铀的吸附量达到最大值，说明六价铀在黏土上的吸附量与溶液的 pH 呈非线性关系。

2.5 地下水中核素迁移模拟研究现状与趋势

铀矿开采中产生的废石和尾砂多以废石堆或尾矿库的形式露天存放，规模大、数量多。这种堆放形式决定了其放射性核素迁移的特殊性。地浸采铀带来的铀等核素的地下水污染问题也相对复杂。系统研究铀矿冶地域核素迁移的行为规律，是有效地控制核素迁移的迫切需要。随着质量作用定律、热力学、水文地质学等基础理论的引入，铀迁移研究在理论上和方法上得到了长足的发展（杜洋 等，2014）。高浓度放射性废物处置库安全评价的时间为 1 万～10 万 a，一般的实验手段根本达不到其要求，实验研究方法在提供可靠的基本参数的基础上，借助计算机模拟才可以进行铀矿山、尾矿库的安全评价。计算机模拟技术和高灵敏度测试技术的进步，促进了放射性核素在地下水介质中迁移研究的发展。

2.5.1　国外模拟研究现状

关于放射性核素在陆地、城市、水体环境中迁移模式有效性的国际合作研究计划，是由国际原子能机构（International Atomic Energy Agency，IAEA）核燃料循环与废物处置部和核安全部首先发起，1989年欧洲共同体参加了这项计划。国际原子能机构和国际放射防护委员会（International Commission on Radiological，ICRP）等机构对铀废石、铀尾矿环境治理也十分重视，相继出版了专题技术报告（如IAEA，Technical Reports Series，No335 1992，No336 1994）。

加拿大从20世纪80年代开展了铀尾矿无害化的研究。Morin等（1982）对加拿大15个铀尾矿库进行了综合对比研究，提出了铀尾矿库水文地质作用概念模型（conceptual model of hydrogeology interactions）。

1980年，美国环境保护局发布了《停产铀尾矿处置场补救措施》等一系列法规文件，方案实施的必要条件是“在允许的时间内，对流、扩散、地球化学作用能够降低或者稀释污染物”。采用数值模型方法对地下水污染状况进行研究，由于概念模型过于简单，很多问题不能准确分析。

国外在地下水污染预测的模型方程中，反应项考虑的因素较单一，一般没有把各种核素、金属离子等与地下水中各种组分的作用综合起来考虑。1995年在德国弗赖贝格（Freiberg）举行的第一届铀矿开采与水文地质（Uranium-Mining and Hydrogeology）国际学术会议上将地球化学模型（MINEQL/EIR）与迁移模型（FAST）相耦，合研究了埃尔韦勒（Ellweiler）铀尾矿库中核素的迁移规律；Nitzsche（2000）应用MODFLOW软件和PHREEQC软件联合研究了地下水中镭和铀的迁移规律。德国弗莱堡工业大学的Merkel运用PHREEQC软件对德国德累斯顿市国王堡（Koenigstein）矿区淋滤条件的可行性进行了研究；美国内华达州沙漠研究所的Greg Pohlkl等采用MODFLOW软件对位于内华达州的尚尔（Shoal）核试验基地的核素在地下水中迁移进行了模拟，建立了水流和迁移模型。

2.5.2　国内模拟研究现状

20世纪80年代末期，我国开始了对铀矿冶废石、尾矿的评价和治理工作，完成了中国核工业三十年辐射环境质量评价，建立了气态和河流的评价模式，并在以后的铀矿冶的退役环境评价中得到应用。中国核工业三十年辐射环境质量评价表明，在整个核燃料循环中，铀矿冶系统对公众产生集体剂量占有91.5%，远高于联合国原子辐射效应科学委员会1982年报告中的典型值9.47%。我国有众多的开采矿山，尾矿渣、尾矿水存放在尾矿库中，大多存在核素渗流污染地下含水层的趋势或者部分含水层已遭受到了不同程度的污染。

中国辐射防护研究院与日本原子能研究所合作，于2001年完成了“超铀核素近地表迁移行为及处置安全评价方法学研究”课题。有关铀矿冶地域核素迁移行为规律的研究，国内处于初级阶段，在化学反应方面仅研究了包气带中核素与地质体之间的反应；在地下水中的研究仅局限于数值模型的求解，在地下水污染评价中采用的模型也偏简单。

马腾等（2000）以我国某尾矿库为例，运用 Visual MODFLOW 软件对 U(VI)在浅层地下水系统中迁移进行了模拟。国内的相关研究较多集中于高放废物地质处置的选址、核素的迁移模拟及核素吸附行为实验室研究等。

南华大学开展了“铀矿冶地域中核素迁移不确定性理论与方法”的研究，与中国地质大学合作完成了“铀水冶尾矿库核素输运过程中的三维数值模拟与环境效应评价”“原地浸出采铀地区化学动力学模型研究”的研究。在地下水污染研究方面初步建立了与国际流行的软件 PHREEQC、Visual Modflow、Visual Groundwater、GMS、HST-3D 相适用的软件。先后完成了 712 矿、781 矿、765 矿、703 矿、721 矿、724 矿、713 矿、737 矿、741 矿、743 矿、719 矿等矿在役和退役的环境评价工作，建立了环境大气和水的评价模式。

刘春立（1999）研究了超铀核素在近地表介质中的迁移行为及影响因素；钱天伟等（2000）研究了耦合平衡化学作用的核素迁移模型；李合莲等（2006）以 272 厂铀尾矿库为例，预测了铀尾矿库地下水环境影响并对放射性剂量进行了评价；闵茂中（1997）对 324 铀矿床近地表矿体中长寿命铀系核素和类比微量元素迁移特征及高放废物地质处置库安全评价的天然类比等进行了研究；陈迪云等（2000）研究了铀矿区附近牛对放射性核素环境转移的指示；郭择德等（2005）研究了尾矿中 U、Th 和 ^{226}Ra 在亚黏土层的垂向迁移；王金生等（1999）进行了包气带中 ^{85}Sr 迁移的浓度双峰分布数值模拟研究。

2.5.3　模拟试验

随着人们对放射性环境问题的日益关注，放射性废物的地质处置问题越来越受到国际社会的广泛重视。

1. 室内实验

以铀尾矿处置库围岩和回填缓冲材料为实验介质，研究放射性核素的迁移行为，获得核素在岩石或回填材料中的迁移参数，包括核素在屏障材料中的吸附分配比 K_d、阻滞系数 R_d、岩溶因子 a、有效扩散系数 D_e、弥散系数 D_p 等（苏锐 等，2000）。实验介质的尺度从粉粒到米级或更大粒径不等。它为开展进一步的地下实验室研究、天然类比研究及计算机模拟等提供了基础。其主要特点是费用较低、操作简便，可以深入探讨核素迁移的机理，运用成熟的理论进行机理解释，为地下实验和现场实验提供必要的技术参数。

然而，在采样和实验过程中增加了大量的人为因素，介质的原始状态被扰动了。中国原子能科学研究院利用核素在包气带和饱水带中的迁移模式计算了 737 矿原地浸出采铀工业性试验基地各核素的峰值浓度分布；北京师范大学环境模拟与污染控制国家重点联合实验室采用包气带剖面二维与孔隙潜水含水层平面二维耦合数值模型研究了国内某低中水平放射性固体废物处置场核素迁移的途径；核工业北京地质研究院着重探讨了花岗岩基质扩散对核素在裂隙中迁移的影响，并建立了相应的二维扩散数学模型；吉林大学在设计的实验装置中进行了放射性核素 ^{131}I 在页岩介质中的扩散、渗透-弥散的实验，并在此基础上建立了放射性核素 ^{131}I 在页岩介质中的一维迁移物理模型及数学模型。

美国劳伦斯-伯克利实验室以裂隙流三次方定律为基础研究了砂岩柱单裂隙中核素的迁移行为，分析了岩柱出口端流量大小及浓度变化，并测定了裂隙的导水系数和核素的纵向弥散系数。将土柱、砂柱中水分和溶质迁移的数学模型引入裂隙介质，推导出裂隙介质中核素迁移的数学模型，首次进行裂隙介质中核素迁移的数值模拟工作。

2. 野外实验

我国开展以放射性废物地质处置为目的的野外核素迁移实验较少，主要有：中国辐射防护研究院开展了室外核素迁移实验，模拟在大气降雨淋洗条件下核素在地下的迁移行为；核工业北京地质研究院在花岗岩体中开展了现场核素迁移实验，并在我国北山开展了野外地质调查，进行深部钻孔核素迁移实验。野外勘探结合深钻孔进行现场大规模核素迁移实验，可以获得放射性废物处置库安全评价所需的可靠参数，如瑞士的 Nagra 公司进行的钻孔实验等。

3. 地下实验室

我国建立了地下实验室，模拟地下放射性废物地质处置库现场大尺度核素迁移，通过研究探讨放射性核素迁移特征，深部岩石中水文地质学特征，回填材料、岩石、地下水等在废物处置条件下的物理化学性质变化，废物处置与回取技术等，得到安全建库所需的各种基础资料、参数及参数测定的方法和仪器等。许多国家已明确要求，建造地下实验室是开发最终处置库必不可少的关键步骤。

国外地下实验室分为两类，一般性地下实验室和特定场址地下实验室。一般性地下实验室指早期建设的一些实验室，一般利用废旧矿山坑道或民用隧道改建，仅开展方法学实验，不进行热实验，且与处置库场址没有直接联系；特定场址地下实验室指在选定的高放废物处置库预选场址上建造的地下设施，可以开展热实验，具有方法学和场址评价双重作用。所获得的数据可直接用于处置库设计和安全评价，而且这种地下实验室在条件成熟时可直接演变成处置库。

4. 天然类比

利用自然界早已存在的一些特殊体系，如天然反应堆、古老铀矿床、地质沉积层等，作为模拟很长历史时期后的废物处置库的模型。例如，非洲加蓬的 OKLO 铀矿天然反应堆，在这一地区详细研究了 U、Th、Np、Pu、Am 和一系列裂变产物的迁移和分布，并由此推测将来核素从处置库往外迁移的特性。在我国，核工业北京地质研究院和南京大学已开展天然类比方面的研究。

2.5.4 地下水数值模拟模型

1. MODFLOW 模型

美国地质调查局开发的 MODFLOW（modular three-dimensional finite difference groundw ater flow model）是用于孔隙介质中三维地下水流数值模拟的模型。MODFLOW 软件具有程序结构模块化、离散方法简单、求解方法多样化等优点，是目前主流的地下水水流模拟软件之一。MODFLOW 已升级到 Visual MODFLOW Flex，基本模块包括 MODFLOW2000/2005、MT3DMS、MODPAT。在模拟地下水流动、地下水溶质运移和流线示踪的应用过程中，掌握 Visual MODFLOW Flex 模型输出数据处理，相关图件的编制和模拟结果的三维可视化输出。MODFLOW 模型在环境保护、城乡规划、水资源利用等行业均得到应用，是地下水运动数值模拟的主导软件。其特点包括以下方面。

（1）MODFLOW 可应用于一维、二维、准三维和三维模型，采用的有限差分方法易于理解，适用于现实条件；数据输入格式、基本理论和每个模块都得到了广泛验证；模块化结构便于用户结合实际需要添加程序、完善功能和与其他应用软件如 Surfer、Excel 等结合；MODFLOW 模拟的结果，可以用如 Surfer、AutoCAD 等软件显示和处理，其三维可视化结果，使用户一目了然。利用 MODFLOW 来模拟的含水层系统，应具有 4 个特点：饱和流状态、适合达西（Darcy）定律、地下水密度保持恒定，以及水平水力传导率和导水系数的主流方向在整个含水层系统中保持不变。多数地下水系统中，都能满足上述条件。

（2）MODFLOW 可以模拟潜水、承压水和隔水层中的稳定流与瞬变流的情况。许多影响因素和水文过程，如河流、排水沟、泉眼、水库、作物蒸散、降雨和灌溉入渗补给等（杨杨，2008），都可以用 MODFLOW 来进行模拟。MODFLOW 提供了求解地下水流有限差分公式的多种方法，如强隐式迭代法 SIP、逐次超松弛迭代法 SOR、预调共轭梯度迭代法 PCG2、SSOR 等，可以结合实际情况进行选择。由于实际地质及水文地质条件的差异，采用不同的求解程序包所得的结果是不一样的。几种求解方法可能都收敛，也可能只收敛于一种或几种求解方法。在 MODFLOW 的求解过程中，引入了应力期（stress period）概念，将整个模拟时间分为若干个应力期，每个应力期又可再分为若干个时段（time step）。在同一个应力期，各时段既可以按等步长，也可按规定的几何序列逐渐增长。而在每个应力期内，MODFLOW 规定所有的外部源汇项的强度应保持不变。这不仅简化规范了数据文件的输入，也使得物理概念更为明确。MODFLOW 软件应用有限差分方法模拟含水层中的地下水流情况，从空间上对含水层可采用等距或不等距正交长方体划分网格。它使用户易于准备数据文件，便于输入文件的规范化，但增加了额外计算单元。MODFLOW 解决地下水流运动问题时，可以将含水层剖分多达 360×360×18 个网格单元。

（3）MODFLOW 主要采用三维有限差分方法进行模拟。其基本原理是在不考虑水的密度变化的条件下，地下水在孔隙介质三维空间中流动的偏微分方程为

$$\frac{\partial}{\partial x}\left[K_{xx}\frac{\partial h}{\partial x}\right]+\frac{\partial}{\partial y}\left[K_{yy}\frac{\partial h}{\partial y}\right]+\frac{\partial}{\partial z}\left[K_{zz}\frac{\partial h}{\partial z}\right]-W=S_s\frac{\partial h}{\partial t} \tag{2.10}$$

式中：K_{xx}、K_{yy}和 K_{zz}分别为渗透系数在 x、y 和 z 方向上的分量，假定渗透系数的主轴方向与坐标轴的方向一致，LT^{-1}；h 为水头，L；W 为单位体积流量，T^{-1}，用以代表流进汇或来自源的水量；S_s为孔隙介质的储水率，L^{-1}；t 为时间，T。

（4）MODFLOW 既可用于模拟孔隙介质地下水的运动，也可用来解决裂隙介质中的地下水流动问题。经过合理的概化，它还可用来解决空气在土壤中的流动。将 MODFLOW 与溶质运移模拟的软件结合，还可以用来模拟诸如海水入侵等地下水密度为变量的问题。

MODFLOW 采用矩形网格进行剖分，因而在处理复杂地质条件的地下水三维渗流场模拟方面存在不足，不及有限元三角剖分灵活多变。

2. Visual MODFLOW 模型

Visual MODFLOW 是由加拿大滑铁卢水文地质公司（Waterloo Hydrogeologic）在 MODFLOW 软件基础上，应用可视化技术开发的。它具有以下优点。

（1）高度集成的软件包，包括了用于地下水流模拟的 MODFLOW、粒子运动轨迹和传播时间模拟的 MODPATH、污染物在地下水中运移过程模拟的 MT3D，以及用于水文地质参数估计与优化的 PEST，具有直观的、强有力的图形交互界面。

（2）菜单结构新颖，便于用户对研究区离散及选择有效计算单元、确定边界条件与参数赋值、运行及校正模型，以及用等值线或颜色阴影实现结果的可视化，实现了人机对话。

（3）在模型的开发及结果输出中，模型网格、输入参数和模拟结果，都可以用剖面图或平面图显示。该模型能将数值模拟过程中的各个步骤准确地连接起来，从开始建模、输入和修改各类水文地质参数与几何参数、运行模型、反演校正参数，一直到输出结果，使整个过程从头到尾系统化、规范化。

对三维稳定流动，MODPATH 的质量平衡方程可用有效孔隙率和渗流流速表示为

$$\frac{\partial(nV_x)}{\partial x}+\frac{\partial(nV_y)}{\partial y}+\frac{\partial(nV_z)}{\partial z}=W \tag{2.11}$$

式中：V_x、V_y、V_z 分别为线性流动流速矢量在各坐标轴方向的分量，LT^{-1}；n 为含水层有效孔隙率，%；W 为由含水层内部单位体积源和汇产生的水量，T^{-1}。

污染物运移模型 MT3D 的基本方程为

$$\frac{\partial C}{\partial t}=\frac{\partial}{\partial x_i}\left[D_{ij}\frac{\partial C}{\partial x_i}\right]-\frac{\partial}{\partial x}(V_iC)+\frac{q_i}{P}C_s+\sum R_k \tag{2.12}$$

式中：C 为水中地下水污染物浓度，CL^{-1}；t 为时间，T；x_i 为沿坐标轴各方向的距离，L；D_{ij} 为水力扩散系数；V_i 为地下水渗流速度，LT^{-1}；q_i 为源和汇的单位流量，T^{-1}，C_i 为源和汇的浓度，CL^{-1}；P 为含水层孔隙率，%；$\sum R_k$ 为化学反应项。

3. Feflow 模型

Feflow 是由德国 Wasy 水资源规划系统研究所研发的地下水模型软件包。它采用有限元法进行复杂二维和三维稳定/非稳定水流和污染物运移模拟（王旭东 等，2004）。Feflow 的有限元方法允许用户快速构建模型来精确地进行复杂三维地质条件地下水流及运移分析，在这方面其功能要强于 MODFLOW。

Feflow 可以实现饱和或非饱和条件下（2D &3D）完全非稳定、半稳定和稳定状态下地下水水流和溶质运移模拟、颗粒跟踪和流线模拟、化学物质运移模拟、流体和固体中的热量运移模拟、密度流动模拟。

4. PHREEQC 模型

PHREEQC 是广泛使用的溶质运移地球化学模拟软件，是由美国地质调查局开发的进行低温水文地球化学计算的计算机程序，可进行正向模拟和反向模拟，基本可解决水、气、岩土相互作用系统中所有平衡热力学和化学动力学问题，包括水溶物络合、吸附-解吸、离子交换、表面络合、溶解-沉淀、氧化-还原等系列化学反应。

其中 PHREEQC-Ⅱ是基于 PHREEQC 发展而来的，实用性很广，是应用最广泛的地化模式程序，在核废料处置研究工作中多有应用。它可以计算温度范围为 0～300℃的地球化学作用，对高矿化度卤水设计有 Pitzer 子程序予以活度校正。相比传统的水化学反应模型，PHREEQC-Ⅱ第二版（PHREEQC-Ⅱ-Ò）可以描述局部平衡反应，且可以模拟动态生物化学反应及双重介质中多组分溶质的一维对流-弥散过程。

对于多溶质的溶液，PHREEQC-Ⅱ采用了一系列的方程来描述水的活度、离子强度、不同相物质溶解平衡、溶液电荷平衡、元素组分平衡、吸附剂表面的质量守恒等。根据用户的输入命令，PHREEQC-Ⅱ将选择其中的某些方程来描述相应的化学反应过程，采用改进的 Newton-Raphson 方法进行迭代求解方程组。

PHREEQC-Ⅱ还可以描述双重介质中含有多组分化学反应的一维对流-弥散过程。它采用了分裂算子（split-operator）技术，每个模拟时段内先进行对流项计算，再进行化学反应项的计算、弥散项的计算，最后重新进行化学反应项的计算。此方法可以减少数值弥散，对于具有复杂化学反应的溶质运移模拟比较有效。

但对 PHREEQC-Ⅱ的应用多限于进行化学组分的分析，涉及溶质运移和动态化学反应功能的报道尚不多见。

5. GMS 数值模拟软件

GMS 包含 MODFLOW、FEMWATER、MT3DMS、RT3D、SEAM3D、MODPATH、SEEP2D、T-PROGS、UTCHEM、PEST 和 UCODE 等主要计算模块，同时 GMS 还拥有 MAP、Boreholes、TINS、Solids、Mesh、Scatter Points、Grid 和 GIS 等辅助模块。GMS 数值模拟软件可为地浸铀矿环境治理提供技术方案和指导，能够有效模拟铀离子在地浸铀矿地下水中的迁移规律和运移范围（何智 等，2015）。

运用 GMS 软件进行模拟，首先需要对目标模拟区域进行概化，再利用概化模型进行模拟，有助于建立数学模型时减少不必要的计算，提高模拟的准确性。

GMS 具有强大的前、后处理功能。在运用 GMS 软件建模前期，对模型数据可以兼容多种格式，如 ArcGIS 中的坐标数据，以及 txt 等格式，可以将导入 GMS 软件中的数据自动保存到相关文件夹，方便参数的修改和调整。后期处理方面，GMS 输出结果多元化，包括等值线、轨迹线、色层图、图像动画，以及沿不同方向显示结果。在模拟结果处理上，可以通过观察井孔的数据比对模拟结果数据，可以调整模型，使模拟结果更加精准。GMS 软件具有参数估值模块，可以针对模型进行独立的参数估计。

2.5.5 酸法地浸采铀矿区地下水中铀迁移的数值模拟

地浸采铀是通过往含铀矿含水层中注入含有化学试剂的溶浸液，以此来开采铀矿。地浸采铀所造成的地下水中铀等污染是铀矿冶面临的主要环境问题之一，随着溶浸液在含矿含水层的扩散运移，被其浸出的铀会随地浸液扩散而运移。采铀结束后，残留在地下的铀随地浸废液进入采区地下水中，导致地下水放射性核素浓度超过国家允许的排放标准。在地浸采铀生产过程中，地浸液的注入和抽取改变了采区的原地下水流场和地下水中的主要阴阳离子的浓度，这些由铀参加的化学反应衍生的次级产物会对地浸铀矿采区地下水产生二次甚至多次污染。可见，地浸采铀所导致的地下水污染问题具有复杂性、难恢复性等特点。

结合铀矿采区特点，通过建立数学模型来模拟地下水中铀浓度的分布状况，以及准确预测地浸采铀区地下水中铀的浓度变化规律，对于地浸铀矿地下水污染治理十分重要。地下水溶质运移的数值模拟方法是行之有效的方法之一。它可以模拟地浸铀矿山地下水中铀的运移范围和距离，为地浸铀矿地下水环境污染评价和治理提供有效手段。通过概化地浸铀矿的源汇项和井孔对地下水溶质运移的影响，将有助于建立模型，提高模拟的运行效率。

例如针对南方某铀矿区，根据前期得到的水文地质资料，划分研究区域的边界范围。某铀矿区地质条件的复杂性和水文地质参数的变化限定了某铀矿地下水系统的量化。通过分析某地浸铀矿区的水文地质条件和水动力边界条件，人为划定的边界条件对该地浸铀矿区域进行概化。通过调查该铀矿的三维地质条件，将该地浸铀矿区从含水层的地质参数上进一步概化，主要是简化研究区域地质条件和参数，便于建立与实际条件相吻合的模型，为地下水流数值模型提供依据。

地下水模型是对实际的地层地质部分进行概化，模拟结果是否科学可靠，很大程度上取决于参数是否合理、模型与实际情况是否符合。在针对某地浸铀矿采区地下水建模过程中，主要涉及参数包括含水层渗透系数、水力坡度、达西流速及弥散度。在地下水数值建模过程中，源汇项是涉及地下水水位变化的重要参数之一，它主要包括降水、蒸发、河流、湖泊及灌溉沟渠等。

模型校核是地下水建模的另一个重要环节，主要目的是验证所建立的数值模型是否符合实际情况。模型校核主要遵循以下基本原则。

（1）模拟区域的地下水流场要与实际地下水流场基本保持一致。

（2）模拟中的地下水均衡变化与实际情况保持相同。

（3）模拟的水文地质参数符合实际地质参数。

某地浸铀矿采用酸法地浸采铀工艺，考虑地浸液中溶质种类的多样性，铀的运移涉及多种影响因素，如温度、酸碱度、溶质浓度、微生物吸收及溶质的衰变等。针对该地浸铀矿区地下水中铀的运移主要机制有对流、扩散、离散、吸附和衰变等。

某地浸铀矿地下水溶质运移模型是以地下水模型为基础建立的，地下水溶质运移模型由地下水连续方程和溶质运移方程构成。因此在某地浸铀矿区地下水溶质运移模型的概化与地下水流模型概化一致，模拟范围、含水层结构及边界条件等都与某地浸铀矿地下水流场基本相同。根据地浸铀矿地下水流模型，将某地浸铀矿地下水中铀运移模型概化为三维水流三维溶质运移模型。采用经验公式计算某地浸铀矿含水层中铀的弥散度及前期建立的某地浸铀矿地下水模型，运用软件中的 MT3DMS 模块建立某地浸铀矿地下水铀运移模型。

根据地下水流模型及正常生产的条件，设定某地浸铀矿区地下水流模型为非稳定流。将该地浸铀矿采区井场作为铀的点源，正常工况下，铀的补给浓度根据某地浸铀矿生产工艺设置，即采区井场铀源浓度随时间发生变化，以此模拟的结果作为正常工况条件下模拟结果。在不涉及岩土对铀的吸附及铀不发生化学作用的条件下，模拟未来 20 年达到某地浸铀矿地下水中铀的时空分布特征。

1）不考虑岩土对铀吸附作用模拟

在不考虑铀被岩石吸附条件下的模拟结果，通过运行模型得到第一层中铀运移模拟结果。随着模拟时间的增加，铀等浓度曲线逐渐往外扩展，并随着地下水流动方向往四周运移，其中以东南侧和西北侧运移范围最远。

在不考虑铀被岩石吸附条件下的模拟结果，通过运行模型得到第二层（含矿含水层）中铀运移模拟结果。可以看出某地浸铀矿经过 20 年的生产，在采场地下水中存在的铀的迁移的主要方向是东侧、南侧和西侧。在采场北侧铀迁移范围不超过 20 m，在采场西北侧，铀迁移范围与北侧大致相同。经过 20 年地浸生产，在模拟结果中显示，在采场周围地下水中铀浓度约 0.05 mg/L 的等浓度曲线已经偏离采区 40～50 m，在含矿含水层中铀具有进一步运移迹象。

铀在第三层的运移扩散范围，随着时间增加而扩大，并随着地下水流场方向向南侧和东侧运移，在北侧地下水中铀的 0.05 mg/L 等浓度曲线往外扩展，其主要原因是在井场边缘有监测井的存在，使得模型的第二层和第三层存在一定的水头联系。

2）考虑岩土对铀的吸附作用模拟

地浸铀矿岩土具有一定的孔隙，因此将岩土概化为多孔介质，在地浸液中存在多种组分，未考虑竞争吸附在内，将岩土对铀的吸附概化为多孔介质单组分等温式模型。考虑岩土对铀的吸附作用条件下，模拟边界与溶质运移模型边界条件、初始条件、应力期相同。根据细砂对铀的吸附实验和黏土矿对铀的吸附能力，结合某地浸铀矿开采过程中地下水中铀浓度和温度，选取其中两个对应量作为计算常数，采用 Langmuir 等温吸附模型计算岩土对铀的吸附参数。根据细砂和黏土的比例不同，分别计算出第一吸附常数为 0.003 kg/m^3 和 0.06 kg/m^3。

当第一吸附常数取值为 0.003 kg/m^3 时，正常工况条件下地浸铀矿生产 20 年，可以看出东南侧铀迁移范围发生变化，铀矿生产废水排放标准和矿坑水中铀浓度标准值低于 0.05 mg/L 等浓度曲线显示，20 年后 0.05 mg/L 铀等浓度已经运移到井场四周，其中以东南侧 0.05 mg/L 铀羽状面积最大，其边界距井场直线距离约为 200 m。北侧与西侧铀运移范围较小，并且在生产期间，0.05 mg/L 铀等浓度曲线变化不大。在西侧和北侧 0.05 mg/L 等浓度曲线距离井场直线距离约为 20 m。但是铀总体运移趋势是从井场向四周运移，以采场左侧最为明显，其主要是受到采场地下水流场的影响。

当第一吸附常数取值为 0.06 kg/m^3 时，正常工况条件下地浸铀矿生产 20 年，可以看出某地浸铀矿地下水中铀迁移趋势没有发生变化，0.05 mg/L 铀等浓度曲线范围存在明显变化，0.05 mg/L 的等浓度曲线仍然位于采场范围内。与之前对比，发现高浓度曲线发生了变化，20 mg/L 等浓度曲线范围变小。

通过运用 GMS 软件对某地浸铀矿地下水采用不同数值方法进行求解，发现不同数值方法求解的模型模拟结果存在差异。其中，混合特征线法求解结果与特征线法改进特征线法的求解结果相近似。标准差分法和三阶总变差衰减（total variation diminishing，TVD）法求解结果相近似。但是三阶 TVD 法与改进特征线法的解值之差最大，此浓度差值是不同解法之间所取的误差结果，针对不同的要求，合理选取模型方程的求解方法。

3）铀在退役尾矿库区地下水中的迁移数值模拟

铀矿山地域大量含放射性核素的铀废石、尾矿长期露天堆放，在天然降水的淋滤作用下，核素随地下水的下渗进入水体循环，将对矿区环境产生复杂、长期的影响。研究铀尾矿库区地下水中核素迁移规律对库区退役环境治理具有重要意义（林达 等，2008）。

目前，用于求解溶质运移模型的数值方法主要有：有限差分法（finite difference method）、有限单元法（finite element method）和边界单元法（boundary element method）。有限差分法的基本思想是按时间步长和空间步长将时间和空间区域剖分成若干网格，用未知函数值在网格结点上的值所构成的差分近似代替所用偏微分方程中出现的各阶导数，从而把表示变量连续变化关系的偏微分方程离散为有限个代数方程，通过解线性方程组，求出溶质在各网格结点上不同时刻的浓度。

有限单元法是把研究区域剖分为有限个子区域，在每个子区域上用某种插值函数来近似求解的未知函数，得到求解相应偏微分方程的线性方程。

边界单元法是基于格林（Green）公式和定解问题的 Green 函数，把问题的解表示为沿区域边界的积分，从而在计算上把三维问题转化为二维问题，把二维问题转化为一维问题。边界单元法又叫边界积分方程法，简称边界元法。

首先对铀尾矿库基础资料进行整理，对尾矿库的运营历史、构造特点及工程地质和水文地质条件进行分析。采用 GMS 实现对铀尾矿库内核素在地下水中迁移的溶质运移耦合数值模拟。利用 MODFLOW 进行水流模拟，导入绘有参数分区的 CAD 文件，利用 MAP 模块建立水文地质概念模型。为各分区指定初始参数，如渗透系数、给水度、含水层底板标高等。导入部分地层数据，通过插值由 GMS 自动赋值到每个节点，初步建立起模型模拟的初始条件，即可运行 MODFLOW 进行模拟。模拟运算的结果即以地下水位等值线的形式直接在显示窗中显示。

在得到地下水位等值线后，激活 MT3D 模块，输入水动力弥散度，U(VI)的渗漏浓度、半衰期，土壤孔隙率、分配系数及运移时间等参数，即可在 MODFLOW 计算结果上运行 MT3D 进行溶质运移模拟，得到规定时间下的 U(VI)的运移浓度分布。在模型验证中，对观测孔的测量结果和模拟结果进行对比，可利用 GMS 的验证方法进行验证。导入观测孔后，给定观测孔的置信度和计算允许误差，则 GMS 自动显示观测孔位置的计算结果与实测结果的差值，GMS 将差值分为三类，以红色代表差值在所允许范围的 2 倍以上，以黄色代表差值在允许范围的 2 倍以内，以绿色代表差值在允许范围以内。将同期观测孔中水头的测量值与模拟值进行比较，通过反复参数校正，直到两者的差值在允许误差之内。

2.5.6　发展趋势

地下水模拟的发展趋势有以下几个方面。

（1）介质的非均质性及由此而引起的参数的尺度效应，对弥散过程而言，许多复杂的天然介质可能不存在所谓的典型单元体（representative elementary volume，REV）。因而，建立在典型单元体概念上的经典理论不能适用于描述污染物在复杂介质中的迁移弥散过程。随机演化理论被迅速地应用于地下水污染物的迁移研究中，并建立了一套相应的随机模拟方法。国际上该领域的研究进展很快，已有重大突破，成为水文地质学的研究前沿。经典随机理论是建立在稳定流基础上的，它要求扰动量小于平均量，渗透系数的空间分布满足统计静态（stationary）平均速度是常量，无边界条件。但这些要求与多数实际水文地质条件存在较大差异，需要建立在非稳定和非统计静态基础上的随机理论，发展新的随机演化理论。该领域将继续成为研究热点，并开始用于实践。

（2）地下水中污染物在迁移过程中发生的化学反应和微生物参加的生物化学作用，尤其是地下水中有机物质迁移模型的研究将成为另一个研究热点。

（3）典型单元体平均化方法难以刻画溶质在裂隙中的快速迁移，难以反映裂隙出水在开始时流速大、以后逐渐衰减的衰变过程。从新的视角出发研究裂隙介质中的水流和溶质迁移机理就显得尤为重要了。

（4）不确定性分析和风险评估将引起关注，参数识别和估计长期进展不大，但却是模拟中的一个重要问题，预计将继续得到关注，尤其是有关迁移参数的问题。

（5）核废料问题，非饱和流及非饱和迁移问题：多相流及其迁移问题等也会继续被关注。现有的模型并没有完全满足工程模拟的需要，需要开发新的物理模型来更加逼近模拟放射性地下水中核素迁移的实际情况。

2.6 宏观弥散度和阻滞系数对地下水中核素迁移模拟的影响

弥散度是描述孔隙介质骨架结构的特征长度。对于理想的均匀介质，弥散度为常数，但实际含水层中不存在绝对的均质。微观水平分析能够了解机械弥散机理，要解决实际的地下水溶质迁移问题，必须回到宏观水平来分析。现有地下水溶质迁移模拟方程中的宏观参数要预先设定，通过野外试验确定宏观参数又相当困难，探讨确定宏观参数的方法及其对模拟结果的影响是很重要的。

阻滞系数 R_d 是描述核素在多相地质介质中迁移特征的重要参数。在较大时空的核素迁移模拟中，多相地质介质实质为非均质介质，必须慎重选择阻滞系数以提高模拟结果的可靠性。

2.6.1 核素迁移动力学方程

向含水层注入核素浓度为 C_0 的水，以室内静态实验测得的分配系数 K_d 来表征核素的非线性均衡等温吸附，核素的溶质迁移水动力弥散方程为

$$\frac{\partial C}{\partial t}=\frac{\partial}{\partial x_i}\left(\frac{D_{ij}}{R_d}\cdot\frac{\partial C}{\partial x_j}\right)-\frac{\partial}{\partial x_i}\left(C\frac{u_i}{R_d}\right)-\lambda C+\frac{W}{n}(C_0-C)\quad (i,j=1,2,3) \tag{2.13}$$

$$R_d=1+\frac{\rho_b}{n}K_d \tag{2.14}$$

式中：C 为地下水中核素的浓度；C_0 为注入水中的核素浓度；D_{ij} 为孔隙尺度弥散系数；R_d 为阻滞系数；u_i 为地下水孔隙流速；λ 为核素的衰变系数；W 为单位时间内向单位体积含水层中的注水量；n 为多孔介质的有效孔隙率；ρ_b 为多孔介质的骨架密度；K_d 为实验测得的分配系数。对于饱水多孔介质中的一维流动的水动力弥散核素迁移情况，式（2.13）简化为

$$\frac{\partial C}{\partial t}=\frac{\partial}{\partial x_i}\left(\frac{D_{xx}}{R_d}\cdot\frac{\partial C}{\partial x}\right)-\frac{\partial}{\partial x}\left(C\frac{u}{R_d}\right)-\lambda C+\frac{W}{n}(C_0-C) \tag{2.15}$$

2.6.2 宏观弥散系数的计算

假设在局部尺度范围内，核素的溶质运动满足对流–弥散方程[式（2.13）]。鉴于多孔介质的随机性，则地下水流动速度是随机的，可将流速 u_i 和浓度 C 表示为

$$u_i=\overline{u}_\lambda+u_i',\qquad C=\overline{C}+C' \tag{2.16}$$

代入式（2.13）得

$$\frac{\partial\overline{C}}{\partial t}+\frac{\partial C'}{\partial t}=\frac{D_{ij}}{R_d}\frac{\partial^2\overline{C}}{\partial x_i\partial x_j}+\frac{D_{ij}}{R_d}\frac{\partial^2 C'}{\partial x_i\partial x_j}-\frac{\overline{u_i}}{R_d}\frac{\partial\overline{C}}{\partial x_i}-\frac{\overline{C}}{R_d}\frac{\partial\overline{u_i}}{\partial x_i}-\frac{\overline{C}}{R_d}\frac{\partial u_i'}{\partial x_i}-\frac{u_i'}{R_d}\frac{\partial\overline{C}}{\partial x_i}-\frac{\overline{C}}{R_d}\frac{\partial\overline{u_i}}{\partial x_i}$$
$$-\frac{\overline{u_i}}{R_d}\frac{\partial C'}{\partial x_i}-\frac{C'}{R_d}\frac{\partial u_i}{\partial x_i}-\frac{u_i}{R_d}\frac{\partial C'}{\partial x_i}-\lambda\overline{C}-\lambda C'+\frac{W}{n}(C_0-\overline{C})-\frac{W}{n}C' \tag{2.17}$$

因 $\overline{u_i'}\equiv 0$， $\overline{C'}\equiv 0$ 和 $\overline{\overline{C}u_i'}=\overline{C}\overline{u_i'}=0$， $\overline{C'\overline{u_i}}=\overline{C'}\overline{u_i}=0$ 。

取均值可得平均方程式（2.18）和扰动方程式（2.19）：

$$\frac{\partial\overline{C}}{\partial t}=\frac{D_{ij}}{R_d}\frac{\partial^2\overline{C}}{\partial x_i\partial x_j}-\frac{\overline{u_i}}{R_d}\frac{\partial\overline{C}}{\partial x_i}-\frac{\overline{C}}{R_d}\frac{\partial\overline{u_i}}{\partial x_i}-\frac{\overline{u_i'\partial C'}}{R_d\partial x_i}-\lambda\overline{C}+\frac{W}{n}(C_0-\overline{C}) \tag{2.18}$$

$$\frac{\partial C'}{\partial t}=\frac{D_{ij}}{R_d}\frac{\partial^2 C'}{\partial x_i\partial x_j}-\frac{u_i'}{R_d}\frac{\partial\overline{C}}{\partial x_i}-\frac{\overline{u_i}}{R_d}\frac{\partial C'}{\partial x_i}-\frac{\overline{C}}{R_d}\frac{\partial u_i'}{\partial x_i}-\frac{C'}{R_d}\frac{\partial\overline{u_i}}{\partial x_i}-\frac{C'}{R_d}\frac{\partial u_i'}{\partial x_i}-\frac{u_i'}{R_d}\frac{\partial C'}{\partial x_i}$$
$$+\frac{\overline{u_i'\partial C'}}{R_d\partial x_i}-\lambda C'-\frac{W}{n}C' \tag{2.19}$$

式（2.18）中 $\overline{u_i'\partial C'}/R_d\partial x_i$ 为流速扰动和浓度扰动乘积的均值，它代表由于流速的空间变异性而引起的溶质宏观弥散通量，表示为

$$\frac{\overline{u_i'\partial C'}}{R_d\partial x_i}=\frac{1}{R_d}\frac{\overline{\partial u_i'C'}}{\partial x_i} \tag{2.20}$$

设 f 为随机函数，则有

$$f(r)=\int_{-\infty}^{+\infty}\exp(ik_i\boldsymbol{r}_i)\,\mathrm{d}Z_f(k) \tag{2.21}$$

式中： $k_i(i=1,2,3)$ 为波数向量分量； $\boldsymbol{r}_i$ 为位置向量； $Z_f(k_i)$ 为 f 的谱函数，其具有以下特征：

$$\overline{\mathrm{d}Z_f(k)\mathrm{d}Z_f^*(k')}=\begin{vmatrix}S_{ff}(k)\mathrm{d}k\ (k=k')\\ 0\ (k\neq k')\end{vmatrix} \tag{2.22}$$

$S_{ff}(k)$ 为 f 的谱密度函数，应用谱分析方法可得

$$\overline{u_i'C'}=-\int_k\frac{\partial C}{\partial x_i}\cdot\frac{1-\exp[(-k_i\overline{u_i}+u\alpha_{ij}k_ik_j)t]}{ik_i\overline{u_i}+u\alpha_{ij}k_ik_j}\times S_{u_iu_j}(k)\mathrm{d}k \tag{2.23}$$

令 $\overline{u_i'C'}=-D_{ij}'\frac{\partial\overline{C}}{\partial x_i}=-\alpha_{ij}'u\frac{\partial\overline{C}}{\partial x_i}$，式中 D_{ij}' 为宏观弥散系数， α_{ij}' 为宏观弥散度， u 为水流在宏观区域的平均流速。由式（2.23）得到宏观弥散系数和宏观弥散度的表达式分别为

$$D_{ij}'=\int_k\frac{1-\exp[(-k_p\overline{u_p}+u\alpha_{pq}k_pk_q)t]}{ik_p\overline{u_p}+u\alpha_{pq}k_pk_q}\times S_{uu}(k)\mathrm{d}k \tag{2.24}$$

$$\alpha_{ij}'=\int_k\frac{1-\exp[(-k_p\overline{u}_p+u\alpha_{pq}k_pk_q)t]}{(ik_p\overline{u}_p+u\alpha_{pq}k_pk_q)u}\times S_{u_iu_j}(k)\mathrm{d}k \tag{2.25}$$

将 $\overline{u_i'C'}=-D_{ij}'\frac{\partial\overline{C}}{\partial x_i}$ 代入式（2.18）得到平均浓度满足以下宏观对流-弥散方程：

$$\frac{\partial \overline{C}}{\partial t}=\frac{1}{R_{\mathrm{d}}}\frac{\partial}{\partial x_i}\left[(D_{ij}+D'_{ij})\frac{\partial \overline{C}}{\partial x_j}\right]-\frac{1}{R_{\mathrm{d}}}\frac{\partial}{\partial x_i}(\overline{C}\overline{u_i})-\lambda\overline{C}+\frac{W}{n}(C_0-\overline{C}) \tag{2.26}$$

式中：D_{ij} 为孔隙尺度弥散系数；D'_{ij} 为宏观弥散系数，由介质的统计性质确定；$\overline{u_i}$ 为平均溶质迁移速度。

以上分析表明：核素在非均匀介质中迁移，平均浓度受宏观对流弥散控制，其中弥散作用是宏观弥散和孔隙尺度弥散作用的叠加，而对流速度为水流在宏观区域的平均流速。

若含水层属于层状含水层，如饱和渗透系数 K 在水平方向的相关尺度远大于垂直方向，K 仅为垂直坐标 z 的函数，水力坡度近似为常数。通过对式（2.25）分析可得到宏观纵向弥散度为

$$\begin{cases}\alpha'_{11}=\dfrac{\sigma_k^2}{\overline{K}^2}\overline{u}t, & t\to 0\\[2ex] \alpha'_{11}=\dfrac{\sigma_k^2}{\overline{K}^2}\dfrac{\gamma^2}{3\alpha_{\mathrm{T}}}, & t\to\infty\end{cases} \tag{2.27}$$

式中：α'_{11} 为纵向弥散度；σ_k^2 和 $\overline{K}$ 分别为渗透系数的方差和均值；α_{T} 为孔隙尺度横向弥散度；$\overline{u}$ 为沿水平方向的地下水平均流速；$\gamma=3.16\gamma_{\mathrm{e}}$，$\gamma_{\mathrm{e}}$ 表示 K 的相关函数为 1/e 时的相关距离。如在式（2.27）中取 $\sigma_k^2=1$，$\gamma=1$ m，$\alpha_{\mathrm{T}}=0.003$ m，$\overline{ut}=2$ m，可得到 $\alpha'_{11}=3.44$ m，$t\to 0$，和 $\alpha'_{11}=191$ m，$t\to\infty$ 时，该宏观弥散度值要远大于孔隙尺度的弥散度。

如果核素在三维非均匀含水层中迁移，渗透系数符合对数正态分布随机场，其相关函数满足负指数形式，忽略孔隙弥散作用，水流沿 x_1 方向，对核素三维溶质迁移问题，宏观弥散系数可按照下式计算：

$$\begin{cases}\alpha'_{11}=\sigma_f^2\gamma_f\left[1-\dfrac{4}{\tau^2}+\dfrac{24}{\tau^4}-\dfrac{8}{\tau^2}\left(1+\dfrac{3}{\tau}+\dfrac{3}{\tau^2}\right)e^{-\tau}\right]\\[2ex] \alpha'_{22}=\alpha'_{33}=\sigma_f^2\gamma_f\left[\dfrac{1}{\tau^2}-\dfrac{12}{\tau^4}+\left(\dfrac{12}{\tau^4}+\dfrac{12}{\tau^3}+\dfrac{5}{\tau^2}+\dfrac{1}{\tau}\right)e^{-\tau}\right]\\[2ex] \tau=\overline{u}t/\gamma_f\end{cases} \tag{2.28}$$

当核素迁移时间较短和时间很长时，弥散度可表示为

$$\begin{cases}\alpha'_{11}=\dfrac{8}{15}\sigma_f^2\overline{u}t,\ \alpha'_{22}=\alpha'_{33}=\dfrac{1}{15}\sigma_f^2\overline{ut},\ t\to 0\\[2ex] \alpha'_{11}=\sigma_f^2\gamma_f,\ \alpha'_{22}=\alpha'_{33}=0,\ t\to\infty\end{cases} \tag{2.29}$$

式（2.29）表明：在核素迁移初期，宏观弥散度与核素迁移时间或迁移距离呈线性关系，对于三维和二维核素迁移问题，横向弥散度与纵向弥散度之比分别为 1/8 和 1/3。随着时间推移，纵向弥散度趋于常数，横向弥散度趋于零。通过对数变换后的渗透系数的方差和相关距离在确定宏观弥散度时起了重要作用，因而，此统计参数对讨论大空间核素迁移是非常重要的。

2.6.3　宏观弥散度对模拟结果的影响

考虑饱水多孔介质中的一维流动水动力弥散核素迁移的情况，可得到宏观对流-弥散方程：

$$\frac{\partial \overline{C}}{\partial t}=\frac{D_{xx}+D'_{xx}}{R_{\mathrm{d}}}\frac{\partial^2 \overline{C}}{\partial x^2}-\frac{\overline{u}}{R_{\mathrm{d}}}\frac{\partial \overline{C}}{\partial x}-\lambda\overline{C}+\frac{W}{n}(C_0-\overline{C}) \tag{2.30}$$

PH REEQC-II 模拟软件基本能解决水、气、岩土相互作用系统中所有平衡热力学和化学动力学问题。

【例 1】　运用模拟软件 PH REEQC-II 模拟我国南方 S 铀水冶矿尾矿库。相关参数见表 2.10 和表 2.11。研究区铀在浅层地下水中的模拟结果如图 2.2 所示。模拟中侧重考虑宏观弥散度对模拟结果的影响。

表 2.10　S 尾矿库地下水及库水参数

项目	pH	Ca^{2+} 质量浓度 /（mg/L）	F^- 质量浓度 /（mg/L）	Cl^- 质量浓度 /（mg/L）	HCO_3^- 质量浓度 /（mg/L）	NO_3^- 质量浓度 /（mg/L）	总 U 质量浓度 /（mg/L）
地下水	6.58	134.3	1.47	73.53	102.27	164.66	0.029
库水	6.73	882	6.05	524	41.5	502	0.403

表 2.11　S 尾矿库地下水中核素迁移模拟参数

项目	距离 L/km	时间 t/a	混合比 MR	渗透系数 K /（m/s）	宏观弥散度 α/m	阻滞系数 R_d	地下水流速 u/（m/s）	$^{238}_{92}U$ 衰变系数/s^{-1}	$^{234}_{92}U$ 衰变系数/s^{-1}
数值	10	1 000	1∶9	1.98×10^{-8}	40	428	8.10×10^{-6}	4.88×10^{-18}	3.33×10^{-7}

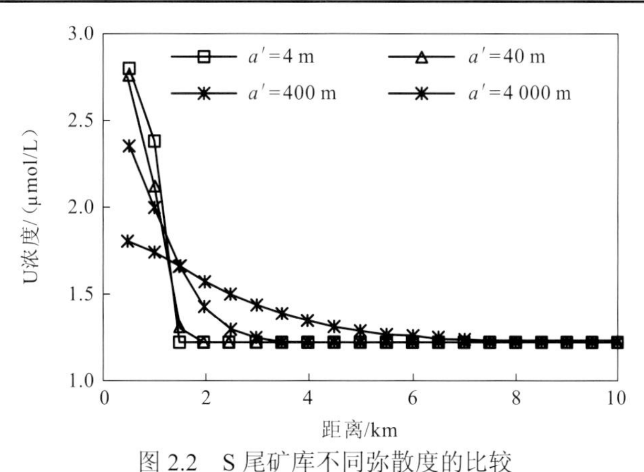

图 2.2　S 尾矿库不同弥散度的比较

t=1 000 a，MR=1∶9，K=1.98×10^{-8} m/s，R_d=428

可见，当迁移时间很长时，宏观弥散度要远大于孔隙尺度弥散度，模拟中采用的式（2.30）可忽略孔隙尺度弥散度 α_{xx}，侧重考虑宏观弥散度 α'_{xx} 对核素迁移模拟的影响。

由图 2.1 和图 2.2 可看出，宏观弥散度对核素迁移的影响是显著的。弥散度越大，核素迁移得越远，且源头附近地域进入地下水中的核素浓度更低，当弥散度相差 3 个数量级以上时，曲线变化很明显。宏观弥散度通常是在实验室测得的，其值一般比实际值小几个数量级，若将其用于核素迁移模拟过程，可能导致不可靠甚至错误的结论。只有利用宏观参数与介质统计特性的关系，通过野外实验获得介质统计参数，分析和求解介质宏观弥散度，才可能在大时空核素迁移模拟中得到可靠的结果。

2.6.4 阻滞系数对模拟结果的影响

根据式（2.14）和式（2.15），不考虑抽注水，即 $W=0$，初始和边界条件为

$$\begin{cases} C(x,t)\big|_{t=0} = C_0\,(x=0) \\ C(x,t)\big|_{t\to+\infty} = 0(t>0) \end{cases} \tag{2.31}$$

一维弥散方程的解析解可写为

$$C = \frac{C_0}{\sqrt{4\pi D_{xx} t / R_\mathrm{d}}} \exp\left[-\frac{(x-ut/R_\mathrm{d})^2}{4D_{xx} t / R_\mathrm{d}} - \lambda t\right] \tag{2.32}$$

对结构相同阻滞系数 R_d 不同的两地域同一核素迁移到等距离点的浓度分别为

$$\begin{cases} C_1 = \dfrac{C_0}{\sqrt{4\pi D_{xx} t_1 / R_{\mathrm{d}_1}}} \exp[-\lambda t_1] \\ C_2 = \dfrac{C_0}{\sqrt{4\pi D_{xx} t_2 / R_{\mathrm{d}_2}}} \exp[-\lambda t_2] \end{cases} \tag{2.33}$$

$$\frac{C_1}{C_2} = [\exp(-\lambda x / u)]^{(R_{\mathrm{d}_1} - R_{\mathrm{d}_2})} \tag{2.34}$$

式中：C_1 和 C_2 分别为同一核素到达下游同一地点处的浓度，mol/L；$x = ut_1 / R_{\mathrm{d}_1} = ut_2 / R_{\mathrm{d}_2}$，或者 $t_1 / R_{\mathrm{d}_1} = t_2 / R_{\mathrm{d}_2}$；$t_1$ 和 t_2 分别对应阻滞系数 R_{d_1} 和 R_{d_2} 时该核素到达 x 处的时间。

【例 2】 同样以 S 矿尾矿库为例，研究阻滞系数对模拟结果的影响。运用 PH REEQC-II 软件，模拟不同阻滞系数对研究区 ${}^{294}_{92}\mathrm{U}$（衰变系数 $\lambda=3.33\times10^{-7}\ \mathrm{s}^{-1}$）在浅层地下水中的迁移行为，部分模拟结果如图 2.3 所示。

由图 2.3 可看出，阻滞系数对衰变系数较大的核素的迁移影响是显著的。随着阻滞系数的增大，核素迁移距离变短，且同一距离处核素浓度更低；当阻滞系数相差 3 个数量级时，曲线变化很明显。

在模拟过程中，尤其在进行大时空范围的核素迁移模拟时，宏观弥散度和阻滞系数的合理取值是模拟结果可靠的基础。

一般核素在地质介质迁移模式方程中所采用的阻滞系数 R_d 是由实验室测定的分配系数 K_d 按公式（2.14）求得的，通常实验得到的阻滞系数低于或远低于由式（2.14）计算的阻滞系数。如果将其结果用于核素迁移模拟，预测同一地点处核素浓度会偏低。原因是采用阻滞系数的计算式（2.14），由此计算的结果不仅大于实测值，还可能存在土壤

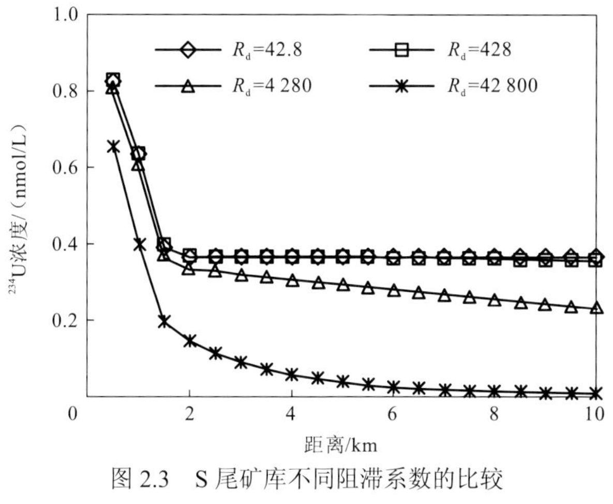

图 2.3 S 尾矿库不同阻滞系数的比较

t=1 000 a，MR=1∶9，$K=1.98\times10^{-8}$ m/s，R_d=428

含水量的变化趋势与实测结果相反。建议模拟核素在地质介质中迁移时，阻滞系数 R_d 由现场实验或实验室土柱实验直接测得。

对于宏观参数，可借助宏观参数与介质统计特性的关系，通过求介质统计参数，分析和求解介质宏观渗透系数和弥散参数。在区域非饱和水分运动和溶质迁移问题的分析和预测中，可以通过现场条件求得的非饱和土壤统计参数，根据宏观非饱和介质的水力传导率、宏观弥散度的计算表达式求得介质的宏观参数。

计算核素在地质介质中迁移时，所采用的阻滞系数 R_d 应由现场实验或实验室土柱实验直接测得。对大时空范围的核素迁移模拟，由于结论难以验证，只能从模型的拟合、参数的取值方面来修正并保证结果的有效性。

参考文献

白丽娜, 张利成, 王灵秀, 2001. 包头稀土生产带来的放射性环境污染及防治措施. 稀土(1): 76-78.

曹存存, 吕俊文, 夏良树, 等, 2012. 土壤胶体对渗滤液中铀(VI)迁移影响的研究进展. 核化学与放射化学, 34(1): 1-7.

陈迪云, 王湘云, 陈永亨, 2000. 铀矿区附近牛对放射性核素环境转移的指示. 中国环境科学, 20(5): 465-468.

陈泽昂, 谢水波, 何超兵, 等, 2005. 浅层地下水中污染物迁移模拟技术研究现状与发展趋势. 南华大学学报(自然科学版), 19(1): 6-10.

丁小燕, 张春艳, 高柏, 等, 2017. 临水河放射性核素的分布特征及评价. 有色金属(冶炼部分)(2): 59-62.

杜洋, 朱晓杰, 高柏, 等, 2014. 铀矿山尾矿库区典型场地中铀的分布特征. 有色金属(矿山部分), 66(1): 5-9.

郭择德, 卫为强, 程理, 等, 2005. 尾矿库中 U、Th 和 ^{226}Ra 在亚粘土层的垂向迁移. 辐射防护通讯,

25(1): 24-30.
何智, 胡凯光, 王国全, 等, 2015. 基于 GMS 的某铀矿地下水中铀迁移模拟. 核电子学与探测技术, 35(11): 1106-1111.
胡瑞霞, 高柏, 胡宝群, 等, 2009. 某铀矿山尾矿堆积区周边土壤中重金属迁移规律初探. 铀矿冶, 28(1): 15-17.
胡轶, 谢水波, 蒋明, 等, 2006. Visual Modflow 及其在地下水模拟中的应用. 南华大学学报(自然科学版), 20(2): 1-5.
纪书华, 2009. 多孔介质中重金属反应性运移的数值模拟研究. 青岛: 青岛大学.
康丽, 周书葵, 刘迎九, 等, 2017. 铀尾矿库中核素 U(VI)的扩散迁移试验. 安全与环境学报, 17(3): 1160-1164.
孔秋梅, 冯志刚, 马强, 等, 2017. 湖南某铀尾矿库周边土壤外源铀输入机制的研究. 地球与环境, 45(2): 135-144.
赖捷, 阳刚, 冷阳春, 等, 2017. 铀在西南某废物处置库土壤中的吸附迁移规律. 西南科技大学学报, 32(3): 1-7.
李合莲, 陈家军, 2006. 铀尾矿库周围地下水运动数值模拟. 济南大学学报(自然科学版), 20(1): 83-86.
廉欢, 高柏, 郭亚丹, 等, 2017. 某尾矿库区水环境中放射性核素铀的变化特征及影响因素. 有色金属(冶炼部分)(5): 64-68.
林达, 谢水波, 熊正为, 等, 2008. U(VI)在尾矿库地域地下水中迁移的数值仿真. 南华大学学报(自然科学版), 22(2): 6-10.
刘奇, 谢水波, 张晓健, 等, 2007. 存在表面络合作用情况下地下水中 U(VI)运移耦合模拟. 南华大学学报(自然科学版), 21(2): 11-15.
刘春立, 1999. 超铀核素 ^{237}Np、^{238}Pu 和 ^{241}Am 在黄土弱含水层介质中的迁移及腐殖质迁移的影响.
马腾, 王焰新, 2000. U(VI)在浅层地下水系统中迁移的反应-输运耦合模拟：以我国南方核工业某尾矿库为例. 地球科学, 25(5): 456-461.
闵茂中, 1997. 324 铀矿床近地表矿体中长寿命铀系核素和类比微量元素迁移特征. 地球化学(6): 69-76.
彭渤, 唐晓燕, 余昌训, 等, 2009. 湘中 HJC 铀矿区黑色页岩土壤重金属污染地球化学分析. 地质学报, 83(1): 89-106.
钱天伟, 沈珍瑶, 武贵宾, 2000. 浅议影响核素迁移的几种地下水化学反应. 辐射防护通讯, 20(6): 13-16.
苏锐, 李春江, 王驹, 等, 2000. 花岗岩体单裂隙中核素迁移数学模型 III. 扩散模型及其有限单元法解. 核化学与放射化学, 22(2): 80-86.
王帅, 罗帅, 欧伟光, 等, 2016. 某铀矿区土壤重金属分布规律的研究进展. 广东化工, 43(15): 134-135.
王昌汉, 童雄, 王文涛, 等, 2003. 矿业微生物与铀铜金等细菌浸出. 长沙: 中南大学出版社.
王金生, 李书绅, 杨志峰, 1999. 包气带中 ^{85}Sr 迁移的浓度双峰分布数值模拟研究. 中国环境科学, 19(6): 556-560.

王旭东, 蒋云钟, 赵红莉, 等, 2004. 分布式水文模拟模型在流域水资源管理中的应用. 南水北调与水利科技, 2(1): 4-7.

王志明, 2004. 核素迁移延迟系数对环境评价结果的影响. 辐射防护, 24(5): 314-317.

谢水波, 刘奇, 张晓健, 等, 2006. 尾矿库区地下水中 U(VI)的反应-输运耦合模拟及其参数分析. 水科学进展, 17(6): 803-807.

谢水波, 2007. 铀尾矿(库)铀污染控制的生物与化学综合截留技术. 北京: 清华大学.

谢水波, 陈泽昂, 张晓健, 等, 2007a. 宏观弥散度和阻滞系数对地下水中核素迁移模拟的影响. 湖南大学学报(自然科学版), 34(5): 78-82.

谢水波, 陈泽昂, 张晓健, 等, 2007b. 铀尾矿库区浅层地下水中 U(VI)迁移的模拟. 原子能科学技术, 41(1): 58-64.

杨杨, 2008. 基于 Fluent 的地下水污染三维模拟计算. 长春: 吉林大学.

张金远, 2016. 铀矿区重金属污染现状与重金属富集植物筛选. 南昌: 江西农业大学.

张晶, 胡宝群, 冯继光, 2011. 某铀矿山尾矿坝周边水土的重金属迁移规律研究. 能源研究与管理, 37(1): 27-29.

张学礼, 徐乐昌, 张辉, 2015. 某铀尾矿库周围农田土壤重金属污染与评价. 环境科学与技术, 38(6): 221-226.

张展适, 李满根, 杨亚新, 等, 2007. 赣、粤、湘地区部分硬岩型铀矿山辐射环境污染及治理现状. 铀矿冶, 26(4): 191-196.

周秀丽, 陈井影, 2015. 某矿区农田土壤重金属污染评价. 化工中间体, 11(5): 114-115.

邹兆庄, 夏子通, 张保增, 等, 2015. 铀矿山污染场地治理技术初探世界. 核地质科学, 32(1): 57-62.

左维, 谭凯旋, 2014. 新疆某地浸采铀矿山退役井场地下水污染特征. 南华大学学报(自然科学版), 28(4): 28-34.

BOSCOV M E G, CUNHA I I L, SAITO R T, 2001. Radium migration through clay liners at waste disposal sites. Science of the Total Environment, 266(1-3): 259-264.

DONG W, BROOKS S C, 2006. Determination of the formation constants of ternary complexes of uranyl and carbonate with alkaline earth metals (Mg^{2+}, Ca^{2+}, Sr^{2+}, and Ba^{2+}) using anion exchange method. Environmental Science & Technology, 40(15): 4689-4695.

GEIPEL G, BERNHARD G, 2006. Alkaline earth uranyl compounds: From solution to mineral phases. Geochimica et Cosmochimica Acta, 70(18): A196.

GUILLATUNOUNT R, FANGH T, NECK V, et al., 2003. Update on the Chemical Thermodynamics of Uranium, Neptunium, Plutonium, Americium and Technetium. Amsterdam: Elsevier.

KIM G Y, KOH Y K, KIM C S, et al., 2000. Geochemical studies of geothermal waters in Yusung geothermal area. Journal Korean Society Groundwater Environment, 7: 32-46.

MORIN K A, CHERRY J A, LIM T P, et al., 1982. Contaminant migration in a sand aquifer near an inactive uranium tailings impoundment, Elliot Lake, Ontario. Canadian Geotechnical Journal, 19(1): 49-62.

NITZSCHE M G, 2000. Impact of measurement uncertainty in chemical quantities on environmental prognosis by geochemical transport modelling. Isotopes in Environmental and Health Studies, 36(3):

195-210.

PRAT O, VERCOUTER T, ANSOBORLO E, et al., 2009. Uranium speciation in drinking water from drilled wells in southern Finland and its potential links to health effects. Environmental Science & Technology, 43(10): 3941-3946.

SAMADFAM M, JINTOKU T, SATO S, et al., 2000. Effects of humic acid on the sorption of Am(III) and Cm(III) on kaolinite. International Journal for Chemical Aspects of Nuclear Science and Technology, 88: 9-11.

SCHNUG E, LOTTERMOSER B G, 2013. Fertilizer-derived uranium and its threat to human health. Environmental Science & Technology, 47(6): 2433-2434.

STEWART B D, AMOS R T, NICO P S, et al., 2011. Influence of uranyl speciation and iron oxides on uranium biogeochemical redox reactions. Geomicrobiology Journal, 28(5-6): 444-456.

WANG J, LIU J, ZHU L, et al., 2012. Uranium and thorium leached from uranium mill tailing of Guangdong province, China and its implication for radiological risk. Radiation Protection Dosimetry, 152(1-3): 215-219.

WOO N C, CHOI M J, LEE K S, et al., 2002. Assessment of groundwater quality and contamination from uranium-bearing black shale in Goesan-Boeun Areas, Korea. Environmental Geochemistry & Health, 24(3): 264-273.

XIE S B, CHEN Z A, ZHANG X J, et al., 2005. Modeling of migrationof the radionuclides in shallow groundwater and uncertainty factors analysis at the uranium mill-tailing site-a case study in southern China. Xiamen: Environmental Informatics, Proceeding of the ISEIS 2005 Conference, July 26-28, 146-152(ISTP).

第 3 章　铀矿冶放射性废水处理及修复方法

放射性重金属废水处理及修复方法主要包括物理方法、化学方法和生物方法，其中物理方法、化学方法效率较高，但成本高、能耗大、容易产生二次污染；生物治理方法成本较低、节能环保、无二次污染，但效果有待进一步提高。因此，在实际工程中，应结合具体环境条件综合考虑采用一种或者几种方法联用。

3.1　放射性废水物理处理方法

3.1.1　蒸发浓缩法

蒸发浓缩法的基本原理是通过加热将水气化从蒸发器中排出，是常用的放射性废水处理方法之一。因为多数放射性废水中放射性核素挥发性差，可选择蒸发浓缩法处理。除氚、碘等极少数核素外，废水中大多数核素不能气化，被留在蒸残液中，实现核素浓缩分离。

蒸发浓缩法分为自然蒸发浓缩法和人工蒸发浓缩法。自然蒸发浓缩法是通过自然蒸发的方式将含铀等放射性废水中的水分蒸发，铀以残渣形式残留在蒸发池中，它适用于蒸发量显著大于降水量的地区，如我国北方的地浸含铀工艺废水均采用自然蒸发的方式处理。自然蒸发法浓缩铀效果良好、工艺简单、成本较低、可操作性强，但出于放射性污染环境的考虑，自然蒸发浓缩法不是处理含铀废水的最佳工艺（胡鄂明 等，2016）。

人工蒸发浓缩法是利用人工热源将放射性废水加热至沸腾，水蒸气排出，将放射性物质富集浓缩。人工蒸发浓缩法的去污倍数高，单效蒸发器的去污倍数可达 1×10^4，多效蒸发器及带泡沫装置的蒸发器去污倍数高达 1×10^6～1×10^8。利用真空蒸发装置处理放射性废水，对低水平放射性废水的总 α 和总 β 净化系数分别可达 3.14×10^4 和 2.49×10^4，出水总 α 仅为 0.16 Bq/L，总 β 为 1.12 Bq/L；对中水平放射性废水中总 α 和总 β 净化系数分别达到 4.37×10^4 和 2.04×10^6，出水总 α 仅为 0.12 Bq/L，总 β 为 3.02 Bq/L（尉凤珍 等，2009），可达到放射性废水排放标准。人工蒸发浓缩法处理放射性废水的效率高，但能耗大、易受腐蚀、易结垢和易爆炸，适用于化学成分变化大、总固体浓度大、需要高去污倍数且流量较小的放射性废水处理。

相比化学沉淀和离子交换法，蒸发浓缩法可达到较高的去除率，蒸发残液体积较小，灵活性大，安全可靠。该法可单独使用，也可与其他方法联用；既可处理高、中水平放射性废水，也可处理低水平放射性废水。不需要化学试剂，无二次污染。但能量消耗大，运行与处理费用较高，蒸发设备易发生腐蚀、起泡、结垢和爆炸等危险。在蒸发器的设计和使用中必须考虑防爆问题。不适合处理含有诸如氚、铷、碘、钌等易挥发的放射性物质的废水和易起泡的废水（如含有某些有机物的废水）。在处理容易结垢、起泡，具有腐蚀性和爆炸性物质时，须进行预处理或者其他安全措施处理。

3.1.2 溶剂萃取法

溶剂萃取法是利用废水中放射性核素在一种或多种有机溶剂中有较大的溶解度，利用一种或多种溶剂，将核素从废水中提取出来。它是让萃取剂与废水充分接触，利用不同组分在两相间分配系数的差异，使其从废水中转移到萃取剂中，实现废水中核素的分离。该法工艺简单、分离速度快、设备简单、操作方便、易于自动控制；适用于短寿命放射性核素的分离；选择性好，可供选取的萃取剂多，回收率高，可连续性使用，可用于制备无载体的源；但萃取剂有机物通常具有毒性、易挥发性及易燃性等特性，必须重视操作安全。

3.1.3 膜分离方法

膜分离是指利用半透膜作为选择性传递物质的屏障，在膜的两侧施加驱动力，根据物质孔径不同而对其进行分离。

膜分离方法按照传质驱动力可以分为压力驱动法、电场驱动法、浓度驱动法及温度驱动法等。在放射性水处理中以压力驱动的膜分离法应用最为广泛，其基本原理是利用外加压力，使溶液中粒径小于半透膜膜孔径的物质通过半透膜，而粒径较大的物质则被截留，实现不同物质分离（王建龙 等，2013）。

按照膜孔径的大小及分离范围，其可分为微滤（microfiltration，MF）、超滤（ultrafiltration，UF）、纳滤（nanofiltration，NF）及反渗透（reverse osmosis，RO）。它们均属于压力驱动的膜分离方法，但操作压力不同，具体的应用目的存在较大差别。如悬浮物或高分子聚合物等粒径较大的物质截留多采用微滤和超滤，其典型应用为膜生物反应器工艺（membrane bioreactor，MBR），在废水处理中有较多应用。在海水淡化领域则需要应用反渗透技术。

膜分离方法在放射性废水处理中应用较多，表 3.1 总结了膜技术（及组合工艺）处理不同放射性废水的情况（王建龙 等，2013）。

表 3.1 膜技术在处理放射性废水中的应用举例

膜处理技术	废水来源	应用单位
反渗透	反应堆冷却剂净化回用废水	Atomic Energy of Canada Ltd（加拿大）
传统预处理+反渗透	沸水堆地面排水等	Nine Mile Point 核电厂（美国）
	沸水堆地面排水等	Pilgrim 核电厂（美国）

续表

膜处理技术	废水来源	应用单位
超滤+反渗透	压水堆地面排水、树脂清洗废水等	Wolf Creek 核电厂（美国）
	地面排水、废弃树脂清洗废水和硼酸回用废水等	Comanche Peak 核电厂（美国）
	含超铀元素的废水	Dresden 核电厂（美国）
	蒸汽发生器的化学清洗废水	Bruce 核电厂（加拿大）
微滤+反渗透	核研究废水	AECL Chalk River（加拿大）
超滤	放射性废树脂浸泡废水	Diablo Canyon 核电厂（美国）
	沸水堆地面排水	River Bend 核电厂（美国）
	压水堆地面排水和设备排水等	Salem 核电厂（美国）
	压水堆地面排水和废弃树脂储存罐中反冲水	Seabrook 核电厂（美国）
	地面排水、设备排水和反应堆冷却系统排水等	Callaway 核电厂（美国）
	核燃料回收废水	Mound Laboratory（美国）
微滤	放射性污染的地下水	AECL Chalk River（加拿大）
	放射性污染的地下水	Rocky Flats（美国）

膜技术在中低水平放射性废水处理中均有应用，具有出水水质好、浓缩倍数高、运行稳定可靠等诸多优点。它适应性强，工艺简单，处理规模可控，易于实现智能控制；操作维护方便，通常在常温下进行，能耗较低；一般不发生相变，无须投加其他的化学物质，运行成本较低。此外，它还具有处理方式可进行多种组合，可以与常规处理工艺进行集成。

3.2 放射性废水化学处理方法

3.2.1 化学沉淀法

化学沉淀法是最常用的放射性废水处理方法之一，主要原理是利用石灰、铁盐、铝盐、磷酸盐等化学絮凝剂与放射性废水中的核素发生化学反应，生成难溶化合物，再从液相中分离出来。为了提高效果，有时需添加黏土、活性 SiO_2 和聚合电解质等助凝剂。沉淀反应发生后，沉淀颗粒还能与废水中的悬浮液结合成疏松绒粒，它对放射性元素具有很强的吸附能力，可进一步提高放射性废水处理效果。

方祥洪等（2016）采用化学沉淀法对含 Cs、Sr、Co 的模拟放射性废水进行了处理，以碱式氯化铝、硫酸铁及磷酸铵为絮凝剂，当 pH 为 8 时，几种絮凝剂对 Sr、Co 的去除效果均较好，硫酸铁的效果最佳。Osmanlioglu（2018）采用了亚铁氰化钾作为絮凝剂，对 35 m^3 含 ^{137}Cs、^{134}Cs 和 ^{60}Co 放射性废水进行处理，通过两步沉淀法，可大规模去除放射性物质，减量 97.2%以上。

化学沉淀法工艺简单、费用低廉、稳定可靠，对大多数放射性核素具有良好的去除效果，适用于水质复杂、水量变化大的低水平放射性废水。但沉淀反应效果易受环境因素（如酸碱度、离子浓度、反应温度和反应时间等）影响；泥浆产量也较大，易发生管道结垢，存在二次污染风险。

3.2.2　化学还原法

化学还原法是用还原剂去除水中有害物质的方法。在自然环境中，铀通常以 U(IV)及 U(VI)两种价态形式存在，前者溶解度低，以沉淀形式存在，难以迁移；后者溶解性较好，以铀酰离子（UO_2^{2+}）形态存在，易于迁移。放射性废水中的铀的去除对象一般指 U(VI)及其化合物。

纳米零价铁可用于对 U(VI)进行还原处理。通过红背桂叶提取液，制备的纳米铁（EL-FeNPs），用于去除水体中 U(VI)，在 30℃、pH=6 条件下，EL-FeNPs 用量 5 g/L，U(VI)初始浓度 10 mg/L，反应时间 100 min，EL-FeNPs 对 U(VI)的去除率为 89.64%（刘清 等，2019）。熊杨杨等（2016）采用 Zn-MOF-74 协同硫酸亚铁原位还原 U(VI)，发现吸附过程中 Zn-MOF-74 具有负载溶液中的亚铁氧化产物三价铁离子的特性，使还原反应继续，将 U(IV)吸附在 Zn-MOF-74 上，能明显提升水溶液中低浓度 U(VI)的去除效果。

光催化还原法是利用光能去除污染物的新型水处理方法，其还原重金属的机理是在光的照射下，当光子能量高于光催化剂吸收阈值时，光催化剂价带中的电子就会发生跃迁，光生电子将会参与还原反应，实现铀等重金属的还原（姜淑娟 等，2017）。TiO_2 及其衍生物以成本低廉和稳定性好有可能成为应用广泛的光催化剂。Zhang 等（2013）以 TiO_2 P25 为催化剂，在紫外线下光催化还原含铀废水，在 pH=7 时，光催化还原铀的效果较好，甲醇的存在对铀的光催化还原有明显的促进作用，若将反应体系中通入氧气，会抑制光催化还原进程且可能将已经还原的铀重新氧化。Salome 等（2015）研究了在 HCOOH 存在下，TiO_2 异质结对 UO_2^{2+} 的光催化还原性能。在 1 mmol/L HCOOH 存在下，TiO_2 异质结催化剂的光催化还原效率高，当 HCOOH 的浓度大于 10 mmol/L 时，将会导致 UO_2^{2+} 的再氧化。

石墨碳氮化物（$g\text{-}C_3N_4$）具有很强的可见光活性、良好的化学稳定性和热稳定性，成本低廉，其纳米复合材料在光催化还原 U(VI)方面越来越受到重视。Lu 等（2016）采用非金属硼掺杂 $g\text{-}C_3N_4$，构建高效光催化剂（$B\text{-}g\text{-}C_3N_4$）还原 U(VI)。在 $B\text{-}g\text{-}C_3N_4$ 内形成的 BCN 结构能够有效调节催化剂的能带宽度，与单一 $g\text{-}C_3N_4$ 相比，$B\text{-}g\text{-}C_3N_4$（0.1 g）对 0.6 mmol/L 的 UO_2^{2+} 光催化还原效率提高 2.54 倍。非金属硫掺杂可取代 $g\text{-}C_3N_4$ 的晶格氮来改进 $g\text{-}C_3N_4$ 的电子结构，增强电子–空穴分离效率和载流子迁移率。与单一 $g\text{-}C_3N_4$

相比，$S\text{-}g\text{-}C_3N_4$（0.1 g）对 0.6 mmol/L 的 UO_2^{2+} 光催化还原效率提高 1.86 倍（Lu et al., 2017）。

3.2.3 离子交换法

离子交换法已广泛应用于含铀等放射性废水处理，放射性核素离子与交换剂中离子发生置换，可使废液得到净化。大多放射性核素在水溶液中呈离子态，浓度较低，尤其是经化学沉淀处理后的废水，以阳离子为主，仅含有少量阴离子，适合采用离子交换法处理，含盐量少、浊度小的放射性废水通过离子交换法处理可以得到较好的净化效率。

离子交换剂包括无机离子交换剂和有机离子交换剂两大类。无机离子交换剂有高岭土、伊利土、蒙脱土、膨润土等黏土矿，沸石类矿物、凝灰岩、多价金属的氧化物和氢氧化物、分子筛、离子筛等（何莹 等，2020）。有机离子交换剂主要有阳离子交换树脂和磺化沥青等。离子交换剂具有从浓度极低的溶液中选择性地去除某些离子的能力，特别适用于处理低浓度放射性废水。

离子交换速率主要受液膜扩散过程的影响，交换反应是单分子层反应。Li 等（2017）采用了离子交换树脂处理低浓度放射性废水，发现阴离子交换树脂对硼的去除效果高于对金属离子的去除效果，而阳离子交换树脂对金属离子的去除效果高于对硼的去除效果，混合型树脂对金属离子和硼均有很好的去除效果。

无机离子交换剂优点有耐辐射、耐酸、热稳定，但交换容量有限，容易受到废水中的竞争离子干扰，一般需进行预处理。因此，适宜处理悬浮固体浓度和总固体浓度低、放射性核素呈离子状态的废水。有些离子交换树脂的化学、机械性能和辐射稳定性较差，价格昂贵，再生处理困难。

3.2.4 电化学法

电化学法的原理是利用电解质溶液在电流作用下发生电化学反应，使废水中需去除的放射性物质转化成沉淀，达到处理放射性废水的目的。在电流作用下，阴极释放出电子，使废水中的某些阳离子得到电子而被还原；阳极得到阴极失去的电子，使废水中的某些阴离子失去电子被氧化；废水中的放射性核素在电解槽阴极被还原，产生沉淀，从而达到处理目的。电絮凝是电化学技术的一种，因其具有节电、易自动控制及去除效率高的优点而被广泛应用于废水中金属离子的去除。

郑博文等（2012）采用电渗析处理模拟放射性废物焚烧工艺废水，经处理后非放射性物质含量满足国家排放标准，产生的浓缩液达到废水处理平衡浓度，符合工艺废水处理要求。陈晓彤等（2014）利用蒸馏-超滤-反渗透-电渗析组合工艺对实际燃料元件生产废水处理后，废水中铀和硝酸根的去除率几乎达 100%，有机物去除率为 95.2%。袁海峰等（2019）通过电解法原位合成锰氧化物处理模拟含锶放射性废水，模拟废水 Sr^{2+}初始质量浓度为 5 mg/L，最佳工艺条件为电解电压为 7 V、温度为 50℃、pH 为 10、电解时间为 30 min，电解结束后搅拌时间为 20 min，出水残余 Sr^{2+}浓度可低至 0.26 mg/L。

高旭等（2018）采用了多羧基的 EDTA 为络合剂，与废水中的铀酰离子螯合形成较稳定的 EDTA-U(VI)螯合物，进行电絮凝处理，当 pH 为 6.0、电流密度为 1.0 mA/cm^2、n(EDTA)：n(UO_2^{2+})为 3：1、反应时间为 24 min 时，初始铀浓度为 3.69 mg/L 废水中 U(VI)去除率达 98.75%，出水满足《铀矿冶辐射防护和辐射环境保护规定》（GB 23727—2020）规定。

电化学法操作灵活简单，效率高，不会产生二次污染物，易智能控制，在重金属废水处理中有较多应用，可单独使用，或与传统的废水处理方法相结合，反应过程中不需要添加氧化剂、絮凝剂等。但需要消耗大量电能，成本高，对安全操作要求高。

3.3 放射性废水物理化学处理方法

3.3.1 絮凝沉淀法

絮凝沉淀法是一种物理化学法，在含铀废水中加入絮凝剂沉淀悬浮颗粒物和胶体的同时，可将铀共同沉淀，实现去除目的。通过絮凝沉淀以后，铀等放射性物质进入污泥中，废水得到净化排放。我国铀矿冶废水常用氯化钡-石灰沉淀法和改进的氯化钡-污渣循环-石灰沉淀法，有效去除水体中的其他物质，达到净化效果。

杨敏（2012）采用了正磷酸盐络合-絮凝法，对含铀酰（UO_2^{2+}）、铅离子（Pb^{2+}）的放射性稀土废水进行处理，最适条件为 pH=9，接触时间为 30 min，絮凝剂采用聚合氯化铝铁（poly aluminum ferric chloride，PAFC），磷酸盐浓度为 17.5 mg/L。采用磷酸盐络合-絮凝法处理含铀、铅的放射性稀土废水，具有去除率高、速度快、絮体稳定等特点。

3.3.2 沉淀与膜处理联用法

化学沉淀法受水中共存离子的影响小，成本较低且适宜处理较大水量，与膜处理联用去除放射性离子可取得较好的效果。杨云等（2017）使用了沉淀-微滤组合工艺处理模拟含碘放射性废水，对碘的初始浓度为 5 mg/L 的废水，其平均去除率达 94.8%，反应结束后浓缩倍数（concentration factor，CF）为 2.02×10^3，出水水质较稳定，产生的污泥体积较小。但反应装置较为复杂，N_2 消耗量较大[气水比约为 2：1(v/v)]；此外，投加的 CuCl 过量较多，且部分在进水过程中被原水中的溶解氧（dissolved oxygen，DO）氧化，需要增加后续除铜工艺。为了简化反应装置，优化除碘组合工艺的运行参数，周师帅等（2019）开发了预除氧-沉淀-柱式膜分离组合工艺，小试实验装置连续运行 216 h，累计处理水量为 2160 L、N_2 气水比为 0.1：1(v/v)、CF 值为 8640。与沉淀-微滤工艺相比，预除氧–沉淀–柱式膜分离组合工艺实验装置更加简化，大幅降低 N_2 消耗量，并可更充分地利用系统中的 Cu^+，降低 CuCl 投加量，获得较高 CF 值。

3.3.3 离子浮选法

离子浮选法是基于待分离物质与捕集剂通过化学的、物理的作用力结合在一起，在鼓泡塔中被吸附在气泡表面富集，气泡上升带出溶液主体，达到净化溶液主体和浓缩待分离物质的目的。离子浮选法的分离作用主要取决于组分在气-液界面上的吸附选择性和程度。所使用的捕集剂的主要成分是表面活性剂、适量起泡剂、络合剂和掩蔽剂等（宋冰蕾 等，2015）。赵宝生等（2004）通过离子浮选法处理铀质量浓度为 50 mg/L 的废水，经二次离子浮选处理后，铀质量浓度可降至 0.02 mg/L，满足《铀矿冶辐射防护和辐射环境保护规定》（GB 23727—2020）的限值 0.05 mg/L，浓缩废液体积约为原液体积的 1%。

3.3.4 吸附法

吸附法具有操作简单、运行成本低、处理效果好等优点，尤其在处理低浓度含铀重金属废水时具有较大的优势，一般可分为物理吸附法、化学吸附法、生物吸附法等。物理吸附法是用吸附剂通过分子间作用力吸附重金属，对溶液的 pH 依赖性普遍较大。吸附剂有活性炭、生物炭、分子筛、沸石等，具有较高的比表面积或孔隙结构发达，吸附效果好，具有可循环利用性能。

化学吸附法是通过电子转移、电子对共用形成化学键或生成表面配位化合物等方式产生吸附。具有化学吸附作用的基团有羟基、氨基、羧基等，可通过吸附、螯合、交联作用，与重金属离子形成具有网状笼形结构的化合物，有效地吸附重金属离子，或是与重金属离子形成离子键、共价键以达到吸附重金属离子的目的。

细菌、真菌、酵母和藻类等微生物，对金属有很强的吸附能力，可对放射性重金属进行生物吸附去除。吸附材料包括纳米磁性壳聚糖、天然及改性沸石、酿酒酵母等。

课题组研究了赤铁矿和柠檬酸杆菌对铀的吸附效果与机理（Xie et al.，2009，2008），发现两者对铀都有一个快速吸附过程，吸附效果较好，赤铁矿吸附铀的平衡时间约为 6 h，吸附等温线更符合 Langmuir 方程，柠檬酸杆菌对铀的吸附等温线更符合 Freundlich 方程，两者吸附动力学过程都更符合准二级动力学模型。

3.4 放射性废水微生物处理方法

3.4.1 微生物处理原理

微生物除铀有多种方式，已知机理主要有：生物表面吸附；微生物介导的细菌将 U(VI) 还原为 U(IV)；生物细胞的富集和积累；生物矿化（王国华 等，2019；谭文发 等，2015）。

这些微生物与铀相互作用机理的研究均可能应用到改变铀的毒性及处理含铀放射性废水方面。

1. 微生物吸附法

微生物吸附法是根据微生物本身的化学结构及附属结构来吸附废水中的重金属离子，再通过固液分离来达到去除水中重金属离子的目的。该方法具有处理效率高、节能、pH 和温度条件范围宽、易于分离回收、吸附剂易再生回用等优点。

20 世纪 80 年代，生物吸附技术较多应用于铀矿尾液、含铀放射性废水处理或核素迁移控制，铀与生物表面发生静电吸附或与生物细胞壁上的—COOH、—NH、—OH、PO_4^{3-}和—SH 等官能团发生化学络合，其迁移性得到降低（图 3.1）（Newsome et al.，2014）。研究发现，许多生物吸附剂，包括细菌、真菌、酵母、藻类等，对放射性元素（如铀、钍）具有较强的吸附能力。

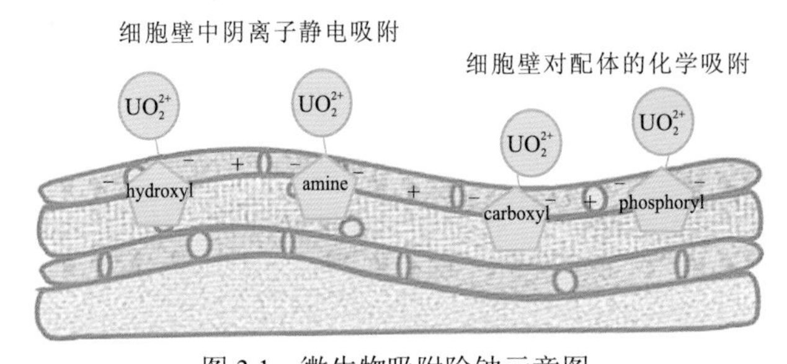

图 3.1　微生物吸附除铀示意图

hydroxyl 为羟基；amine 为胺；carboxyl 为羧基；phosphoryl 为磷酰基，后同

微生物细胞固定核素重金属的能力与细胞壁的成分和结构有关。革兰氏阳性细菌，例如芽孢杆菌属细菌，多具有较强金属固定能力（Sprynskyy et al.，2011），因这类细胞壁上有一层很厚的网状肽聚糖结构，在肽聚糖结构上还具有磷壁酸或糖醛酸磷壁酸，细胞壁带负电荷，可吸附水中带正电荷的金属离子。革兰氏阴性细菌的细胞壁在化学组成和结构上与革兰氏阳性细菌不同，它的外膜层中只有一层很薄的肽聚糖结构，固定金属的能力较低。但也有革兰氏阴性细菌吸附金属离子的报道，例如柠檬酸杆菌、大肠杆菌、黄单胞菌和铜绿假单胞菌等，对金属离子均有较强的吸附能力。

死亡的细胞主要通过细胞壁或细胞内的化学基团与金属离子相互作用完成吸附，有些研究发现死亡的微生物吸附能力比活性微生物吸附能力更强。

2. 微生物还原法

Lovely 等（1995）首次提出了利用微生物地杆菌以氢为电子供体，将地下水环境中可溶性的 U(VI)还原转化为稳定的溶解度较低的 U(IV)，防止其迁移扩散的设想。此后，微生物还原除铀技术引起了学者们广泛关注，研究发现微生物细胞可通过电子传递链等方式还原 U(VI)（图 3.2）（Newsome et al.，2014）。

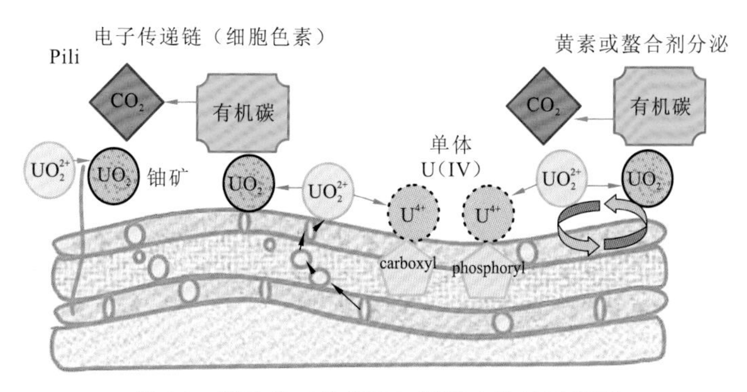

图 3.2　微生物（地杆菌）还原六价铀示意图

目前发现与 U(VI)还原相关的生物有硫酸盐还原菌[如脱硫弧菌属（*Desulfovibrio* spp. 等）]、铁还原菌[如地杆菌属（*Geobacter* spp.）、希瓦氏菌属（*Shewanella* spp.）]、超嗜温性古细菌、嗜热菌、梭菌属（*Clostridium* spp.）、发酵菌、耐酸菌和黏细菌等（何颖 等，2014）。作为典型的金属还原菌，硫酸盐还原菌能够在 H_2 或乳酸盐等电子供体存在的条件下，通过酶促作用将 U(VI)还原，并且该细菌对铀有良好的耐受性及高效的去除效果。研究硫酸盐还原菌在 Mo(VI)或 Ca^{2+}等共存离子存在下对铀的去除效果的影响结果表明，硫酸盐还原菌在 Mo(VI)或 Ca^{2+}初始浓度≤5 mg/L 时，对 U(VI)的去除影响不大；当 Mo(VI)或 Ca^{2+}初始浓度＞20 mg/L 时，硫酸盐还原菌还原 U(VI)的行为受到强抑制作用（谢水波 等，2015）。

奥奈达希瓦氏菌在电子供体（如甲酸钠、乙酸钠和乳酸钠）存在下可以高效还原 U(VI)。在腐殖质物质蒽醌-2-磺酸钠（Anthraquinone-2-sulfonic acid AQS）存在条件下，奥奈达希瓦氏菌 MR-1 还原 U(VI)的特性试验结果表明：在厌氧环境下奥奈达希瓦氏菌以 AQS 为电子穿梭载体来高效还原 U(VI)（王永华 等，2014）。吴唯民等（2011）对美国橡树岭综合试验基地进行铀污染原位微生物修复的试验发现，乙醇注入反应区地下水层后，促进了土著反硝化细菌、硫酸盐还原菌与地杆菌等还原菌群的生长。

3. 微生物富集法

许多学者认为细胞表面与铀离子的作用首先是基于细胞壁、胞外多聚物、蛋白及脂类等物质上存在的官能团与铀离子发生相互作用，生成铀离子复合物。有些学者在试验中发现某些微生物，如荧光假单胞菌（*P. fluorescens*）、鞘氨醇单胞菌（*Sphingomonas*）、嗜酸硫杆菌（*Acidithiobacillus*）、节杆菌属（*Arthrobacter*）、微杆菌属（*Microbacterium*）等，在细胞被膜的整个区域内都有铀离子的沉淀现象。生物富集往往发生在生物表面吸附后期，即首先通过物理化学作用使金属离子被动地附着在细胞表面，然后通过增加膜的通透性（如利用铀的毒性作用）将铀转运至微生物细胞内（Anirudhan et al.，2010）。该过程是一个伴随着能量消耗的主动过程，仅发生在活细胞内，主要作用机理为多聚磷酸盐与铀的螯合作用（图 3.3）。

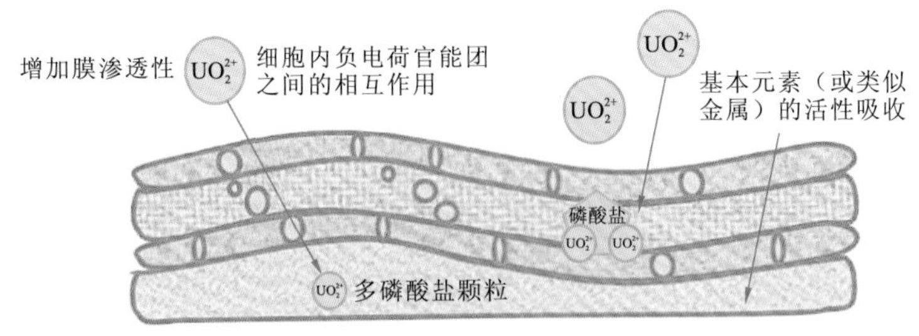

图 3.3　微生物（假单胞菌）富集铀离子示意图

微生物可以通过生物积累的机制在体内富集多种金属。对一些金属离子而言，生物体进行外来离子的摄取是因为这些金属离子在生物体实现某些代谢功能时发挥了重要作用。到目前为止，还没有发现铀离子具有哪种生物学功能。铀离子的摄取应该是铀离子本身的毒性导致细胞的渗透性发生变化（Başarır et al.，2013；沈振国，1998）。关于生物积累铀离子的研究大多是利用假单胞菌完成的。Kazy 等（2006）研究了假单胞菌对铀的吸附沉淀机制，发现与铀作用的主要基团有磷酸基、羧基、酰胺基团，机制为微沉淀，即铀在细胞内形成胞内沉淀物，而细胞表面没有遭到破坏，仍然可以保持较好的细胞活性。Choudhary 等（2010）从铀污染地区筛选出假单胞菌用于生物修复实验，发现在酸性条件下（pH 为 4.0）该菌种可以去除 99%的溶解性铀，通过将铀转化为氧化物或者磷酸盐矿物来降低铀的危害。

4. 微生物矿化法

微生物矿化固定铀的原理是利用细菌表面磷酸基、羟基等官能团，与铀生成磷酸盐矿物使其沉积在细菌的表面，降低铀的迁移性（图 3.4）（Newsome et al.，2014）。微生物矿化首先是外来的铀离子与细胞内聚合物上的单磷酸盐基团结合。初始的络合作用也形成了金属磷酸盐的成核位点，接着越来越多的金属离子与释放的磷酸盐离子结合到该位置，逐渐形成多晶材料。金属离子不断向内部扩散，而磷酸盐离子不断向外部扩散，这两种离子都是沿着浓度降低的方向扩散。如果酶受到抑制，或者金属离子没有被截留，在细胞周围的膜双层和外膜上附着的磷酸盐又可以与金属离子作用，起到第二层防护的作用。

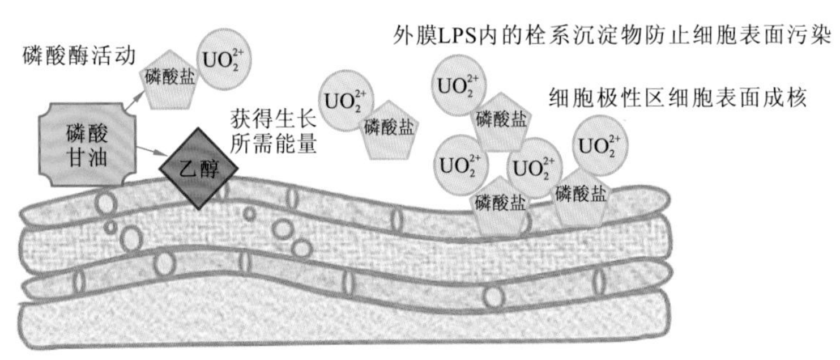

图 3.4　微生物（假单胞菌）矿化示意图

目前已经发现具有这种作用的细菌有假单胞菌属、沙雷氏菌属及大肠杆菌等。Ray 等（2011）在中性厌氧环境下，利用微生物对铀进行了固化试验，发现固化体由四价铀晶相结构及磷酸铀酰固相结晶两种成分构成，表明该种微生物对铀的去除是通过还原及生成磷酸铀酰沉淀的矿化方式共同发挥作用。Handley-Sidhu 等（2014）进行了沙雷氏菌属对铀等放射性核素的修复实验，通过考察铀在沙雷氏菌体中磷酸钙盐纳米颗粒的吸附点位及稳定性，实验结果显示出该固化基材对铀污染的地下水体具有良好的生物修复力。Salome 等（2013）研究了厌氧环境中受外加电子供体影响的微生物的固铀方式，发现在偏弱酸环境及中性环境下，UO_2^{2+} 大部分均与 PO_4^{3-} 等量结合生成不溶于水的磷酸铀酰沉淀。Macaskie 等（2014）研究表明，未沉淀铀离子的细胞轮廓在电镜下模糊不清，而沉淀了铀离子的细胞则相反，同时有些细胞呈聚集状态。在一些细胞中，沉淀物明显存在于细胞周边，或者是仅仅在细胞一侧分布。利用电子探针 X 射线微量分析（electron microprobe X-ray microanalysis，EPXMA）方法对单个细胞的电子不透过区域进行分析，发现对应有铀和磷的特征峰。使用质子激发 X 射线发射分析（proton induced X-ray emission，PIXE）发现，生物矿化早期形成的是 Na_2HPO_4 和 HUO_2PO_4。

为了能够有效利用细菌对铀的矿化作用，细菌应该具有良好耐受金属铀毒性，并且最好能在不依赖外加营养源的情况下，具有较多的固铀官能团（如磷酸根等），可以减少细菌在含铀废水处理或核素迁移控制实际应用中的局限性和复杂性。因此，从铀矿区或者含铀废水污染地域分离耐铀土著微生物（曾涛涛 等，2018），在不依赖外加有机磷酸源下对铀进行矿化固定，备受研究者重视。另外，微生物通常包含多种菌属，形成复杂的群落结构，在铀胁迫下微生物群落组成、丰度等会发生变化（Zeng et al.，2019），从而适应铀胁迫环境，形成耐铀功能菌群，它们可能包含多种除铀机理。而微生物也可以与纳米材料联合，协同发挥铀去除作用，这样也会涉及多种除铀机理（Xie et al.，2020）。

3.4.2　腐殖质还原菌去除 U(VI)效能与机制

腐殖质，是动植物残体经微生物的腐殖化作用逐步形成的一类高分子芳香族醌类聚合物，也叫醌类物质。腐殖质在土壤沉积物、陆地、海水等自然环境中普遍存在（Liu et al.，2015）。腐殖质在还原高价态金属离子 Fe（III）、Cr(VI)、U(VI)的过程中具有重要作用。腐殖酸对 U(VI)的吸附性能及腐殖质/腐殖质还原菌协同还原 U(VI)的效能与机制值得深入研究。

1. 腐殖酸吸附 U(VI)的效果与机理

以腐殖酸（HA）为吸附材料，考察不同影响因素对溶液中铀的吸附效果，主要影响因素包括吸附时间、温度、pH、腐殖酸投加量、干扰阴离子（柠檬酸根离子、CH_3COO^-、F^-、NO_3^-、SO_4^{2-} 等）、干扰阳离子（Cr^{6+}、Mn^{2+}）。确定腐殖质吸附铀的最优条件并分析其吸附铀的主要机理（谢水波 等，2012）。

1）吸附时间对 HA 吸附 U(VI)的影响

当 U(VI)初始浓度为 50 mg/L、100 mg/L 时，在 25 ℃、pH 为 5、HA 投加量为 50 mg 条件下，考察反应时间对 HA 吸附 U(VI)的效率与影响，结果如图 3.5 所示。HA 对铀的吸附是一动态过程，这个过程分为快速阶段和慢速阶段，最终达到吸附平衡。HA 对 U(VI)吸附迅速，在 U(VI)初始浓度为 50 mg/L、100 mg/L 的情况下，分别在 30 min、60 min 基本达到吸附平衡，U(VI)吸附量分别达到 49.71 mg/g、66.75 mg/g，U(VI)吸附率分别为 99.1%、61.33%。因此，后续实验设置反应时间为 60 min。

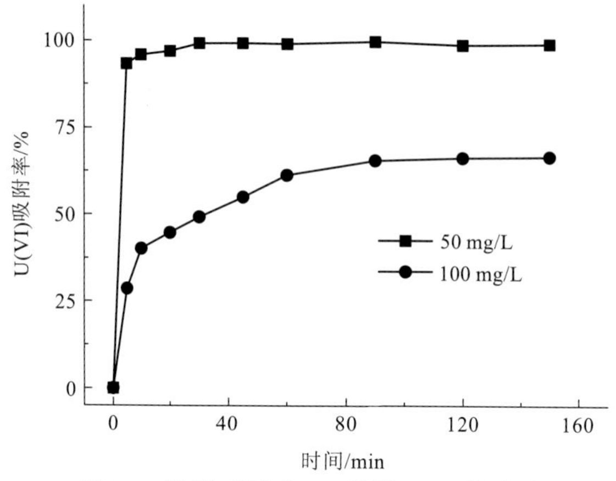

图 3.5　吸附时间对 HA 吸附 U(VI)的影响

2）HA 投加量对 HA 吸附 U(VI)的影响

在 U(VI)浓度为 50 mg/L、25 ℃、初始 pH 为 5 时，HA 投加量与 U(VI)吸附去除的关系如图 3.6 所示。

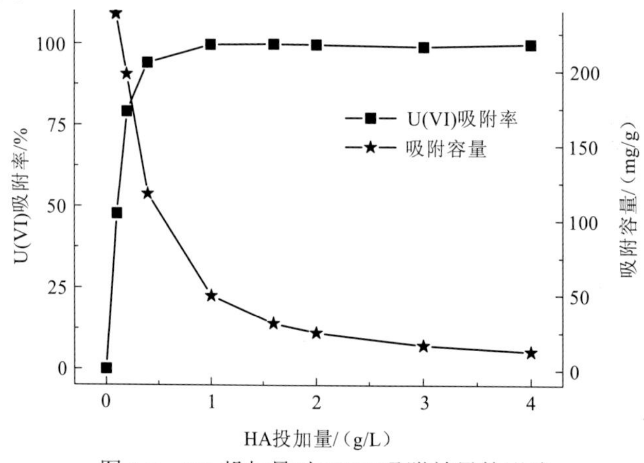

图 3.6　HA 投加量对 U(VI)吸附效果的影响

从图 3.6 可以看出，随着 HA 投加量增加，吸附率也随之增大，当投加量在 0～1 g/L 时吸附率上升速率较大，之后上升缓慢。当 HA 投加量为 1.0 g/L 时，吸附 1.0 h 后，浓度为 50 mg/L、100 mg/L 的溶液中 U(VI)吸附率分别达到 99.36%、95.85%。在投加量较少时，HA 对 U(VI)）即表现出较好的吸附效果。

3）温度对 HA 吸附 U(VI)的影响

在 U(VI)溶液浓度为 50 mg/L、吸附剂 HA 投加量为 1.0 g/L、初始 pH 为 5 时，测定不同温度下 HA 对 U(VI)的吸附率，结果如表 3.2 所示。

表 3.2　温度对 U(VI)吸附率的影响

项目	温度/℃			
	25	30	35	45
吸附率/%	99.16	99.49	99.41	98.35

在 4 种温度条件下，HA 对 U(VI)吸附率差异不大，均达到 98%以上，温度变化对 HA 吸附 U(VI)的影响较小。可能是在 HA 吸附 U(VI)的过程中，活性基团较多，且各个活性基团对温度的响应不同，因此削弱了温度对单一基团吸附 U(VI)活性的影响。

4）pH 对 HA 吸附 U(VI)的影响

在 U(VI)浓度为 50 mg/L、HA 投加量为 1.0 g/L、25℃条件下，考察初始 pH 对 HA 吸附 U(VI)的影响，结果如图 3.7 所示。从图 3.7 中可以看出，pH 是影响 HA 吸附 U(VI)的一个重要因素。当 pH 在 2～5 时，随着 pH 升高，HA 对 U(VI)的吸附率升高。当 pH 大于 5 时，随着 pH 的升高，HA 对 U(VI)吸附率反而有所降低。可能是因为 pH 较高时溶液中 U(VI)的化学形态发生变化，也可能是因为 HA 的溶解度随着 pH 升高而不断增大，从而影响 HA 对 U(VI)的吸附效率。吸附反应后，溶液 pH 均向中性方向偏移，推断是 HA 含有—OH、$—NH_2$ 等碱性基团，与溶液中 H^+ 作用。当 pH 为 5 时，U(VI)在水溶液中以 UO_2CO_3 的形式为主（Gavrilescu et al.，2009），UO_2CO_3 分子表面无电荷，与 HA 颗粒间电荷排斥作用较小，更易于吸附凝集成颗粒；另一方面 pH 为 5 时，HA 中各种活性基团活性较强（Buschmann et al.，2015）。

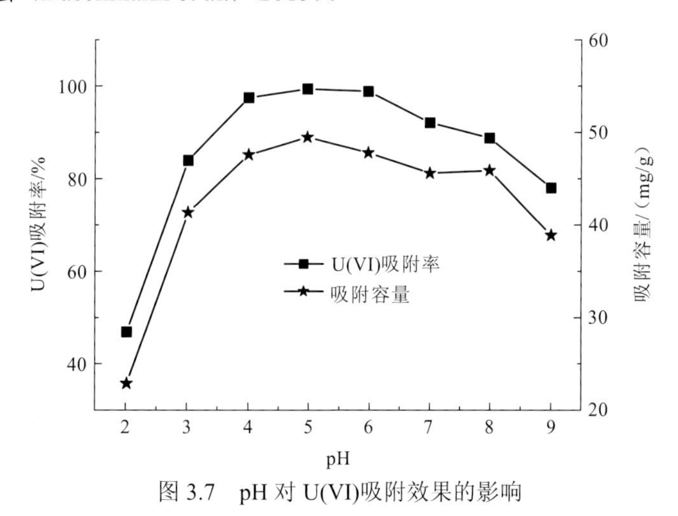

图 3.7　pH 对 U(VI)吸附效果的影响

5）共存阴离子对 HA 吸附 U(VI)的影响

在 U(VI)溶液浓度为 50 mg/L、HA 投加量为 1.0 g/L、pH 为 5 时，考察共存阴离子对 HA 吸附 U(VI)的影响，结果如表 3.3 所示。pH 为 5 时，10 mmol/L 的柠檬酸根离子能使 HA 对 U(VI)的吸附率显著降低。NO_3^-、F^-、SO_4^{2-}、CH_3COO^-等阴离子对 U(VI)的吸附的影响较小，而 HCO_3^-、$H_2PO_4^-$使 HA 对 U(VI)的吸附率略有升高。这可能是因为柠檬酸根离子与 U(VI)具有较强的络合能力，使 HA 在水中的溶解度增大，导致 U(VI)在 HA 上的吸附率下降（Lozano et al.，2011）。而 HCO_3^-、$H_2PO_4^-$易与 U(VI)形成絮状沉淀，提高了 HA 对 U(VI)的吸附率。

表 3.3 共存阴离子对 HA 吸附 U(VI)的影响

项目	无	HCO_3^-	NO_3^-	SO_4^{2-}	F^-	柠檬酸根离子	CH_3COO^-	$H_2PO_4^-$
离子浓度/（mmol/L）	0	10	10	10	5	10	10	10
U(VI)吸附率/%	99.34	99.57	98.63	98.43	97.34	50.00	95.85	99.54

6）Cr^{6+}、Mn^{2+}对 HA 吸附 U(VI)的影响

Cr^{6+}、Mn^{2+}对 HA 吸附 U(VI)的影响结果分别如图 3.8、图 3.9 所示。结果表明，溶液 pH＜6 时，向溶液中添加低浓度的 Cr^{6+}、Mn^{2+}，对 HA 吸附 U(VI)的影响不显著。但当溶液 pH＞6 时，与对照组相比，一定浓度 Cr^{6+}的存在，使 HA 吸附 U(VI)的效率升高。

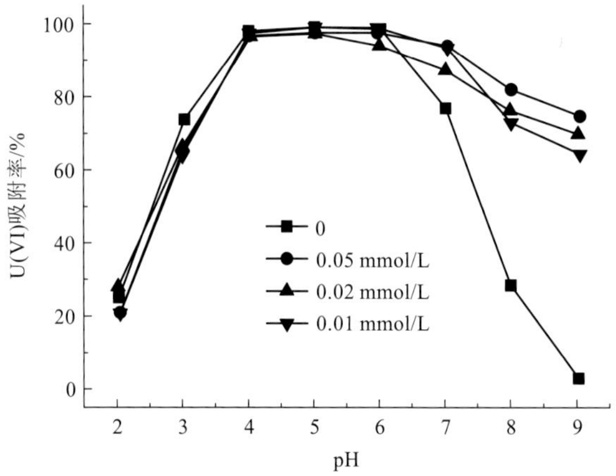

图 3.8 Cr^{6+}对 HA 吸附 U(VI)的影响

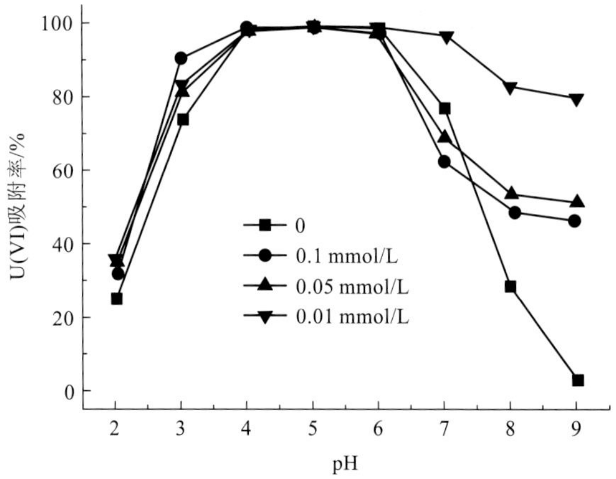

图 3.9 Mn^{2+}对 HA 吸附 U(VI)的影响

2. HA 吸附 U(VI)的反应动力学

吸附动力学主要用来描述吸附剂吸附溶质的速率，吸附速率反映了吸附质在固-液界面上的滞留时间。在 HA 投加量为 1 g/L、振荡时间为 1.0 h、pH 为 5、温度为 25℃、铀初始浓度为 50 mg/L 时，测定不同时间吸附量。运用准一级、准二级吸附动力学方程描述 HA 吸附 U(VI)规律，其方程为

$$\lg(Q_e - Q_t) = \lg Q_e - \frac{K_1}{2.303}t \tag{3.1}$$

$$\frac{t}{Q_t} = \frac{1}{K_2 Q_e^2} + \frac{1}{Q_e}t \tag{3.2}$$

式中：Q_e 为平衡吸附容量，mg/g；Q_t 为不同时间对应的吸附量，mg/g；K_1、K_2 分别为准一级、准二级吸附动力学方程系数。

准一级、准二级吸附动力学拟合结果如图 3.10 所示，相应的参数如表 3.4 所示。

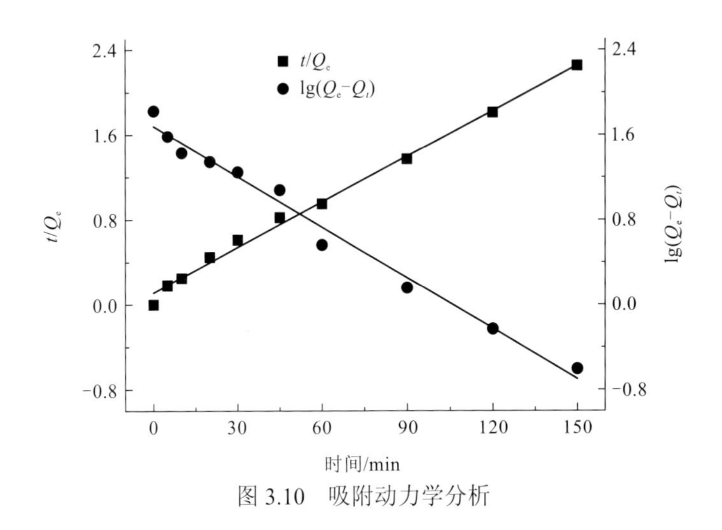

图 3.10　吸附动力学分析

表 3.4　吸附动力学参数分析结果

项目	准一级吸附动力学方程 $y=1.720126-0.0179x$			准二级吸附动力学方程 $y=0.14743+0.01384x$		
	Q_e	K_1	R^2	Q_e	K_2	R^2
数值	52.49 mg/L	41.22×10^{-3}	0.983	72.25 mg/L	12.99×10^{-4}	0.995

从上述拟合结果可知，准一级、准二级吸附动力学方程均与实验结果拟合较好，而准二级吸附动力学方程能够更好地描述吸附过程，且实验数据与方程更为吻合，相关系数为 0.995，说明腐殖酸对铀的吸附符合准二级吸附动力学方程。

3. HA 吸附 U(VI)前后的扫描电镜分析

图 3.11 为 HA 吸附 U(VI)前后的扫描电镜结果。由图 3.11（a）可见，HA 粉末形状不规则，表面凹凸不平，呈现不规则的多孔结构。孔隙的存在一方面增大材料的表面积，使更多的吸附位点暴露出来，另一方面为吸附水中的金属离子提供必要的通道及足够的吸附空间，便于金属离子向内部扩散。对比图 3.11（a）和（b）可知，吸附前 HA 表面粗糙、呈多孔支状，吸附 U(VI)后支状结构之间的孔隙被填平，表面变得较光滑。推测是因为 HA 表面的功能基团参与了 U(VI)的吸附。值得注意的是，吸附前 HA 有较多类似球形细菌的结构，反映 HA 中含有较多的微生物；但吸附之后类似球形细菌的数量大为减少，表明其中大部分微生物不耐铀，不能抵抗铀的毒害。

（a）HA吸附前

（b）HA吸附后

图 3.11　HA 吸附 U(VI)前后的扫描电镜图（×2 000 倍）

4. HA 吸附 U(VI)前后的红外光谱分析

HA 吸附 U(VI)前后的红外光谱结果如图 3.12 所示，吸附 U(VI)后的光谱与吸附前相比变化不大，只有谱峰出现了位移，并无新的谱带出现。这表明 HA 吸附 U(VI)后，自身结构并未发生改变。吸附后由于 U(VI)取代了部分羟基中的氢，羟基的伸缩振动向高波数移动，由 3 394.10 cm^{-1} 变成了 3 370.96 cm^{-1}，但峰形和峰强无明显变化；而—C═O 键的振动强度下降，最大吸收峰波数略有降低，使—COOH 的—C═O 吸收峰由 1 394.28 cm^{-1} 附近向低波数 1 376.93 cm^{-1} 移动；脂肪胺中—C—N 吸收峰在 1 099.20 cm^{-1} 附近则向低波数移动了 4 cm^{-1}，也可能是 P═O═C 的伸缩振动及 Si—O 振动的作用；1 008.59 cm^{-1}、914.09 cm^{-1} 处分别是芳香环的骨架振动吸收峰和—C—H 的变形振动吸收峰；796.46 cm^{-1} 处为—NH_2 的伸缩振动吸收峰；694.25 cm^{-1} 处为苯环结构环状变形振动吸收峰，吸附后吸收峰向低波数移动了 2 cm^{-1}；538.04 cm^{-1}、472.47cm^{-1}、433.91 cm^{-1} 处均为—C—C—C—的伸缩振动。从光谱来看，HA 结构中存在—OH、—C═O、—NH_2、—C—N—、苯环等活性基团，吸附后，HA 的结构仍保持相对完整，—OH、—C═O、

—C—N、—NH_2 等为吸附过程中的主要吸附位点。

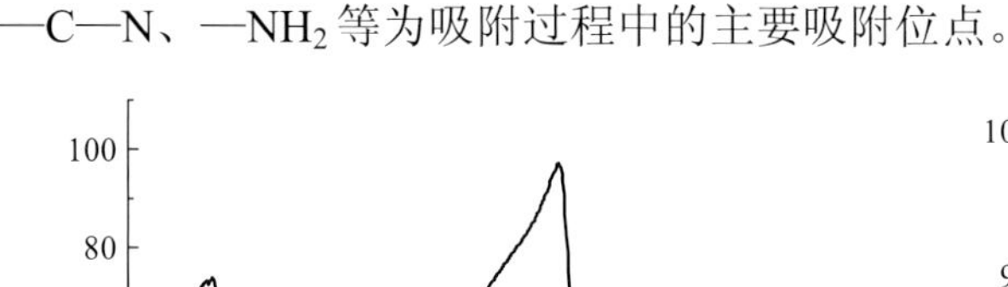

（a）吸附前

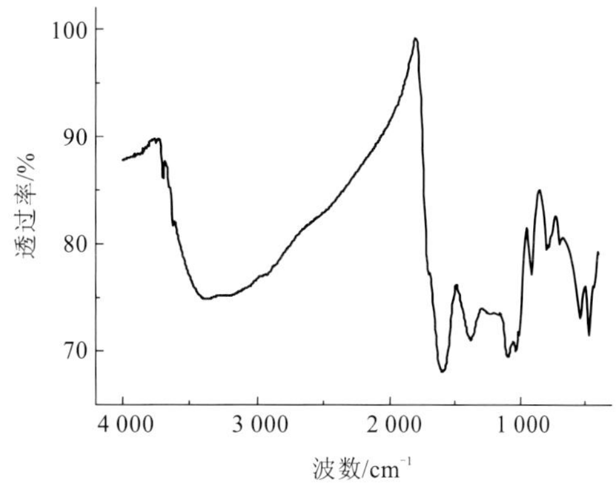

（b）吸附后

图 3.12　吸附前后 HA 粉末的红外光谱图

5. 腐败希瓦氏菌对 U(VI)的耐受性

腐败希瓦氏菌的培养基为 NH_4Cl 0.3 g/L、$NaHCO_3$ 2.5 g/L、$MgSO_4$ 0.025 g/L、$MgCl_2·6H_2O$ 0.4 g/L、$KH_2PO_4·7H_2O$ 0.02 g/L、酵母抽提物 0.01 g/L。从已培养 24 h 的液体培养基中吸取 0.5 mL 的菌悬液，控制菌液 OD600 值为 0.700 左右，分别加入 50 mL 含铀浓度为 0、20 mg/L、50 mg/L、80 mg/L、100 mg/L 的菌株培养液中，在 30℃下恒温培养，间隔时间测定溶液中菌培养液 OD600 值，与菌的浓度呈线性关系，记录菌种的生长情况，考察其对铀的耐受性，结果如图 3.13 所示。

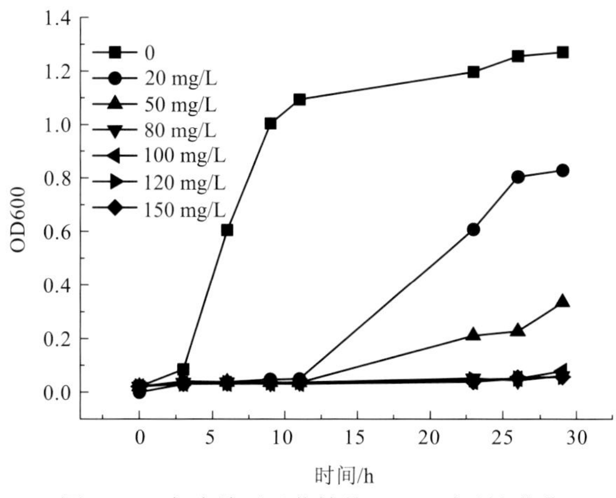

图 3.13　腐败希瓦氏菌株的 U(VI)耐受性曲线

当铀浓度为 0 时，在 50 mL 培养液中，菌株生长良好，在 0～3 h 出现了停滞，在 3～12 h 呈对数生长，在 12～30 h 出现稳定期，且时间相对较长。当铀浓度为 20 mg/L 时，在 12 h 内，菌株的生长受到抑制，菌体总量几乎没有增加；在 12～24 h 内，菌体出现类对数期生长，28 h 时 OD600 达到 0.8 以上，说明腐败希瓦氏菌能够耐受铀的浓度为 20 mg/L。当铀浓度为 50 mg/L 时，腐败希瓦氏菌株生长明显受到抑制，经过 12 h 适应后，菌株出现缓慢增长。当铀浓度达到 80 mg/L 时，菌体结构受到破坏，菌株不再存活（Tapia Rodriguez et al.，2012）。总体上，腐败希瓦氏菌对铀表现出良好的耐受性。

6. 铀的浓度对 U(VI)去除的影响

对 U(VI)初始浓度为 10～80 mg/L 的去除实验结果如图 3.14 所示。在最初 10 h 内，腐败希瓦氏菌对 U(VI)表现出较强的去除能力；24 h 后，不同初始浓度 U(VI)的去除率从大到小依次为 30 mg/L、20 mg/L、50 mg/L、10 mg/L、80 mg/L。当 U(VI)初始浓度为 30 mg/L 时，在 24 h 内，U(VI)去除率可达 96%，后续实验均在此初始浓度条件下进行。

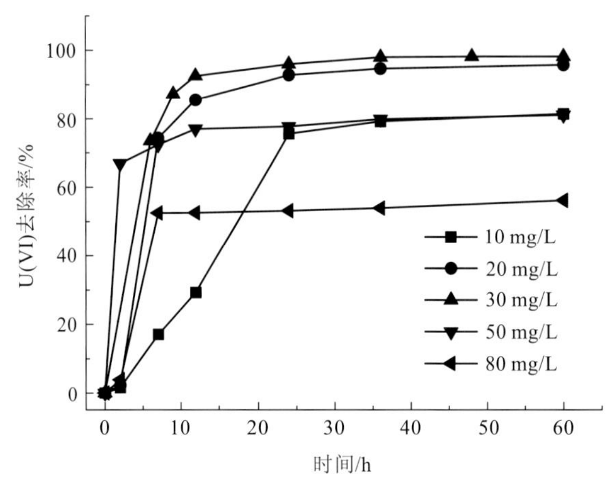

图 3.14　U(VI)初始浓度对 U(VI)去除的影响

7. 菌体投加量对 U(VI)去除的影响

图 3.15 为菌体投加量对 U(VI)去除效果的影响，前 10 h，U(VI)去除率显著升高。当菌体投加量为 2 mL 时，U(VI)去除率达到最高，超过阈值，U(VI)去除效率随着菌体浓度的升高而略有降低。分析认为，在腐败希瓦氏菌去除 U(VI)的过程中，需要一定的营

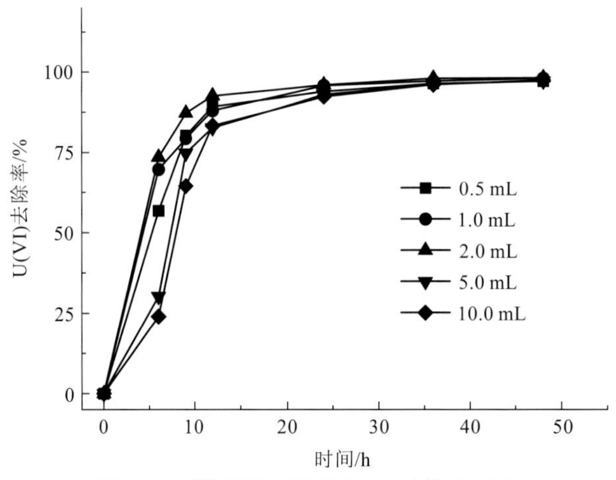

图 3.15　菌体投加量对 U(VI)去除的影响

养物质、电子供体、AQS 等，在适当的环境（配比）下，将出现较高去除率（Zhou et al.，2004）。在最初阶段，菌体量的增加，提升了菌株之间对营养物质的竞争作用，使得 U(VI)去除率略有下降。作用 24 h 后，菌体投加量对 U(VI)去除率的影响相差不大。

8. 外加电子供体对 U(VI)去除的影响

图 3.16 外加电子供体对腐败希瓦氏菌还原 U(VI)影响的实验结果。在 12 h 内，投加甲酸钠、乙酸钠、乳酸钠等电子供体的培养液，U(VI)去除率均在 80%以上，均高于未加电子供体的培养液。外加电子供体不同，U(VI)去除率也略有差异，这是因为乳酸钠、甲酸钠和乙酸钠的氧化还原电势不同，如乙酸钠 $E^{\ominus}=-120$ mV，甲酸钠 $E^{\ominus}=-430$ mV（Jorg et al.，2002），甲酸钠的失电子能力较乙酸钠更强，细菌对甲酸钠的利用效率更高，因此含甲酸钠的培养液中 U(VI)去除率也更高。

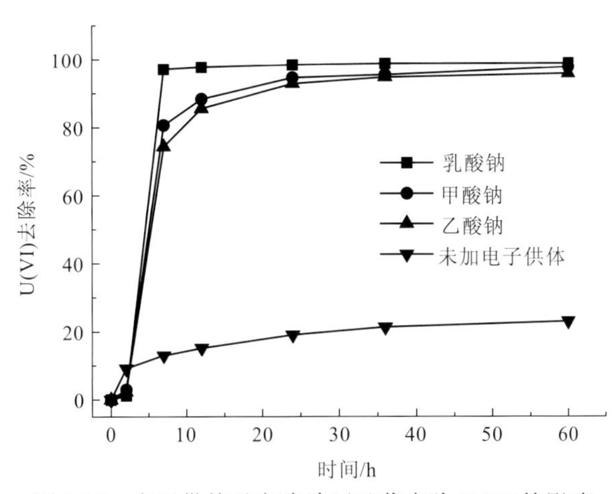

图 3.16　电子供体对腐败希瓦氏菌去除 U(VI)的影响

9. 甲苯、三氯乙酸、对硝基苯酚对 U(VI)去除的影响

实验中，分别以 2 mmol/L 的甲苯、三氯乙酸、对硝基苯酚取代乙酸钠为电子供体，考查其对腐败希瓦氏菌去除 U(VI)的影响，实验结果如图 3.17 所示。结果表明三种物质均可以促进 U(VI)的去除。在 12 h 时，菌体利用甲苯、三氯乙酸、对硝基苯酚腐殖质对 U(VI)的去除率分别达到 76.80%，94.89%，96.59%。与未加电子供体的培养液相比，U(VI)去除率显著提高，表明腐败希瓦氏菌能够利用这些有毒有机物作为电子供体促进 U(VI)的去除。这为修复铀尾矿库区有机物与铀的复合污染提供了可能。

10. AQS 浓度对 U(VI)去除的影响

AQS 对腐败希瓦氏菌去除 U(VI)的影响结果如图 3.18 所示，不同浓度的 AQS 对腐败希瓦氏菌去除 U(VI)的影响存在差异。

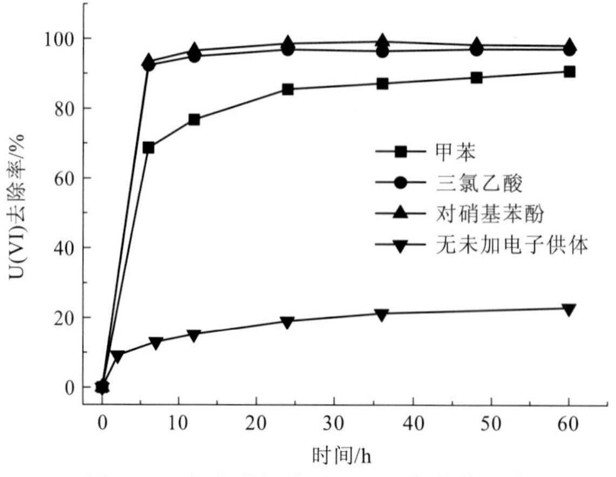

图 3.17　有毒有机物对 U(VI)去除的影响

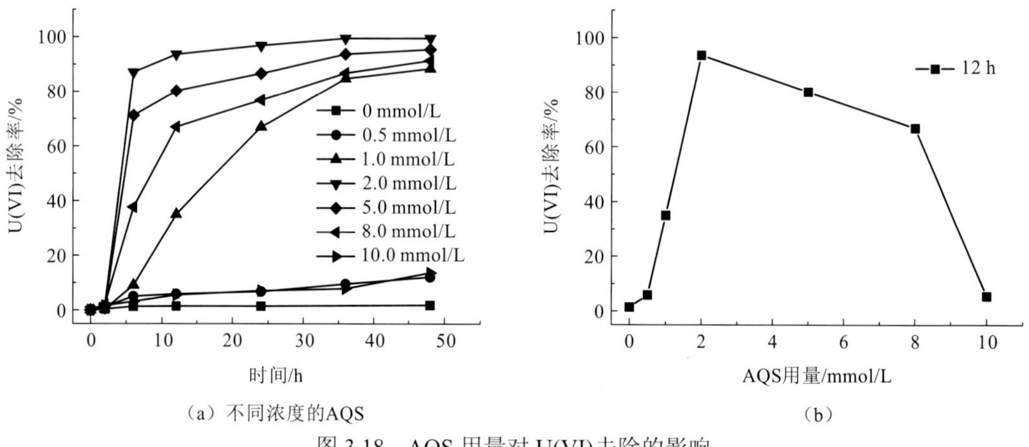

图 3.18　AQS 用量对 U(VI)去除的影响

当 AQS 的浓度在 0～2 mmol/L 时，能显著加速 U(VI)的还原；当 AQS 浓度为 2 mmol/L 时，可在 12 h 内将溶液中 U(VI)浓度从 30 mg/L 降至 1.91 mg/L，U(VI)去除率达 90%以上；当 AQS 浓度大于 2 mmol/L 时，随着浓度的上升，U(VI)去除率下降，高浓度 AQS 对 U(VI)去除存在较强的抑制作用。其原因在于低浓度 AQS 能促进细菌呼吸链的电子传递，促进 U(VI)的去除，但当其浓度达到某一阈值时，会产生抑制作用，使 U(VI)去除速率下降。许志诚等（2006）研究腐败希瓦氏菌的偶氮去除时，蒽醌-2，6-双磺酸盐（anthraquinone-2，6-disulfonate，AQDS）的作用也出现了类似情况。

11. 红外光谱分析

以未除铀的腐败希瓦氏菌为对照，采用红外光谱分析死菌体、活菌体除铀后的官能团特征，结果如图 3.19 所示。图 3.19a 为与铀作用前菌体的光谱图，分析表明菌体中主要含有—C—C(CH_3)—C—C、(CH_3)CH—等碳链骨架，以及氨基酸、硫磺基、卤代脂肪烃、硫代酰胺、脂肪胺、—OH 等。700～500 cm^{-1} 处是卤化脂肪烃中—C—X 的伸缩振动峰；3293.87 cm^{-1}、1400 cm^{-1}、1076.10 cm^{-1} 分别是 O—H 的伸缩振动峰、变形振动峰和 C—OH 的伸缩振动峰；1 159.03 cm^{-1}、1 240.02 cm^{-1} 分别是—C—C(CH_3)—C—C、(CH_3)CH—的振动峰；1 544.73 cm^{-1}、2 960.24～2 113.63 cm^{-1} 分别是氨基酸中 O—C═O 基团的不对称伸缩振动峰和 NH_3^+的对称伸缩振动峰；1 240.02 cm^{-1}、1 312.38 cm^{-1} 处分别对应 C—N 键的伸缩振动峰和 N—H 弯曲振动峰；1 654.65 cm^{-1}、2 960.24～2 854.06 cm^{-1} 处为酰胺基团的 C═O 伸缩振动峰和—N(CH_3)$_2$ 基团的振动峰；1 076.10 cm^{-1}、1 240.02～1 159.03 cm^{-1} 处也可能是 HO—SO_2 中的—S═O—对称伸缩。

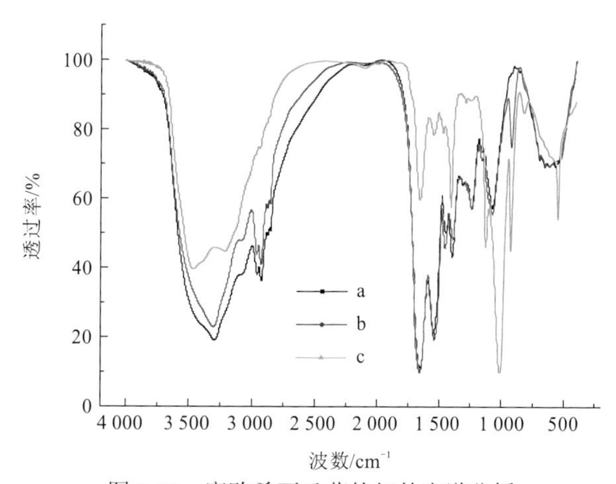

图 3.19　腐败希瓦氏菌的红外光谱分析

a 为未除铀的腐败希瓦氏菌；b 为死菌体除 U(VI)后；c 为活菌体除 U(VI)后

对比分析图 3.19 中 a 与 b，死菌体去除 U(VI)后的光谱与吸附前相比变化不大，谱峰并无明显改变，只出现了位移，并无新的谱带出现。这表明 HA 去除 U(VI)后，自身结构并未发生改变。与 U(VI)相互作用的基团主要是卤代脂肪烃中的—C—X、—OH、硫代酰胺基、HO—SO_2 中—S═O—等。图 3.19 中 a 与 c 对比分析，对活菌体去除 U(VI)后的图谱中除—COOH、—OH、—C═O 等基团的图谱发生微小变化外，在 2 960.24～2 113.63 cm^{-1} 和 700～500 cm^{-1} 的氨基酸和卤化脂肪烃中—C—X 的特征振动峰弱化消失，酰胺基团振动峰所在的 1 652.72～1 120.46 cm^{-1}，吸收强度变化较大，且在 1 120.46 cm^{-1}、1992.14 cm^{-1} 出现新的振动峰。分析原因，活细菌氨基酸、酰胺基等基团除 U(VI)能力较强。

3.4.3　奥奈达希瓦氏菌去除 U(VI)的性能及机理

以奥奈达希瓦氏菌（*S. oneidensis*）MR-1 菌株为例探讨其耐铀特性，分析 *S. oneidensis* MR-1 在厌氧条件下，初始铀浓度、菌体投加量、AQS 浓度、有毒有机物等对其去除 U(VI)效果的影响（王永华 等，2014）；通过现代检测技术手段分析 *S. oneidensis* MR-1 除铀的形态特征及机理。

1. 菌株生长曲线

菌株培养采用胰蛋白酶大豆肉汤培养基（tryptic soy broth medium，TSB）：每升含胰蛋白胨（tryptone）17.0 g，大豆胨（soytone）3.0 g，葡萄糖（dextrose）2.5 g，NaCl 5.0 g，K_2HPO_4 2.5 g。*S. oneidensis* MR-1 为革兰氏阴性兼性厌氧菌，菌落较小，呈圆形或椭圆形，表面光滑无光泽，边缘规则。其在不同条件下生长曲线如图 3.20 所示。

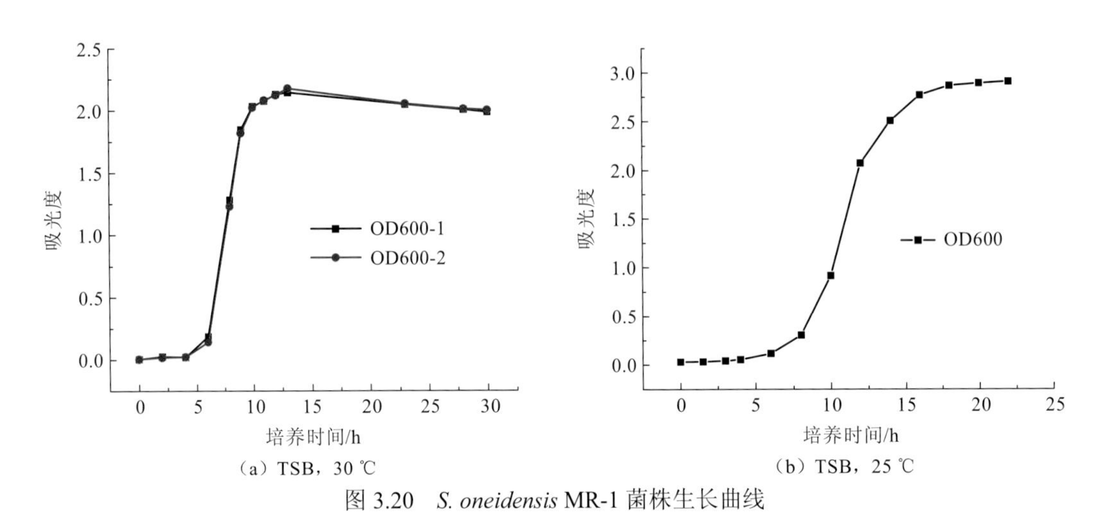

（a）TSB，30 ℃　　（b）TSB，25 ℃

图 3.20　*S. oneidensis* MR-1 菌株生长曲线

由图 3.20（a）可知，在 0～4 h 阶段菌株量较少，菌株增长相对缓慢属于停滞期，是菌体对培养基新的环境的适应；在 6～12 h 时菌株增加迅速，快速进入对数生长期，是适应了环境后培养液中充足的营养物质供应，此时菌株能够很好地利用营养物质进行新陈代谢活动；在 13 h 时菌株量达到最大，此时菌株处于稳定期；13 h 以后菌株总量稍微下降，但仍有较大的浓度，菌株数量较多。

25 ℃条件下测得菌株生长曲线如图 3.20（b）所示，菌株的适应期较长（0～6 h），可能是因为温度较低细菌活性较弱，新陈代谢活动相对缓慢；6～15 h 进入对数期，此时的吸光度比 30 ℃条件下有所提高；约 20 h 以后才进入稳定期。

对比图 3.20（a）和 3.20（b）可知，在 30 ℃恒温培养，菌体能够较快进入对数期，然而随着菌体总数的急剧增多，营养物质消耗速度加快，短时间内即可进入稳定期。随着奥奈达希瓦氏菌菌体竞争作用加剧，维持短时间的稳定期，然后菌体量逐渐减少。然而在 25℃培养条件菌体对数期时间较长，18 h 进入对数后期然后逐渐稳定。

2. U(VI)初始浓度对 MR-1 除 U(VI)效果的影响

在乳酸钠浓度为 10 mmol/L，AQS 浓度为 1 mmol/L，温度为 30℃，U(VI)初始浓度分别为 10 mg/L、20 mg/L、30 mg/L、50 mg/L 的条件下，考察 U(VI)初始浓度对奥奈达希瓦氏菌除 U(VI)效果的影响，结果如图 3.21 所示。

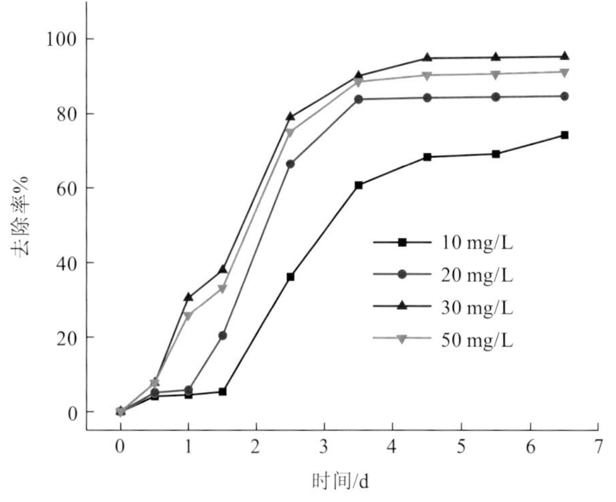

图 3.21　U(VI)初始浓度对 U(VI)去除的影响

在厌氧条件下前 24 h（1 d），菌体无明显生长，这可能是对缺氧体系的适应过程。随着时间的延长，除铀效果逐渐上升。当 U(VI)浓度为 20 mg/L 时，菌株有较高还原率；当 U(VI)浓度为 30 mg/L 时，第 4 d U(VI)还原率已经接近 95%。当 U(VI)初始浓度为 50 mg/L 时，菌体仍有较好的还原效果，可见菌体对高浓度 U(VI)有较强的适应能力。

以上分析可知，当 U(VI)的初始浓度为 30 mg/L 时，奥奈达希瓦氏菌除铀效果最好，后续实验均在此初始浓度条件下进行。

3. 菌体投加量对 MR-1 除 U(VI)效果的影响

其他实验条件不变，U(VI)浓度为 30 mg/L，控制菌悬液浓度约为 6×10^{8} cells/mL，分别投加 0.5 mL、1 mL、2 mL、5 mL 的菌悬液，考察菌体投加量对 MR-1 去除 U(VI)效果的影响，结果如图 3.22 所示。

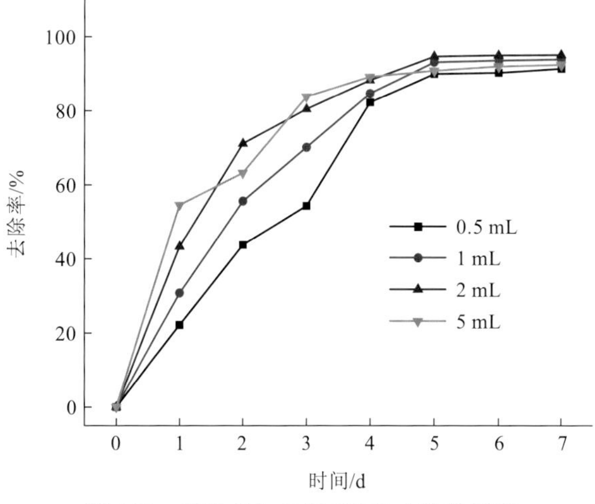

图 3.22　菌体投加量对 U(VI)去除的影响

从图 3.22 中可知，U(VI)去除率前 5 d 逐渐增大，随后达到稳定状态。在投加量小于 2 mL 前，菌体对厌氧环境逐步适应，其对 U(VI)去除率持续升高；当投加量为 2 mL 时，U(VI)去除率达到最高并趋于稳定；当菌体投加量达到 5 mL 时，由于菌体量较多，最初的 3 d U(VI)去除效果较好，但随后增加菌体量 U(VI)去除率无显著变化。可能是投加量增加，初始菌体 U(VI)去除率较高，但适应环境后菌体总量的增加，使得其对营养物质的竞争作用加剧，甚至出现部分菌体的衰亡，以致 U(VI)去除率在后期较早趋于稳定。

4. AQS 浓度对 MR-1 除 U(VI)效果的影响

在电子供体为乳酸钠、U(VI)质量浓度为 30 mg/L 的条件下，将奥奈达希瓦氏菌以 2%接种量分别接种于 AQS 初始浓度为 0.5 mmol/L、1 mmol/L、2 mmol/L、5 mmol/L 的培养基中，考察腐殖质模式物 AQS 用量对奥奈达希瓦氏菌除 U(VI)效果的影响，结果如图 3.23 所示。菌体在对 U(VI)去除过程中，与不添加 AQS 的反应体系相比，相同时间内去除率提高了 5.3 倍，明显促进了 U(VI)的去除。不加 AQS 的培养体系中，菌体也有一定的去除效果，48 h 时 U(VI)去除率仅有 8.66%，分析认为可能是培养基中含有乳酸钠和微量的酵母提取物，为菌体生长和厌氧去除提供了部分去除能力。浓度低于 2 mmol/L 的 AQS 有明显的促进作用，但当其浓度大于 2 mmol/L 时，对 MR-1 去除 U(VI)的促进作用降低。在 AQS 浓度为 0.5 mmol/L 时，U(VI)质量浓度从 30 mg/L 降低到 0.41 mg/L，U(VI)去除率达到 98%以上，溶液中产生了去除态的 AH_2QS。AQS 浓度为 5 mmol/L 时，溶液颜色明显加深，而还原率也仅有 59.9%，说明低浓度 AQS 可有效促进 U(VI)去除，高浓度 AQS 效果反而减弱。

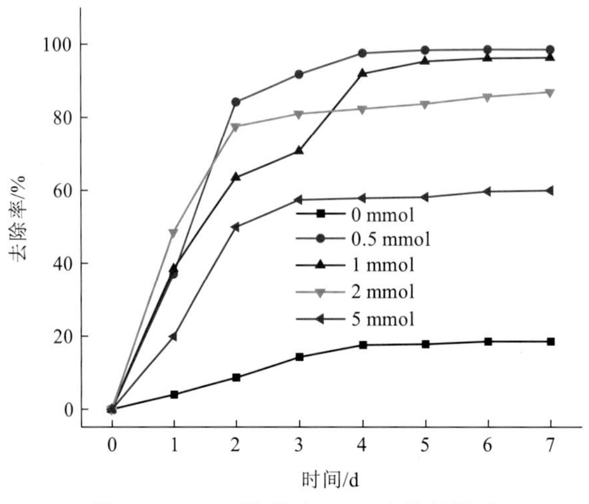

图 3.23 AQS 浓度对 U(VI)去除的影响

5. 电子供体对 MR-1 还原 U(VI)的影响

实验分别以 10 mmol/L 的甲酸钠、乙酸钠和乳酸钠作为奥奈达希瓦氏菌厌氧还原的电子供体，分别考察了外加电子供体和空白对照的条件下，电子供体对奥奈达希瓦氏菌还原 U(VI)的影响，结果如图 3.24 所示。

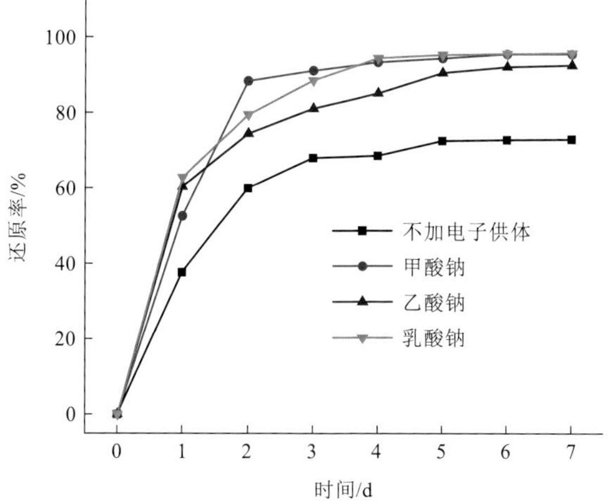

图 3.24　电子供体对 MR-1 还原 U(VI)的影响

在不加电子供体的情况下，细菌对 U(VI)仍有一定的还原作用，在稳定之后 U(VI)的还原率能达到 72%。而投加电子供体后，奥奈达希瓦氏菌对 U(VI)的还原提高了 20%左右，与不加电子供体的体系相比，添加甲酸钠和乳酸钠的培养体系在第 4 d U(VI)的还原率分别提高到 93.25%和 94.38%，这说明体系中电子供体的存在可有效促进奥奈达希瓦氏菌对 U(VI)的还原。另外，外加不同电子供体菌体对 U(VI)的还原存在差异。这可能是因为甲酸钠、乙酸钠、乳酸钠三种电子供体的氧化还原电势不同，乳酸钠、甲酸钠的失电子能力相对较强，使得细菌利用效率更高。培养至第 7 d 时，U(VI)的还原率大小顺序为乳酸钠（95.65%）＞甲酸钠（95.37%）＞乙酸钠（92.41%）。

6. 乳酸钠浓度对 MR-1 还原 U(VI)的影响

在温度为 30℃、AQS 浓度为 1 mmol/L、U(VI)质量浓度 30 mg/L、pH 为 7.00 左右的培养体系中，添加一定量的乳酸钠母液，然后控制其浓度分别为 5 mmol/L、10 mmol/L、15 mmol/L、20 mmol/L，接种菌悬液 2 mL，厌氧条件下考察乳酸根离子浓度对 *S. oneidensis* 还原 U(VI)的影响，结果如图 3.25 所示。

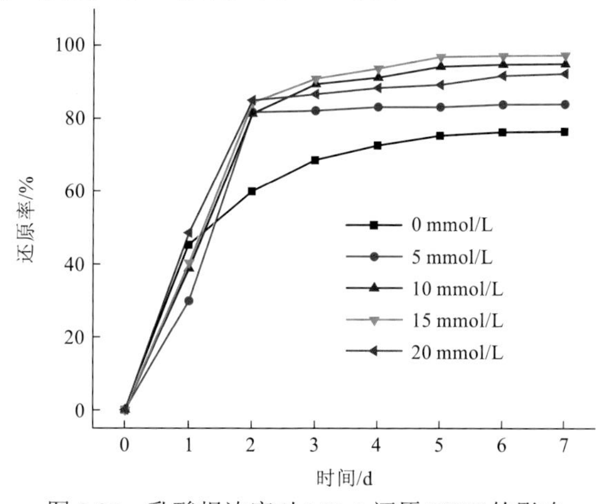

图 3.25　乳酸根浓度对 MR-1 还原 U(VI)的影响

对比不添加乳酸根离子的反应体系，培养液中添加乳酸根离子能够有效促进 *S. oneidensis* 还原 U(VI)。在 5 mmol/L 的乳酸根离子浓度下，2 d 后 U(VI)的去除率达到 80%左右，但之后没有进一步提高。当乳酸根浓度增加到 10～15 mmol/L 时，反应之后的体系中 U(VI)去除率达到 97.34%。结果表明在可利用的电子供体存在且充足的条件下，奥奈达希瓦氏菌才能高效去除 U(VI)。

7. 共存金属离子对 MR-1 还原 U(VI)的影响

水体中其他共存阳离子的存在往往会对 U(VI)的还原产生影响，在还原体系中添加二价金属阳离子，考察其对 *S. oneidensis* MR-1 还原 U(VI)的效率。保持其他条件不变，在微生物培养液中分别加入 2 mmol/L 的 Cu^{2+}、Mn^{2+}、Ca^{2+}，各实验组 U(VI)还原率如图 3.26 所示。

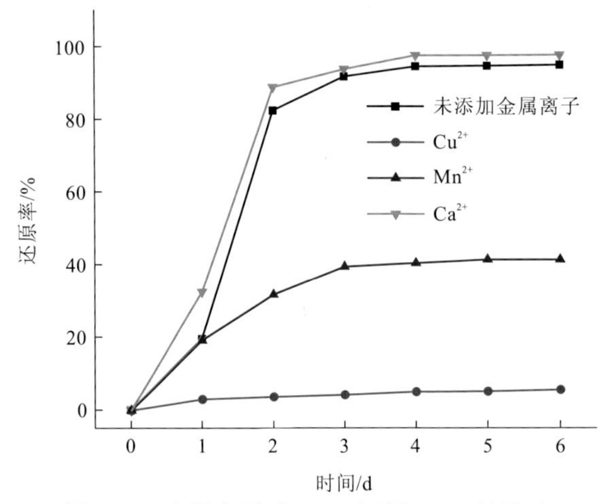

图 3.26 金属离子对 MR-1 还原 U(VI)的影响

结果显示，添加了 Cu^{2+}、Mn^{2+}、Ca^{2+}的实验组，在第 2 d U(VI)还原率分别为 3.72%、31.78%、88.88%；而未添加金属离子的对照组还原率达到了 82.40%。结果说明添加的金属离子 Cu^{2+}、Mn^{2+}对 U(VI)还原有一定的抑制作用，且 Cu^{2+}的影响大于 Mn^{2+}；Ca^{2+}有微弱的促进作用。汤洁等（2013）研究了大肠埃希氏菌-铁屑协同还原去除水体中 Cr(VI)的影响，发现在 Cu^{2+}、Mn^{2+}存在条件下 Cr(VI)还原率也受到一定程度的抑制。在奥奈达希瓦氏菌中，具有还原酶活性的蛋白质主要位于细胞膜上（Beliaev et al.，2001），推测 Cu^{2+}的抑制作用是与酶蛋白的活性中心相结合，从而使该蛋白失去氧化电子供体的能力，添加重金属离子对 U(VI)的间接还原过程产生了不利影响。

分析认为，Ca^{2+}的促进作用可能是因为菌体对 Ca^{2+}有较好的耐受性，Ca^{2+}的存在增强了与 U(VI)还原相关的蛋白质活性，或者参与了反应中还原酶或电子传递物质的合成，有利于生化反应的进行，从而促进了奥奈达希瓦氏菌直接还原 U(VI)的酶促反应过程。

8. 有毒有机物对 MR-1 还原 U(VI)的影响

以 10 mmol/L 的甲苯、三氯乙酸、顺丁烯二酸为电子供体，不添加有毒物质的培养液作为对照，菌体投加量为 2 mL，AQS 浓度为 1 mmol/L，考察环境中的有毒有机物质对奥奈达希瓦氏菌还原 U(VI)的影响。实验结果如图 3.27 所示。

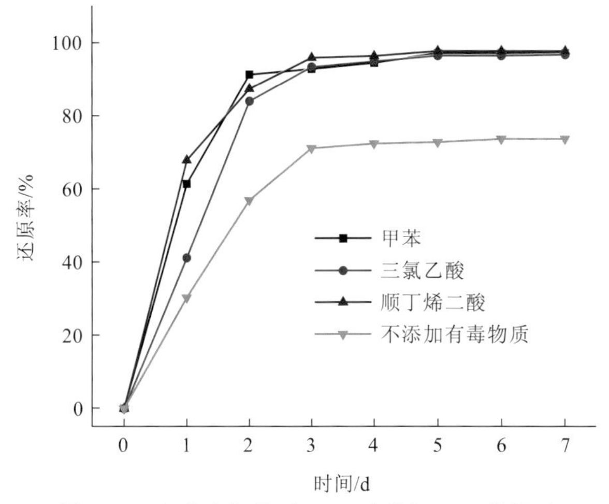

图 3.27　有毒有机物对 MR-1 还原 U(VI)的影响

与对照组相比，奥奈达希瓦氏菌可利用甲苯、三氯乙酸、顺丁烯二酸进行厌氧腐殖质呼吸，达到稳定后 U(VI)的还原率分别为 97.20%、96.92%、97.91%，三种有毒物质作为电子供体时都能够显著促进奥奈达希瓦氏菌对 U(VI)的还原。

9. MR-1 还原 U(VI)的扫描电镜分析

由图 3.28（a）可看出，奥奈达希瓦氏菌菌体表面纹路较清晰，相对比较光滑，可看出表面的褶皱和凸起；菌体呈椭圆状或者长杆状。图 3.28（b）可看出，奥奈达希瓦氏菌还原 U(VI)后表面形态发生了改变，菌体呈扁平状、梭状，表面出现棱角，呈现出较多的微小颗粒；细胞之间相互粘连甚至叠合，有部分可能死亡，表面沉积有晶体，这可能是细胞产生某种物质与 U(VI)作用产生晶体结晶（刘明学 等，2011）。奥奈达希瓦氏菌的

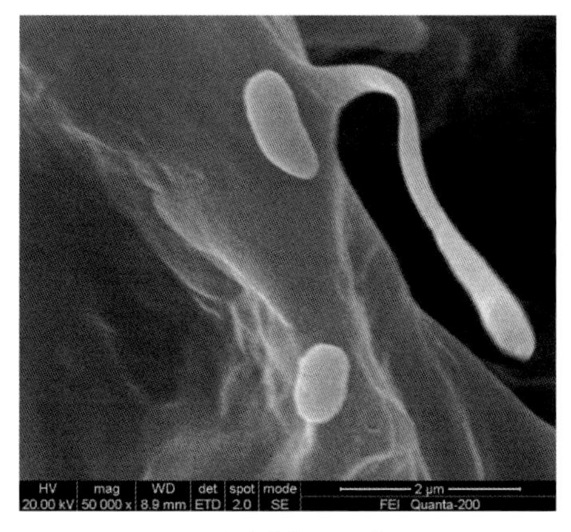

（a）还原U(VI)前

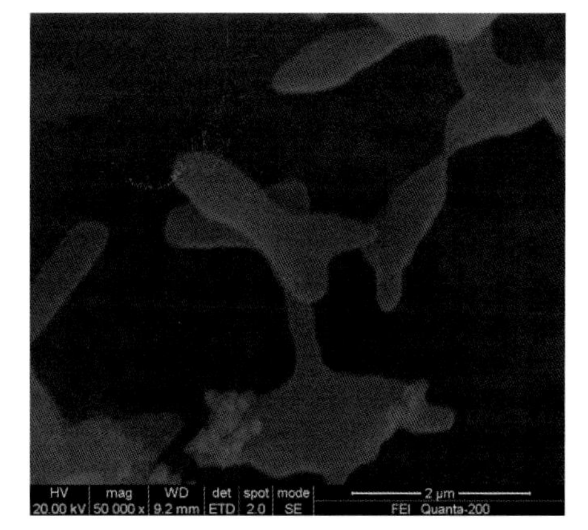

（b）还原U(VI)后

图 3.28　奥奈达希瓦氏菌还原 U(VI)前后扫描电子显微镜图

细胞壁由碳水化合物、周质蛋白等物质组成，这些生物质可提供大量的有机基团与U(VI)相互作用，通过一系列生化反应改变了菌体形态和结构。

10. MR-1还原U(VI)的电子能谱分析

选取对数期奥奈达希瓦氏菌MR-1菌株和反应72 h后的菌体，真空冷冻干燥后，制备样品做电子能谱分析，结果如图3.29和图3.30所示。

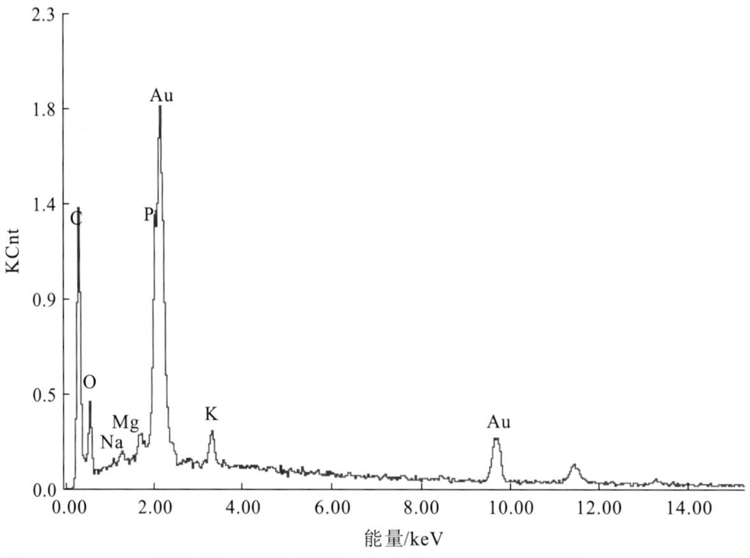

图3.29 菌体还原U(VI)前（无铀酰离子）

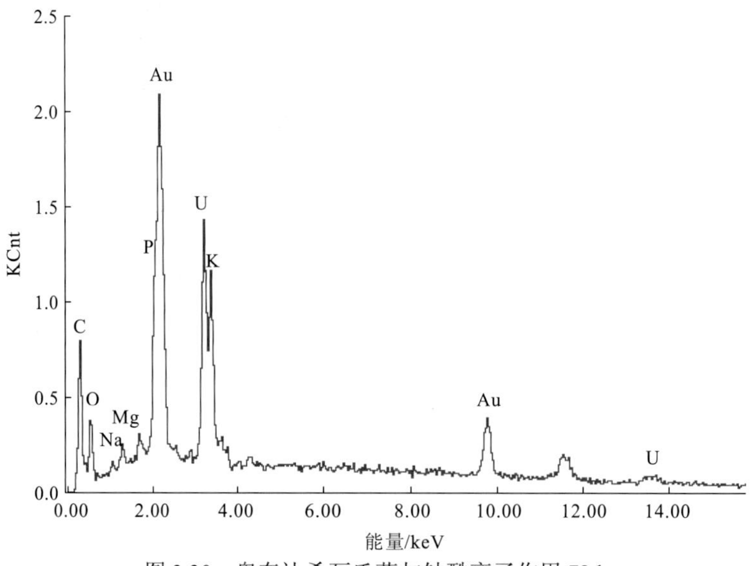

图3.30 奥奈达希瓦氏菌与铀酰离子作用72 h

通过能谱分析，发现除铀后的奥奈达希瓦氏菌菌体出现铀的吸收峰，结合能为3.0～3.5 keV，其含量占元素质量分数的59.11%，原子分数的17.72%。C、O含量高，这与样液和菌体本身含有大量 C、O 相符；P、K 含量有所降低，这说明奥奈达希瓦氏菌细胞在除铀过程中，K^+、PO_4^{3+} 都有参与。另外，除铀后含有很强的铀峰，表明菌体具有较强的固铀能力。

11. MR-1 还原 U(VI)的红外光谱分析

图 3.31 为奥奈达希瓦氏菌还原 U(VI)前后的红外光谱结果，图中 a 曲线为还原 U(VI)前的菌体红外光谱。

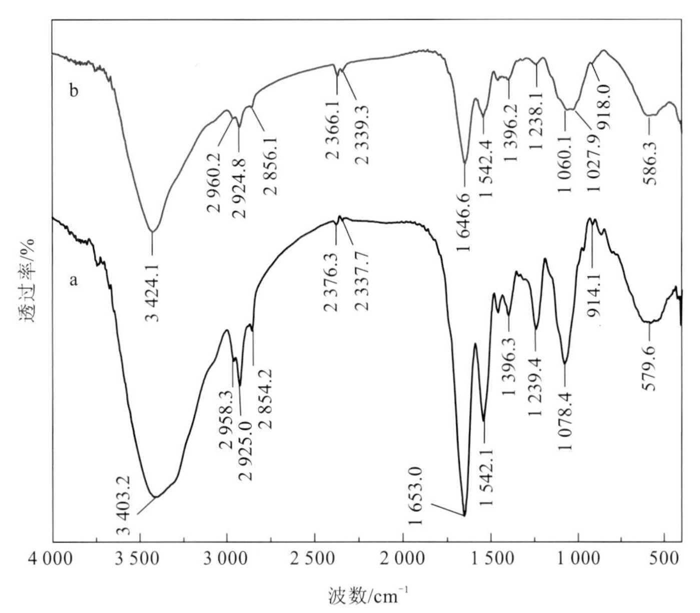

图 3.31　奥奈达希瓦氏菌除 U(VI)前后的红外光谱

a为除U(VI)前，b为除U(VI)后

根据波谱原理及解析进行吸收谱带分析，3403.2 cm^{-1} 附近的强宽峰为缔合状态的 O—H 伸缩振动峰，2958.3 cm^{-1} 为甲基（$—CH_3$）的反对称伸缩振动峰；2925.0 cm^{-1} 和 2854.2 cm^{-1} 附近的为亚甲基（$—CH_2—$）的反对称伸缩振动、对称伸缩振动及芳香$—CH_3$ 伸缩振动；2376.3 cm^{-1} 和 2337.7 cm^{-1} 附近的是三键和累积双键的伸缩振动；1653.0 cm^{-1} 处为酮基 C═O 和酰胺基团特征伸缩振动峰，1542.1 cm^{-1} 处为苯环 C═C 骨架振动，强度较大，峰比较尖锐；1456 cm^{-1} 处为$—CH_3$ 和$—CH_2—$的 C—H 不对称弯曲振动峰或苯环的吸收峰，1396.3 cm^{-1} 处附近的吸收峰则为$—CH_3$ 的 C—H 对称弯曲振动峰；1239.4 cm^{-1} 处为苯羟基（醇羟基）C—O 键或羧基的伸缩振动，C—N 键的伸缩及（CH_3）CH—骨架振动引起的；1239.4 cm^{-1} 处也可能是 $HO—SO_2$ 中—S═O—对称伸缩。1078.4 cm^{-1} 附近的肩峰，主要是由 C—O—C 的伸缩振动和—OH 的弯曲振动产生；914.1 cm^{-1} 处为烯烃中的—C—H 的变形振动、面外弯曲振动吸收峰；700～500 cm^{-1} 的 579.6 cm^{-1} 是卤化脂肪烃中—C—X 的伸缩振动峰。分析表明，菌体中主要含有苯环 C═C、（CH_3）CH—、芳香基等碳链骨架，以及氨基酸、卤代脂肪烃、酰胺、烯烃双键、—OH 等。

图 3.31 中 b 曲线为奥奈达希瓦氏菌除 U(VI)后的红外光谱。总体特征峰有些变化，出现了位移，也出现新的谱带。其中，—OH 的伸缩振动移动了 21 cm^{-1} 变成了 3424.1 cm^{-1}，峰强变化不大，峰形变窄；2925.0 cm^{-1} 附近的—CH_2—基本没有移动，峰形变得稍平缓；1653.0 cm^{-1} 处为酮基 C═O，向低波数移动了 6.4 cm^{-1}；1396.3 cm^{-1} 附近吸收峰变平缓，峰形变宽；1239 cm^{-1} 处向低波数移动 1.3 cm^{-1}，肩峰透过率升高，分析认为是羟基的弯曲振动引起的；579.6 cm^{-1} 附近的峰向高波数移动了 6 cm^{-1} 变成了 586.3 cm^{-1}，峰形变窄，强度变化不大；1078.4 cm^{-1} 附近的尖峰，在菌体与铀作用后分成了 1060.1 cm^{-1} 和 1027.9 cm^{-1} 两个小峰，推断可能是 O—H 的伸缩振动，也可能还含有 P—O—C 的伸缩振动及 Si—O 振动的作用（夏良树 等，2010）。

综合分析认为，铀离子富集量的增大，使得菌体内部蛋白结构发生变化，菌体内壁氨基酸、酰胺基等基团受到破坏，铀离子进入菌体内部。从光谱图中可以看出，在菌体除 U(VI)的过程中，主要作用基团为缔合羟基、酚羟基、P—O、酰胺基、卤代烃、羰基。

3.4.4 大肠杆菌配合植酸除铀效果

大肠杆菌（*E.coli*）是自然界中常见的细菌。龚健东等（2007）研究了大肠杆菌对铜离子的吸附行为，发现大肠杆菌对铜离子的吸附符合 Langmuir 等温吸附方程。利用基因工程技术将鼠伤寒沙门氏菌（*Salmonella enterica serovar typhimurium*）中的含编码非特异性酸性磷酸酶基因（*phoN*）克隆到大肠杆菌（*E. coli*）中，构建了能高效处理放射性铀的工程菌。大肠杆菌细胞壁与细胞膜之间存在大量碱性磷酸酶，研究表明植酸（肌醇六磷酸）能够破坏大肠杆菌细胞壁，释放碱性磷酸酶，分解植酸，生成自由态的磷酸盐（侯伟峰 等，2012）。磷酸盐能与铀进行络合反应，最终形成的络合产物又可以沉积在大肠杆菌表面。大肠杆菌是大自然广泛存在的细菌，植酸也是一种廉价化学物质，因此将大肠杆菌联合植酸用于处理含铀废水的研究（范黎锋 等，2016）。

1. 植酸处理大肠杆菌方法

将 5 mL 活化后的 *E. coli* 接种到装有 100 mL 牛肉膏蛋白胨培养基中，于 150 r/min、37 ℃恒温摇床中培养 10 h，根据图 3.32 中 OD600-细菌浓度曲线，控制菌悬液浓度约为 7×10^{8} cells/mL。根据侯伟峰等（2012）的研究，0.4%的植酸就能够破坏大肠杆菌细胞壁，将碱性磷酸酶释放出来。设置锥形瓶中植酸体积分数为 1%，30 ℃、150 r/min 摇床内振荡 3 h 后，取出备用。

2. 初始 pH 的影响

5 个 150 mL 锥形瓶中均加入 45 mL 植酸与 *E. coli* 混合溶液，再加入 5 mL 浓度为 100 mg/L 的铀溶液，使溶液中铀质量浓度为 10 mg/L，调节 pH，分别取 pH 为 2、3、4、5、6、7，在 30℃、150 r/min 恒温振荡箱中振荡 300 min，离心分离，取上清液滴定溶液中铀浓度，计算铀的吸附率。初始 pH 对铀吸附效果的影响如图 3.33 所示。

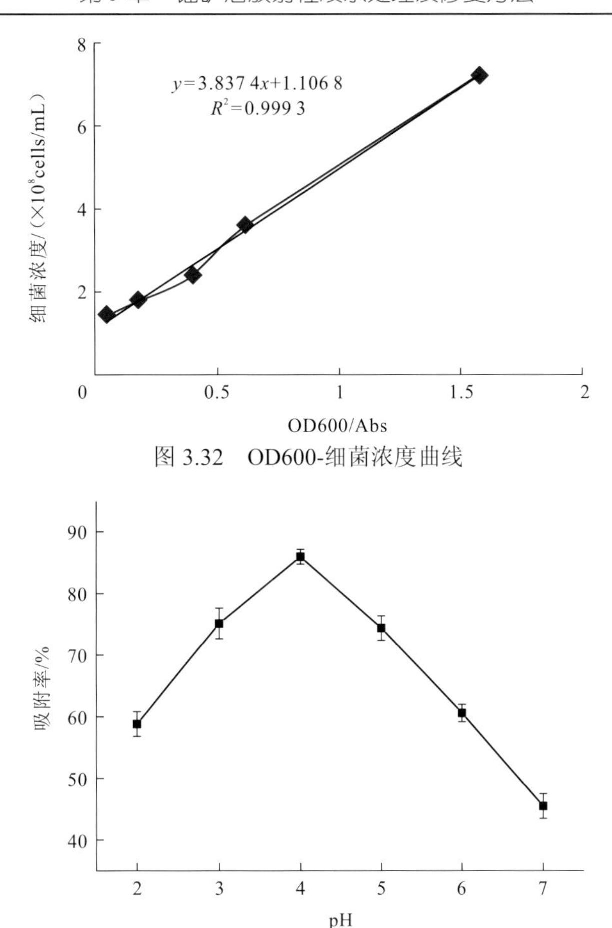

图 3.32　OD600-细菌浓度曲线

图 3.33　pH 对铀的吸附效果的影响

当 pH 在 2～4 变化时，植酸处理大肠杆菌的产物对铀吸附率逐渐增大，从约 60%增长到 85%，pH＞4 之后，对铀的吸附率逐渐降低。2＜pH＜4 时，U(VI)在水溶液中的主要形式是 UO_2^{2+} ；pH 较低，H^+浓度较大，H^+与溶液中以 UO_2^{2+} 形式存在的铀竞争吸附剂表面的吸附位点，导致铀吸附率不高。在 4＜pH＜7 时，溶液中 U(VI)的存在形式主要是 $UO_2(CO_3)_2^{2-}$ 。当 pH 变大时，H^+减少，UO_2^{2+} 有更多的机会被吸附，但 pH 继续变大时，溶液中的 U(VI)容易发生水解，难于吸附。当溶液的 pH 超过微沉淀的上限时，溶液中大量的铀将以氢氧化物的形式存在，导致吸附过程无法继续进行。因此，溶液初始 pH 过高或过低都不利于铀离子的吸附，后续实验中采用 pH 为 4。

3. 初始铀浓度的影响

5 个 150 mL 锥形瓶中均加入 45 mL 植酸与 *E.coli* 混合溶液，再加入不同体积浓度为 100 mg/L 的铀溶液和蒸馏水，使溶液体积均为 50 mL，且其中铀质量浓度分别为 5 mg/L、6 mg/L、8 mg/L、10 mg/L、12 mg/L，调节 pH 到 4，在 30℃、150 r/min 恒温振荡箱中振荡 300 min，离心分离，取上清液 2 mL，滴定溶液中铀浓度，计算铀的吸附率。初始铀浓度对吸附效果的影响如图 3.34 所示。随着铀初始浓度的上升，吸附率呈现先上升后下降的趋势，在初始浓度为 8 mg/L 时去除率最高，说明植酸配合大肠杆菌对低浓度含铀废水有较好的吸附效果。

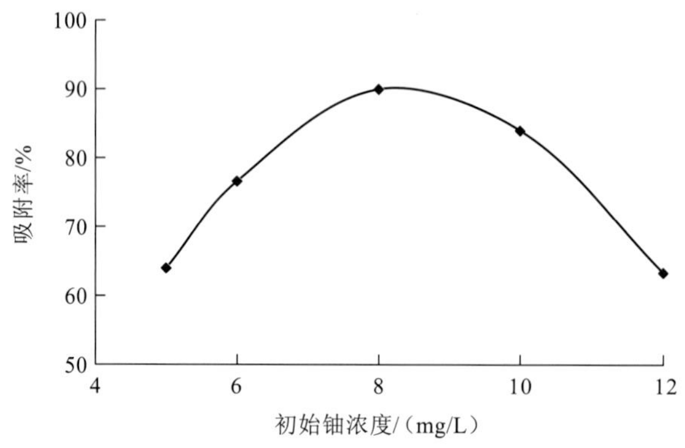

图 3.34　初始铀浓度对吸附效果的影响

4. 吸附时间的影响

150 mL 锥形瓶中加入 45 mL 的植酸与 *E. coli* 混合溶液，再加入一定体积浓度为 100 mg/L 的铀溶液，使溶液中铀质量浓度为 8 mg/L，调节 pH 至 4，在 30 ℃、150 r/min 恒温振荡箱中振荡 10 min、20 min、30 min、60 min、120 min、180 min、240 min、360 min 离心分离，取上清液 2 mL，滴定溶液中铀浓度，吸附时间对铀吸附效果的影响如图 3.35 所示。

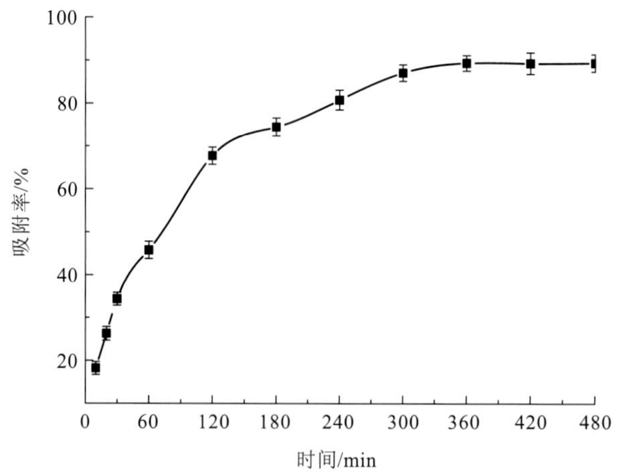

图 3.35　吸附时间对铀吸附效果的影响

随着时间的增加，吸附率逐渐升高，10～120 min 段吸附率上升很快，可能是植酸降解大肠杆菌而生成大量的磷酸根，其与铀酰离子反应生成沉淀，随着反应的进行，溶液中磷酸盐含量降低，磷酸盐与铀酰离子反应减慢，吸附率上升减慢，并在 300 min 时达到吸附平衡，吸附率为 90%，最佳吸附时间为 300 min。

5. 菌液浓度的影响

6 个 150 mL 锥形瓶中分别加入 10 mL、20 mL、30 mL、40 mL、45 mL、47.5 mL 的植酸与 *E. coli* 混合溶液，再向前 5 个锥形瓶中加入 4 mL 浓度为 100 mg/L 的铀溶液，向第 6 个锥形瓶中加入 2 mL 浓度为 200 mg/L 的铀溶液，最后依次向锥形瓶中加入去离子水，使溶液体积均为 50 mL，即溶液中铀浓度为 8 mg/L，调节 pH 为 4，在 30 ℃、150 r/min 恒温振荡箱中振荡 300 min 离心分离，取上清液 2 mL，滴定溶液中铀浓度，菌液浓度对 *E. coli* 配合植酸吸附 U(VI)效果的影响如图 3.36 所示。

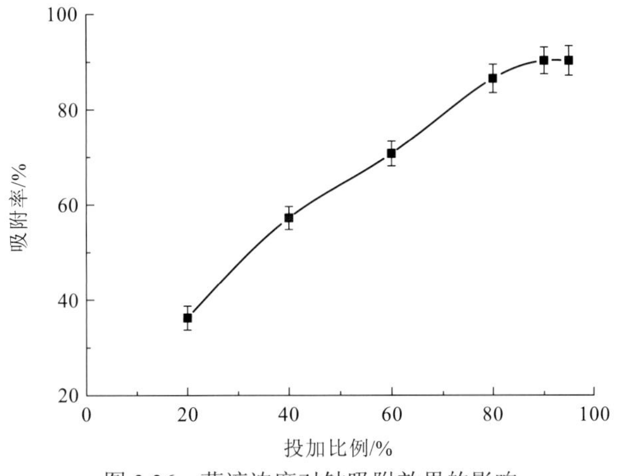

图 3.36　菌液浓度对铀吸附效果的影响

随着投加比例的增加，吸附率逐渐升高，投加比例达到 90%后逐渐趋于稳定。说明吸附率与投加比例呈正相关，投加比例越大，吸附位点越多，有更多的吸附位点与铀酰离子生成表面配合物，吸附的铀也就越多，可认为最佳的菌体投加比例为 90%。

在相同条件下，大肠杆菌与植酸单独对铀的吸附效果分别如图 3.37 和图 3.38 所示。两者单独使用时，对铀吸附效果都不高，但两者配合却可以使吸附率达到 90%（图 3.36），说明植酸配合大肠杆菌存在协同作用，联合使用对铀溶液有更好的吸附效果。

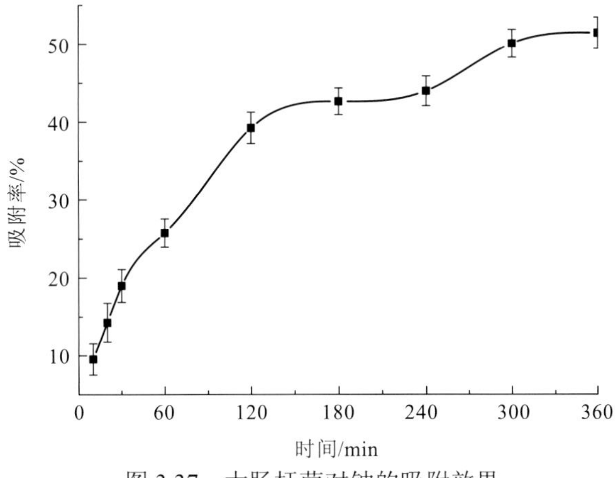

图 3.37　大肠杆菌对铀的吸附效果

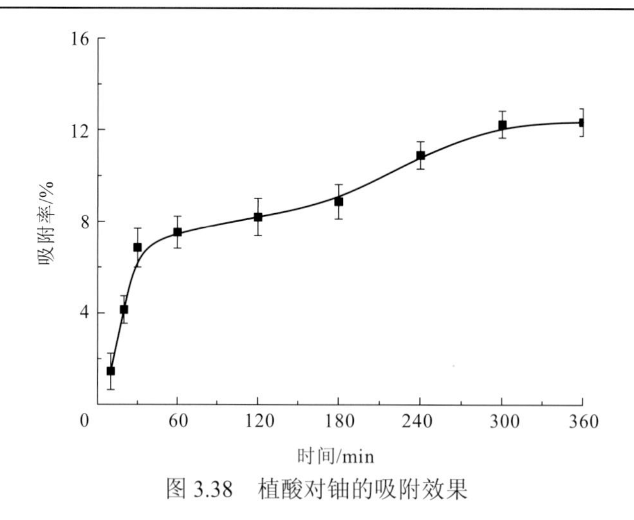

图 3.38 植酸对铀的吸附效果

6. SEM-EDS 分析

通过扫描电镜，对吸附前大肠杆菌、植酸处理后的大肠杆菌及其除铀后形态特征进行检测，结果如图 3.39 所示。

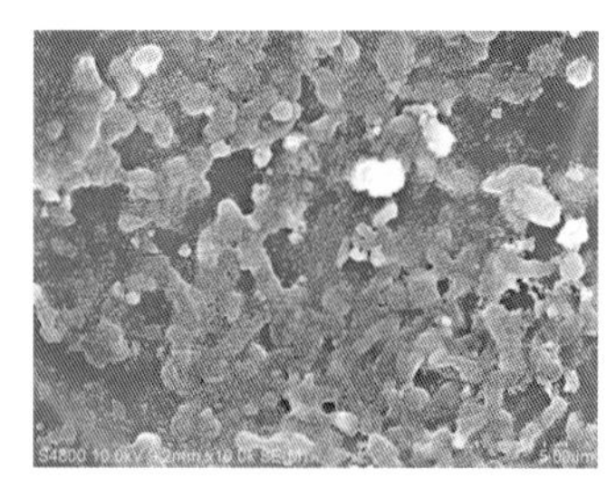
（a）吸附前的大肠杆菌

（b）植酸处理后的大肠杆菌

（c）植酸处理的大肠杆菌吸附铀后

图 3.39 扫描电镜结果图

大肠杆菌在经植酸处理前，细菌大多聚集在一起，相互间粘连较多；经植酸处理后，细菌形态明显，形成许多不规则突起（约 0.2 μm），这增大了细菌表面积，为之后磷酸根与铀酰离子反应生成沉淀提供了大量的附着位点；从图 3.39（c）中可看出，细菌表面有很多附着物，这表明絮凝物大量吸附在菌体表面，使铀酰离子得到吸附，沉积在菌体表面。

EDS 结果如图 3.40 所示，大肠杆菌配合植酸在吸附 U(VI)前后，都有明显的 O、C、P 峰，而吸附 U(VI)后，电子能谱出现了铀的吸收峰。电子能谱图中出现 C、O 峰，且 C、O 含量高，这与大肠杆菌菌体中含有大量 C、O 相符；出现 U 峰，是因为磷酸根与铀酰离子络合反应生成了沉淀；反应后电子能谱出现铀的吸收峰，结合能为 3～4 keV，进一步证明大肠杆菌表面沉积物为铀的沉积物。

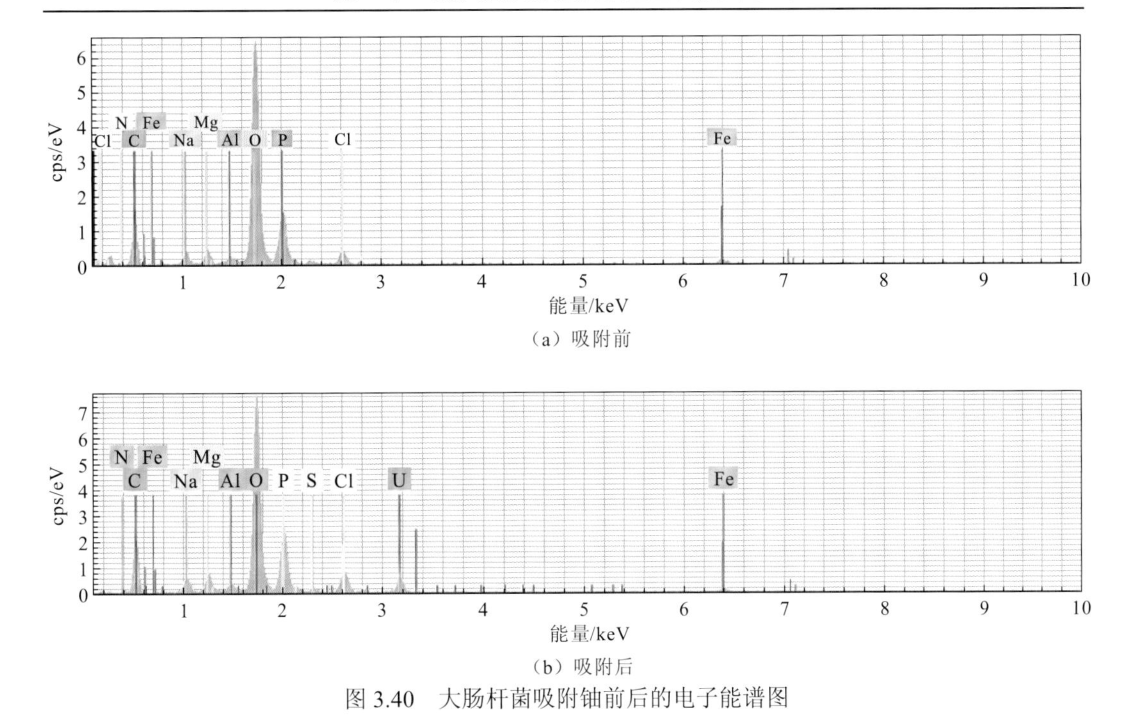

（a）吸附前

（b）吸附后

图 3.40　大肠杆菌吸附铀前后的电子能谱图

3.4.5　含 *phoN* 重组菌 *D. radiodurans* 富集 U(VI)性能

1. 耐辐射奇球菌

耐辐射奇球菌（*Deinoeoeeus radiodurans*）是迄今地球上发现的最抗辐射的微生物之一，对电离辐射、紫外线、干燥、强氧化剂和一些化学诱变剂显示出惊人的抗性。耐辐射奇球菌被发现后，倍受生物界、医学界和环境界学者的关注。

耐辐射奇球菌是一种革兰氏阳性无致病性的非孢子菌，适宜生长于 TGY（0.5%胰蛋白胨、0.1%葡萄糖、0.3%酵母提取物）培养基上，30℃、pH 6.8～7.2，有氧环境下生长良好。其分裂方式为单个、成对或者不止一个平面；菌落呈红色、圆形、表面光滑。生长特征是：二联体是最小的存在单位，随着细胞分裂，生长后期形成四叠体。在指数生长期，约 90%的细菌呈二联体，在稳定期，绝大多数细菌呈四叠体。稳定生长期的 *D. radiodurans* 可耐受 15 kGy 的辐射剂量，是 *E. coli* 辐射抗性的 250 多倍，是人类耐受剂量的 3000 倍，它之所以在相同的损伤水平下比其他生物更耐辐射，是因为它本身具有完善、高效的 DNA 损伤修复系统。

Fredrickson 等（2000）考察了 *D. radiodurans* R1 对 Fe^{3+}、Cr^{6+}、U^{6+}及 Tc^{7+}的还原，结果表明，在腐殖酸存在时厌氧培养可以还原 U(VI)和 Tc(VII)，而在厌氧条件下无须腐殖酸就可以还原 Cr^{6+}，但富集速度慢且富集量不高。而自然界中一些含金属抗性或者还原基因的微生物能够将毒性高的重金属转化为毒性较低的形态，如含汞离子还原酶的大肠杆菌 BL308 能将高毒性的 Hg^{2+}还原为较低毒性的 Hg。将这类基因于 *D. radiodurans* R1

中表达，可提高该菌的金属富集量，并用于放射性重金属污染的生物修复。

有报道，含编码非特异性酸性磷酸酶基因（*phoN*）的细菌如柠檬酸杆菌（*Citrobacter freudii*）等能有效地吸附去除废水中的重金属。在非特异性酸性磷酸酶作用下，有机磷酸盐与无机磷酸盐被水解，与废水中的重金属离子形成络合物被沉淀下来（Tolley et al.，1995）。

2. 含 *phoN* 重组菌 *D. radiodurans* 的构建

以鼠伤寒沙门氏菌基因组 DNA 为模板，PCR 扩增可获得非特异性酸性磷酸酶基因 *phoN*，运用 TA 克隆将其插入 pMD^{18}T-Vector 中，得到重组转移载体 T-VectorphoN（梁颂军 等，2010）。通过 T 载体亚克隆，可有效克服 PCR 产物酶切效率低及酶切结果难以判断的不足，提高克隆的成功概率。从设计的特定酶切位点处切下目的片段，定向克隆到穿梭载体 pRADZ3 上，使酶切更为准确。经 PCR 与双酶切双重鉴定，证实重组穿梭载体 pRADZ3phoN 构建成功。转化 *E. coli* DH5α 与 *D. radiodurans* 感受态细胞，使其在正常情况下（无诱导剂）表达 *PhoN* 蛋白。经蛋白质印迹（western blot）证实 *phoN* 基因在 *E. coli* DH5α 与 *D. radiodurans* 中成功表达。

3. 含 *phoN* 重组菌 *D. radiodurans* 富集 U(VI)的效果

1）重组菌 *D. radiodurans* 的生长曲线

根据细菌悬液细胞数与混浊度成正比，与透光率成反比，测定细胞悬液的光密度（即 OD 值），用来表示该菌在本实验条件下的相对生长量。测定重组菌 *D. radiodurans* 的生长曲线，如图 3.41 所示。

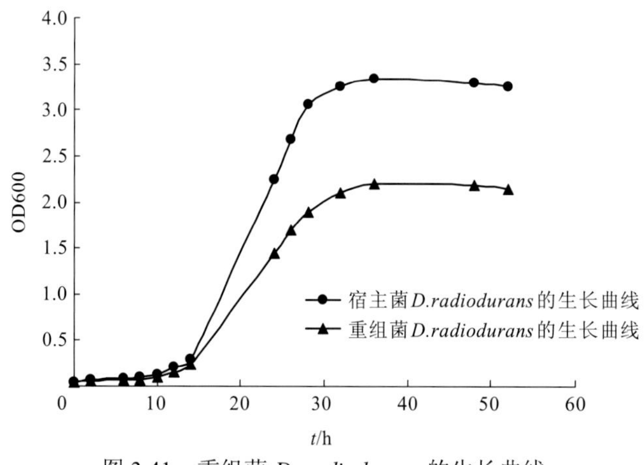

图 3.41　重组菌 *D. radiodurans* 的生长曲线

宿主菌 *D. radiodurans* 与重组菌 *D. radiodurans* 在停滞期内增长十分缓慢，两者菌体数量相差不大；但 14 h 后后者的菌体数量迅速落后于前者。该实验现象表明重组穿梭质粒的导入对宿主 *D. radiodurans* 的压力较大，使得重组菌的生长受到抑制。

2）影响重组菌 *D. radiodurans* 富集 U(VI)的因素

4℃下离心收集过夜培养的菌体悬浮于 U(VI)浓度为 50 mg/L、β-甘油磷酸钠浓度为 1.0 g/L 的溶液中，30℃振荡（160 r/min）富集，离心分离（8 000 r/min、15 min），上清液用微孔滤膜过滤（孔径 0.45 μm）。用三氯化钛还原/钒酸铵氧化滴定法测定滤液中残留的铀质量浓度。分别计算菌体对铀的去除率和富集量为

去除率：
$$R = \frac{C_\mathrm{i} - C_\mathrm{j}}{C_\mathrm{j}} \times 100\% \tag{3.3}$$

富集量：
$$q = \frac{C_\mathrm{i} - C_\mathrm{j}}{C_\mathrm{b}} \tag{3.4}$$

式中：C_i 为铀离子的初始质量浓度，mg/L；C_j 为铀离子最终质量浓度，mg/L；C_b 为菌体质量浓度，g/L。

（1）pH 对重组菌 *D. radiodurans* 富集 U(VI)的影响。微生物对重金属的富集除了决定于微生物本身的特性，还受环境因素的影响，其中 pH 就是最重要的影响因素之一。从图 3.42 中可以看出，pH 对重组菌 *D. radiodurans* 富集 U(VI)的过程有显著影响。当 pH 为 2 时，重组菌 *D. radiodurans* 对 U(VI)的去除率不到 20%；但随着 pH 的上升，重组菌对 U(VI)的去除率也随之上升，当 pH 为 6 时，重组菌对 U(VI)的去除率高达 88.32%。

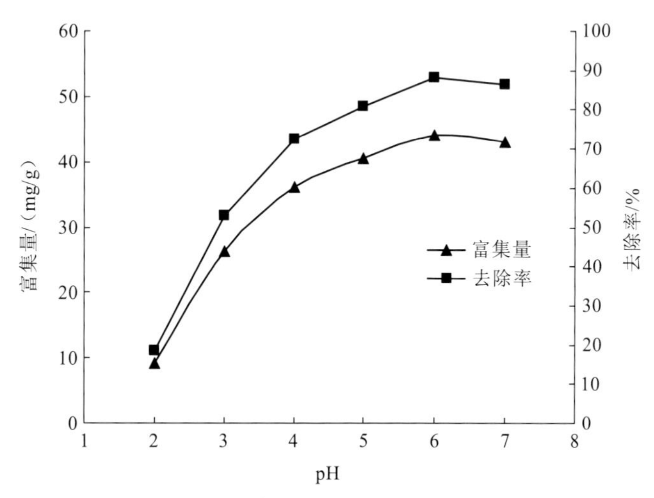

图 3.42　pH 对重组菌 *D. radiodurans* 富集 U(VI)的影响

溶液的 pH 可影响金属的化学溶解性、微生物的官能团活性、酶的活性及金属离子间的竞争力。pH 高易导致氢氧化物、氧化物或碳酸盐等一些稳定的金属化合物的生成，使得金属离子很难被微生物细胞所利用。当 pH 过低时，虽然容易使重金属保持自由离子状态，溶液中大量水合氢离子会与金属离子竞争吸附活性位点，并使菌体细胞壁质子化，增加细胞表面的静电斥力。此外，酶在最适 pH 范围内表现出活性，在最适 pH 范围外都会降低酶活性。在 pH 为 5～7 时，酸性磷酸酶的活性较高，含编码非特异性基因的重组菌 *D. radiodurans* 在 pH 为 5～7 时，对 U(VI)去除率保持在 80%以上。

（2）反应时间对重组菌 *D. radiodurans* 富集 U(VI)的影响。实验考察了反应时间对重组菌 *D. radiodurans* 富集 U(VI)的影响，结果如图 3.43 所示。在前 60 min，重组菌 *D. radiodurans* 对 U(VI)的富集量与去除率增幅较快；反应时间为 120 min 时，去除率达 90.28%。

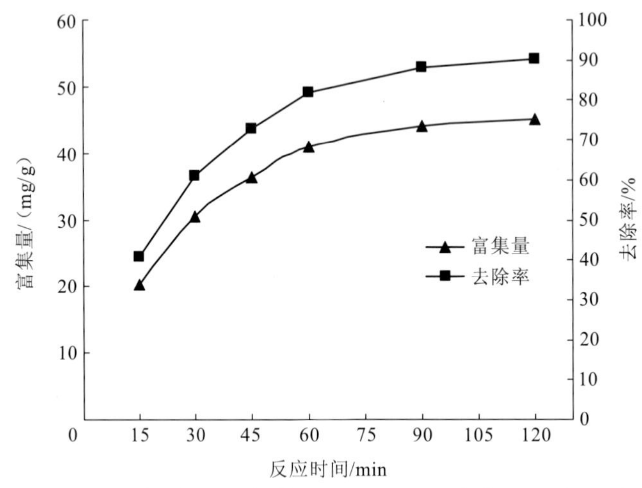

图 3.43 反应时间对重组菌 *D. radiodurans* 富集 U(VI)的影响

（3）铀初始浓度对重组菌 *D. radiodurans* 富集 U(VI)的影响。铀初始浓度对重组菌 *D. radiodurans* 富集 U(VI)的影响结果如图 3.44 所示。

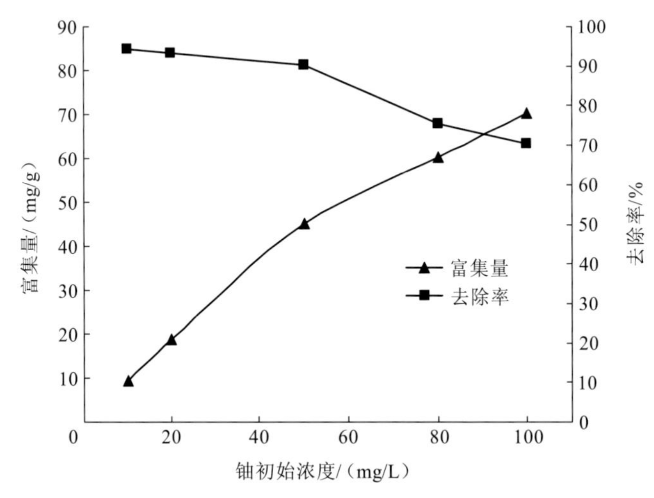

图 3.44 铀初始浓度对重组菌 *D. radiodurans* 富集 U(VI)的影响

重组菌 *D. radiodurans* 对 U(VI)的富集量随铀初始浓度的增加而增大，而去除率则降低。在铀初始浓度为 100 mg/L 时，菌体富集量可达 70.36 mg/g。在铀初始浓度为 10 mg/L 时，重组菌 *D. radiodurans* 对铀的去除率最大，达到 94.40%。说明重组菌 *D. radiodurans* 适合从低浓度含铀废水中回收铀。

（4）菌体投加量对重组菌 *D. radiodurans* 富集 U(VI)的影响。从图 3.45 可以看出，U(VI)的去除率随菌体浓度的提高而增大，而富集量则相反。当菌体浓度为 1.0 g/L 时，去除率达 90.36%，菌体浓度大于 1.0 g/L 时，去除率增加减缓。说明对于铀浓度为 50 mg/L 的溶液，1.0 g/L 的菌体已足够。

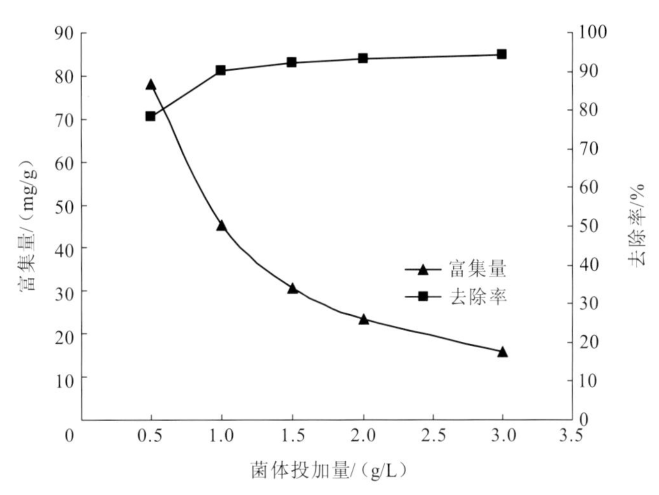

图 3.45　菌体投加量对重组菌 *D. radiodurans* 富集 U(VI)的影响

3）重组菌 *D. radiodurans* 对 U(VI)的富集效果

考察含 pRADZ3*phoN* 重组菌 *D. radiodurans* 与宿主菌 *D. radiodurans* 对 U(VI)的富集量与去除率，结果见图 3.46。

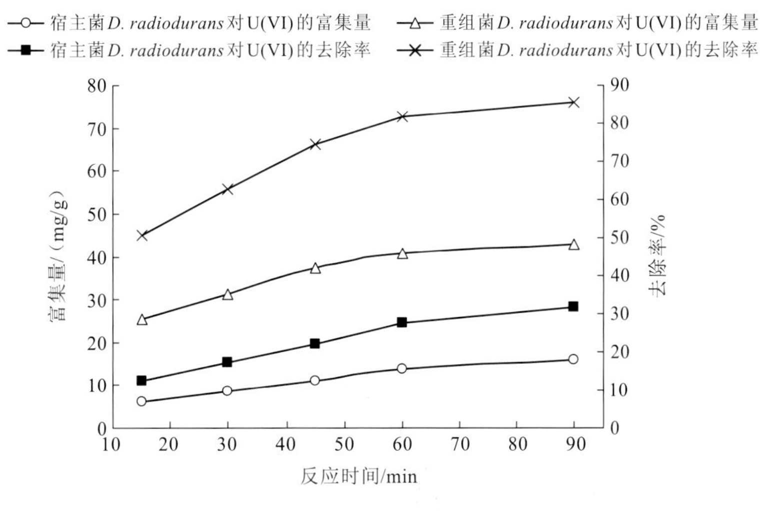

图 3.46　重组菌 *D. radiodurans* 与宿主菌 *D. radiodurans* 富集 U(VI)的性能比较

重组菌 *D. radiodurans* 在 90 min 时，富集量达到 42.82 mg/g，将近为宿主菌的 3 倍，去除率达 85.64%，表明 *phoN* 基因的表达极大地提高了 *D. radiodurans* 对 U(VI)的富集能力。

3.5 放射性废水的植物处理与修复

植物修复是指将某种特定植物种植在重金属污染的土壤或者水体中，通过其对重金属吸收富集，将植物收获并进行灰化回收等处理，使重金属移出，实现污染治理与生态修复的目的。

3.5.1 铀的植物修复

1. 铀的植物修复机理

铀的植物修复机理包括植物提取、根系过滤、植物挥发、植物固定等。

（1）植物提取，是指利用超富集植物通过根系从土壤中吸取铀等重金属，并将其转移、储存到植物茎叶等地上部分，通过收割茎叶部和连续种植超富集植物便可以将土壤中的铀等重金属污染降到环境容许的水平。

（2）根系过滤，是指利用植物根系从废水中沉淀或者浓缩放射性铀。

（3）植物挥发，是指植物从土壤中提取挥发性铀等核素，然后经由树叶挥发到空气中。

（4）植物固定，是指植物通过限制铀等放射性核素的迁移来稳定土壤中的放射性核素，降低它们的毒害性。

2. 超富集植物

寻找超富集植物是植物修复的重要工作，目前已研究发现铀等重金属的超富集植物共有400多种，主要集中在十字花科，世界上研究较多的超富集植物种类主要在庭芥属（*Alyssuns*）、芸薹属（*Brassica*）及菥蓂属（*Thlaspi*）。超富集植物一般应具备以下特点。

（1）植物在污染地区生长茂盛，生物量大，并且可以正常生长。

（2）植物的地面（水面）部分的重金属含量是相同生长条件下其他普通植物含量的100倍以上。

（3）运转系数（translocation factor，TF）和富集系数（concentration factor，CF）均应大于1，滞留率（retention capacity，RC）则应该较低。

由于超富集植物的选择性，一种植物一般只对特定的金属具有超富集性。植物从自然环境中摄取营养物质时，不可避免地会同时吸收到对其组织细胞有害的物质（重金属和有机物）。然而仍有一些植物能在高浓度的重金属离子环境下生长，表明有些植物已经进化出了一套自我防御体制。铀的超富集植物有莎草科植物（如碎米莎草等）。

3.5.2 万年青处理放射性废水

万年青（*Rohdea japonica*）又名白河车，是多年生常绿草本植物，属被子植物百合超目天门冬科，生长迅速，培养容易，在环境修复领域有一定应用。课题组通过研究处理不同浓度铀（0、0.1 mg/L、1 mg/L、5 mg/L、10 mg/L）胁迫下万年青抗氧化酶（SOD、POD、CAT、GR）活性和抗氧化物（GSH、GSSG）含量，应用透射电镜能谱（transmission electron microscope-energy disperse spectroscopy，TEM-EDS）观察万年青亚细胞结构，分析万年青对铀胁迫的生理结构响应及铀元素在叶细胞部位的分布规律。

1. 铀胁迫对万年青叶片光合色素质量分数的影响

铀胁迫对万年青光合色素质量分数的影响结果如表 3.5 所示，与对照组相比，0.1 mg/L 和 1 mg/L 铀胁迫下叶绿素 a 质量分数上升了 19.28%、5.77%；叶绿素 b 质量分数上升了 10.58%、17.56%。5 mg/L 和 10 mg/L 铀胁迫下叶绿素 a 和叶绿素 b 含量则低于对照组。类胡萝卜素在 0.1 mg/L、1 mg/L 和 5 mg/L 铀浓度下与对照组相比分别升高了 26.69%、13.50%和 2.94%；10 mg/L 铀浓度下类胡萝卜素较之对照组下降 26.33%。

表 3.5　铀胁迫对万年青光合色素质量分数的影响

铀质量浓度/（mg/L）	叶绿素 a 质量分数/（mg/g）	叶绿素 b 质量分数/（mg/g）	类胡萝卜素质量分数/（mg/g）
0（对照）	0.475 2±0.004 4	0.166 3±0.000 8	0.166 7±0.000 6
0.1	0.566 8±0.001 7	0.183 9±0.000 1	0.211 2±0.000 1
1	0.502 6±0.004 4	0.195 5±0.010 2	0.189 2±0.000 7
5	0.373 0±0.014 0	0.164 0±0.000 5	0.171 6±0.000 4
10	0.299 0±0.012 5	0.103 3±0.000 8	0.122 8±0.000 8

叶绿素 a 和类胡萝卜素含量均在 0.1 mg/L 铀浓度达到极大值，之后随着铀处理浓度的升高而降低，说明低浓度的铀能够刺激万年青产生更多的光合色素，随着铀浓度的升高光合色素减少，甚至低于对照组光合色素含量的值。叶绿素含量降低是叶片衰老的重要标志之一，叶绿素含量低于对照组水平，说明铀胁迫可加速叶片衰老。单因素方差分析结果表明，叶绿素 a 和叶绿素 b 含量变化与铀浓度之间显著相关（$P<0.05$），类胡萝卜素含量与铀浓度之间存在极其显著的相关性（$P<0.01$）。

2. 铀胁迫对细胞膜损伤

当植物受到逆境影响时，细胞膜遭到破坏，胞内电解质外渗造成细胞浸提液的电导率增大，因此相对电导率的大小可反映细胞膜的损伤程度；丙二醛（malondialdehyde，MDA）是膜脂过氧化作用的产物之一，其含量可反映膜脂的过氧化程度。随着处理铀的浓度升高，叶部和根部相对电导率都依次升高，但是叶部相对电导率不如根部升高明显（图 3.47）。

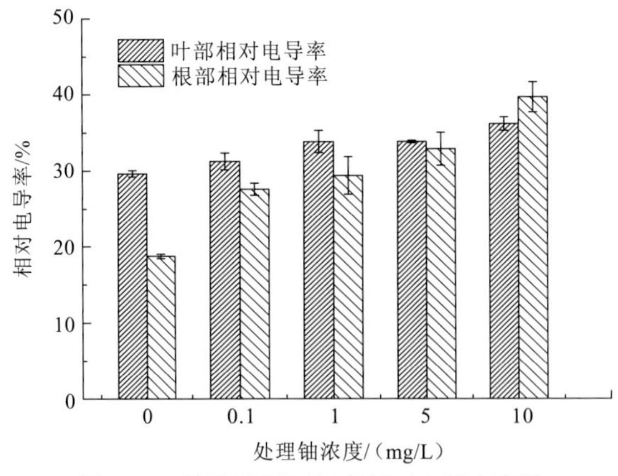

图 3.47　铀胁迫下万年青相对电导率变化

分析发现，相比对照组，随处理铀浓度的提高叶部电导率分别升高了 5.45%、14.18%、14.21%和 22.13%；在同样条件下根部电导率分别升高了 47.17%、56.75%、75.44%和 111.7%，根部电导率升高百分比远高于叶部。该现象出现的原因可能有两点：一是水培实验下，根部与铀溶液直接接触，所有物质的吸收都通过根部细胞，因此根部细胞受到铀毒害时间更长；二是处理液含氧率低，根细胞呼吸作用受阻，影响细胞的解毒。对照组中，叶部相对电导率比根部高 58.04%，可能与叶部细胞和根部细胞的含水率不同所致。统计结果表明根叶部相对电导率与铀浓度存在极度显著关系（$P<0.01$）。

铀胁迫下万年青叶部和根部 MDA 含量变化情况如图 3.48 所示，可以看出根部和叶部 MDA 含量随着处理铀浓度的升高而增加，根部 0.1 mg/L、5 mg/L 处理铀浓度下 MDA 增加平滑，到 10 mg/L 处理浓度下根部 MDA 与对照组相比增加了 241.3%，变化明显（$P<0.05$）；当铀浓度为 0.1 mg/L 时，叶部 MDA 相比对照组增加了 115.1%（$P<0.05$），而叶部 MDA 在 0.1 mg/L 实验组基础上无明显增加（$P>0.05$）。研究表明，多种重金属胁迫下均检测到了 MDA 的积累，实验中 MDA 的数据变化进一步表明了铀胁迫引起万年青的氧化损伤，浓度越大损伤越严重。且叶部在相对较低的铀浓度下（0.1 mg/L），即表现出了明显损伤，而根部的相对作用铀浓度则高达 10 mg/L，表现了较强的耐铀能力。

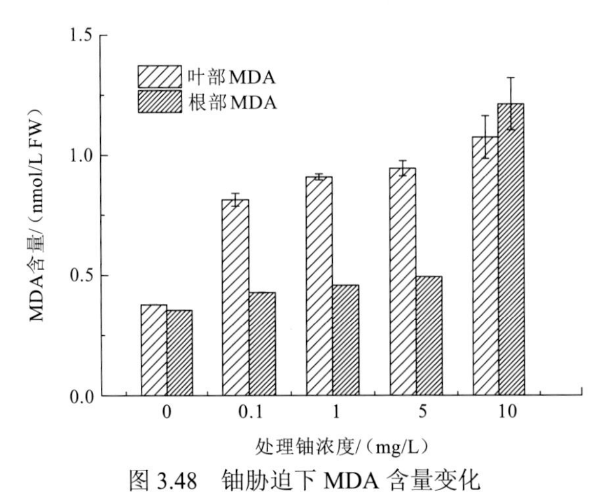

图 3.48　铀胁迫下 MDA 含量变化

3. 铀胁迫对可溶性蛋白质和游离脯氨酸的影响

从图 3.49 可以看出，在 0.1 mg/L 铀处理浓度下，万年青根部和叶部可溶性蛋白质达到最大值，之后随铀浓度升高，可溶性蛋白质含量有所降低，但是仍高于对照组水平。另外，叶部可溶性蛋白质的含量均高于根部。统计结果表明叶部可溶性蛋白质与铀浓度显著相关（$R^2=0.865$，$P<0.05$），根部可溶性蛋白质与铀浓度极显著相关（$R^2=0.815$，$P<0.01$）。可溶性蛋白质能够反映生物体内各种代谢酶的变化，不同浓度铀胁迫下，万年青体内为适应铀胁迫而诱导蛋白质的合成，从而表现出蛋白质含量高于对照组；同时蛋白质含量随着铀浓度升高而有所降低，证明了铀可通过减缓万年青蛋白质的合成对其造成伤害。

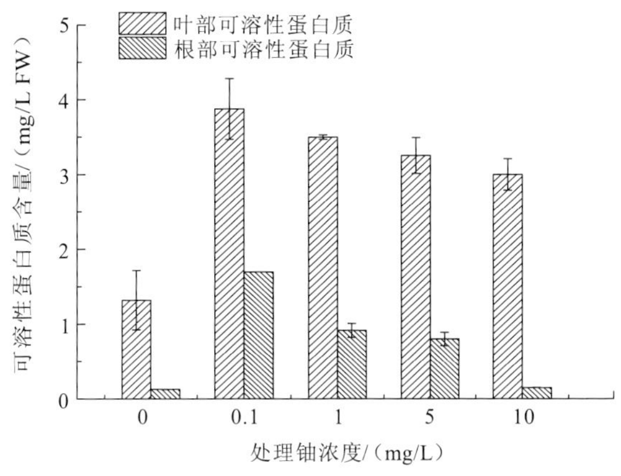

图 3.49　铀胁迫下万年青可溶性蛋白质含量变化

脯氨酸的产生是植物对逆境条件的适应反应，对植物的渗透调节起重要作用。图 3.50 为铀胁迫下叶部和根部游离脯氨酸含量变化结果，根部和叶部脯氨酸含量随着铀浓度升高先升高后降低，0.1 mg/L 铀处理浓度下达到最大值。不同铀浓度胁迫下，根部游离脯氨酸含量分别是对照组的 4.21 倍、2.95 倍、2.45 倍、1.21 倍，10 mg/L 铀处理的根部脯氨酸含量最低，但是仍然高于对照组。脯氨酸分布是根部含量大于叶部含量。分析表明，

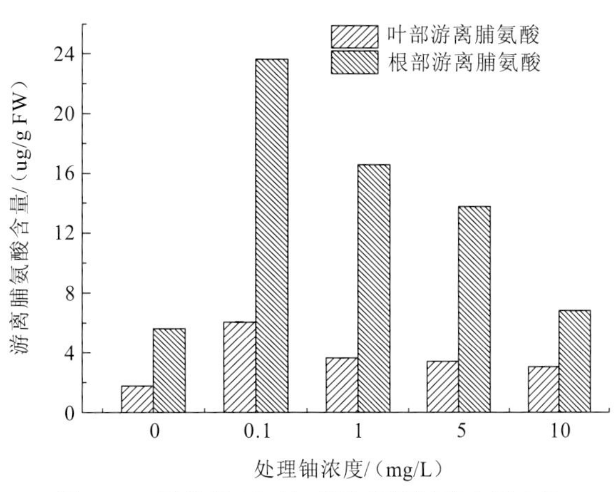

图 3.50　铀胁迫下万年青游离脯氨酸含量变化

根部游离脯氨酸含量与铀浓度有极显著相关（$R^2=0.885\,3$，$P<0.01$），叶部游离脯氨酸含量与铀处理浓度也存在极显著相关（$R^2=0.507\,8$，$P<0.01$）。逆境条件下游离脯氨酸含量的上升可视为植物自我保护的一种反应，说明铀胁迫下万年青体内产生了相应的保护机制。

4. 铀胁迫万年青对四种抗氧化酶的影响

四种抗氧化酶包含过氧化物酶（peroxidase，POD）、超氧化物歧化酶（superoxide dismutase，SOD）、过氧化氢酶（catalase，CAT）和谷胱甘肽还原酶（glutathione reductase，GR）四种酶（赵聪 等，2015）。

1）铀胁迫对 POD 活性影响

图 3.51 为铀胁迫下叶部和根部 POD 活性变化结果。POD 可清除多种过氧化物，有报道认为 POD 是主要的 H_2O_2 清除酶。结果显示叶部和根部 POD 活性均呈先升高后降低的变化趋势，叶部 POD 活性在 5 mg/L 时达到最大值，根部 POD 活性则在 0.1 mg/L 时就达到最大值。在铀浓度为 0.1 mg/L、1 mg/L、5 mg/L、10 mg/L 处理下，叶部 POD 活性分别是对照组的 2.77 倍、3.35 倍、3.43 倍、2.06 倍；根部 POD 活性则分别是对照组的 2.85 倍、2.39 倍、1.66 倍、1.64 倍。可以看出，叶部 POD 活性变化要大于根部。统计结果表明叶部和根部 POD 活性与铀浓度存在极显著相关（$P<0.01$）。

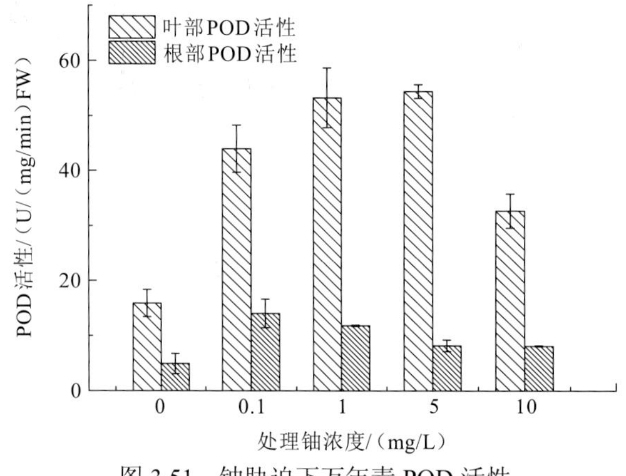

图 3.51　铀胁迫下万年青 POD 活性

2）铀胁迫对 SOD 活性影响

图 3.52 为铀胁迫下叶部和根部 SOD 活性变化结果。SOD 是抵御细胞体内活性氧自由基（reactive oxyradical，ROS）的第一道屏障，可将超氧阴离子转换为 H_2O_2。结果显示，叶部和根部 SOD 活性随着铀胁迫浓度的升高而上升；0.1 mg/L、1 mg/L、5 mg/L、10 mg/L 铀浓度下叶部 SOD 活性相比对照组分别升高了 0.92%、7.71%、17.15%、25.91%；根部 SOD 活性升高不明显。各处理浓度下叶部 SOD 活性均低于根部，但是差别不大。结果表明，叶部 SOD 活性与铀浓度存在极显著线性正相关（$R^2=0.951\,4$，$P<0.01$）；根部 SOD 活性与铀浓度也显著相关（$R^2=0.672\,9$，$P<0.05$）。

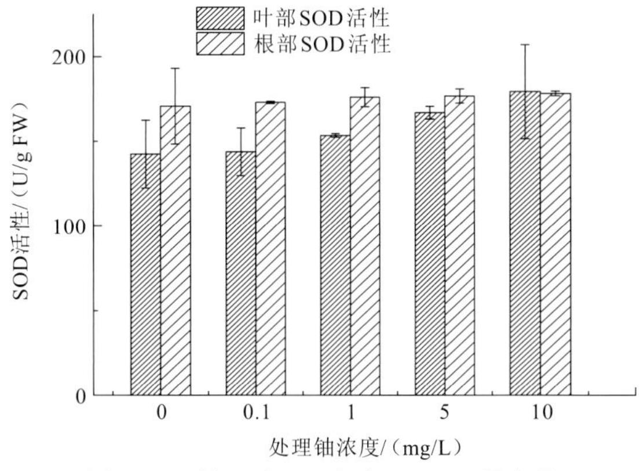

图 3.52　铀胁迫下万年青 SOD 活性变化

3）铀胁迫对 CAT 活性影响

图 3.53 反映了铀胁迫下万年青叶部和根部 CAT 的活性变化。CAT 可将代谢过程产生的 H_2O_2 转化为 H_2O。CAT 的变化趋势与 SOD 相似，叶部和根部 CAT 活性随着铀胁迫浓度的升高而上升。0.1 mg/L、1 mg/L、5 mg/L、10 mg/L 铀胁迫下，叶部 CAT 活性依次是对照组的 1.97 倍、4.06 倍、5.48 倍、5.51 倍，根部 CAT 活性则依次是对照组的 3.15 倍、5.47 倍、5.96 倍、6.34 倍。根部和叶部 CAT 活性都是在 10 mg/L 铀处理浓度下达到最大值。整体上，叶部 CAT 活性高于根部 CAT 活性，并在 5 mg/L 时差距最大，此时叶部 CAT 活性是根部的 4.78 倍。研究结果表明叶部和根部 CAT 活性与铀处理浓度均有极显著相关性（$P<0.01$）。

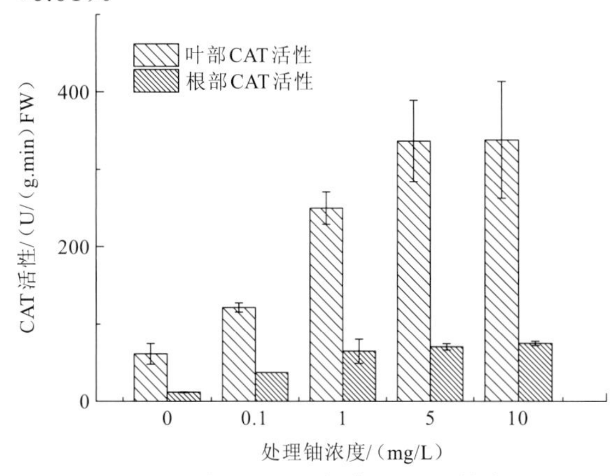

图 3.53　铀胁迫下万年青 CAT 活性变化

4）铀胁迫对 GR 活性影响

GR 主要参与抗坏血酸-谷胱甘肽（ASA-GSH）循环。由图 3.54 可以看出，叶部 GR 活性呈先升后降的变化趋势，5 mg/L 铀处理浓度下叶部 GR 活性最高，活性是对照组的 3.45 倍。根部 GR 活性相差不大，活性最高实验组（铀处理浓度为 5 mg/L）是对照组的 1.34 倍，总体上叶部 GR 活性高于根部。统计结果表明，叶部 GR 活性与铀浓度有极显著相关性（$P<0.01$）；根部 GR 活性与铀浓度有显著相关性（$P<0.05$）。

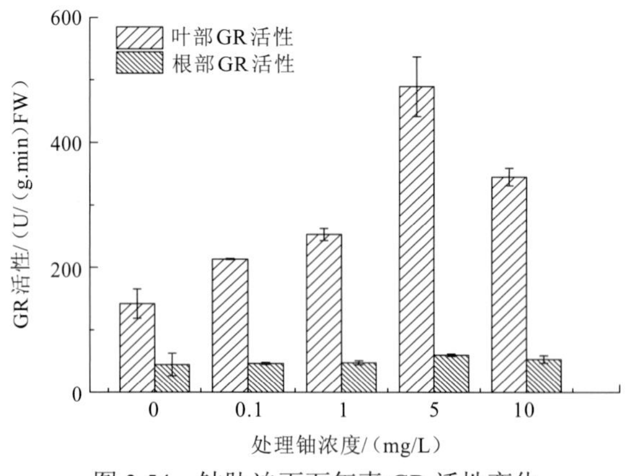

图 3.54 铀胁迫下万年青 GR 活性变化

正常的生长条件下，植物体内也有脂质过氧化物的产生，但是活性氧的产生和去除机制处于动态平衡，使植物能够正常生长；重金属胁迫能够使细胞产生大量 ROS，植物的抗氧化系统在一定程度上可保护植物免受外界伤害。SOD、CAT 和 POD 相互协作可清除过量的过氧化物。SOD 是抵御 ROS 的第一道屏障（Slomka et al.，2008），试验中 SOD 活性随着铀处理浓度的增大而升高，但是增量没有 CAT 和 POD 的增量明显，SOD 的活性变化相对稳定，与吴娟等（2014）报道的 Hg 处理菹草（*Potamogeton crispus*.L）叶片中的 SOD 活性变化相一致。CAT 的作用是进一步将 H_2O_2 分解为 H_2O，实验中 CAT 活性随着铀浓度增加而升高，并且较高浓度铀（10 mg/L）胁迫下 CAT 活性是对照组的 6.342 倍，说明较高浓度铀胁迫下叶片积累了大量 H_2O_2。0.1 mg/L 铀处理浓度下叶部 POD 活性升幅明显高于叶部 SOD 和叶部 CAT，说明逆境下 POD 比 CAT 和 SOD 敏感；POD 在铀胁迫环境下活性始终高于对照水平，Singh 等（2006）认为 POD 是逆境下植物的适应反应，与游离脯氨酸的作用类似。ASA-GSH 循环参与清除植物细胞的 H_2O_2 和 ROS（Wojas et al.，2008），GR 的活性是 ASA-GSH 系统运行速率的关键，实验中 GR 活性随着铀浓度升高而先升后降，且 GR 的活性始终高于对照组水平，这说明铀胁迫下万年青还通过增强 ASA-GSH 循环系统来加强对氧化胁迫的抵御。

5. 铀胁迫对万年青的细胞伤害

观察部位为万年青叶肉细胞，分别剪取处理 15 d 后对照组和 10 mg/L 铀处理的万年青叶片，用蒸馏水反复冲洗，直到没有任何污迹，用 10 mmol/L EDTA 清洗叶片以去除可能残留的金属离子和灰尘，最后再用蒸馏水清洗 5～8 次，经过前期处理，进行扫描电镜能谱分析（SEM-EDS）、透射电镜分析（TEM）。

1）SEM-EDS 分析

对照组万年青叶片横截面扫描电镜结果如图 3.55 所示，对照组万年青叶片组织结构完整，上下表皮覆盖平坦，表皮细胞与上下表皮结合紧密。叶肉细胞排列整齐，被切割的细胞截面呈现自然的椭圆形。由横断面放大细胞内的细胞器清晰可见，并游离于细胞质内。

与之形成明显对比的是 10 mg/L 铀胁迫下，万年青横截面表皮组织塌缩，表皮细胞受表皮塌缩的影响出现不同程度的挤压变形，不再是自然的椭圆形，且越靠近表皮受压缩的情况越严重。同时胞内细胞器也受到影响，表现为细胞器排列混乱，部分区域细胞器散落为絮状，部分细胞的细胞壁出现断裂。最靠近表皮层的细胞由于受到表皮收缩的影响，已经无法看清横截面细胞内部的情况，如图 3.56 所示。

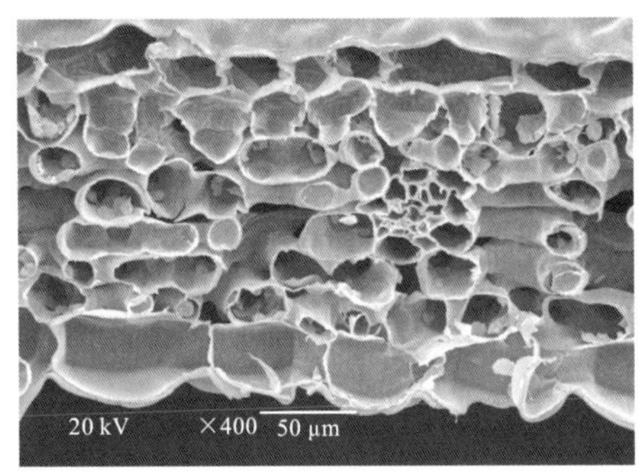

图 3.55 对照组万年青叶片横截面扫描电镜图

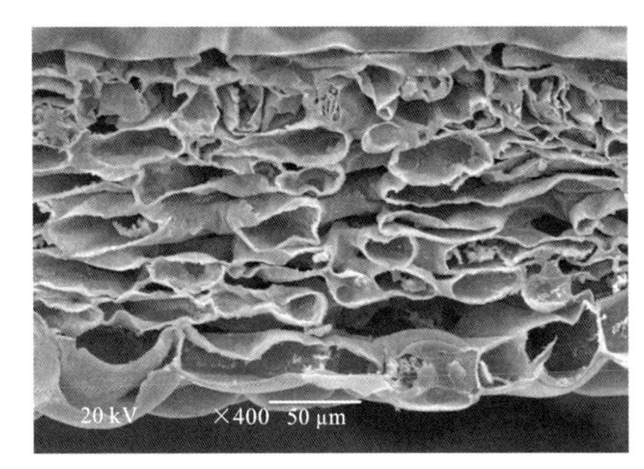

图 3.56 10 mg/L 铀胁迫万年青叶片横截面扫描电镜图

在扫描电镜分析基础上，对 10 mg/L 铀胁迫万年青叶片不同部位取点，进行能谱（EDS）分析，不同部位都检测出铀元素，最高的相对含量达到 17.23%（图 3.57）。

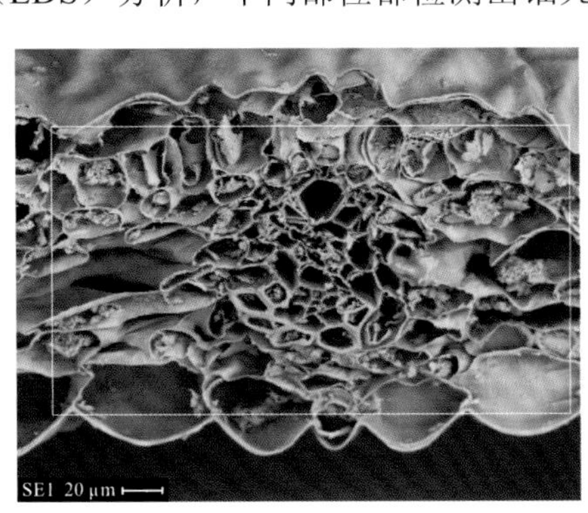

（a）横断面扫描图

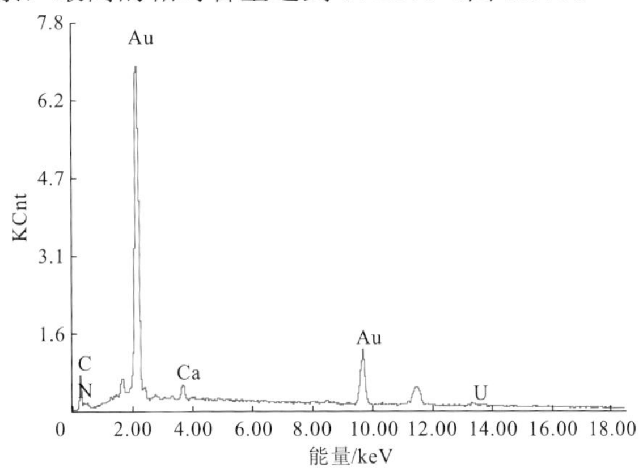

（b）横断面的EDS曲线

（c）表皮扫描图

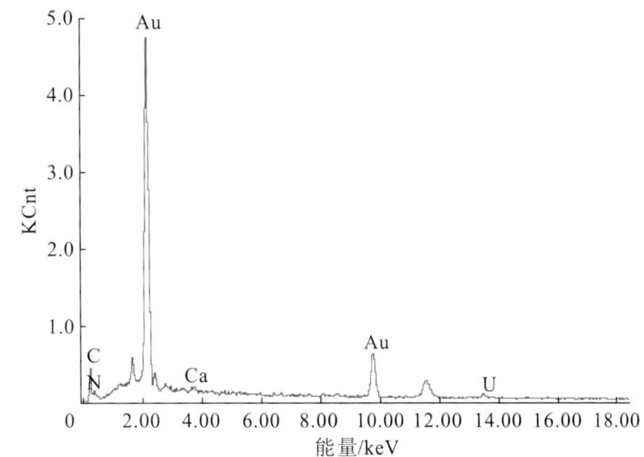

（d）表皮的EDS曲线

图 3.57 10 mg/L 铀胁迫万年青叶片不同部位 EDS 图谱

2）TEM 分析

不同铀浓度胁迫下万年青叶表皮细胞超微结构如图 3.58 所示。叶绿体是叶细胞中最明显的细胞器，直径约 5 μm，由双层膜包围，间质中有膜囊构成的类囊体。正常的叶绿体双层膜结构完整，基质类囊体片层排列整齐[图 3.58（a）]。同时细胞核核仁和核质分界明显，染色质均匀[图 3.58（b.1）]；线粒体为正常的椭圆形，间质均匀[图 3.58（b.2）]；细胞壁完整，质膜平滑连续，胞间连丝清晰可见[图 3.58（c）]。与之形成鲜明对比的是 10 mg/L 铀处理浓度下，万年青叶绿体虽然可以分辨，但双层膜结构遭到严重破坏，多个位置出现空泡，类囊体片层的片层结构消失，取而代之的是出现较大的淀粉粒，小囊泡上有吸附颗粒，如图 3.58（d）所示。同时线粒体的数量明显减少，体积膨胀使线粒体空泡化，部分线粒体则呈现半透明状[图 3.58（e）]。细胞核受损明显[图 3.58（f）]，核仁分散成两个，核质呈絮状，核质间有许多黑色颗粒散布。细胞壁增厚[图 3.58（g）]，有些位置出现断裂的情况，膜结构已经无法判断，并且边缘吸附有黑色颗粒。

靠近细胞壁附近的破损液泡有黑色颗粒沉淀[图 3.58（h1）]，能谱分析表明其铀元素占整个区域 0.5%（表 3.6）；主体部分为双层膜结构遭到破坏的叶绿体，叶绿体类囊体上附有黑色颗粒[图 3.58（h2）]，铀元素占整个区域化学元素的 0.2%；图 3.58（h3）

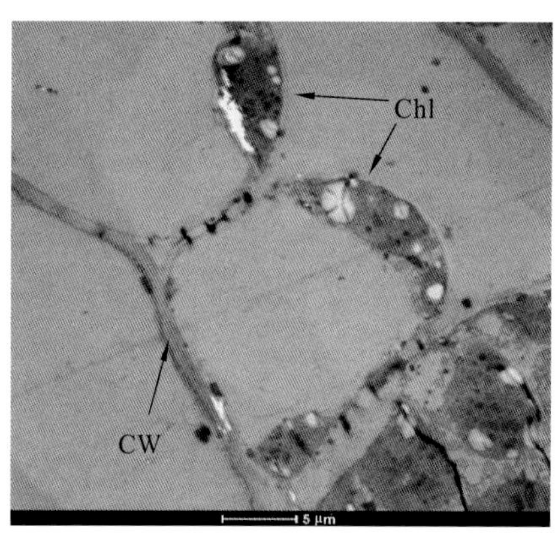

（a）对照组叶绿体，5 μm

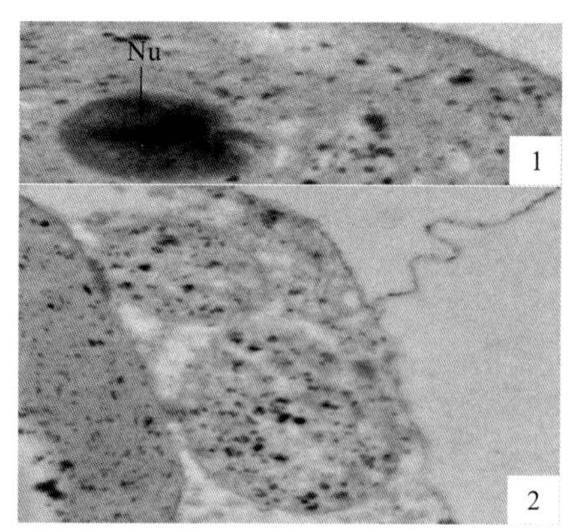

（b.1）对照组细胞核，500 nm；（b.2）对照组线粒体，500 nm

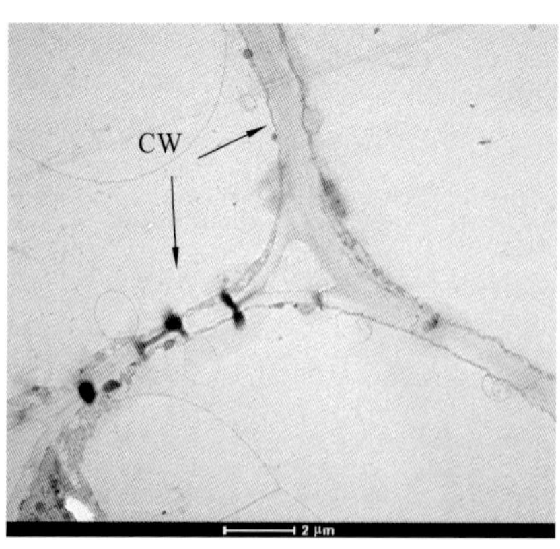

（c）对照组细胞壁，2 μm

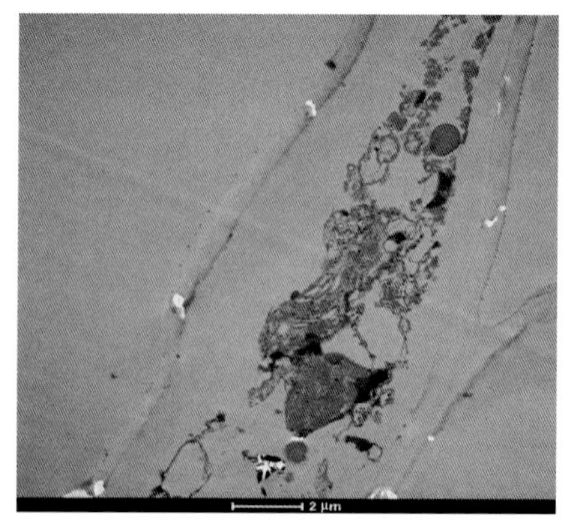

（d）10 mg/L铀处理下叶绿体，2 μm

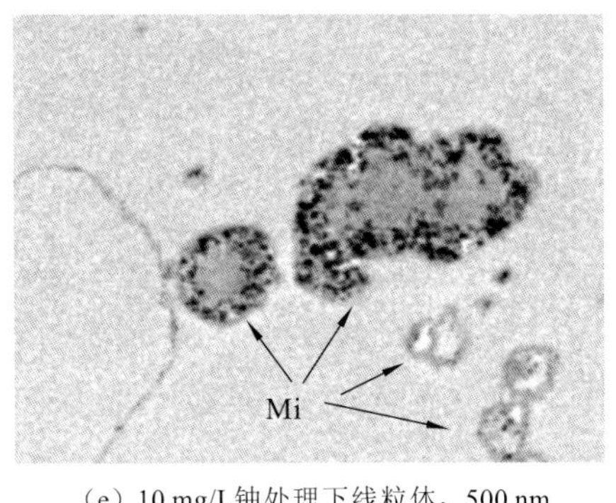

（e）10 mg/L铀处理下线粒体，500 nm

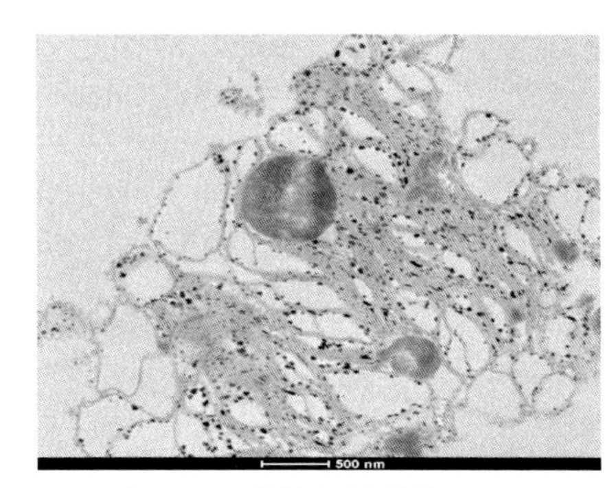

（f）10 mg/L铀处理下细胞核，500 nm

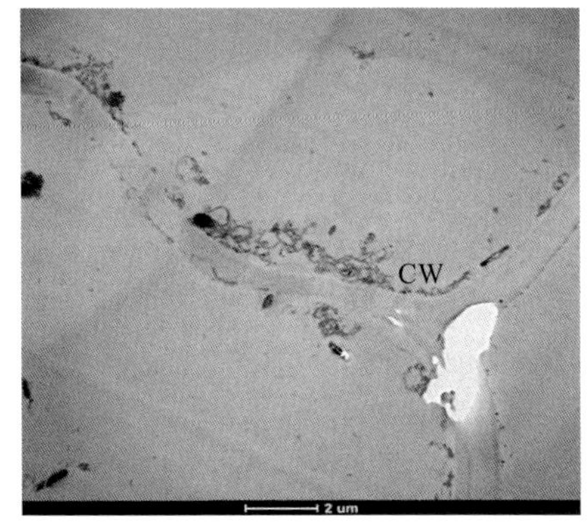

（g）10 mg/L铀处理下细胞壁，2 μm

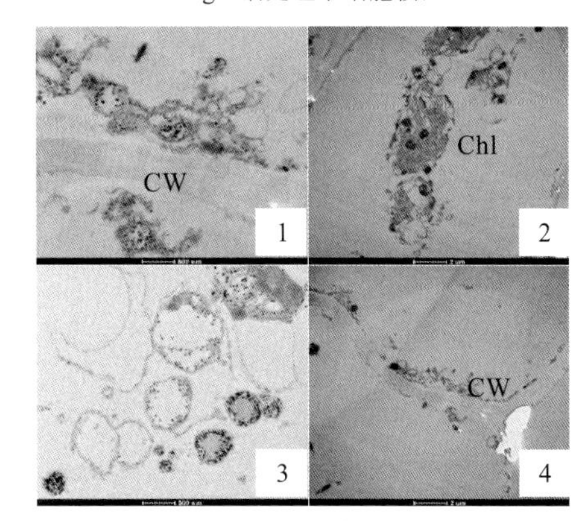

（h）EDS分析区域

图 3.58　不同铀浓度下万年青叶表皮细胞超微结构

Chl 为叶绿体（chloroplast）；CW 为细胞壁（cell wall）；Nu 为核仁（nucleolus）；N 为细胞核（nucleus）；Mi 为线粒体（mitochondria）

为空泡化的线粒体，在质膜上附有黑色颗粒，但是此区域能谱分析结果显示铀含量为 0；图 3.58（h4）部分断裂的细胞壁，细胞壁上附着有黑色颗粒，区域铀质量分数为 0.7%。多数报道认为，植物抵抗非必需重金属污染，其细胞壁吸附和液泡的区室化隔离是一项重要机制，通过能谱分析可以验证铀元素主要分布附着在细胞壁和液泡边缘。图 3.58（h2）说明叶绿体膜囊和内部也分布有少量的铀颗粒。图 3.58（h3）也显示有大量高密度黑色颗粒，但能谱分析表明此区域铀质量分数为 0，黑色沉淀物可能为嗜锇颗粒，可能是铀元素与其他重金属在植物体内的结合物不同，导致其分布不均。

表 3.6　EDS 分析结果

编号（对应图 3.58）	U 质量分数/%	Os 质量分数/%
a	0.5	5.8
b	0.2	4.2
c	0.0	11.5
d	0.7	2.2

注：单位为铀元素占整个检测区域化学元素总和的质量分数，其他元素如 C、O 等未列入表格

6. 万年青对铀元素的生物积累

收割实验处理 15 d 后的万年青植株，将植株分为根、茎、叶三部分，用蒸馏水将试样冲洗干净，用 10 mmol/L EDTA 清洗叶片以去除可能残留的金属离子和尘土，再用蒸馏水清洗 5～8 次，自然晾干后于烘箱 60 ℃下烘至恒重。将植物样品消解之后，测定铀浓度。其中，生物浓缩因子（bioconcentration factor，BCF）为万年青组织（干重）与培养介质中铀浓度的比值；万年青的转运系数（TF）为茎叶部位铀元素含量与根部铀元素含量比值。

1）万年青对铀的生物积累量

万年青对铀元素的生物积累量如表 3.7 所示，总体上万年青对铀元素具有较强的吸附能力，且根系的吸附能力要大于地上部分；10 mg/L 铀处理浓度下，15 d 后根系中铀含量高达 859.6 mg/kg，是本实验过程中植株对铀元素的最高吸附含量。随着铀处理浓度的升高，根系和茎叶铀含量都相对升高，但根系吸附铀含量上升趋势更加明显。

表 3.7　万年青对铀元素的生物积累量（干重 DW）

铀处理浓度/（mg/L）	根系/（mg/kg）	地上部分		
		茎/（mg/kg）	叶/（mg/kg）	茎+叶/（mg/kg）
0.1	59.17±7.462	17.55±1.156	22.03±2.33	38.87±3.612
1	212.5±12.36	29.31±5.893	40.21±7.401	70.70±3.288
5	497.6±16.25	50.05±5.784	92.7±29.60	143.09±19.39
10	859.6±72.10	96.27±27.22	132.63±47.31	229.44±65.24

2）万年青对铀的生物浓缩因子（BCF）和转运系数（TF）

生物浓缩因子（BCF）是描述铀元素在植物体内富集趋势的重要指标，不同浓度下万年青的 BCF 和 TF 如表 3.8 所示。0.1 mg/L 铀处理浓度下根系 BCF 高达 591.70，达到最大值。对比发现地上部分的 BCF 比根系 BCF 要小，且高浓度下地上部分 BCF 比根系 BCF 小一个数量级。随着铀处理浓度增大，TF 也逐渐下降，四组处理浓度 TF 皆小于 1 说明万年青对铀元素的富集主要在根部;随着铀处理浓度的升高,从根部往地上转移的能力也降低。

表 3.8　不同浓度下万年青的生物浓缩因子（BCF）和转运系数（TF）

铀处理浓度/（mg/L）	根系 BCF	地上部分 BCF		TF
		茎	叶	
0.1	591.70	175.50	220.27	0.657 0
1	212.56	29.31	40.21	0.332 6
5	99.54	10.01	18.54	0.287 5
10	85.96	9.627	13.26	0.266 9

3.6　铀矿冶放射性废水治理工艺

常见的铀矿冶放射性废水治理工艺有超滤-反渗透-电渗析组合工艺、中和沉淀工艺、离子交换工艺等。

3.6.1　超滤-反渗透-电渗析组合工艺

中国科学院上海原子核研究所设计的超滤-反渗透-电渗析组合工艺（URE）如图 3.59（陆晓峰 等，1993）所示。该工艺处理放射化学实验室排出的低水平放射性废水，去污倍数高达 3.2×10^3。

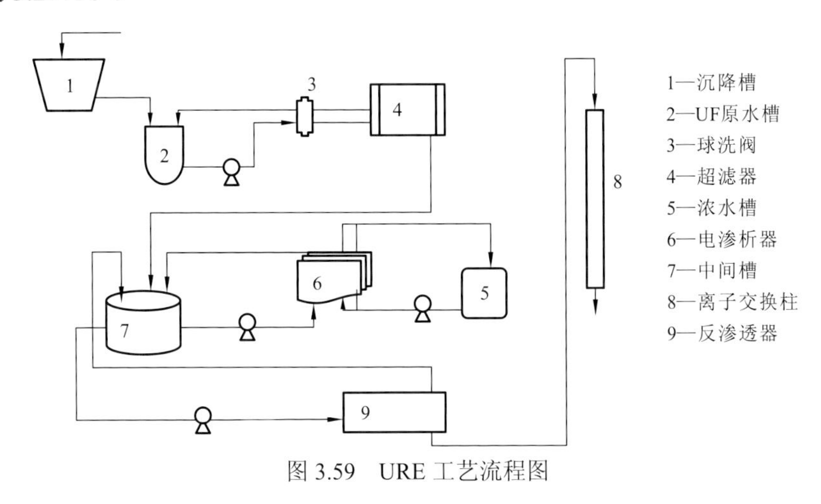

图 3.59　URE 工艺流程图

该所研制 YM 型内压管式超滤器（磺化聚砜超滤膜，截留分子量为 2 万），膜面积 1.5 m^2，纯水通量 250 L/h（压力 0.25 MPa）。

反渗透器由 HRC 型中空纤维组件，膜面积 40 m^2，纯水通量 270 L/h（压力 1.3 MPa）。电渗析器为 400 mm×800 mm，一级一段，膜对 40 对。

铀矿冶放射性废水进入沉降槽，静止澄清 24 h 后，上清液进入超滤原水槽，经超滤处理后，渗透液进入中间槽。同时启动反渗透器和电渗析器，反渗透器进一步脱盐和去污，渗透液可直接排放或流入混床进一步处理。电渗析起浓缩作用，超滤和电渗析处理的最终浓缩液留待固化处理，三个单元均采用循环式操作。

（1）超滤单元。在 URE 流程中，超滤（UF）作为预处理去除大部分有机物和大分子物质，以保证反渗透（RO）的进水要求，提高电渗析（ED）的浓缩效果。

（2）反渗透单元。在 URE 流程中，RO 用作深度净化。

（3）电渗析（ED）和离子交换单元。电渗析和离子交换在 URE 流程中分别作为浓缩和后续深度净化处理。

工艺特点：超滤工艺取代了凝聚沉淀，少了固体废物的处置设备，废水体积减缩比高，运行稳定，操作方便。超滤去除废水中有机物效果明显，出水浊度低，可以满足反渗透的进水要求，提高了下游工艺的净化效果。采用海绵球进行机械清洗，不影响生产，不产生废液，可适当恢复其通量。反渗透既可去除离子，也可去除复杂的大分子等。反渗透代替电渗析和填充床电渗析淡化效果显著，相比电渗析或填充床电渗析其安装和运行要简便得多。

3.6.2 中和沉淀工艺

中和沉淀工艺是向含铀等重金属酸性废水中加入碱，利用酸碱的中和反应提高废水pH，使铀与其他重金属离子与氢氧根离子发生反应，生成难溶的氢氧化物沉淀，净化废水（马尧 等，2007）。采用的中和剂主要是石灰或石灰乳。

铀矿山废水常常呈强酸性，通常含有铀、镭等核素，部分铀矿的伴生元素有硫和其他重金属。通常采用氯化钡-循环污渣-分步中和工艺进行处理。

处理酸性矿山废水，一般先加入 $BaCl_2$ 生成硫酸钡镭沉淀后，再加入石灰乳来沉淀铀和锰，从而产生较大絮状沉淀物将硫酸钡镭沉淀下来，大大加快了硫酸钡镭沉速。分步中和法可使废水中铀的浓度由每升数十毫克降到 0.1 mg 以下，镭活度浓度由 3.2 Bq/L 降到 0.15 Bq/L。分步中和利于 pH 控制，节约石灰用量，产生的沉淀过滤性能好，可以实现处理废水闭路循环利用，降低废水排放量。

3.6.3 离子交换工艺

离子交换工艺已广泛应用于核工业废水处理工艺和其他生产工艺。其工艺原理是使放射性废水通过离子交换树脂，铀及其他重金属离子和有害元素交换到树脂上，使废水得到净化。适合该工艺处理的废水的 pH 为 2.5～8.0，其出水的放射性核素活度脱除系数可达 10^3～10^4 以上。早在 20 世纪 80 年代，我国就用离子交换法来处理湖南某铀矿山酸性废水（魏广芝 等，2007），采用固定床离子交换塔（2 000 mm×3 500 mm）组成回收铀系统，经离子交换系统处理后，将铀的浓度从 0.12 mg/L 降至小于 0.03 mg/L。

参 考 文 献

陈晓彤, 权英, 王阳, 等, 2014. 超滤-反渗透-连续电渗析组合工艺处理含铀工艺废水. 水处理技术, 40(6): 93-95.

范黎锋, 谢水波, 刘迎九, 等, 2016. 大肠杆菌配合植酸对铀的吸附. 环境工程学报, 10(8): 4167-4171.

方祥洪, 马若霞, 杨彬, 2016. 放射性废水化学沉淀处理研究. 山东化工, 45(16): 197-198.

高旭, 李鹏, 王学刚, 等, 2018. EDTA 螯合-电絮凝处理低浓度含铀废水. 环境工程, 36(7): 27-32.

龚健东, 赵炳梓, 张佳宝, 等, 2007. 大肠杆菌对铜离子的吸附行为研究. 农业环境科学学报, 26(6):

2033-2037.

何莹, 郑卓颖, 张海连, 等, 2020. 壳聚糖对酸性红 3B 染料的吸附机理研究. 西部皮革, 42(1): 30-32.

何颖, 沈先荣, 刘琼, 等, 2014. 微生物与铀的相互作用及其应用前景. 环境科学与技术, 37(10): 62-68.

侯伟峰, 谢晶, 蓝蔚青, 等, 2012. 植酸对大肠杆菌抑菌机理的研究. 江苏农业学报, 28(2): 443-447.

胡鄂明, 邵二言, 赵静, 2016. 含铀废水处理技术研究进展. 湖南生态科学学报, 3(1): 42-48.

姜淑娟, 宋少青, 卢长海, 等, 2017. 光催化还原去除重金属铬 Cr(VI)和铀 U(VI)的研究进展. 东华理工大学学报(自然科学版), 40(1): 88-92.

梁颂军, 谢水波, 李仕友, 等, 2010. 具超强富集 U(VI)能力工程菌 *E.coli* 的构建. 中国生物工程杂志, 30(3): 52-55.

刘明学, 张东, 康厚军, 等, 2011. 铀与酵母菌细胞表面相互作用研究. 高校地质学报, 17(1): 53-58.

刘清, 郑嘉鸿, 招国栋, 2019. 红背桂叶提取液合成纳米铁及对 U(VI)的去除研究. 化工新型材料, 47(7): 178-182.

陆晓峰, 楼福乐, 毛伟钢, 等, 1993. 超滤-反渗透-电渗析组合工艺处理放射性废水. 水处理技术, 19(1): 27-31.

马尧, 胡宝群, 孙占学, 2007. 浅论铀矿山的三废污染及治理方法. 铀矿冶, 26(1): 35-39.

沈振国, 1998. 不同锌处理下重金属超量积累植物 *Thlaspi caerulescens* 对养分的吸收. 南京农业大学学报, 21(2): 50-56.

宋冰蕾, 陈涛, 田金年, 等, 2015. Gemini 型表面活性剂在离子液体中构筑的溶致液晶. 化工进展, 34(12): 4348-4355.

谭文发, 吕俊文, 唐东山, 2015. 生物技术处理含铀废水的研究进展. 生物技术通报, 31(3): 82-87.

汤洁, 王卓行, 徐新华, 2013. 铁屑-微生物协同还原去除水体中 Cr(VI)研究. 环境科学, 34(7): 2650-2657.

王国华, 杨思芹, 周耀辉, 等, 2019. 生物还原法修复铀污染地下水的研究进展. 环境科学与技术, 42(8): 47-53.

王建龙, 刘海洋, 2013. 放射性废水的膜处理技术研究进展. 环境科学学报, 33(10): 2639-2656.

王永华, 谢水波, 刘金香, 等, 2014. 奥奈达希瓦氏菌 MR-1 还原 U(VI)的特性及影响因素. 中国环境科学, 34(11): 2942-2949.

尉凤珍, 方向红, 2009. 真空蒸发浓缩装置在核放射废水处理中的应用试验. 工业水处理, 29(9): 62-65.

魏广芝, 徐乐昌, 2007. 低浓度含铀废水的处理技术及其研究进展. 铀矿冶, 26(2): 90-95.

吴娟, 施国新, 夏海威, 等, 2014. 外源钙对汞胁迫下菹草(*Potamogeton crispus* L.)叶片抗氧化系统及脯氨酸代谢的调节效应. 生态学杂志, 33(2): 380-387

吴唯民, CARLEY J, WATSON D, 等, 2011. 地下水铀污染的原位微生物还原与固定: 在美国能源部田纳西橡树岭放射物污染现场的试验. 环境科学学报, 31(3): 449-459.

夏良树, 谭凯旋, 王晓, 等, 2010. 铀在榕树叶上的吸附行为及其机理分析. 原子能科学技术, 44(3): 278-284.

谢水波, 陈胜, 马华龙, 等, 2015. 硫酸盐还原菌颗粒污泥去除 U(VI)的影响因素及稳定性. 中国有色金属学报, 25(6): 1713-1720.

谢水波, 张亚萍, 刘金香, 等, 2012. 腐殖质 AQS 存在条件下腐败希瓦氏菌还原 U(VI)的特性. 中国有色金属学报, 22(11): 3285-3291.

熊杨杨, 高恒亚, 罗峰, 2016. Zn-MOF-74 协同硫酸亚铁一步法原位还原铀(VI)及去除. 大连: 中国化学会第 30 届学术年会摘要集-第十四分会: 核化学与放射化学.

许志诚, 罗微, 洪义国, 等, 2006. 腐殖质在环境污染物生物降解中的作用研究进展. 微生物学通报, 33(6): 122-127.

杨敏, 2012. 磷酸盐络合-絮凝法处理放射性稀土废水的研究. 南昌: 南昌大学.

杨敏, 卢龙, 冯涌, 等, 2013. 聚磷污泥去除高浓度铅的影响因素研究. 环境科学, 34(6): 2309-2313.

杨云, 顾平, 刘阳, 等, 2017. 沉淀-微滤组合工艺处理模拟含碘放射性废水. 化工学报, 68(3): 1211-1217.

袁海峰, 邵利锋, 黄立, 等, 2019. 电解法原位合成锰氧化物处理模拟含锶放射性废水. 工业水处理, 39(1): 82-86.

曾涛涛, 李利成, 陈真, 等, 2018. 铀尾矿土壤细菌与古菌群落结构解析及耐铀菌分离鉴定. 中国有色金属学报, 28(11): 2383-2392.

赵宝生, 蔡青, 2004. 离子浮选法处理放射性废水. 原子能科学技术, 38(4): 382-384.

赵聪, 谢水波, 李仕友, 等, 2015. 铀胁迫对香根草生理生化指标的影响. 安全与环境学报, 15(4): 386-390.

郑博文, 周连泉, 王培义, 等, 2012. 电渗析处理模拟放射性废物焚烧工艺废水的实验研究. 辐射防护, 32(04): 215-221, 227.

周师帅, 顾平, 刘阳, 等, 2019. 预除氧-沉淀-柱式膜分离组合工艺处理模拟含碘放射性废水. 环境工程学报, 13(3): 586-593.

ANIRUDHAN T S, SREEKUMARI S S, 2010. Synthesis and characterization of a functionalized graft copolymer of densified cellulose for the extraction of uranium(VI) from aqueous solutions. Colloids and Surfaces A: Physicochemical and Engineering Aspects, 361(1): 180-186.

BAŞARIR S Ş, BAYRAMGIL N P, 2013. The uranium recovery from aqueous solutions using amidoxime modified cellulose derivatives. III. Modification of hydroxypropylmethylcellulose with amidoxime groups. Cellulose, 20(3): 827-839.

BELIAEV A S, SAFFARINI D A, MCLAUGHLIN J L， et al., 2001. MtrC, an outer membrane decahaem c cytochrome required for metal reduction in *Shewanella putrefaciens* MR-1. Molecular Microbiology, 39(3): 722-730.

BUSCHMANN J, KAPPELER A, LINDAUER U, et al, 2015. pH 值、腐植酸类型以及铝对亚砷酸盐和砷酸盐与溶解腐植酸络合的影响. 腐植酸, 2: 25-32.

CHOUDHARY V R, DUMBRE D K, 2010. Solvent-free selective oxidation of benzyl alcohol to benzaldehyde by tert -butyl hydroperoxide over U_3O_8-supported nano-gold catalysts. Applied Catalysis A, General, 375(2): 252-257.

FREDRICKSON J K, KOSTANDARITHES H M, LI S W, et al, 2000. Reduction of Fe(III), Cr(VI), U(VI), and Tc(VII) by *Deinococcus radiodurans* R1. Applied and Environmental Microbiology, 66(5): 2006-2011.

GAVRILESCU M, PAVEL L V, CRETESCU I, 2009. Characterization and remediation of soils contaminated with uranium. Journal of Hazardous Materials, 163(2-3): 475-510.

HANDLEY-SIDHU S, HRILJAC J A, CUTHBERT M O, et al, 2014. Bacterially produced calcium phosphate nanobiominerals: sorption capacity, site preferences, and stability of captured radionuclides. Environmental Science & Technology, 48(12): 6891-6898.

JORG R, HANS-JOACHIM K, ANDREAS S, 2002. Effects of different quinoid redox mediators on the anaerobic reduction of azo dyes by bacteria. Environmental Science & Technology, 36(7): 1497-1504.

KAZY S K, DAS S K, SAR P, 2006. Lanthanum biosorption by a *Pseudomonas* sp. : equilibrium studies and chemical characterization. Journal of Industrial Microbiology & Biotechnology, 33(9): 773-783.

LI X, DING C, LIAO J, et al, 2017. Microbial reduction of uranium (VI) by *Bacillus* sp. dwc-2: A macroscopic and spectroscopic study. Journal of Environmental Sciences, 53: 9-15.

LIU J X, XIE S B, WANG Y H, et al, 2015. U(VI) reduction by *Shewanella oneidensis* mediated by anthraquinone-2-sulfonate. Transactions of Nonferrous Metals Society of China, 25(12): 4144-4150.

LOVELY C J, BRUEGGEMEIER R W, 1995. Synthesis of 7α-substituted androstenediones by a 1, 4-conjugate addition approach. Bioorganic & Medicinal Chemistry Letters, 5(21): 2513-2516.

LOZANO J C, RODRíGUEZ P B, TOMé F V, et al, 2011. Enhancing uranium solubilization in soils by citrate, EDTA, and EDDS chelating amendments. Journal of Hazardous Materials, 198: 224-231.

LU C, CHEN R, WU X, et al., 2016. Boron doped g-C_3N_4 with enhanced photocatalytic UO_2^{2+} reduction performance. Applied Surface Science, 360: 1016-1022.

LU C, ZHANG P, JIANG S, et al., 2017. Photocatalytic reduction elimination of UO_2^{2+} pollutant under visible light with metal-free sulfur doped g-C_3N_4 photocatalyst. Applied Catalysis B-Environmental, 200: 378-385.

MACASKIE L E, HART A, OMAJALI J B, et al., 2014. Comparison of the effects of dispersed noble metal (Pd) biomass supported catalysts with typical hydrogenation (Pd/C, Pd/Al_2O_3) and hydrotreatment catalysts (CoMo/Al_2O_3) for in-situ heavy oil upgrading with toe-to-heel air injection (THAI). Fuel, 180: 367-376.

NEWSOME L, MORRIS K, LLOYD J R, 2014. The biogeochemistry and bioremediation of uranium and other priority radionuclides. Chemical Geology, 363: 164-184.

OSMANLIOGLU A E, 2018. Decontamination of radioactive wastewater by two-staged chemical precipitation. Nuclear Engineering and Technology, 50(6): 886-889.

RAY A E, BARGAR J R, SIVASWAMY V, et al., 2011. Evidence for multiple modes of uranium immobilization by an anaerobic bacterium. Geochimica et Cosmochimica Acta, 75(10): 2684-2695.

SALOME K R, GREEN S J, BEAZLEY M J, et al., 2013. The role of anaerobic respiration in the immobilization of uranium through biomineralization of phosphate minerals. Geochimica et Cosmochimica Acta, 106(10): 344-363.

SALOMONE V N, MEICHTRY J M, LITTER M I, 2015. Heterogeneous photocatalytic removal of U(VI) in the presence of formic acid: U(III) formation. Chemical Engineering Journal, 270(15): 28-35.

SINGH S, EAPEN S, D'SOUZA S F, 2006. Cadmium accumulation and its influence on lipid peroxidation and antioxidative system in an aquatic plant, *Bacopa monnieri* L. Chemosphere, 62(2): 233-246.

SLOMKA A, LIBIK-KONIECZNY M, KUTA E, et al., 2008. Metalliferous and non-metalliferous populations of *Viola tricolor* represent similar mode of antioxidative response. Journal of Plant Physiology, 165(15): 1610-1619.

SPRYNSKYY M, KOWALKOWSKI T, TUTU H, et al., 2011. Adsorption performance of talc for uranium removal from aqueous solution. Chemical Engineering Journal, 171(3): 1185-1193.

TAPIA RODRIGUEZ A, LUNA VELASCO A, FIELD J A, et al., 2012. Toxicity of uranium to microbial communities in anaerobic biofilms. Water Air and Soil Pollution, 223(7): 3859-3868.

TOLLEY M R, STRACHAN L F, MACASKIE L E, 1995. Lanthanum accumalation from acidic solutions using a *Citrobacter* sp. immobilized in a flow-through bioreactor. Journal of Industrial Microbiology, 14(3-4): 271-280.

WOJAS S, CLEMENS S, HENNIG J, et al., 2008. Overexpression of phytochelatin synthase in tobacco: distinctive effects of AtPCS1 and CePCS genes on plant response to cadmium. Journal of Experimental Botany, 59(8): 2205-2219.

XIE S B, XIAO X, TAN W F, et al., 2020. Influence of *Leifsonia* sp. on U(VI) removal efficiency and the Fe-U precipitates by zero-valent iron. Environmental Science and Pollution Research, 27(5): 5584-5594.

XIE S B, YANG J, CHEN C, et al., 2008. Study on biosorption kinetics and thermodynamics of uranium by *Citrobacter freudii*. Journal of Environmental Radioactivity, 99(1): 126-133.

XIE S B, ZHANG C, ZHOU X H, et al., 2009. Removal of uranium (VI) from aqueous solution by adsorption of hematite. Journal of Environmental Radioactivity, 100(2): 162-166.

ZENG T T, LI L C, MO G H, et al., 2019. Analysis of uranium removal capacity of anaerobic granular sludge bacterial communities under different initial pH conditions. Environmental Science and Pollution Research, 26(6): 5613-5622.

ZHANG L H, LI H, LI L, et al., 2013. Photocatalytic Reduction of Uranyl Ions over Anatase and Rutile Nanostructured TiO_2. Chemistry Letters, 42(7): 689-690.

ZHOU P, YAN H, GU B H, 2004. Competitive complexation of metal ions with humic substances. Chemosphere, 58(10): 1327-1337.

第 4 章　功能材料及其处理放射性废水的机制

4.1　概　　述

1. 无机材料

吸附类无机材料包括石墨烯、碳纳米管、活性炭、二氧化硅、硅酸盐等。由于多数环境功能材料具有比表面积大、官能团丰富的优点，对铀的吸附作用力强，去除效果明显。无机类吸附剂是一种传统铀吸附剂，具有比表面积大、亲水性好、吸附速率快及强度高等优点。但其选择性较差，受其他离子干扰大，如何在利用无机材料优点的基础上，通过有机改性或复合，改善其性能是今后研究的方向。

1）黏土类材料

黏土是一类以层状铝硅酸盐矿物为主的材料，片层状结构由铝（镁）氧三八面体和硅氧四面体组成。铝（镁）氧三八面体中部分铝或镁被低价离子同晶置换，造成内表面有负电荷，有利于对金属阳离子产生吸附作用。关于黏土类材料吸附铀的报道较多，代表材料主要有蒙脱土、高岭土等，如图 4.1（a）和（b）所示。

（a）蒙脱土

（b）高岭土

（c）活性炭

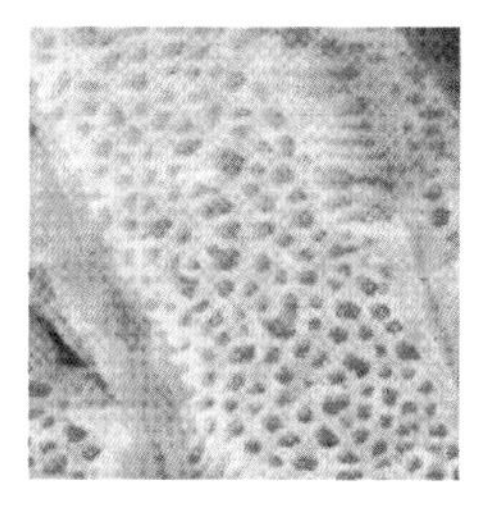
（d）介孔碳

图 4.1　几种黏土类材料与碳材料

2）碳材料

碳材料包括活性炭、介孔碳、石墨烯、碳纳米管、水热炭等，这些碳材料孔隙结构发达、比表面积大，具有良好的热稳定性和酸碱稳定性，可用于吸附铀。

以活性炭为例，如图 4.1（c）所示，它具有原料低廉、制备工艺简单、稳定性强、耐高温、表面官能团丰富等优点。活性炭吸附方式包括物理吸附与化学吸附，且吸附性能还可以通过物理化学方法改性增强吸附效果，在含重金属废水处理中有较多应用，对铀的作用有表面络合、离子交换、化学吸附等。

与活性炭相比，介孔碳的比表面积和孔体积更大，如图 4.1（d）所示，根据应用目的需要，孔径尺寸、形状、孔壁结构组成可以进一步优化，如在介孔碳表面负载高选择性功能基团来吸附铀，在含铀废水处理及从海水中提取铀方面前景广阔。

碳纳米管比表面积大，具有热稳定性和化学稳定性，吸附能力较强，是一种常用的吸附材料。水热炭是以天然生物质为碳源制备而成，其表面具有丰度的羧基和羟基等含氧官能团，表面带负电荷，对废水中的金属阳离子（铀等）具有较好的吸附效果。

氧化石墨烯的化学性能优异、分散性能较好、表面含氧官能团丰富，有利于增强铀的富集和去除，也较多地用于研究含铀废水处理（Liu et al.，2019，2018）。

3）合成无机材料

（1）金属氧化物：金属氧化物广泛用于吸附金属离子和非金属元素。例如活性氧化铝[图 4.2（a）]、氧化铁、氧化钛[图 4.2（b）]等。在实际应用中异质结构的金属氧化物比表面积高，对重金属亲和力强（Tan et al.，2015）。

（a）活性氧化铝

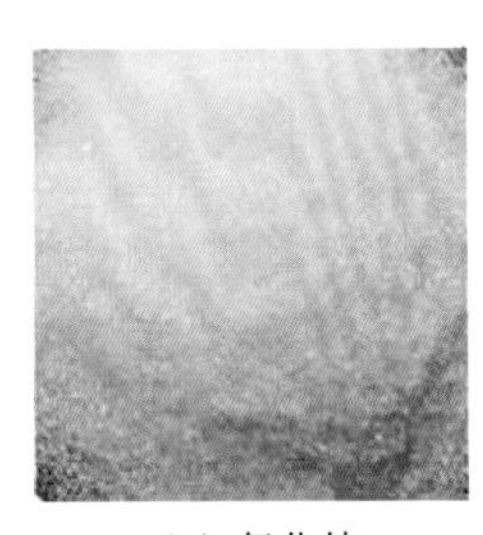
（b）氧化钛

（c）沸石

（d）海泡石

图 4.2　几类合成无机材料、天然矿物质及其衍生物

Nilchi 等（2013）用晶态二氧化锡颗粒作为吸附剂，在 pH 为 6 时展示了较好的重金属吸附性能。Mukherjee 等（2013）研究了具有高比表面积纳米晶态氧化锰，并用于吸附 UO_2^{2+}、Cu^{2+}、Ni^{2+}、Co^{2+}、Zn^{2+}等金属离子。对于铀酰离子的吸附，最佳 pH 为 4.5，在 4.5 h 后达到吸附平衡，最大吸附容量为 300 μg/g。Yan 等（2013）制备了具有更大比表面积和孔隙率的介孔氢氧化镁，该材料表现出突出的铀（铀酰离子）吸附性能，饱和吸附容量达 3 111 mg/g，对高浓度铀的去除率达 99%，远高于其他金属氢氧化物的吸附性能。在 1 mol/L 的碳酸钠溶液脱附下，介孔氢氧化镁能够再生并反复利用。

（2）其他合成无机材料：纳米材料吸附剂对污染物具有良好的吸附性能，随着堆层数减少、粒径减小，比表面积迅速增加，在重金属废水处理中有较多应用，且具有吸附速度快、吸附能力强、去污效率高等优点。

ZnO 纳米颗粒具有理化性质稳定、无毒、比表面积大，但不易循环利用，分离性能较差，将其固定到有机材料聚乙烯醇中，得到聚合纳米纤维，其机械延展性、稳定性显著改善。钛酸纳米管具有独特的吸附特性，层间离子交换能力较强，对多种重金属离子具有极强的选择吸附特性。

4）天然矿物质和它的衍生物

矿物类吸附材料来源广泛，成本低廉，比表面积大，主要包括黏土、天然金属氧化物、氢氧化物等，应用较广泛。黏土矿物吸附剂具有较强的吸附性，其处理后的产物与玻璃、水泥等物质有较好的相容性，广泛用于含铀废水的处理。

天然矿物沸石[图 4.2（c）]与海泡石[图 4.2（d）]，它们对铀酰离子表现出很好的吸附性能。Camacho 等（2009）发现了 pH 为 6.0 时，沸石吸附剂对铀去除率最高可达 95.6%。Fatima 等（2013）合成了沸石 NaY 用于吸附溶液中的铀酰离子，表现出较好吸附性，它具有复杂多孔系统和能容纳许多阳离子的囚笼结构。Donat（2009）用天然海泡石吸附溶液中的铀酰离子，发现了海泡石具有独特的纤维结构能够允许离子渗入进去，当 pH 为 3.0、饱和时间为 4 h 时，最大铀吸附容量达到 34.61 mg/g。为了增强吸附剂性能，Cheng 等（2013）合成了海泡石支撑的氧化石墨纳米片。这种复合物在 pH 为 5.0、25℃时吸附容量最大达到 161.29 mg/g，明显大于其他的天然海泡石。

云母边缘存在—SiOH、—MgOH 等许多功能化羟基群组，使云母具有亲水性特征。潘多强等（2015）发现了 U(VI)在金云母上的吸附受 pH 影响显著，受离子强度影响较弱，吸附机理为表面内层络合。

2. 生物材料

生物吸附材料主要分为农林废弃物和以菌类为主的微生物，具有节能环保、成本低廉的优势。花生壳、榕树叶、秸秆等农林废弃物可以制成生物吸附材料。它们具有原料易得、廉价、处理过程简单、二次污染小等特点，还可以实现农林废弃物的资源化利用。以菌类为主的微生物吸附剂有细菌、放线菌、真菌、藻类等，该类微生物的吸附量较高。

微生物吸附类型包括主动吸附和被动吸附。主动吸附指生物吸附剂表吸附铀之后，铀离子可与细胞某些酶相结合而转移至细胞内部，其特点是不可逆且与细胞代谢有关。后者为铀酰离子在吸附剂表面被动吸附过程，其特点是快速、可逆。因此，活性生物吸附材料，对铀的吸附包括被动吸附和主动吸附两种；非活性生物材料对铀的吸附主要是被动吸附。夏良树等（2010）研究了铀在榕树叶上的吸附行为及机理，UO_2^{2+} 主要与细胞表面的—OH、C—O、P—O 及 Si—O 等基团螯合形成配合物，吸附机理为络合吸附。

3. 有机吸附材料

有机吸附材料有纤维素、壳聚糖、离子印迹树脂、偕胺肟基类高分子、超分子吸附材料等，也较多地应用于铀的吸附研究。

1）纤维素吸附材料

课题组以纤维素为基体，采用丙烯酸或丙烯酰胺等进行改性后，得到的改性纤维素中存在大量的羧基、羟甲基等基团，能够增加铀吸附过程中的负电荷数和离子交换量。以丙烯酸对羧甲基纤维素进行改性，改性后的纤维素对铀的吸附效率可达 97%以上。吸附动力学研究表明纤维素类材料对铀的吸附主要是铀酰离子与吸附剂之间形成络合物，铀酰离子通过内部扩散的方式同改性羧甲基纤维素发生交换，完成吸附过程。另外，在 N-异丙基丙烯酰胺（NIPAM）的聚合过程中将丙烯酸（acrylic acid，AA）作为共聚单体，与羧甲基纤维素钠（carboxymethyl cellulose，CMC）形成交联网络结构，制备了 CMC/P（NIPAM-co-AA）水凝胶，具有良好的铀解吸效果，为废水中的铀分离富集提供了借鉴

（Tan et al.，2020）。

Anirudhan 等（2010）合成了羧酸盐功能化的接枝聚合物（PGTDC-COOH），用于吸附溶液中的铀酰离子，当 pH 为 6.0、温度为 300 ℃时，吸附容量达到最大（99.84 mg/g）。分析认为其存在无定形区域和晶态区域两个区域，化学反应仅发生在无定形区域，但是在纤维素中植入二氧化钛能影响其晶态结构，使其适合活化反应。Kim 等（2011）用胺肟改性的羟基纤维素薄膜来处理溶液中的铀酰离子，通过静电作用来进行吸附，铀酰离子最大吸附容量为 765 mg/g 干薄膜。通过离子交换实现铀酰离子与吸附剂的键合，胺肟上的═N—OH 和—NH_2 基团为功能基团。

2）壳聚糖类吸附材料

壳聚糖分子链中含有大量氨基、羟基等功能基团，对多种金属离子具有螯合作用。氨基、羟基也具有良好的化学活性，利于进行功能改性，对多种金属离子具有吸附效果。在铀吸附方面的研究主要以壳聚糖为基体，选取功能基团进行改性，提高对铀的吸附量和选择性。

3）离子印迹类吸附材料

离子印迹技术的基本原理是模板离子与聚合物单体通过共价键或非共价键的方式结合形成多重作用位点，再加入交联剂，通过聚合过程将这种作用记忆下来，反应结束后将模板离子洗脱出来，聚合物中就形成了与模板离子空间构型、结合位点完全匹配的三维空穴，这些空穴专一或选择性地识别模板离子。

离子印迹材料具有识别性强、吸附速率快、吸附容量大和易回收的特点，在铀的分离和富集领域备受关注，其中在铀的分离与富集过程中，对铀酰离子的识别和选择是其中关键。

4）偕胺肟基吸附材料

偕胺肟基吸附材料吸附铀的作用原理是依靠 C═N 上的成键电子，以及 C—NOH 中的 O 来螯合 UO_2^{2+} 。可通过嫁接方式将偕胺肟基团引入纤维、树脂、木屑、黏土等各种材料中，其中以纤维素为基体的偕胺肟基吸附材料研究较多。偕胺肟基制备过程简单，可用于海水中或盐湖卤水中铀的提取。

偕胺肟基吸附材料是水体中分离提取铀的最佳材料之一。如何选择合适的基体材料，通过偕胺肟基表面化提高材料的选择性、吸附能力及分离效果，获得具有多重吸附效应的新材料，是未来偕胺肟基吸附材料应用的重要方向。

5）树脂

Monier 等（2013）基于改性的水杨醛-羟甲基纤维素合成了离子印迹的螯合微球树脂，并与无离子印迹的树脂比较吸附性能，对铀的最大吸附容量分别为 180 mg/g 和 97 mg/g。因此，离子印迹技术能有效地影响树脂吸附行为，用 0.5 mol/L 的硝酸溶液进行 5 次脱附试验，去除率仍达 92%。用二亚乙基三胺改性的磁性壳聚糖树脂，改善吸附铀的容量，pH 为 3.5，吸附平衡时间为 2 h，最大吸附容量达 70.5 mg/g。

4. 有机-无机复合材料

无机吸附材料与有机吸附材料在铀的吸附方面各有优缺点，无机材料具有良好的性能，但选择性较差；有机材料具有高选择性，但亲水性和机械强度不够。选择合适的有机材料、无机材料进行复合，制备出有机-无机复合材料，可发挥各自优势，获得更好的吸附效果。

1）金属有机骨架材料

金属有机骨架材料（metal-organic frameworks，MOFs）是一种与有机配体配位的以金属为中心组成的配位网络。课题组采用共沉淀法制备出纳米零价铁/金属有机骨架（nZVI/UiO-66）复合材料（Yang et al.，2020）。在 30℃、nZVI 与 UiO-66 的质量比为 1∶3、pH 为 6、nZVI/UiO-66 投加量为 0.15 g/L 条件下，对 10 mg/L 初始 U(VI)浓度吸附 120 min 后，对 U(VI)的吸附率达到 96.36%。表征结果发现复合材料比表面积减小，对 U(VI)的吸附为自发吸热过程。准二级动力学方程和 Freundlich 吸附等温模型能很好地拟合吸附过程，Langmuir 模型拟合的最大吸附量为 380.3 mg/g。复合材料对 U(VI)的去除机理包括 nZVI 的还原作用和 UiO-66 的吸附作用，其中 Zr—O 键发挥了重要作用。吸附解吸结果表明，0.1 mol/L Na_2CO_3 是 nZVI/UiO-66 的最佳解吸试剂，经过 5 次解吸后，复合材料对 U(VI)的吸附率仍然大于 80%。

2）碳基有机-无机复合材料

Innocenzi 等（2015）合成了一系列功能化介孔碳，接枝基团有胺肟、羟基、磷酰基。磷酸根功能化的介孔碳展示出更高吸附性能，在酸性水中和模拟海水中最大吸附容量分别为 97 mg/g 和 67 mg/g。Li 等（2010）合成了聚合物涂层的介孔碳纳米微球，用丙烯腈丙烯酸聚合物固定化的二乙烯基苯接枝在介孔碳框架上。吸附剂用于高盐度的海水中，依然对铀具有良好的吸附性能，在温和条件下水热合成的介孔碳，表面有大量的含氧官能团，它能增加吸附剂的活性位点。

3）磁性有机-无机复合材料

磁性 Fe_3O_4 纳米颗粒具有高比表面积，化学、机械性能稳定及易于分离的独特优点，但容易聚集。通过有机杂化引入氨基或含氧官能团对其表面进行改性，吸附性能可得到不同程度的增强。

4.2　海藻酸钠复合材料处理含铀放射性废水

4.2.1　海藻酸钠/羟乙基纤维素复合材料除铀效果与机理

海藻酸钠是从海带、巨藻等褐藻类植物中提取的天然高分子材料，是常见的溶水性海藻酸盐之一，易溶于水，富含大量基团。Chen 等（2012）利用海藻酸钠固定腐殖酸制备的复合膜吸附 Cu(II)、Cr(III)、Cd(II)，均取得了较好的吸附效果。Akhtar 等（2009）采用海藻酸钠固定木霉去除和回收水中 U(VI)，固定化后明显提高了其对 U(VI)的吸附容量。由于海藻酸钠成膜后柔韧性和强度均较差，需要成膜性较好的物质弥补其不足。羟乙基纤维素是一种羟烷基纤维素，热稳定性很好，溶解度和黏度范围宽，常被作为增稠剂、黏结剂。而腐殖酸富含羧基、酚羟基等活性基团，这些官能团能有效提高吸附剂吸附金属阳离子的能力。通过利用羟乙基纤维素作为加强剂，对海藻酸钠进行处理，制成海藻酸钠/羟乙基纤维素复合膜材料（GA/SA-HEC）进行含铀废水处理（谢水波 等，2015）。

1. 海藻酸钠/羟乙基纤维素复合材料（GA/SA-HEC）的制备

称取 3.6 g 海藻酸钠与 1.2 g 羟乙基纤维素置于 200 mL 去离子水中，60 ℃恒温水浴锅中搅拌 120 min，过滤，加入 0.72 g 聚乙二醇再次搅拌 60 min，待搅拌均匀后将溶液均匀摊铺于有机玻璃板上，在烘箱（50 ℃）中烘干至恒重。取出，将膜浸入 5%戊二醛与 1 mol/L 盐酸的混合溶液静置 300 min，最后用去离子水浸泡 24 h，烘干备用。

2. GA/SA-HEC 吸附 U(VI)的单因素试验

1）pH 对 GA/SA-HEC 吸附量的影响

在 U(VI)初始浓度为 25 mg/L、温度为 35 ℃、GA/SA-HEC 投加量为 0.5 g/L 的条件下，将 pH 调为 3.0～8.0，吸附时间设为 120 min，过滤取上清液测定溶液中残余 U(VI)浓度，研究 pH 对 GA/SA-HEC 吸附 U(VI)的影响，试验结果如图 4.3 所示。

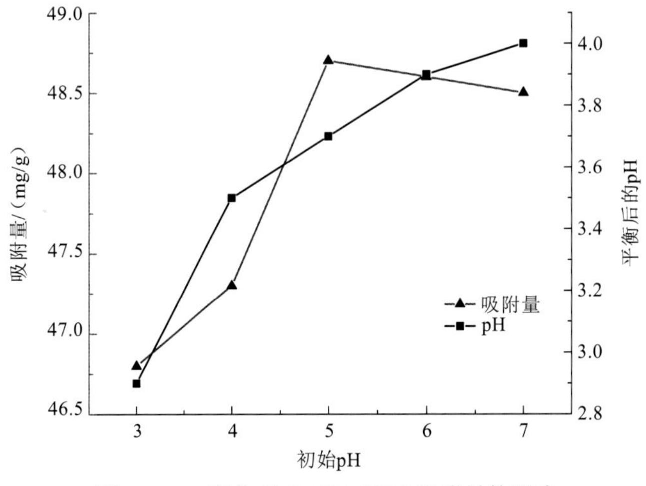

图 4.3 pH 变化对 GA/SA-HEC 吸附量的影响

当 pH 为 3～5 时，GA/SA-HEC 对 U(VI)的吸附量随 pH 增大而逐渐增加；当 pH 为 5 时，吸附量达最大值；其后随着 pH 的升高吸附量下降；在 pH 为 8 时溶液中出现混浊。吸附后，模拟含 U(VI)废水的 pH 有不同程度的降低，表明 H^+参与了 U(VI)的吸附过程。这可能主要是海藻酸中含有羧基，在溶液中存在电离平衡，pH 升高，溶液中 H^+浓度降低，使 GA/SA-HEC 表面形成大量负电荷位点。当 pH 为 5 时，U(VI)主要以 UO_2^{2+} OH^+

存在，在 pH≥7 时则为 $UO_2(CO_3)_3^{4-}$（Kilincarslan et al.，2005）。在碱性环境下 U(VI)易于形成沉淀，随着 pH 升高，在吸附剂表面携带大量负电荷，使 U(VI)能够吸附到 GA/SA-HEC 表面（Donat，2010）。GA/SA-HEC 在 pH 为 5 时吸附量最大。

2）接触时间对 GA/SA-HEC 处理 U(VI)的影响

在 pH 为 5，U(VI)初始浓度为 25 mg/L、50 mg/L；恒温 35℃，GA/SA-HEC 投加量 0.5 g/L 条件下，在恒温摇床中振荡 5 min、15 min、30 min、60 min、90 min、120 min、150 min、180 min 后取样，过滤测定上清液中残余 U(VI)浓度，时间对 GA/SA-HEC 吸附 U(VI)的影响结果如图 4.4 所示。

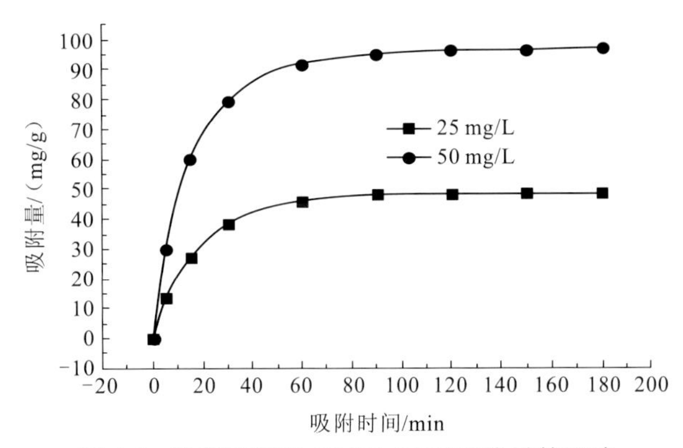

图 4.4　吸附时间对 GA/SA-HEC 吸附量的影响

GA/SA-HEC 对 U(VI)的吸附量随时间的延长而增加，在 90 min 以前，随吸附时间的增加 GA/SA-HEC 对 U(VI)的吸附量明显增加，在一定程度上说明 GA/SA-HEC 表面存在大量吸附位点，随着 U(VI)初始浓度的升高，吸附量显著增加。在 90 min 时两个不同浓度的吸附达到平衡，因此最佳吸附时间为 90 min。

3）初始铀浓度、温度对 GA/SA-HEC 吸附 U(VI)影响

在 pH 为 5，温度分别为 25℃、35℃、45℃，GA/SA-HEC 投加量为 0.5 g/L 的条件下，在恒温摇床中振荡 90 min，将 GA/SA-HEC 置于初始浓度为 5～150 mg/L 的模拟铀废水中进行反应，反应后过滤取样测量溶液中残余 U(VI)浓度，图 4.5 为 35℃时的趋势线。

结果表明，GA/SA-HEC 对铀的吸附量随铀初始浓度的升高而增加；由于温度对于吸附量影响较小，三个温度几乎重合，图 4.5 中仅注明了 35℃时趋势线，根据试验结果，吸附容量与初始铀浓度正相关。

4）GA/SA-HEC 吸附 U(VI)的吸附动力学

准一级动力学模型被用以描述固液相之间发生的吸附，在准一级动力学模型中，假定吸附剂上能够吸附金属离子的吸附位点与吸附速率正相关。准一级动力学模型的一般表达式为

$$dq/dt = k_1(q_e - q_t) \tag{4.1}$$

式中：q_e、q_t 分别为吸附平衡时和吸附时间为 t 的吸附剂吸附量，mg/g；k_1 为准一级吸附速率常数，min^{-1}。

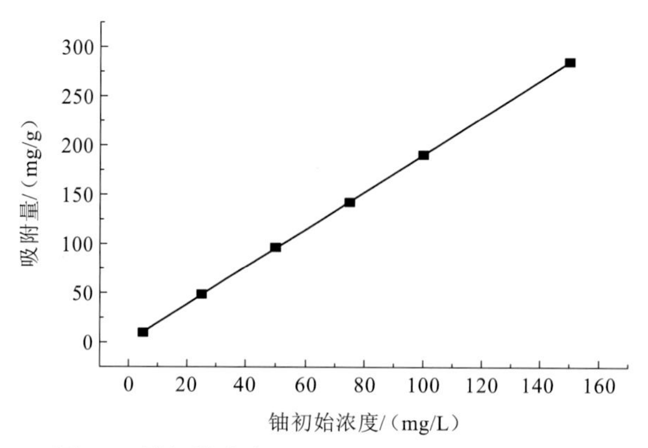

图 4.5　铀初始浓度对 GA/SA-HEC 吸附量的影响

在 0～t 时间内及对应浓度在 0～q_e 进行积分得

$$\ln(q_e - q_t) = \ln q_e - k_1 t \tag{4.2}$$

在吸附过程中，q_e 通过试验测得，但由于平衡难以界定等试验本身的问题，一般情况下 q_e 是在足够吸附时间下得到的吸附量。由于准一级吸附模型只与初期吸附拟合较好，吸附速率常数 k_1 与吸附质浓度负相关。

准二级动力学模型被用以描述发生在同一个溶液体系中的吸附过程，假定吸附剂上能够吸附金属离子的吸附位点的二次方与吸附速率正相关。准二级动力学模型的表达式为

$$\mathrm{d}q / \mathrm{d}t = k_1(q_e - q_t)^2 \tag{4.3}$$

式中：k_2 为准二级吸附速率常数，g/(mg·min^{-1})。吸附速率常数 k_2 与吸附剂浓度负相关。在 0～t 时间内及对应浓度在 0～q_e 进行积分得

$$t / q_t = 1 / (k_2 q_e^2) + t / q_e \tag{4.4}$$

在准一级和准二级动力学拟合中，通过相关系数 R^2 及拟合得到的吸附容量与实际吸附容量的比较来得到最优动力学模型。在对 GA/SA-HEC 吸附 U(VI)进行准一级和准二级动力学模型拟合，具体见图 4.6、图 4.7，对应的动力学模型参数见表 4.1。

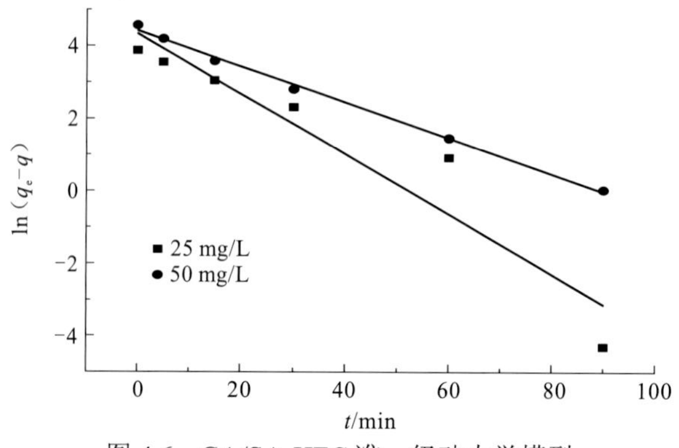

图 4.6　GA/SA-HEC 准一级动力学模型

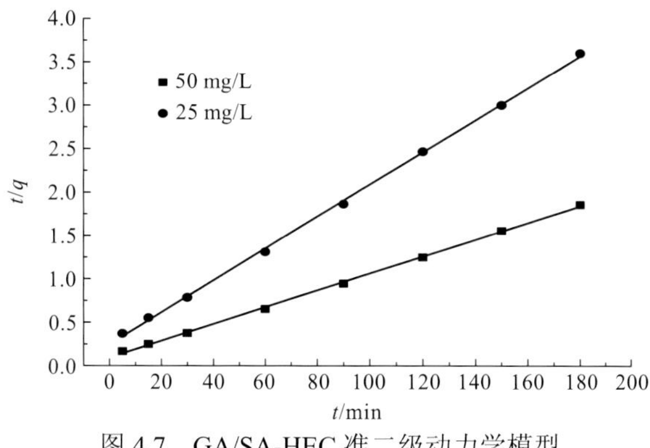

图 4.7　GA/SA-HEC 准二级动力学模型

表 4.1　不同浓度准一级和准二级动力学模型参数

C_0 /（mg/L）	q_e^0/（mg/g）	准一级动力学模型			准二级动力学模型		
		k_1/min^{-1}	q_e/（mg/g）	R^2	k_2/min^{-1}	q_e/（mg/g）	R^2
25	48.29	0.083	75.01	0.907	0.001 4	53.34	0.999
50	96.14	0.050	82.96	0.996	0.000 1	102.09	0.999

表 4.1 为拟合所得到的动力学模型参数，比较 R^2 和 GA/SA-HEC 最大吸附容量得出准二级动力学模型比准一级动力学模型能更好拟合试验数据。准二级动力学模型假设吸附过程是速度限制的过程，相应的原子价力通过 GA/SA-HEC 与被吸附物之间的交换或者电子共享来实现。

由于 GA/SA-HEC 是多孔性薄膜，在表面吸附的同时，被吸附的 U(VI)能够缓慢扩散到膜内部，为了揭示 U(VI)在膜内部扩散过程，建立颗粒内扩散模型。

5）颗粒内扩散模型

颗粒内扩散模型表达式为

$$q_t = k_0 t^{1/2} \tag{4.5}$$

式中：q_t 吸附时间为 t 时吸附剂吸附量，mg / g；k_0 为颗粒内扩散模型表达式常数。

用颗粒内扩散模型对试验数据进行拟合，结果如图 4.8 所示。可知 GA/SA-HEC 对 U(VI)的吸附动力学过程分三个阶段：①初始吸附过程曲线显示为表面吸附，约 20 min；②接下来的曲线应为颗粒内部扩散，约 70 min；③最后的一段则为吸附平衡。说明 GA/SA-HEC 对铀的吸附为颗粒内扩散占主导作用的三阶段吸附过程。

6）GA/SA-HEC 吸附 U(VI)的吸附热力学

采用 Freundlich、Langmuir、D-R 模型拟合 GA/SA-HEC 吸附 U(VI)的过程，以确定 GA/SA-HEC 对 U(VI)的作用和吸附机理。

Freundlich 和 Langmuir 吸附等温模型是用来描述萃取过程中达到平衡进入新介质的量与留在原介质的量之间的关系。Freundlich 吸附等温方程常被用于描述吸附过程平衡的经验方程。该方程能够描述多种吸附质被吸附到吸附剂上的状况，方程式为

$$q_e = K_F C_e^{1/n} \tag{4.6}$$

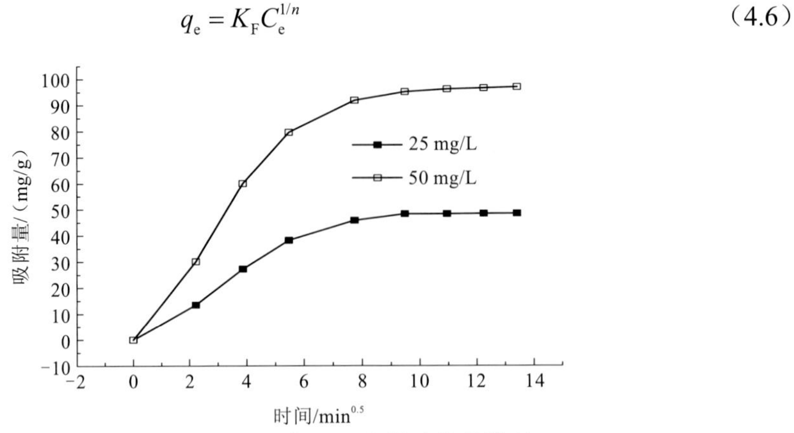

图 4.8　GA/SA-HEC 吸附 U(VI)颗粒内扩散模型

对式（4.6）求对数得

$$\ln q_e = \ln K_F + 1/n \ln C_e \tag{4.7}$$

式中：K_F 为 Freundlich 吸附系数；C_e 表示平衡时溶液中浓度，mg/L；q_e 为平衡时吸附剂吸附量；n 为特征常数，涉及吸附的强度、是否有利吸附及有利吸附程度的概念。

由式（4.7）可以看出 $\ln q_e$ 和 $\ln C_e$ 正相关，$1/n$ 为斜率，$\ln K_F$ 为截距。另有，当 $1<n<10$，为容易吸附；n 值越大，吸附剂对金属离子的吸附作用越强。Freundlich 吸附等温模型在吸附解吸实验数据中拟合度较好。但应注意，当金属离子浓度达到极限浓度时，却不能够利用 Freundlich 方程表达，也不存在线性表达式。

Langmuir 吸附等温模型常用于重金属吸附，主要是描述离子在吸附剂表面的覆盖聚集程度。其假定成立前提有：①单分子层的吸附；②吸附质内部分子之间无相互作用；③吸附剂表面吸附能量均匀。在这种情况下每一个吸附质分子只能占据一个位点。方程式为

$$q_e = Q_{max} \frac{bC_e}{1 + bC_e} \tag{4.8}$$

写成线性方程式为

$$\frac{1}{q_e} = \frac{1}{bQ_{max}C_e} + \frac{1}{Q_{max}} \tag{4.9}$$

式中：Q_{max} 表示吸附剂表面被全部覆盖时吸附质的量，mg/g；q_e 为平衡吸附量；C_e 为达到吸附平衡时溶液中吸附质浓度，mg/L；b 为吸附平衡常数。

Langmuir 吸附等温模型的特征可以用无量纲参数 R_L 进行表示：

$$R_L = 1/(1 + bC_0) \tag{4.10}$$

式中：R_L 表示吸附剂对溶剂中物质的亲和能力，取值在 0～1，表明为“有利吸附”。

Freundlich 和 Langmuir 吸附等温模型对 25℃、35℃、45℃的试验数据进行拟合，拟合见图 4.9、图 4.10，相关系数见表 4.2。

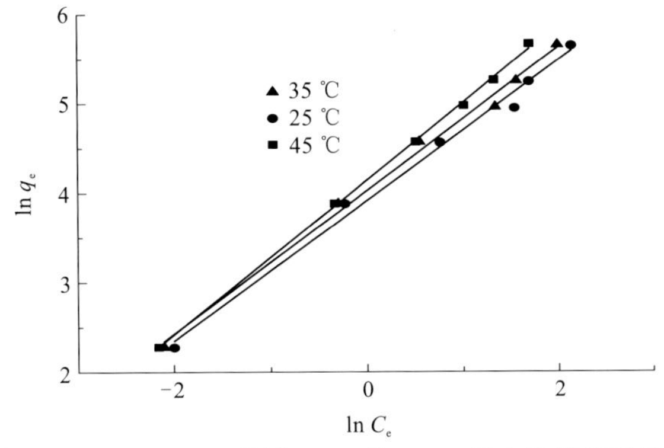

图 4.9　GA/SA-HEC 吸附 U(VI)的 Freundlich 吸附等温模型

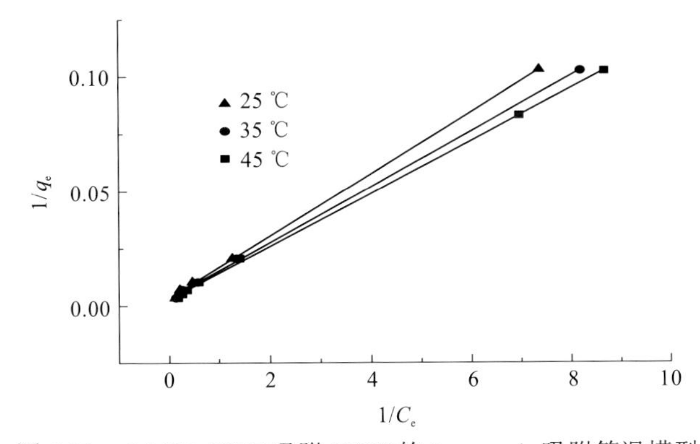

图 4.10　GA/SA-HEC 吸附 U(VI)的 Langmuir 吸附等温模型

表 4.2　GA/SA-HEC 吸附 U(VI)的吸附等温模型参数

t/℃	Freundlich 方程			Langmuir 方程		
	K_F	$1/n$	R^2	Q_{max}/（mg/g）	b	R^2
25	121.8	0.813 9	0.996 4	303.0	0.702 1	0.998 8
35	139.9	0.809 1	0.996 8	333.3	0.750 0	0.999 5
45	161.7	0.796 8	0.992 5	357.1	0.848 5	0.999 7

从表 4.2 的相关系数 R_2 可以看出，Langmuir 吸附等温线拟合较好，说明 GA/SA-HEC 对 U(VI)的吸附是单层吸附；且在 Langmuir 吸附等温模型中，铀的初始浓度为 5 mg/L，R_L 在三个温度时分别为 0.450、0.440、0.451，进一步说明 GA/SA-HEC 对 U(VI)的吸附是有利吸附，即 GA/SA-HEC 能很容易吸附水中的 U(VI)，由表 4.2 中 Q_{max} 可看出，GA/SA-HEC 的吸附容量较好。

7）解吸试验

通过吸附剂的反复吸附解吸来检验吸附剂的吸附率及吸附剂本身的理化性能，以判定吸附剂是否能够重复利用，结果如图 4.11 所示。

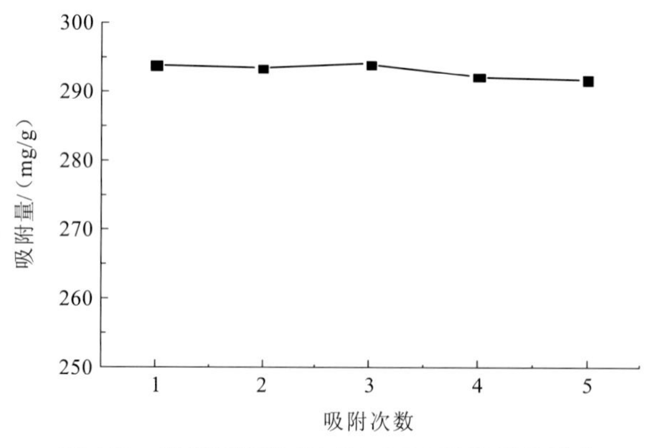

图 4.11　吸附解吸对 GA/SA-HEC 吸附量的影响

解吸试验中当 pH 为 5 时，铀初始浓度为 150 mg/L，GA/SA-HEC 投加量为 0.5 g/L，在 35 ℃恒温摇床中振荡 120 min，再加入 0.25 mol/L 盐酸溶液中解吸 120 min，然后用去离子水洗涤 GA/SA-HEC 若干次。烘干后再在相同试验条件下再重复上述步骤 4 次。从吸附效果可知，GA/SA-HEC 吸附容量在吸附解吸前后变化很小，可见 GA/SA-HEC 可反复使用。

3. 对 GA/SA-HEC 吸附机理分析

1）GA/SA-HEC 吸附 U(VI)前后红外光谱

图 4.12 中 A 谱线、B 谱线分别为吸附前后光谱图，在 3 400 cm^{-1} 附近为羟基伸缩振动带。在糖类高分子化合物中，存在很多羟基，在 3 570～3 050 cm^{-1} 存在多个羟基伸缩

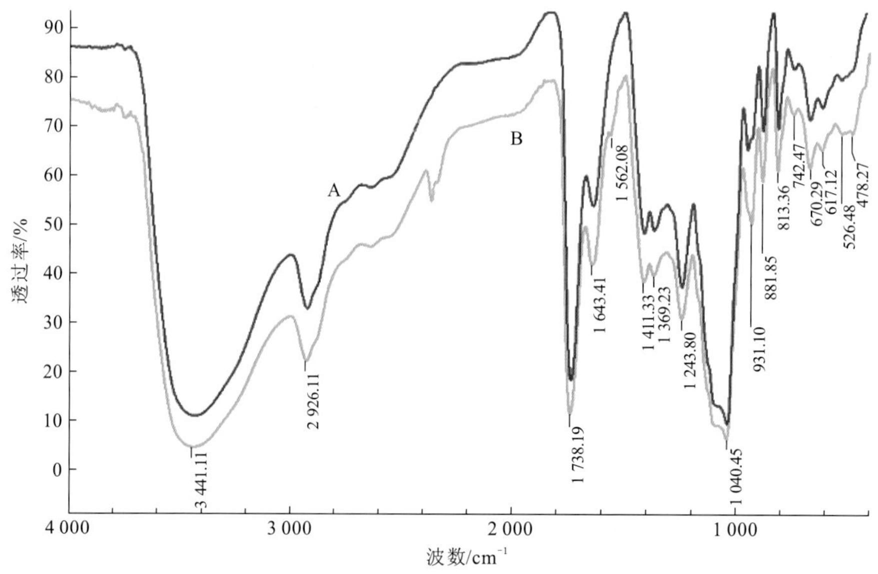

图 4.12　GA/SA-HEC 吸附前后的红外光谱图

A 为吸附前，B 为吸附后

振动吸收峰，形成宽的吸收带。在 2 924 cm^{-1} 的峰为甲基、亚甲基和次甲基伸缩振动峰。在 1 735 cm^{-1} 和 1 637 cm^{-1} 形成的峰为羧基与酮基的伸缩振动峰。在 1 369 cm^{-1} 处为醇羟基弯曲特征伸缩振动峰。说明材料含有羟基、羧基等功能基团。GA/SA-HEC 吸附 U(VI)后，材料中的部分峰发生了变化，变化包括少许的飘移和变化，表明吸附过程中 GA/SA-HEC 本身发生了变化，即 GA/SA-HEC 吸附了 U(VI)。对比 A 与 B 谱线，在 3 441.11 cm^{-1} 左右，在吸附前后均存在一个较宽的 O—H 吸收谱带，而吸附前后峰型的移动和增宽，表明 GA/SA-HEC 所含的羟基可能与 U(VI)发生了络合反应，U(VI)化合态中可能含有羟基。另外在 1 040 cm^{-1} 前，谱线变的少许平滑，进一步证明了这个问题。在 1 562 cm^{-1} 产生新峰向 1 643 cm^{-1} 移动，并在 1 411 cm^{-1} 处出现强度增大的谱峰，表示—COO—的对称伸缩峰和反对称伸缩峰，说明 GA/SA-HEC 与 U(VI)发生了离子交换，其配位方式为单齿配位。

2） GA/SA-HEC 吸附 U(VI)前后扫描电镜及能谱分析

图 4.13 为 GA/SA-HEC 吸附 U(VI)前后的扫描电镜图，可以看出吸附 U(VI)后 GA/SA-HEC 制成的膜表面变得更加粗糙，大量突起，变得凹凸不平，这表明 GA/SA-HEC 表面吸附了大量物质。

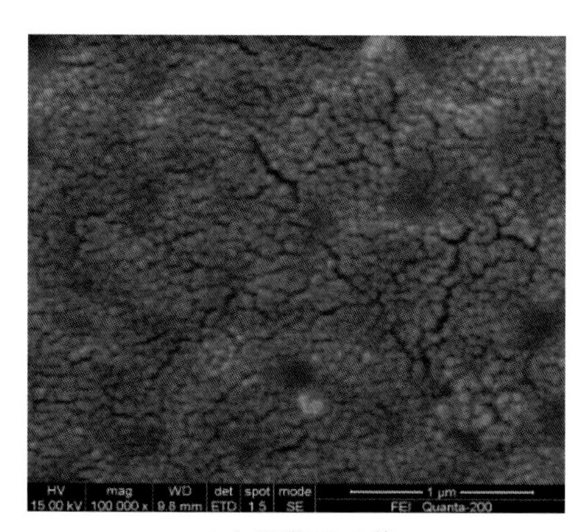

（a）吸附 U(VI)前

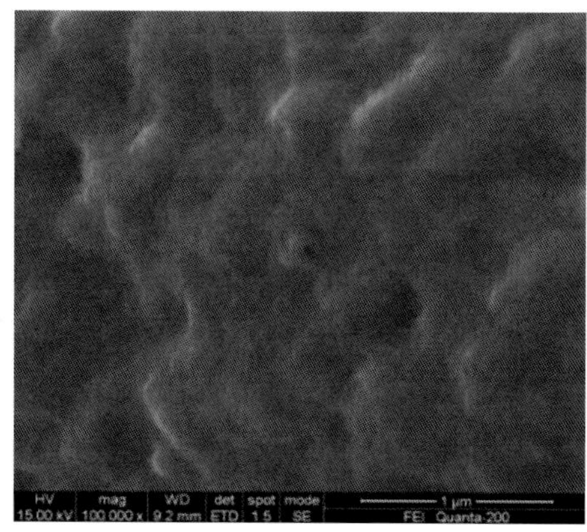

（b）吸附 U(VI)后

图 4.13　GA/SA-HEC 吸附 U(VI)前后的扫描电镜图

为证明粗糙突起为 U(VI)，试验利用 EDS 对膜表面进行分析，结果如图 4.14 所示，海藻酸钠与羟乙基纤维素本身含有大量的 C、O，其中的 Si 为制作膜原材料中得到（前后均含有），K 为吸附溶液中得到，吸附之后膜表面存在大量的铀，说明 GA/SA-HEC 对 U(VI)有一定的吸附能力。

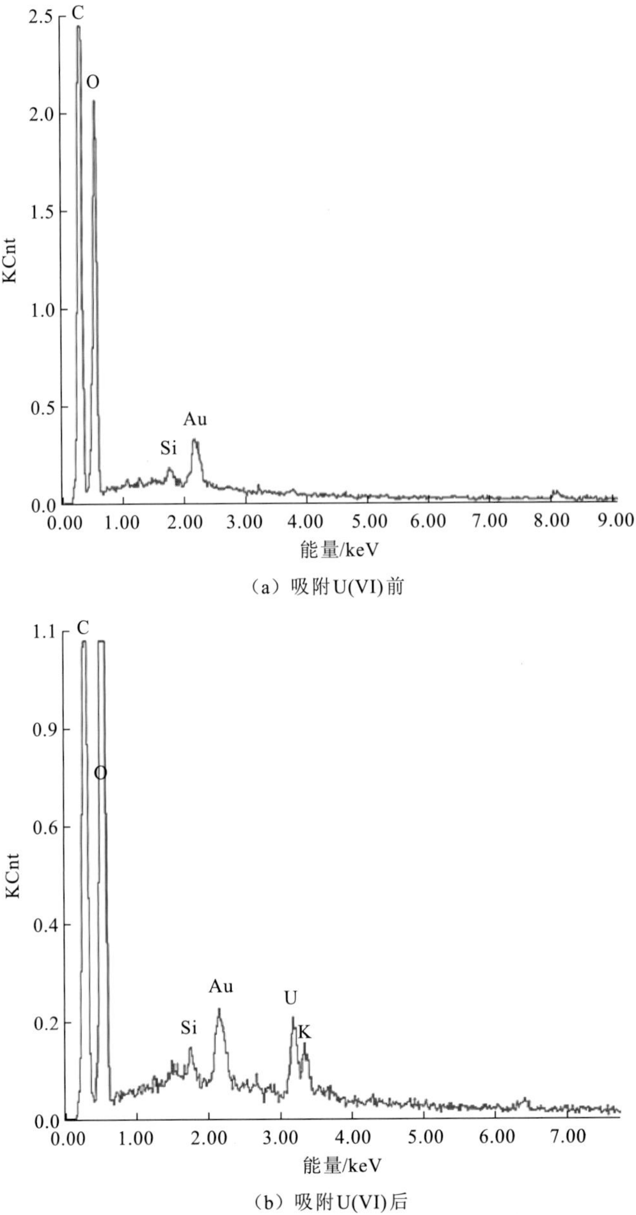

（a）吸附U(VI)前

（b）吸附U(VI)后

图 4.14 GA/SA-HEC 吸附 U(VI)前后 X 射线能谱分析图

4.2.2 海藻酸钠多孔性薄膜除铀效果与机理

吸附膜是一种高分子吸附剂，相比于吸附小球，金属离子能更快速地到达它的表面和内部位点。腐殖酸（HA）含有丰富的羧基、酚羟基等活性官能团，这些官能团能通过静电作用、络合作用和离子交换增强阳离子的吸附能力。腐殖酸对铀具有很强的富集作用，但它在弱酸性介质或是碱性介质中可溶，限制了其应用。海藻酸钠（SA）能作为酶、菌及细胞固定化的优良载体。将腐殖酸固定在海藻酸钠上，腐殖酸的溶解性明显改善，对重金属的去除率和吸附容量也有了明显的提高，但用于对含铀等放射性废水处理的研究相对较少，有关吸附的热力学、动力学及机理等方面研究还不够深入。课题组采用戊二醛交联海藻酸钠固定化的腐殖酸多孔性薄膜（GA-HA/SA）对 U(VI)吸附，研究 pH、初始浓度、接触时间、温度对 GA-HA/SA 吸附 U(VI)效果的影响，探讨热力学、动力学过程（谢水波 等，2013）。

1. 海藻酸钠多孔性薄膜的制备

将 4 g 海藻酸钠与 0.8 g 腐殖酸置于 200 mL 去离子水中搅拌溶解，滤去不溶物，加入 0.8 g 聚乙二醇到滤液中继续搅拌使之溶解。将溶液流延到玻璃平板上，70 ℃干燥箱中烘 120 min，把膜从玻璃上刨下，浸入 2.5%戊二醛溶液中 300 min，再将膜浸入去离子水中 24 h，最后将薄膜放入 70 ℃干燥箱中烘 60 min，干燥备用，制得戊二醛交联海藻酸钠固定化的腐殖酸多孔性薄膜（GA-HA/SA）。

2. 海藻酸钠多孔性薄膜去除含铀废水的影响因素

1）pH 对海藻酸钠多孔性薄膜去除含铀废水的影响

考虑铀等金属离子在碱性环境下可能发生沉淀作用，在吸附剂用量为 0.5 g/L、模拟含铀废水质量浓度 50 mg/L、25 ℃的条件下，调节 pH 2.0～7.0，吸附 60 min 后过滤，取滤液测定剩余铀质量浓度，结果如图 4.15 所示。

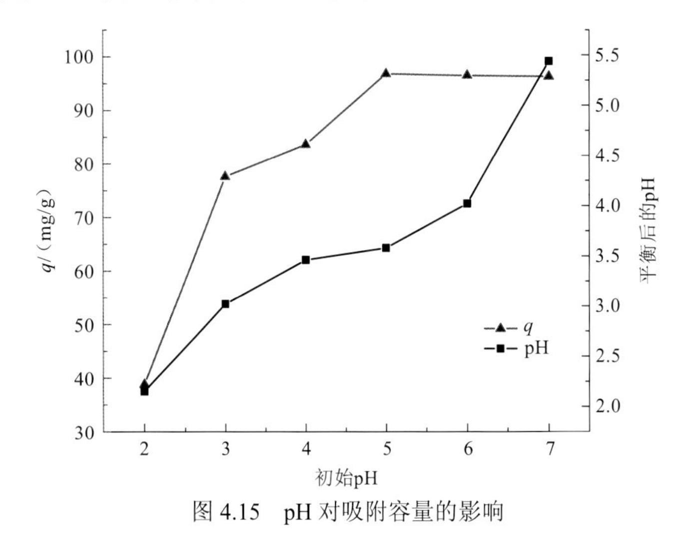

图 4.15　pH 对吸附容量的影响

pH 对 U(VI)吸附到 GA-HA/SA 上影响较大，它不仅影响吸附剂表面电性，而且影响 U(VI)的存在形态。当 pH 在 2～6 时，去除率随 pH 的升高而上升；pH=7 时，去除率略有下降；当 pH＞7 时，溶液出现沉淀（Anirudhan et al.，2013）。因此 GA-HA/SA 去除 U(VI)的最佳 pH 为 6。反应完之后溶液 pH 出现一些变化，初始 pH=2 的溶液反应后 pH 略有升高，其他初始 pH 条件下反应后溶液 pH 都不同程度地降低，表明 H+参与 U(VI)的吸附过程（李克斌 等，2012）。GA-HA/SA 表面含有大量—COOH，溶液中存在电离平衡 $RCOOH+H_2O \longrightarrow H_3O^+ + RCOO^-$，pH 升高，平衡向右方向进行，形成越来越多的负电荷位点，这有利于 U(VI)通过静电作用吸附到吸附剂的表面。

2）吸附时间的影响

在吸附剂用量为 0.5 g/L，pH=6.0，初始浓度为 10 mg/L、30 mg/L、50 mg/L 的含铀溶液中，25 ℃恒温，控制振荡器的反应时间为 2～120 min，过滤，测定铀的质量浓度，考察吸附时间对吸附量的影响，结果如图 4.16 所示。GA-HA/SA 对 U(VI)的吸附量随时间的延长而逐渐增大，大约在 60 min 时吸附达到了平衡。60 min 被选作吸附的最佳时间。在前阶段随着反应时间的增加，铀的吸附量显著上升，这可能是由于吸附剂表面具有较多的吸附位点；随着初始浓度的增加，吸附容量有了显著增加。

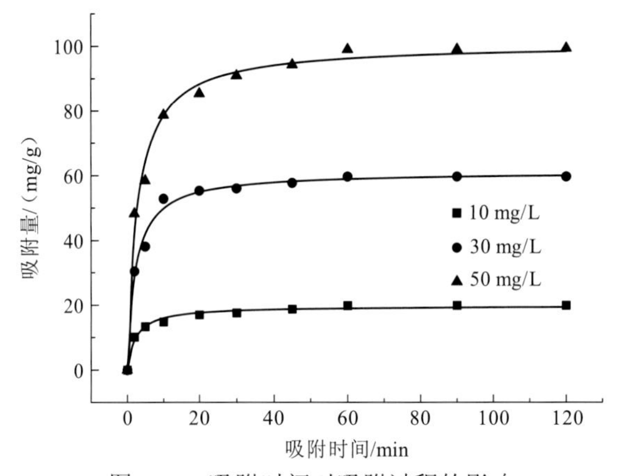

图 4.16　吸附时间对吸附过程的影响

3）铀初始浓度的影响

称取 0.05 g GA-HA/SA 加入 100 mL、pH = 6.0、初始浓度为 10～200 mg/L 的含铀溶液中，25 ℃恒温振荡 60 min 后达到平衡，过滤，测定滤液中铀的质量浓度，考察铀初始浓度对吸附容量的影响，结果如图 4.17 所示。GA-HA/SA 对 U(VI)的吸附容量随着铀初始浓度的增加而增加，这是因为铀溶液中提供的铀数目不断增多，不断聚集在 GA-HA/SA 表面，有利于 GA-HA/SA 对铀的吸附。

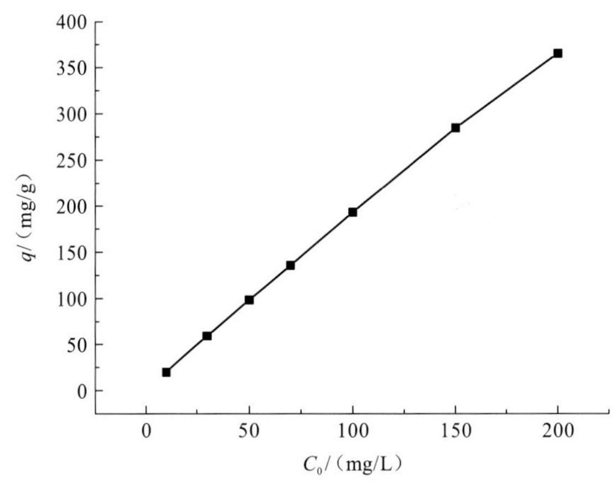

图 4.17　铀初始浓度对吸附量的影响

3. 吸附动力学

为了研究 GA-HA/SA 吸附 U(VI)的动力学特征，采用准一级反应动力学模型和准二级反应动力学模型对吸附过程进行拟合，结果如图 4.18、图 4.19 所示。拟合试验数据所得动力学模型参数见表 4.3。

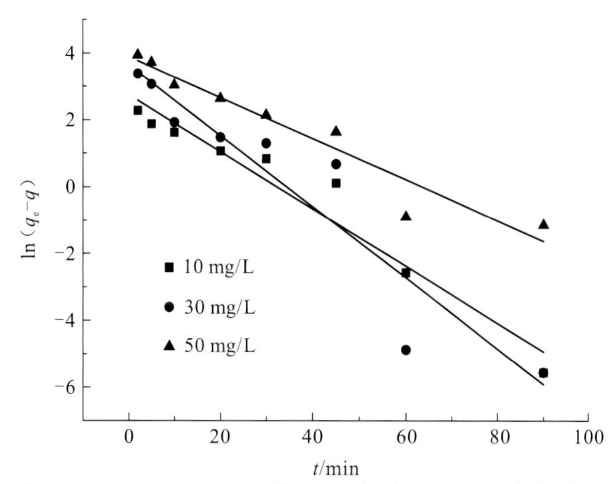

图 4.18　GA-HA/SA 吸附 U(VI)的准一级反应动力学图

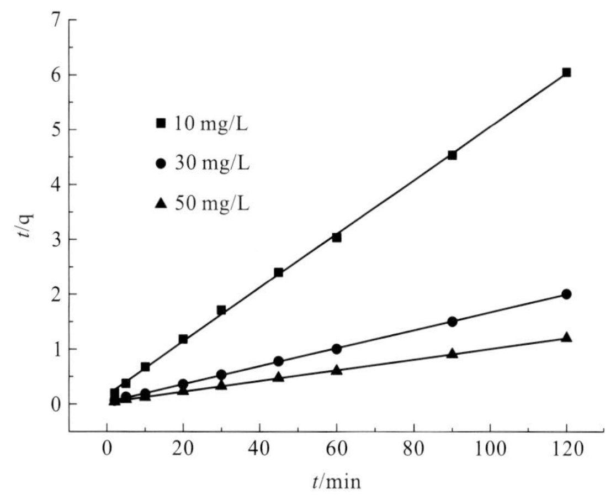

图 4.19　GA-HA/SA 吸附 U(VI)的准二级反应动力学图

表 4.3　准一级、准二级反应动力学模型参数

C_0 /（mg/L）	$q_{e,exp}$ /（mg/g）	准一级反应动力学模型			准二级反应动力学模型		
		k_1/min^{-1}	$q_{e,cal}$/（mg/g）	R^2	k_2/min^{-1}	$q_{e,cal}$/（mg/g）	R^2
10	19.82	0.086	15.70	0.948	0.015	20.41	0.9994
30	59.65	0.106	38.48	0.891	0.008	60.98	0.9998
50	99.37	0.061	48.76	0.931	0.003	102.04	0.9997

根据表 4.3 中的 R^2，计算值与实际吸附容量比较，可以看出准二级动力学模型对 GA-HA/SA 吸附 U(VI)过程的拟合优于准一级动力学模型，而准二级动力学模型假设化学吸附是速率限制步骤，相应的原子价力通过吸附剂与被吸附之间的电子共享或交换来表现，主要是 GA-HA/SA 吸附剂表面官能团的化学作用所致，因此准二级动力学模型拟合 GA-HA/SA 吸附铀的过程更具优越性，说明 GA-HA/SA 对铀的吸附是一个有化学作用的过程。

4. 吸附等温线

研究吸附等温线可以确定吸附剂与吸附质之间的相互作用和吸附机理，采用 Langmuir 和 Freundlich 吸附等温式来拟合吸附过程的数据，不同温度下的试验数据拟合结果见图 4.20、图 4.21，相关参数见表 4.4。

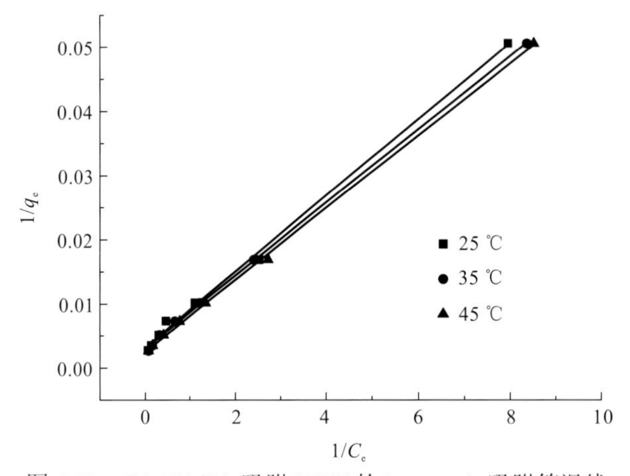

图 4.20　GA-HA/SA 吸附 U(VI)的 Langmuir 吸附等温线

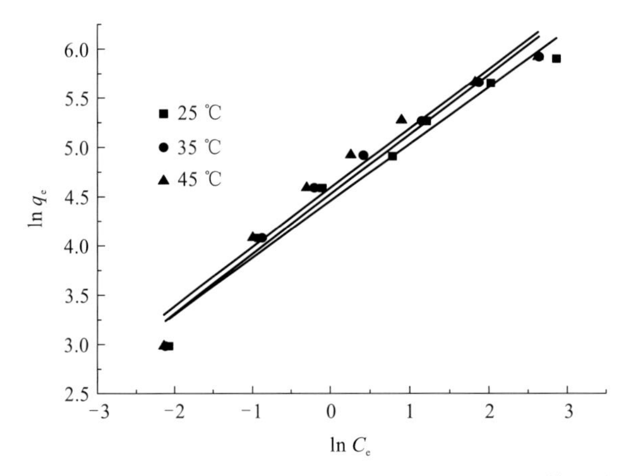

图 4.21　GA-HA/SA 吸附 U(VI)的 Freundlich 吸附等温线

表 4.4　不同温度下 GA-HA/SA 吸附 U(VI)的吸附等温模型参数

T/℃	Langmuir 吸附等温模型			Freundlich 吸附等温模型		
	Q_{max}	b	R^2	K_F	$1/n$	R^2
25	312.5	0.542 4	0.997 2	86.237 1	0.577 6	0.967 8
35	333.3	0.526 3	0.999 3	92.379 0	0.606 0	0.971 8
45	400	0.446 4	0.999 2	99.683 5	0.622 0	0.966 7

从表 4.4 中的相关系数 R^2 来看，Langmuir 吸附等温线拟合得更好，GA-HA/SA 对 U(VI)的吸附是单层吸附。当温度分别为 25℃、35℃、45℃时，最大吸附容量分别为 312.5 mg/g、333.3 mg/g、400 mg/g，说明吸附反应是吸热反应。另外，Langmuir 吸附等温式的本质特征可以用式（4.10）的无量纲参数 R_L 进行揭示，R_L 在 0～1 是有利的，计算得知初始浓度为 10 mg/L 铀溶液在三个不同温度下的 R_L 分别为 0.1557、0.1597、0.183，说明吸附剂对 U(VI)的吸附是有利的，因此 GA-HA/SA 可以较容易从水溶液中去除 U(VI)。

5. 吸附解吸效果

吸附解吸试验可以了解吸附行为、吸附剂循环次数及对 U(VI)吸附的恢复率。用相同的吸附剂进行 6 次连续的吸附解吸试验，评价吸附剂的重复利用性质。步骤如下：①在 25℃下，0.5 g/L 的 GA-HA/SA 投加到 pH 为 6.0、U(VI)初始浓度为 200 mg/L 的溶液中，振荡吸附 60 min；②在 25℃下吸附后的 GA-HA/SA 加入 400 mL 0.1 mol/L HCl 溶液中，振荡解吸 180 min；③再将解吸后的吸附剂用去离子水洗涤几次。重复上述步骤 6 次，试验结果如图 4.22 所示。GA-HA/SA 吸附 U(VI)的吸附容量有所波动，但基本都维持在 366 mg/g 左右，可见，GA-HA/SA 可以重复使用多次。

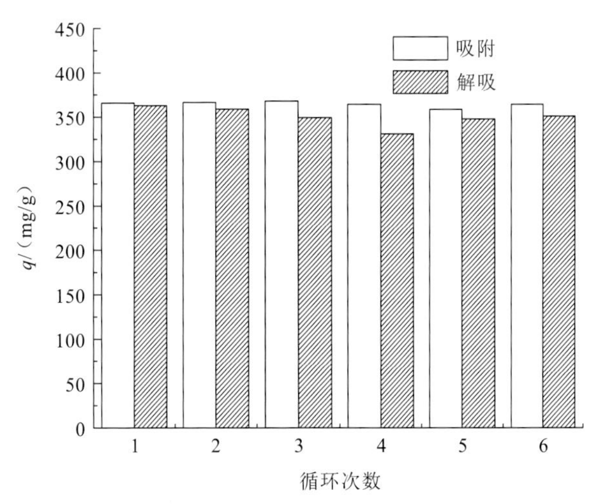

图 4.22　GA-HA/SA 吸附 U(VI)的吸附解析

6. 吸附机理分析

1）傅里叶红外光谱图（FTIR）分析

取适当大小干燥的薄膜及吸附 U(VI)后的薄膜，置于 NICOLET6700 型傅里叶变换红外光谱仪上在 400～4000 cm^{-1} 进行扫描，GA-HA/SA 吸附 U(VI)前后的红外光谱结果如图 4.23 所示。

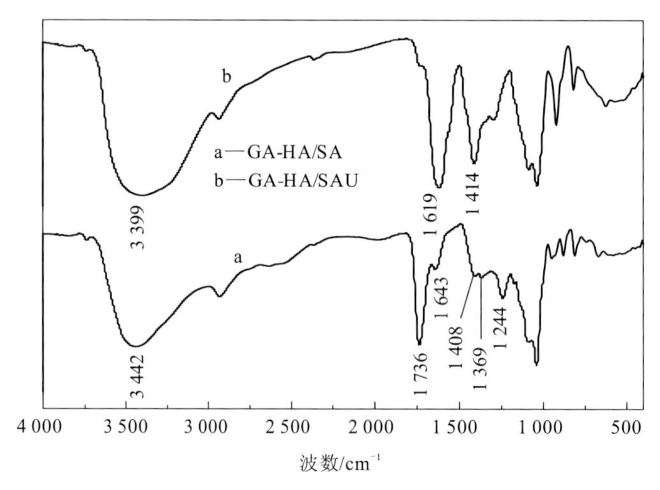

图 4.23　吸附铀前后 GA-HA/SA 的红外光谱图

从吸附前谱线（图 4.23a）可见，3 442 cm^{-1} 左右存在一个强而宽的吸收带，说明 GA-HA/SA 表面存在 O—H 伸缩振动，1 736 cm^{-1} 处存在羧基中的 C═O 伸缩振动，1 369 cm^{-1}、1 408 cm^{-1} 处存在醇的 O—H 弯曲振动。1244 cm^{-1} 处存在羟基的碳氧吸收峰，表明 GA-HA/SA 含有酚羟基、醇羟基、羧基。图 4.23b 谱线为 GA-HA/SA 吸附 U(VI)后 FTIR 光谱图，GA-HA/SA 吸附 U(VI)后 3 442 cm^{-1} 处的峰移动到 3 399 cm^{-1}，峰形增宽，说明酚羟基、醇羟基可能与 U(VI)发生了络合反应，并且峰的强度增加，表明络合的 U(VI)带有羟基。1 736 cm^{-1} 处的峰逐渐消失，1 643 cm^{-1} 处峰向 1 619 cm^{-1} 处移动，峰形增宽且强度增大；同时 1414 cm^{-1} 处出现新峰，表示—COO—的反对称和对称伸缩峰，说明 H+与 U(VI)发生了离子交换，另外两者相差为 205 cm^{-1}，大于 200 cm^{-1}，说明—COO—与 U(VI)的配位方式为：—COO—U(VI)，这些峰图的变化反映 U(VI)吸附在 GA-HA/SA 上。

2）扫描电子显微镜–能谱分析（SEM-EDS）

将充分干燥的薄膜及吸附 U(VI)后的薄膜喷金制备成电镜样品，置于 FEI Quanta-200 型环境扫描电子显微镜下室温扫描，观察样品形貌，并用 Genesis 型能谱仪分析样品表面元素，GA-HA/SA 吸附 U(VI)后的表面 SEM-EDS 结果如图 4.24 所示。吸附 U(VI)后的 GA-HA/SA 表面比吸附前的表面明显粗糙，EDS 显示 C、O 含量高，这与海藻酸钠和腐殖酸中含有大量 C、O 相符，且吸附后含有很强的铀峰，表明 GA-HA/SA 对铀具有很强的吸附能力。

（a）SEM

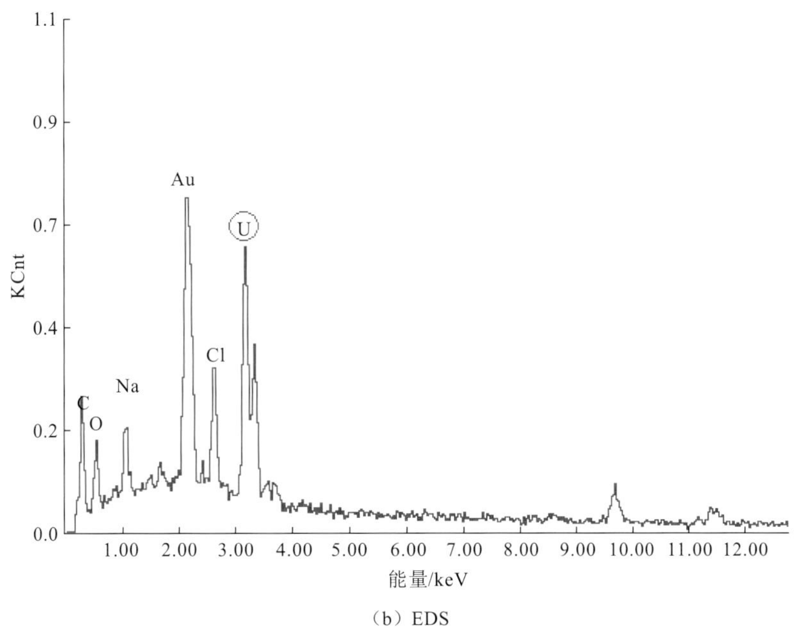

（b）EDS

图 4.24 GA-HA/SA 吸附 U(VI)后的 SEM、EDS 图

4.3 复合矿物材料处理含铀放射性废水

4.3.1 插层膨润土复合材料对 U(VI)的吸附效果与机理

我国膨润土资源丰富，已经探明的膨润土储存量居世界之首，其经济价值高，应用范围广，改性提纯拓展了其应用领域。膨润土又名蒙脱石，是一种黏土矿物，主要由水层状硅铝酸盐构成，化学组成为(Na，Ca)$_{0.33}$(Al，Mg)$_2$Si$_4$O$_{10}$(OH)$_2$·nH$_2$O。

尽管膨润土吸附重金属离子已有较多研究和报道，但是膨润土本身具有高悬浮性、不易分离、吸附选择性差等不足，单独利用膨润土去除废水中的重金属离子的效果不理想。一般通过试验设计对膨润土进行改良，使其吸附性能更加优越。通过对膨润土进行壳聚糖插层改性，重点考察改性后膨润土的层间距离是否有变化，以及其对铀的吸附性能与机制，即插层膨润土复合材料对铀的吸附和再生性能（陈婧 等，2016）。

1. 插层膨润土复合材料的制备

取 4 g 壳聚糖溶解在 300 mL 5%（*v*/*v*）HCl 溶液中，于 300 r/min 下搅拌 2 h 后加入 100 g 膨润土，再搅拌 2 h。在混合物中逐滴加入 1 mol/L 的 NaOH 溶液，使壳聚糖沉淀在膨润土上，得到混合吸附剂壳聚糖的插层膨润土复合材料（CS-Bent）。用去离子水洗直至中性，于 40℃烘箱干燥 24 h 后备用。

2. 插层膨润土复合材料对 U(VI)的吸附效果

通过试验考察 pH、复合材料投加量、U(VI)初始浓度等对壳聚糖插层膨润土复合材料（CS-Bent）去除水中铀的影响与适宜条件，进行吸附热力学、动力学分析。

1）pH 的影响

保持 U(VI)初始浓度为 10 mg/L、温度为 25℃、CS-Bent 投加量 1.6 g/L，吸附反应时间为 150 min，溶液的 pH 调控于 4～8，考查 pH 对 CS-Bent 吸附 U(VI)的影响，结果如图 4.25 所示。当溶液 pH 由 4 升到 6 时，CS-Bent 对 U(VI)的去除率呈上升趋势；当 pH 为 6 时，对 U(VI)去除率达到 97.79%；而 pH 在 6～7 变化时，U(VI)去除率开始有所回落；当 pH 大于 7 时，对 U(VI)去除率急速下降。这表示 H^+浓度对 CS-Bent 吸附 U(VI)效果影响较大，pH 较低时，H^+浓度较大，H^+与溶液中呈 UO_2^{2+} 形态的铀竞争 CS-Bent 表面的吸附位点，导致其对 U(VI)的去除率不高，当 H^+浓度逐渐降低时，更多的 UO_2^{2+} 有机会被吸附在 CS-Bent 表面；而当 pH 继续升高时，对 U(VI)的去除率反而降低。这可能是当 pH>6 时，此时溶液中 HCO_3^- 易与 UO_2^{2+} 形成难以被吸附的络合物。因此，后续试验 CS-Bent 吸附 U(VI)的 pH 设定为 6。

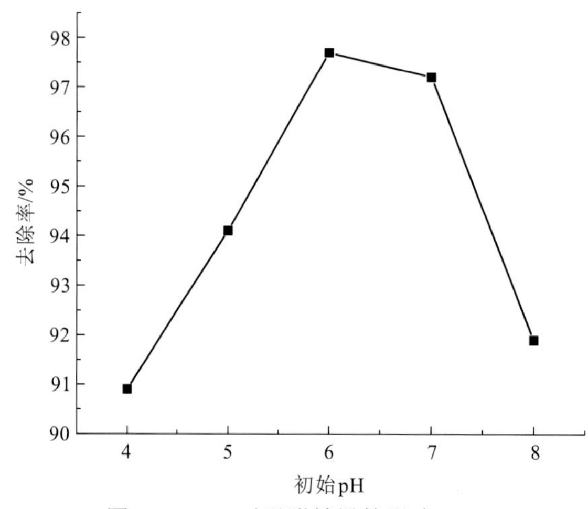

图 4.25　pH 对吸附效果的影响

2）投加量的影响

按梯度分别称取 0.02～0.10 g CS-Bent 5 份，在 25 ℃、pH 为 6 的条件下分别投加到 5 份 50 mL 的 U(VI)初始质量浓度为 10 mg/L 的溶液中，恒温振荡 150 min，过滤取上清液，测定滤液中剩余 U(VI)的浓度，考察吸附剂 CS-Bent 投加量对 U(VI)的吸附量的影响，结果如图 4.26 所示。随着 CS-Bent 质量不断增加，其对 U(VI)的去除率逐渐升高，当投加量为 0.08 g（1.6 g/L）时，U(VI)的去除率达到 97.9%，之后再提高 CS-Bent 质量，但其对 U(VI)去除率不再变化。而 CS-Bent 对 U(VI)的吸附量却随 CS-Bent 投加量的升高而降低，在 CS-Bent 投加量为 0.02 g 时，吸附量达到最高值 23.00 mg/g。

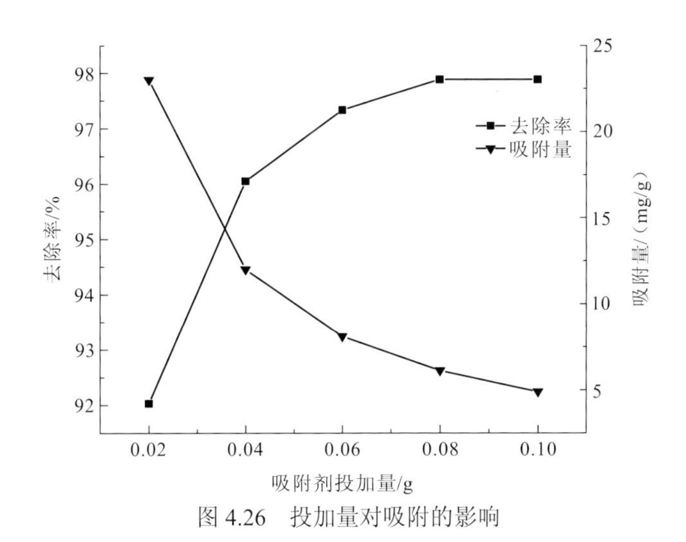

图 4.26　投加量对吸附的影响

3）U(VI)初始浓度

15 ℃条件下，将一组具有浓度梯度的装有 50 mL U(VI)溶液 pH 调至 6，取 CS-Bent 1.6 g/L，测定 CS-Bent 对 U(VI)的吸附性能，结果如图 4.27 所示。随着 U(VI)溶液浓度的不断升高，CS-Bent 的吸附量也不断增加，而其对 U(VI)去除率却不断下降。这是因为相同质量 CS-Bent 存在的试验条件下，随着溶液中 UO_2^{2+} 浓度的逐渐升高，其与 CS-Bent 中—NH_2 结合可能性增大，从而对 U(VI)吸附量增加；而单位质量的 CS-Bent 其吸附量是有限的，当吸附剂达到饱和状态后不能继续吸附更多的铀，导致吸附率降低。

4）吸附时间的影响

分别量取 50 mL 浓度为 5 mg/L、10 mg/L U(VI)溶液于锥形瓶中，将溶液 pH 均调为 6，投加 CS-Bent 0.08 g，在 25 ℃下恒温振荡，设置反应时间分别为 2 min、5 min、10 min、20 min、40 min、60 min、90 min、150 min，考察吸附时间对 CS-Bent 吸附 U(VI)效果的影响，结果如图 4.28 所示。从图 4.28 可看出，反应前 20 min 内，吸附量迅速增加，这主要是反应开始时铀的浓度较高，迅速向 CS-Bent 表面空隙扩散，与其表面大量吸附位点结合，吸附速率较快；而 20 min 后，随着铀的浓度逐渐下降，CS-Bent 表面吸附位点减少，吸附量只有微量增加，60 min 后基本可视为达到吸附平衡。

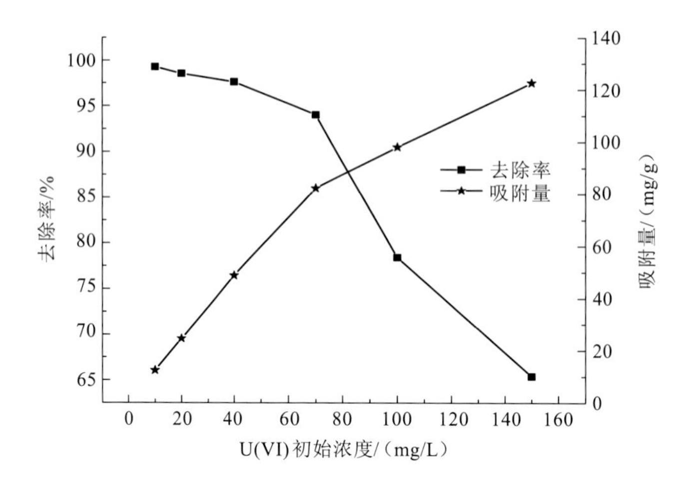

图 4.27　U(VI)初始浓度对吸附的影响

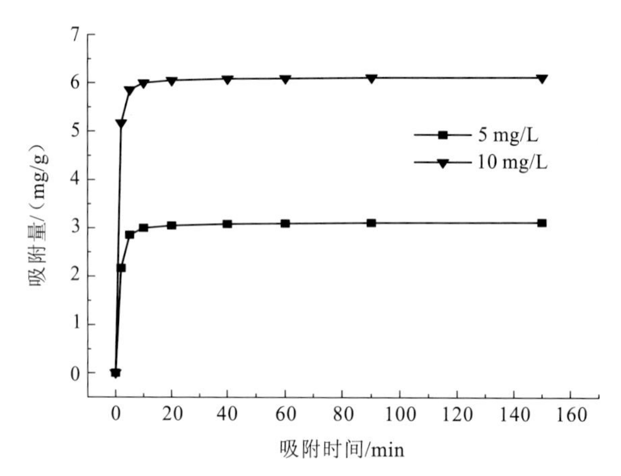

图 4.28　吸附时间对吸附 10 mg/L U(VI)的影响

5）CS-Bent 吸附 U(VI)的吸附动力学

准二级动力学模型假设吸附过程是受速率限制的，对 CS-Bent 吸附铀 U(VI)进行动力学模型拟合，对应的动力学模型参数结果如表 4.5 所示。从表 4.5 中可以看出，准二级动力学方程中三个浓度的相关系数均达 0.999 以上，而准一级的动力学方程相关系数相对较小，可知准二级动力学模型能更好地拟合 CS-Bent 对 U(VI)的吸附动力学过程。通过对颗粒内扩散模型进行拟合，得到的曲线不经过原点，可知颗粒内扩散不是 CS-Bent 吸附 U(VI)的速率控制步骤。综上可见，CS-Bent 对 U(VI)的吸附是一个较为快速的吸附过程。

表 4.5　CS-Bent 吸附 U(VI)的动力学参数

C_0 /（mg/L）	$q_{e,exp}$ /（mg/g）	准一级动力学模型 $\ln(q_e-q_t)=\ln q_e-k_1t$			准二级动力学模型 $t/q_t=1/(k_2q_e^2)+t/q_e$			颗粒内扩散模型 $q_t=k_{dif}\cdot t^{1/2}+C$		
		K_1	$q_{e,cal}$	R^2	K_2	$q_{e,cal}$	R^2	C	k_{dif}	R^2
5	3.067	0.053	1.434	0.916	0.664	3.067	0.999	2.977	0.098	0.422
10	6.123	0.040	0.317	0.818	0.509	6.135	1.000	5.607	0.056	0.431
20	12.36	0.036	0.460	0.768	0.345	12.38	1.000	11.59	0.083	0.436

称取 0.08 g CS-Bent 7 份，分别投加于 50 mL 的初始质量浓度分别为 10 mg/L、20 mg/L、30 mg/L、40 mg/L、50 mg/L、80 mg/L、100 mg/L 的 U(VI)溶液锥形瓶中，将溶液 pH 均调至 6，分别在 15℃、25℃、35℃恒温振荡 60 min，过滤后取上清液，测定滤液中铀的平衡浓度。采用 Langmuir 和 Freundlich 吸附等温方程拟合 CS-Bent 吸附铀的过程，拟合参数结果如表 4.6 所示，Langmuir 吸附等温方程中的 R^2 均趋近于 1，而 Freundlich 吸附等温方程拟合度相对较低，可见 Langmuir 方程更适合描述 CS-Bent 对铀的吸附。由此可知 CS-Bent 对铀的吸附是一种均匀的单分子层吸附，拟合得出的理论饱和吸附容量为 59.52 mg/g。

表 4.6　CS-Bent 吸附 U(VI)的吸附等温线参数

Langmuir 吸附等温方程				Freundlich 吸附等温方程		
T/℃	Q_{max}/（mg/g）	b	R^2	K_F	n	R^2
15	39.84	0.742 6	0.989	11.84	1.89	0.964
25	54.64	0.402 2	0.996	13.99	1.82	0.912
35	59.52	0.352 9	0.996	14.06	1.69	0.931

3. 吸附机理分析

1）X 射线衍射（XRD）分析

图 4.29 为 CS-Bent 插层前后的 XRD 分析谱图，插层之前的膨润土的峰值较为强烈，比较与被插层之前的膨润土（bentonite，Bent），CS-Bent 的 XRD 峰强度都有所减弱。推测插层后的膨润土结晶度有所降低，膨润土的层状结构由于壳聚糖的进入而被破坏。被插层改性后的膨润土的首峰变得弥散且强度明显降低，说明壳聚糖进入膨润土后，出现了不规则插层甚至剥离的现象。结果显示 CS-Bent 的 2θ 向小角方向移动，根据 Bragg 方程中 θ 与 d 之间的关系（$2d\sin\theta=n\lambda$）推断 2θ 值减小而 d 值增大，即膨润土层间距离增加，说明壳聚糖成功插层到膨润土层间。

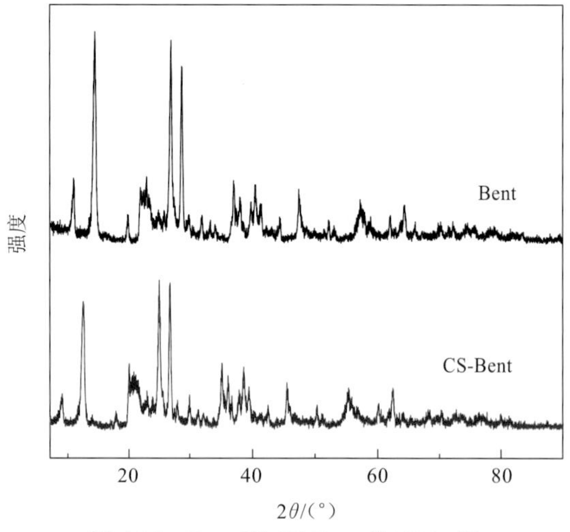

图 4.29　Bent 和 CS-Bent 的 XRD 图

2）扫描电镜与能谱分析

图 4.30 为 CS-Bent 吸附 U(VI)前后的扫描电镜结果。由图 4.30（a）可知，壳聚糖插层膨润土吸附铀前的表面粗糙且片层结构明显，说明壳聚糖进入层间，使膨润土原先致密的堆积结构变成相对疏松的结构，层间的距离和空隙都明显变大，有利于吸附的进行。图 4.30（b）中显示吸附 U(VI)后 CS-Bent 微观结构发生了变化，表面变得平整，孔隙减少，这可能是由于 U(VI)已经进入 CS-Bent 层间。

（a）吸附铀前

（b）吸附铀后

图 4.30　CS-Bent 吸附铀前后 SEM 结果

采用 EDS 分析吸附 U(VI)前后的 CS-Bent 表面元素变化，结果如图 4.31 所示。由图 4.31（a）可知，吸附 U(VI)前 CS-Bent 含有 C、N、O、K、Na、Al、Si、Fe 等元素，没有 U(VI) 存在；图 4.31（b）显示吸附后，U(VI)质量分数达 5.3%，说明 CS-Bent 对 U(VI)有一定的吸附能力。Na^{+}、Al^{3+}、Si^{2+}的质量分数较 CS-Bent 吸附 U(VI)前明显下降；可推测离子交换参与了 U(VI)的吸附。

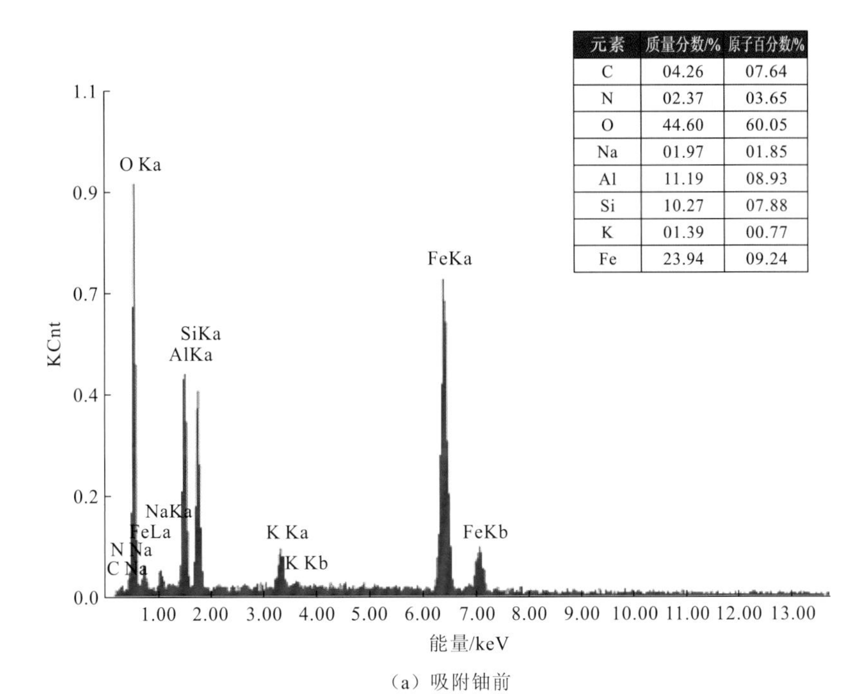

元素	质量分数/%	原子百分数/%
C	04.26	07.64
N	02.37	03.65
O	44.60	60.05
Na	01.97	01.85
Al	11.19	08.93
Si	10.27	07.88
K	01.39	00.77
Fe	23.94	09.24

（a）吸附铀前

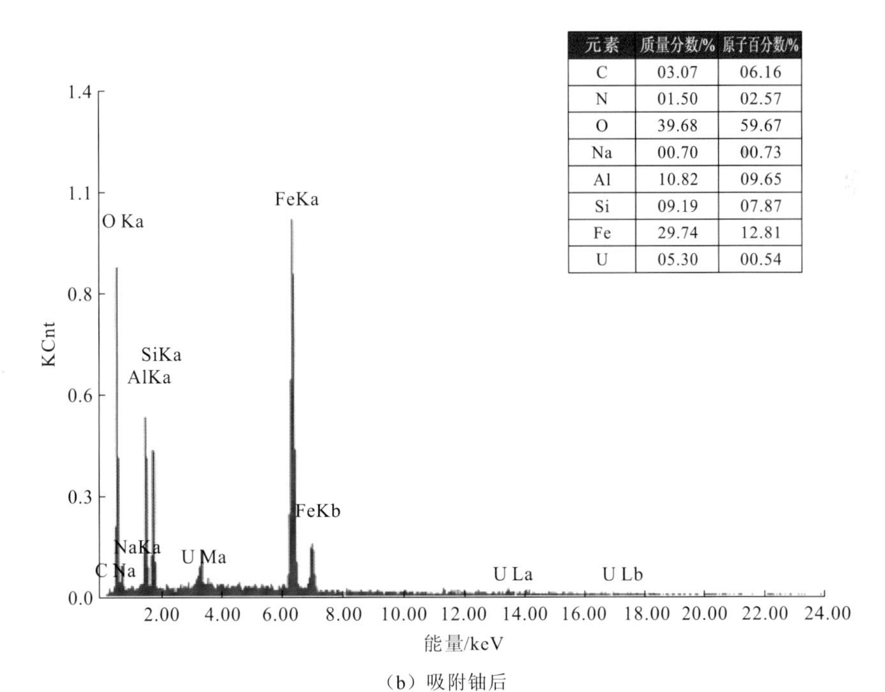

元素	质量分数/%	原子百分数/%
C	03.07	06.16
N	01.50	02.57
O	39.68	59.67
Na	00.70	00.73
Al	10.82	09.65
Si	09.19	07.87
Fe	29.74	12.81
U	05.30	00.54

（b）吸附铀后

图 4.31　CS-Bent 吸附铀前后 EDS 结果

3）傅里叶红外光谱分析

吸附 U(VI)前后 CS-Bent 的 FTIR 表征结果如图 4.32 所示。由于 CS-Bent 中存在膨润土，且膨润土的成分复杂，在整个波数范围内样品均有明显的吸收。结合谱图分析，在 4000～3000 cm^{-1}，存在 3621 cm^{-1} 和 3432 cm^{-1} 两个吸收峰，这两处可能是膨润土结构中的—OH 伸缩振动吸收峰；在 3000～1750 cm^{-1} 并未出现较为明显的官能团。在 1750～1000 cm^{-1} 有两个较为明显的吸收峰值 1542 cm^{-1} 和 1033 cm^{-1}，其中 1542 cm^{-1} 处的吸收峰为酰胺 II 的 N—H 弯曲振动和 C—N 伸缩振动峰；1033 cm^{-1} 处推断是膨润土结构中 Si—O 伸缩振动峰。在 1000～500 cm^{-1} 存在两个较强的吸收谱带和一个特征吸收峰，其中 543～470 cm^{-1} 出现两个强的吸收谱带，推测这与膨润土的 Si—O—M（金属阳离子）和 M—O 的振动偶合有关。CS-Bent 吸附 U(VI)后在 914 cm^{-1} 处出现了铀酰离子的特征吸收峰，表明 CS-Bent 吸附了铀酰离子。

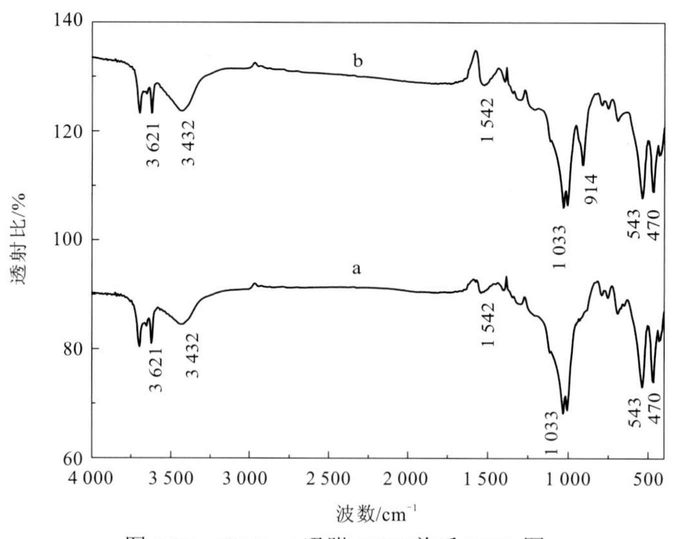

图 4.32 CS-Bent 吸附 U(VI)前后 FTIR 图

a 为吸附 U(VI)前，b 为吸附 U(VI)后

4. 吸附-解吸试验

由前述试验可知，在强酸条件下，CS-Bent 对 U(VI)的去除率极低，因此，尝试用低浓度的 HCl 溶液作解吸剂，即将吸附完成的 CS-Bent 加入 HCl 中，常温下振荡 60 min 后，用蒸馏水洗涤若干次后放置在真空烘箱中烘干再进行吸附试验，相同条件下重复上述步骤若干次，记录每次 U(VI)的去除率，结果如图 4.33 所示。经过 5 次反复使用，CS-Bent 对 U(VI)的去除率还可以达到 90%以上，表明 CS-Bent 是一种可以重复利用的吸附剂，对 U(VI)去除效果良好。

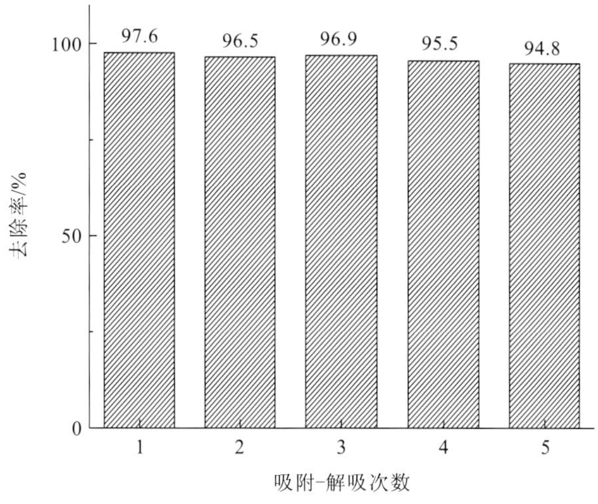

图 4.33 吸附解吸次数对去除率的影响

4.3.2 亚铁铝类水滑石吸附 U(VI)效果与机理

水滑石是一种层柱状双金属氢氧化物（layered double hydroxide compounds，LDH）。类水滑石材料有特殊的带正电荷的阳离子层状结构，层间结构有带负电的阴离子使其保持电荷平衡，而且其层间区域可以允许相同价态的不同类型的阴离子在其中替换，阳离子也能够在层板间替换。

Fe(II)-Al 类水滑石本身有很大的比表面积，尤其是处于纳米级别的 Fe(II)-Al 类水滑石，这样的物理性质对污染物有极强的吸附性能。同时，Fe(II)-Al 类水滑石在水中的 Fe_3O_4、α-FeOOH、γ-Fe_2O_3 等腐蚀产物均有较大比表面积，对含 U(VI)等重金属废水能有一定的处理效果。

本小节采用亚铁铝类水滑石对含 U(VI)废水进行吸附研究，考察 pH、吸附剂投加量、反应时间等因素对其吸附性能的影响，对热力学、动力学过程进行分析，结合扫描电镜、X 射线能谱分析、红外光谱分析等结果探讨其作用机理（刘星群 等，2017）。

1. 亚铁铝水滑石的制备

准备溶液 A 为 5.6 g $FeSO_4·7H_2O$ 与 3.3 g $Al_2(SO_4)_3·18H_2O$ 用 200 mL 超纯水溶于 500 mL 锥形瓶中，溶液 B 为 16 g NaOH 溶于 200 mL 超纯水中。溶液 B 经分液漏斗慢慢滴入 500 mL 装有溶液 A 的锥形瓶中，磁力匀速（800 r/min）搅拌，通入氮气保持无氧环境。当混合液 pH 达到 9.0 左右即可停止反应，再将混合液用超声器振荡 30 min（100 kHz，250 W），然后真空抽滤，用去离子水清洗 2 次，每次 100 mL，将样品真空干燥 18 h 得成品。

2. 亚铁铝水滑石吸附 U(VI)的影响因素

1）初始 pH

pH 对吸附剂电荷状态与金属离子存在形态影响较大。取吸附剂用量为 1 g/L，模拟含铀废水浓度为 10 mg/L，25℃条件下，调节 pH 在 3～9，吸附 120 min 后过滤，取滤液测定残余 U(VI)浓度，考察 pH 对吸附效果的影响，结果如图 4.34 所示。

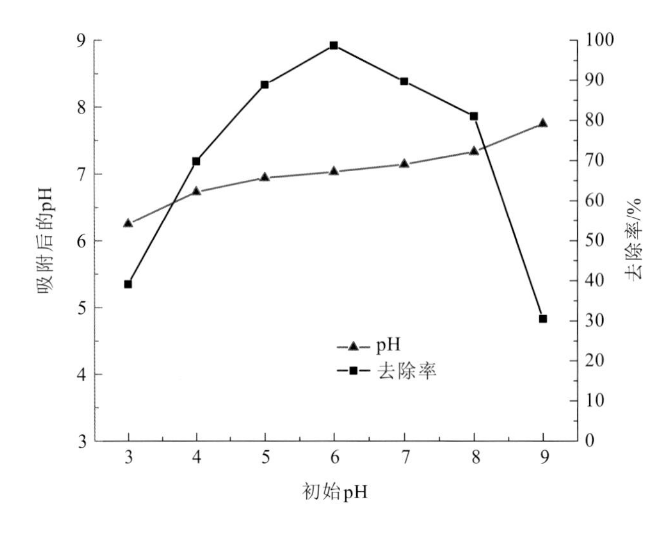

图 4.34 初始 pH 对 Fe(II)-Al LDH 吸附 U(VI)的影响

当 pH 从 3 上升到 6 时，Fe(II)-Al LDH 对 U(VI)的去除率呈上升趋势；当 pH＝6 时，去除率最大（99.8%）；随着 pH 的进一步上升，去除率缓慢降低，当 pH 大于 8 时，去除率迅速降低。吸附后，模拟 U(VI)废水的 pH 出现不同程度的降低，表明 H^+参与了 U(VI)的吸附过程。当 pH 较低时，大量存在的 H_3O^+和 H^+与 UO^{2+}存在竞争吸附，使吸附率下降。随着 pH 逐渐上升，溶液中的 H^+浓度降低，竞争吸附减弱，吸附率上升。而当 pH＞6 时，其对 U(VI)的吸附率反而下降，推测溶液中的 UO_2^{2+} 发生了水解，形成了复杂的水解产物（Donat，2010），不利于 Fe(II)-Al LDH 对铀的吸附作用。在酸性条件下，H^+和水滑石双羟基层中的 OH^-中和生成 H_2O，使反应后 pH 升高；而在碱性条件下，铀酰离子与 OH^-会反应生成沉淀，pH 会降低。

2）Fe(II)-Al LDH 投加量

溶液中 Fe(II)-Al LDH 的投加量（质量浓度）影响 U(VI)的吸附率，吸附率的是判断吸附剂性能的重要指标。当 U(VI)溶液初始浓度为 10 mg/L，溶液初始 pH 为 6，Fe(II)-Al LDH 投加质量浓度分别取 0.05 g/L、0.1 g/L、0.2 g/L、0.4 g/L、0.6 g/L、0.8 g/L、1.0 g/L、1.2 g/L，25℃恒温振荡 120 min，考察吸附剂用量对 U(VI)吸附效果的影响，结果如图 4.35 所示。

从图 4.35 中可以看出，Fe(II)-Al LDH 投加质量浓度为 0.05 g/L 时，吸附率为 78.42%。随着 Fe(II)-Al LDH 质量浓度的升高，U(VI)的吸附率逐渐上升。当 Fe(II)-Al LDH 质量浓度升高到 0.1 g/L 时，U(VI)吸附率达到 87.74%；继续增大投加质量浓度至 1.0 g/L 时，吸附率最高达到 99.98%。因此，在含铀废水处理中，Fe(II)-Al LDH 的适宜投加质量浓度为 1.0 g/L，此时相对吸附容量为 10 mg/g。

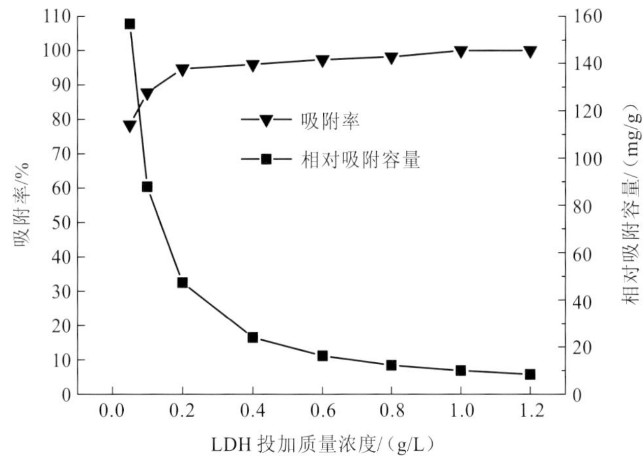

图 4.35　Fe(II)-Al LDH 投加质量浓度对吸附效果的影响

3）吸附时间

当 pH 为 6，Fe(II)-Al LDH 投加质量浓度为 1 g/L，U(VI)初始浓度分别为 5 mg/L、10 mg/L 的条件下，将溶液置于 25 ℃恒温连续振荡反应，分别测定不同吸附时间（2 min、5 min、10 min、20 min、40 min、60 min、90 min、120 min、150 min、180 min、240 min）铀的吸附量，考查吸附时间对 Fe(II)-Al LDH 吸附 U(VI)效果的影响，结果如图 4.36 所示。

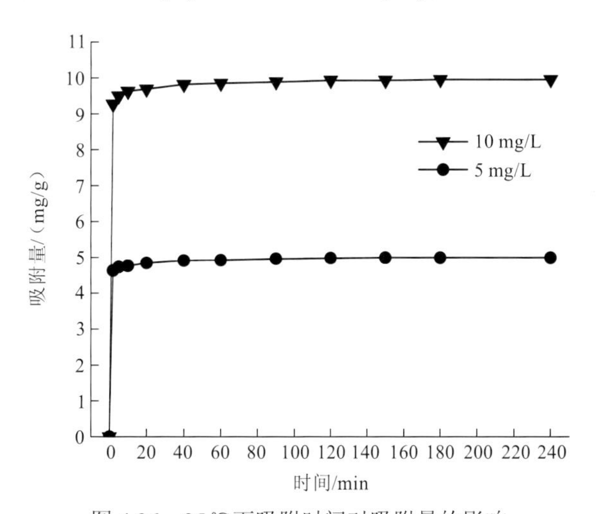

图 4.36　25 ℃下吸附时间对吸附量的影响

Fe(II)-Al LDH 对 U(VI)的吸附量随时间增加而增加，经历了快速吸附（0～20 min）—慢速吸附（20～120 min）—吸附平衡（120～150 min）三个阶段。在 2 min 时，Fe(II)-Al LDH 对 U(VI)浓度 5 mg/L、10 mg/L 的吸附量分别达平衡吸附量的 92.6%、92.7%，说明 Fe(II)-Al LDH 对 U(VI)具有快速、高效的吸附性能。反应 20 min 后，吸附量上升减缓，大约在 120 min 时 2 个不同浓度的吸附都趋于平衡。开始时 Fe(II)-Al LDH 上有大量的结合位点，U(VI)可被 Fe(II)-Al LDH 中 Fe(II)快速还原，随着时间推移，结合位点被不断占据，导致吸附速率减缓。120 min 为适宜的吸附时间。

4）吸附动力学

采用常用的准一级动力学模型、准二级动力学模型和颗粒内扩散模型对吸附过程进行拟合，拟合参数结果见表 4.7。与准一级动力学模型相比，准二级动力学模型在描述 Fe(II)-Al LDH 对 U(VI)的吸附动力学过程表现更好，两个浓度的相关系数 R^2 均接近 1，实际试验平衡吸附量 $q_{e,\ exp}$ 和理论平衡吸附量 $q_{e,\ cal}$ 非常接近，可见准二级动力学模型更适合用于描述 Fe(II)-Al LDH 对铀的吸附过程，即吸附速率由吸附剂表面剩余吸附位点数目的平方值决定，表明 Fe(II)-Al LDH 吸附 U(VI)的过程存在化学吸附。由表 4.7 可知，颗粒内扩散模型所拟合出来的曲线不经过原点，表明颗粒内扩散不是 Fe(II)-Al LDH 吸附 U(VI)的速率控制的唯一步骤，上述吸附过程存在多种吸附机制。

表 4.7　吸附动力学参数

C_0 /（mg/L）	$q_{e,\ exp}$ /（mg/g）	准一级动力学模型 $\ln(q_e-q_t)=\ln q_e-k_1t$			准二级动力学模型 $t/q_t=1/(k_2q_e^2)+t/q_e$			颗粒内扩散模型 $q_t=k_{dif}\cdot t^{1/2}+C$		
		K_1	$q_{e,\ cal}$	R^2	K_2	$q_{e,\ cal}$	R^2	C	k_{dif}	R^2
5	4.99	0.035	1.809	0.946	0.394	4.997	0.999	4.664	0.030	0.895
10	9.93	0.027	3.278	0.981	0.273	9.940	1.000	9.386	0.052	0.818

5）吸附等温线

称取 0.05 g Fe(II)-Al LDH，在 pH 为 6 条件下，投加于 50 mL 的初始质量浓度为 5 mg/L、10 mg/L、20 mg/L、40 mg/L、60 mg/L、90 mg/L、120 mg/L、200 mg/L 的 U(VI)溶液中，分别在 15℃、25℃、35℃恒温振荡 4 h，过滤后测定滤液中铀平衡浓度，结果如图 4.37 所示。

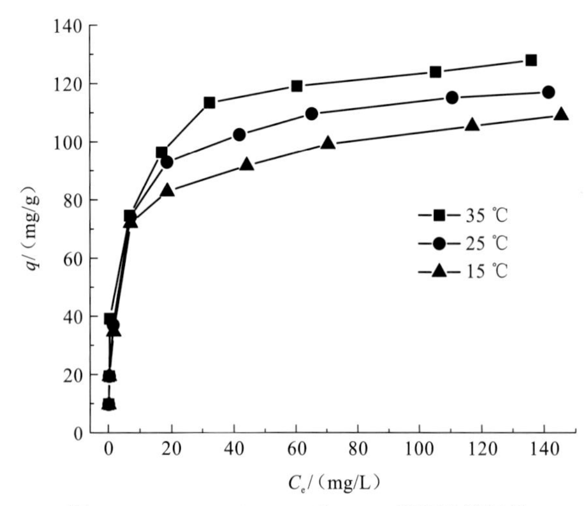

图 4.37　Fe(II)-Al LDH 对 U(VI)的吸附等温线

Fe(II)-Al LDH 对 U(VI)的吸附等温线显示，随着平衡浓度的升高，Fe(II)-Al LDH 对 U(VI)的吸附量也逐渐上升，但上升的幅度不大，说明该吸附过程为吸热反应。采用 Langmuir 和 Freundlich 吸附等温方程拟合 Fe(II)-Al LDH 吸附铀的过程，拟合参数如表 4.8 所示，Langmuir 吸附等温方程中的 R^2 均趋近于 1，而 Freundlich 吸附等温方程拟合度不太理想，可见 Langmuir 方程更适合描述 Fe(II)-Al LDH 对铀的吸附过程，可知 Fe(II)-Al LDH 对 U(VI)的吸附是单层分子吸附。

表 4.8　等温方程参数

T/℃	Langmuir 方程 $\frac{1}{q_e}=\frac{1}{bQ_{max}c_e}+\frac{1}{Q_{max}}$			Freundlich 方程 $\ln q_e=\ln k_F+\frac{1}{n}\ln c_e$		
	Q_{max}/（mg/g）	b	R^2	K_F	n	R^2
35	113.64	0.83	0.986 2	33.19	2.96	0.883 1
25	99.01	0.78	0.986 5	28.91	2.60	0.934 5
15	96.15	0.61	0.966 7	27.50	2.54	0.864 2

3. 吸附机理分析

1）X-射线衍射（XRD）分析

X-射线衍射对 Fe(II)-Al LDH 超声处理前、超声处理后（30 min）晶体结构表征结果如图 4.38 所示。

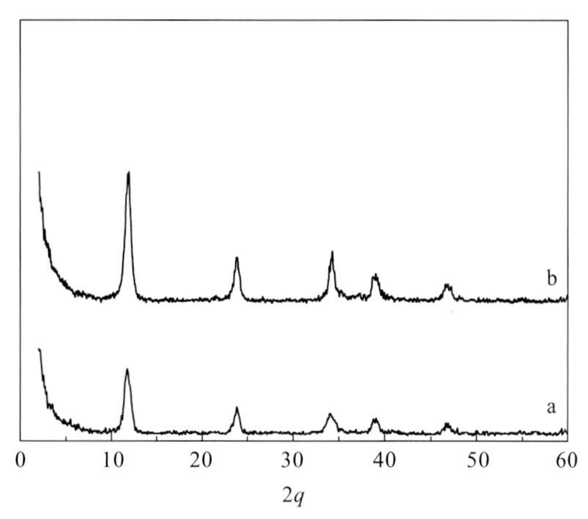

图 4.38　Fe(II)-Al LDH 超声前后的 XRD 谱图

a 为超声前，b 为超声后

超声处理前（图 4.38 中 a），2θ=11.7°、23.8°、34.05°、39.23°、46.87° 附近出现很强的衍射峰；超声 30 min 后（图 4.38 中 b），2θ=11.7°、23.7°、34.3°、39.39°、46.57° 附近出现很强的衍射峰，且比图 4.38 中 a 的强度更高，峰也更尖。XRD 图结果说明超声后水滑石结构没有改变，反而促进类水滑石结构形成。

2）扫描电镜及能谱（EDS）分析

图 4.39（a）为 Fe(II)-Al LDH 超声前的电镜扫描图，可看到 Fe(II)-Al LDH 的内部结构较为复杂，存在大量不规则孔隙与沟壑、明显的层状结构，这是水滑石特有的层状结构，此结构有很大的接触面积，使金属离子能够更多地吸附在 Fe(II)-Al LDH 表面。从图 4.39（b）可以看出超声后其表面比较光滑，孔隙与沟壑及层状结构更加明显，分层结构加大了 Fe(II)-Al LDH 比表面积，利于对铀的吸附去除。

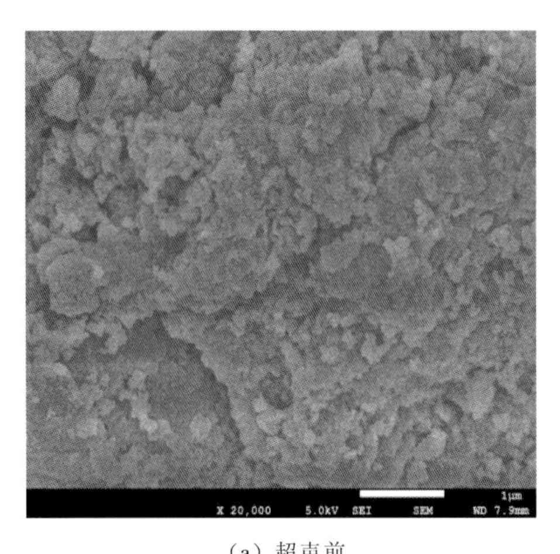

（a）超声前

（b）超声后

图 4.39　Fe(II)-Al LDH 超声前后的扫描电镜结果

Fe(II)-Al LDH 吸附 U(VI)前后的 X 射线能谱如图 4.40 所示。吸附前的 Fe(II)-Al LDH 由 C、Fe、O、Al、Na、S 元素构成，不存在 U(VI)；吸附后，铀元素出现在材料表面，而且 U(VI)的含量较高，表明 Fe(II)-Al LDH 对 U(VI)有较好的吸附能力。

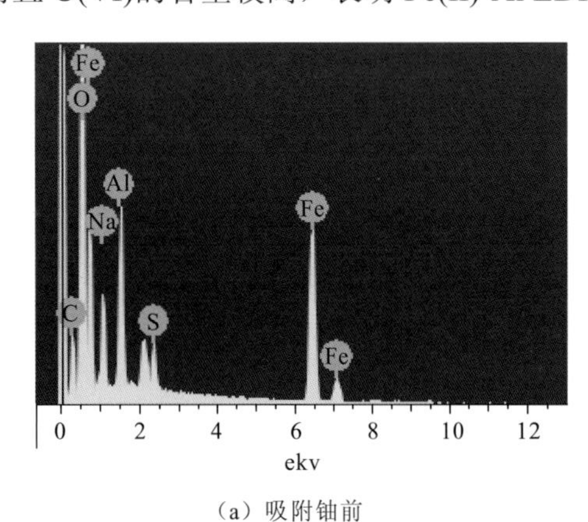

（a）吸附铀前

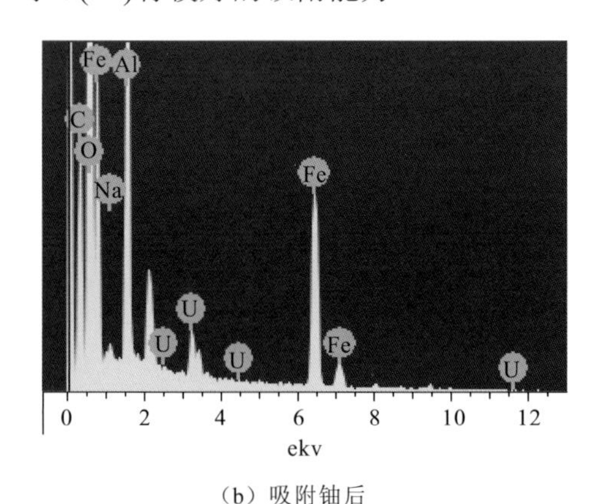

（b）吸附铀后

图 4.40　Fe(II)-Al LDH 吸附铀前后的 EDS 图像

3）Fe(II)-Al LDH 吸附 U(VI)前后的傅里叶红外光谱（FTIR）分析

利用傅里叶红外光谱对 Fe(II)-Al LDH 吸附 U(VI)前后的表面官能团进行分析，结果如图 4.41 所示。推测 3440 cm^{-1} 附近吸收峰属于水滑石层板上的羟基，1637 cm^{-1} 处是水分子的弯曲振动，1 116 cm^{-1} 附近振动峰为 SO_4^{2-} ，400～1 000 cm^{-1} 是明显的 M—OH 振动效应。总体来说，吸附前后 Fe(II)-Al LDH 表面基团种类变化不大，羧基谱峰（1 374 cm^{-1}）稍许减弱，表明部分官能团与 U(VI)发生了反应。

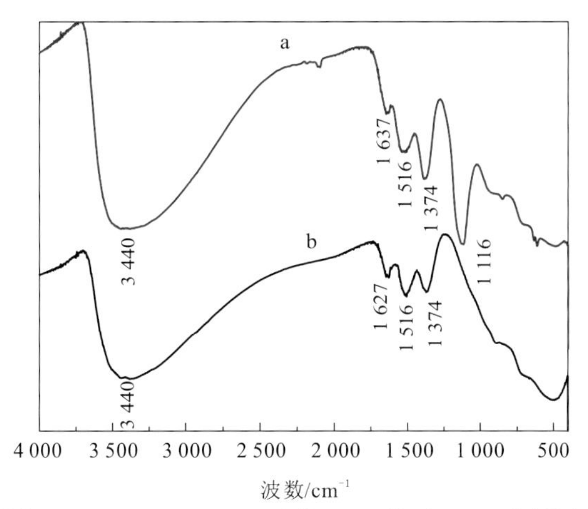

图 4.41　Fe(II)-Al LDH 吸附 U(VI)前后 FTIR 分析图

a 为吸附 U(VI)前，b 为吸附 U(VI)后

4）X 射线光电子能谱（XPS）分析

通过 X 射线光电子能谱（XPS）分析 U(VI)在 Fe(II)-Al LDH 上的吸附及价态情况，结果如图 4.42 所示。在结合能 380～382 eV 有一处显著的峰，代表 $U4f_{7/2}$ 轨道。参考 XPS 手册，$U4f_{7/2}$ 轨道处的峰由 U(IV)在 380.3 eV±0.4 eV 处的峰和 U(VI)在 381.6 eV±0.3 eV 处的峰叠加而成，其质量比约为 1∶4。可知，处理后吸附材料表明有还原态 U(IV)存在，但大部分为 U(VI)。XPS 分析表明 Fe(II)-Al LDH 处理 U(VI)过程的机理以吸附作用为主，存在还原作用。

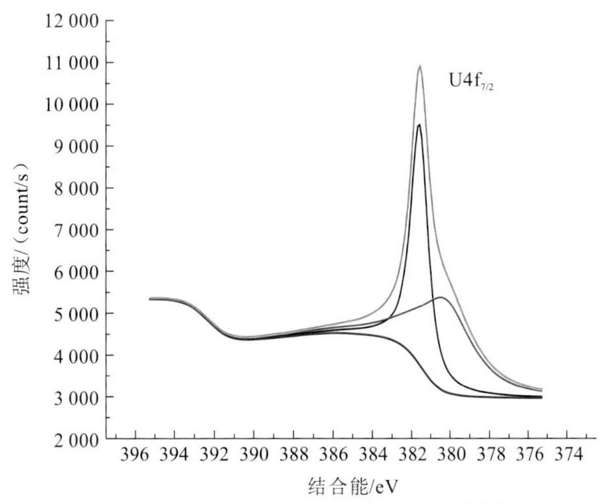

图 4.42　Fe(II)-Al LDH 中铀的 XPS 图谱

4. Fe(II)-Al LDH 对 U(VI)的解吸实验

解吸是吸附过程的逆过程，是检验吸附剂实际应用价值的一个重要方面。以 HCl 溶液作解吸剂，将吸附完成后的 Fe(II)-Al LDH 投入 0.1 mol/L 的 HCl，常温下振荡 120 min 后，用蒸馏水洗涤 3 次，真空烘干后再进行吸附实验，相同条件下重复上述步骤 3 次，记录每次 U(VI)的去除率，结果如图 4.43 所示。经过 3 次反复使用，Fe(II)-Al LDH 对 U(VI)的去除率稍有下降，但是还在 90%以上，可见 Fe(II)-Al LDH 对 U(VI)去除效果良好，可重复使用性能好。

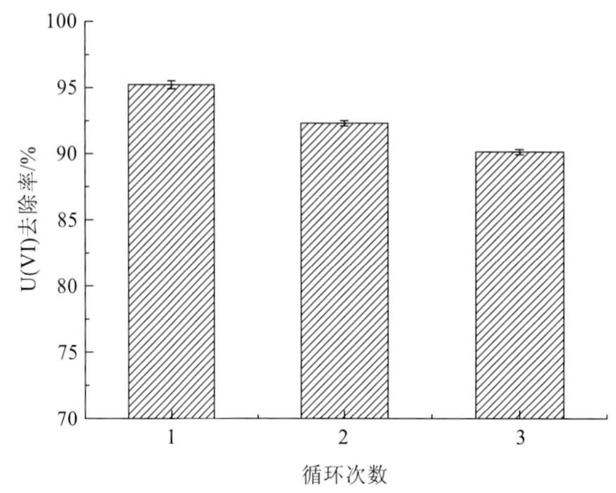

图 4.43　Fe(II)-Al LDH 对 U(VI)的吸附与解吸

4.4　复合纳米材料处理含铀放射性废水

4.4.1　氧化石墨烯基复合材料吸附 U(VI)的性能与机理

氧化石墨烯（graphene oxide，GO）是石墨氧化的产物，富含羧基、羟基等含氧基团，具有较大的比表面积，对重金属离子有很好的吸附效果。壳聚糖（chitosan，CS）是甲壳素脱乙酰化的产物，其分子结构中存在大量的氨基和羟基，且吸附性能好、易再生、价格低廉。但 CS 能溶于酸性溶液中，极大地限制了其应用。因而有必要对 CS 进行交联改性，使直链的 CS 分子形成网状结构，从而提高其在酸性溶液中的稳定性。有研究（Liu et al.，2012；He et al.，2011）表明，将壳聚糖接枝到氧化石墨烯上可显著提高 GO 的吸附性能，所制备的 CS/GO 复合材料对重金属（如 Au^{3+}、Pd^{2+}等）具有良好的吸附效果，且易于分离。将其应用于含铀废水处理的报道较少，且相关铀吸附热力学、动力学及机理等方面的研究还不够深入。

课题组利用 Hummers 法合成氧化石墨烯并与壳聚糖混合，经戊二醛交联改性后制得 CS/GO 复合材料，考察 GO 用量、pH、吸附剂投加量、时间等因素对 CS/GO 吸附 U(VI)效果的影响，并利用 SEM-EDS、FTIR、XRD 等分析手段探讨其机理，为 CS/GO

处理含铀废水提供参考（李仕友 等，2017）。

1. GO 用量对 CS/GO 吸附 U(VI)的影响

在溶液 pH 为 5、温度 30℃、CS/GO 投加量（质量浓度）为 0.2 g/L、U(VI)初始浓度为 10 mg/L，吸附时间为 5 h 的条件下，CS/GO 中 GO 的质量分数（5%～70%）对吸附效果的影响结果如图 4.44 所示。

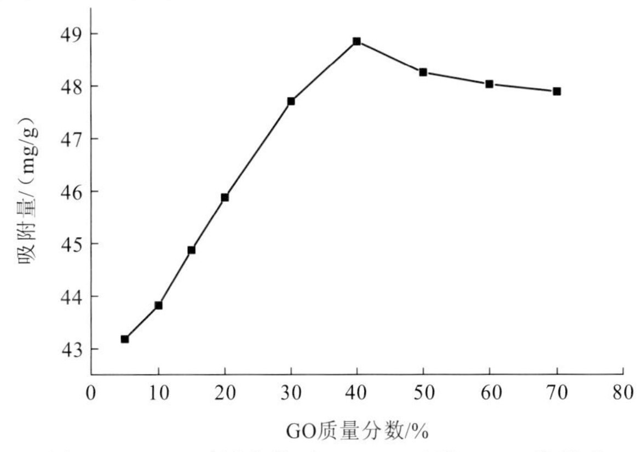

图 4.44 GO 质量分数对 CS/GO 吸附 U(VI)的影响

CS/GO 对 U(VI)的吸附量随 GO 质量分数的提高而增加。因为 GO 的加入增大了 CS/GO 的比表面积，且提供更多的羟基、羧基等含氧基团，使得 CS/GO 的吸附能力增强。当 GO 的质量分数为 40%时，其对 U(VI)的吸附量达最大值。继续提高 GO 质量分数，吸附量反而略有降低，可能是由于 GO 的羧基与 CS 的氨基发生酰胺化反应，形成—NHCO—，降低了羧基和氨基对铀酰离子的螯合能力。因此，均采用 GO 质量分数为 40%的 CS/GO 进行后续吸附试验。

2. pH 对 CS/GO 吸附 U(VI)的影响

在 U(VI)初始浓度为 10 mg/L、吸附剂投加量（质量浓度）为 0.2 g/L、温度为 30℃、吸附时间为 5 h 的条件下，溶液 pH 对 GO、CS、CS/GO 吸附效果的影响如图 4.45 所示。

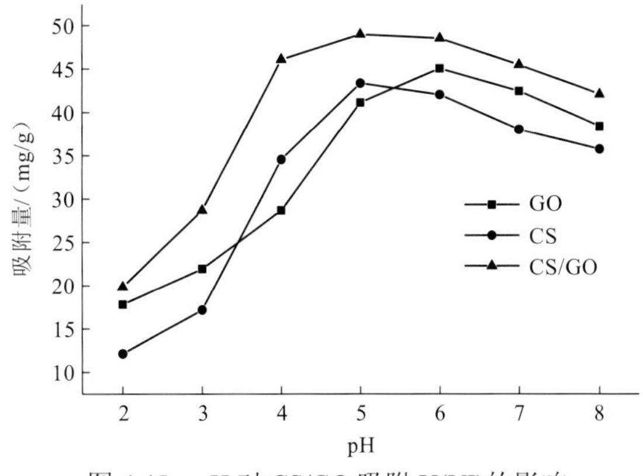

图 4.45 pH 对 CS/GO 吸附 U(VI)的影响

CS/GO 对 U(VI)的吸附量明显高于 CS 和 GO 的单独吸附，pH 对三种材料吸附铀效果的影响均较大。当 pH<5 时，其吸附量随着 pH 的升高而逐渐增加。当 pH 较低时，溶液中大量的 H^+与 UO_2^{2+} 竞争吸附剂上的结合位点，同时 CS 和 GO 表面的活性基团易被质子化而带正电，增强了 CS/GO 对 UO_2^{2+} 的静电斥力，故吸附量较低。随着 pH 的升高，CS 和 GO 上的—NH_2、—COOH 等游离活性基团逐渐增加，络合能力也随之提高。当 pH 为 5～6 时，三种材料的吸附量达到最大值。当 pH>6 时，材料对 U(VI)的吸附量反而减小，这是由于溶液中 CO_2^{2-}、HCO_3^-离子增多，使得 UO_2^{2+}水解加剧，形成不易被吸附的碳酸铀酰络合物（郑伟娜 等，2011）。因此 CS/GO 去除 U(VI)的适宜 pH 为 5。

3. 投加量对 CS/GO 吸附 U(VI)的影响

在溶液 pH 为 5、30℃、U(VI)初始浓度为 10 mg/L、吸附时间为 5 h 的条件下，CS/GO 投加量（0.05～0.40 g/L）对吸附效果的影响如图 4.46 所示。随着 CS/GO 投加量的增加，U(VI)的吸附率逐渐升高，而吸附量却逐渐降低。因为其用量的增加使得 CS/GO 上活性位点数目增多，故 U(VI)的吸附率随之上升。当 CS/GO 投加量较低时，其表面的氨基、羟基等结合位点能被充分利用，随着投加量增加，吸附剂相互碰撞团聚导致活性基团利用率下降，从而导致吸附量减少（陈月芳 等，2013）。当 CS/GO 投加量为 0.2 g/L 时，U(VI)的吸附率达 97.70%，继续增加投加量，吸附率升高幅度很小。考虑吸附效果且吸附剂的充分利用，本试验 CS/GO 的最佳投加量选为 0.2 g/L。

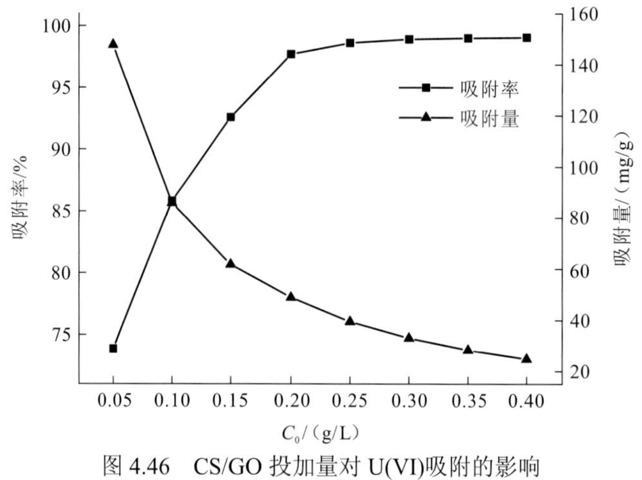

图 4.46 CS/GO 投加量对 U(VI)吸附的影响

4. 反应时间对 CS/GO 吸附 U(VI)的影响及动力学分析

在溶液 pH 为 5、CS/GO 投加量为 0.2 g/L、30℃的条件下，反应时间对初始浓度分别为 5 mg/L、10 mg/L、15 mg/L 含铀废水吸附效果的影响如图 4.47 所示。

在吸附前 5 min，CS/GO 对 U(VI)的吸附量急剧增加，此后 5～300 min 吸附量上升减缓，300 min 后吸附趋于平衡。由于刚开始 CS/GO 上有大量的结合位点，溶液中 UO_2^{2+} 的浓度也相对较高，吸附驱动力较大；随着时间推移，有效活性位点被不断占

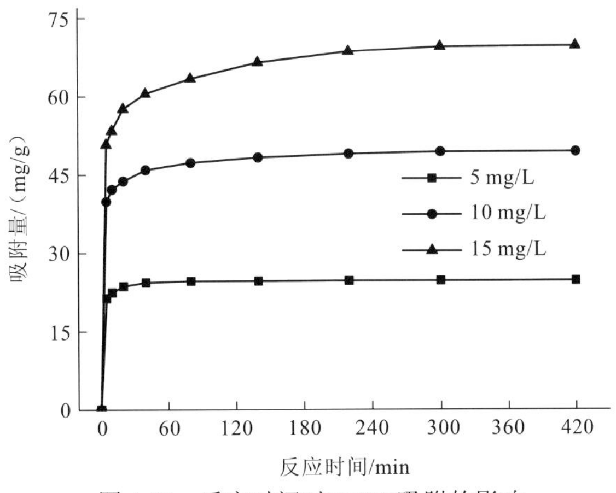

图 4.47　反应时间对 U(VI)吸附的影响

据，吸附驱动力减弱，导致吸附速率变慢。当吸附时间达到 300 min 后，CS/GO 上的活性位点基本被占据，吸附达到饱和。因此，确定最佳吸附时间为 5 h。比较而言，CS/GO 吸附 U(VI)的过程要比 GO 缓慢，可能是 GO 在水中分散性好，UO_2^{2+} 能快速扩散至其表面，而 CS/GO 是难溶复合物，吸附过程中 UO_2^{2+} 扩散速度较慢，但 CS/GO 吸附速度足以满足实际应用需求（徐静 等，2013）。

为进一步摸清该吸附过程中控制反应速率的关键步骤，采用准一级动力学模型、准二级动力学模型及颗粒内扩散模型对试验数据进行拟合，拟合参数结果如表 4.9 所示。准二级动力学模型中三个浓度的相关系数 R^2 均大于 0.999，且理论平衡吸附量 $q_{e,\ cal}$ 接近实际值 $q_{e,\ exp}$，说明准二级动力学模型更适合描述 CS/GO 对 U(VI)的吸附过程，表明该吸附以化学吸附为主，U(VI)主要通过化学键合作用结合在 CS/GO 表面（范荣玉 等，2013）。颗粒内扩散模型的拟合直线不经过原点，表明颗粒内扩散不是 CS/GO 吸附 U(VI)的速率控制步骤。

表 4.9　吸附动力学参数

C_0 /（mg/L）	$q_{e,\ exp}$ /（mg/g）	准一级动力学模型			准二级动力学模型			颗粒内扩散模型		
		k_1	$q_{e,\ cal}$	R^2	k_2	$q_{e,\ cal}$	R^2	C	k_{dif}	R^2
5	24.733	0.017 8	1.572	0.895 2	0.050 1	24.752	1.000 0	22.511	0.1408	0.570 2
10	49.398	0.021 6	12.457	0.937 5	0.007 6	49.751	1.000 0	41.397	0.4759	0.817 4
15	69.648	0.021 0	29.916	0.913 1	0.002 8	70.423	0.999 9	52.058	1.0180	0.890 5

5. 吸附等温线及热力学分析

在溶液 pH 为 5，CS/GO 投加量为 0.15 g/L，温度分别为 20℃、30℃、40℃，吸附时间为 5 h 的条件下，U(VI)的初始浓度分别为 2 mg/L、5 mg/L、10 mg/L、15 mg/L、20 mg/L、30 mg/L、40 mg/L、50 mg/L、70 mg/L、100 mg/L，不同温度下 CS/GO 对 U(VI)

的吸附等温线如图 4.48 所示。

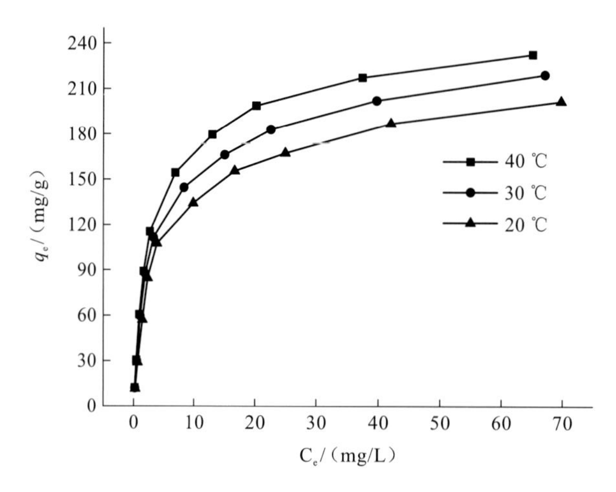

图 4.48　CS/GO 对 U(VI)的吸附等温线

随着平衡浓度的升高，CS/GO 对 U(VI)的平衡吸附量也逐渐增加，且升温可以促进吸附。常用吸附等温方程来描述达到吸附平衡时，溶质分子在固液两相浓度的关系，据此推断溶质分子在固体表面的吸附状态和作用类型，建立分子结构与吸附之间的定量关系，进而计算出其理论吸附量。分别采用 Langmuir 和 Freundlich 吸附等温方程对吸附过程进行拟合，相关拟合参数结果如表 4.10 所示。

表 4.10　吸附等温方程的拟合参数

T/℃	Langmuir 方程			Freundlich 方程		
	Q_{max}/（mg/g）	b	R^2	K_F	n	R^2
20	217.4	0.234 7	0.999 1	39.16	2.141	0.891 7
30	227.3	0.304 1	0.999 0	45.41	2.188	0.892 4
40	243.9	0.333 3	0.999 5	50.58	2.183	0.891 6

Langmuir 吸附等温方程的相关系数 R^2 均大于 0.999，而 Freundlich 吸附等温方程拟合度较低，说明 CS/GO 对 U(VI)的吸附是单分子层吸附；在 Langmuir 吸附等温方程中，初始浓度为 10 mg/L 的铀溶液在三个不同温度下的分离因子 R_L（$R_L = 1/(1+bc_0)$）分别为 0.2988、0.2475、0.2308，均在 0～1 内，表明 CS/GO 对 U(VI)的吸附为有利吸附（王哲 等，2015）。

6. CS/GO 的吸附解吸试验

通过解吸试验可以判定其重复利用性能。由前述试验可知，在强酸条件下，CS/GO 对 U(VI)的吸附率较低，因此可通过 H^+与 UO_2^{2+} 的离子交换作用来对 CS/GO 进行洗脱。

选用 0.1 mol/L 的 HCl 溶液作解吸剂，4 次吸附、解吸循环下 CS/GO 对 U(VI)的吸附率、解吸率结果如图 4.49 所示。

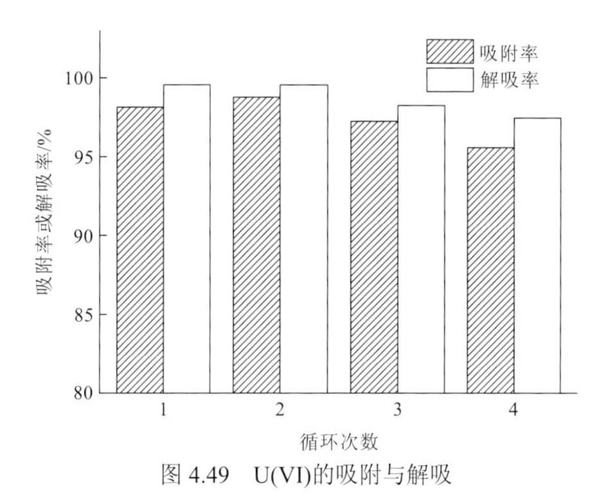

图 4.49　U(VI)的吸附与解吸

图 4.49 结果显示初次解吸率高达 99.55%，解吸一次后吸附率反而略有升高，这可能是由于经 HCl 处理后，CS/GO 表面增加了更多的吸附位点。经 4 次吸附解吸试验后，CS/GO 的吸附率仍高于 95%，表明 CS/GO 具有良好的再生与循环利用性。

7. 扫描电镜及 EDS 能谱结果分析

图 4.50 为 GO、CS 及 CS/GO 吸附 U(VI)前后的扫描电镜图。从图 4.50 中可以看出，GO 表面光滑，呈单层片状结构，局部地方出现弯曲和褶皱，这是由于 GO 只有一到几层原子的厚度，容易褶皱在一起，这些褶皱可形成很多褶皱孔穴和孔道，使 GO 拥有很大的比表面积（Guo et al.，2009）；CS 表面致密均匀，没有明显的突起和孔隙；CS/GO 表面粗糙，凹凸不平，CS 与 GO 结合较为紧密，材料具有更多的吸附位点和更大的比表面积，利于对铀酰离子的吸附。比较图 4.50（c）和（d），吸附 U(VI)后 CS/GO 的形态结构存在明显变化，表面变得较平整，孔隙减少，这可能是铀酰离子与 CS/GO 中的有机官能团相互键合的结果（聂小琴 等，2013）。

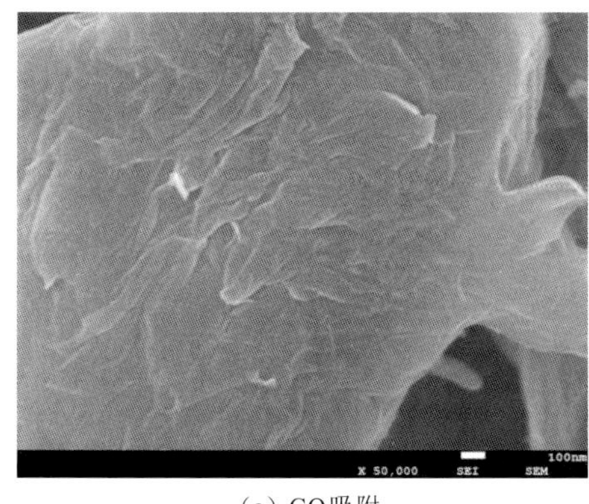

（a）GO吸附

（b）CS吸附

（c）CS/GO吸附U(VI)前

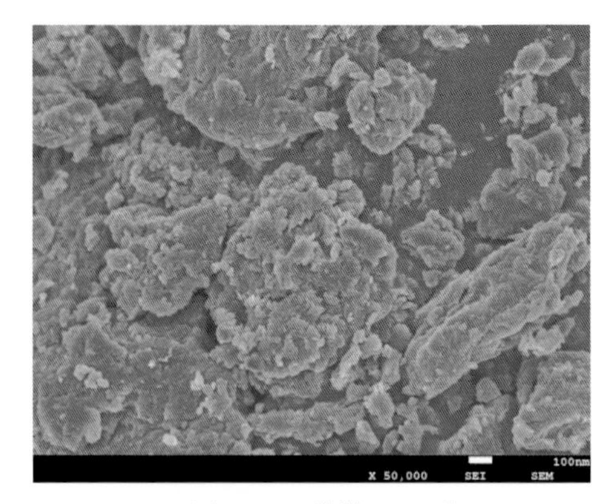

（d）CS/GO吸附U(VI)后

图 4.50　GO、CS 和 CS/GO 吸附 U(VI)前后的扫描电子显微镜图

由 X 射线能谱分析可知，CS/GO 表面吸附 U(VI)前后（图 4.51）都有 C、N、O、Au 存在，其中 Au 是照射前的喷金处理导致的，而壳聚糖和氧化石墨烯中含有大量的 C、N、O。吸附后 CS/GO 中出现很强的铀峰，表明其对 U(VI)具有一定的吸附能力。

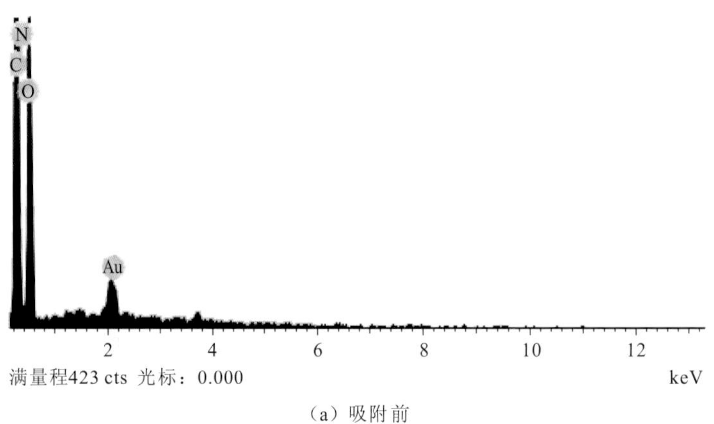

（a）吸附前

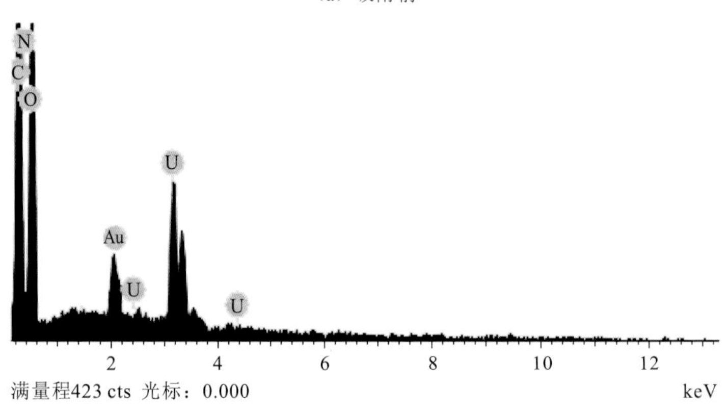

（b）吸附后

图 4.51　CS/GO 吸附 U(VI)前后的 X 射线能谱分析图

8. 傅里叶红外光谱结果分析

图 4.52 为 GO、CS 及 CS/GO 吸附 U(VI)前后的红外光谱图，由谱线 a 可知，GO 在 3428 cm^{-1} 处有一个宽强峰，为—OH 的伸缩振动峰；在 1732 cm^{-1}、1615 cm^{-1}、1395 cm^{-1} 和 1105 cm^{-1} 处分别是 C═O 和 C═C 的伸缩振动峰、叔羟基的特征峰及环氧基 C—O—C 的伸缩振动峰。所得 GO 红外光谱结果与之前报道（Ma et al.，2012）相似，说明 GO 成功合成。CS 红外光谱（图 4.52b）中 3485 cm^{-1} 处是—NH_2 和 O—H 的伸缩振动重叠峰，1662 cm^{-1} 处则属于“酰胺 I 带”上 C═O 的伸缩振动峰（Wang et al.，2009）。

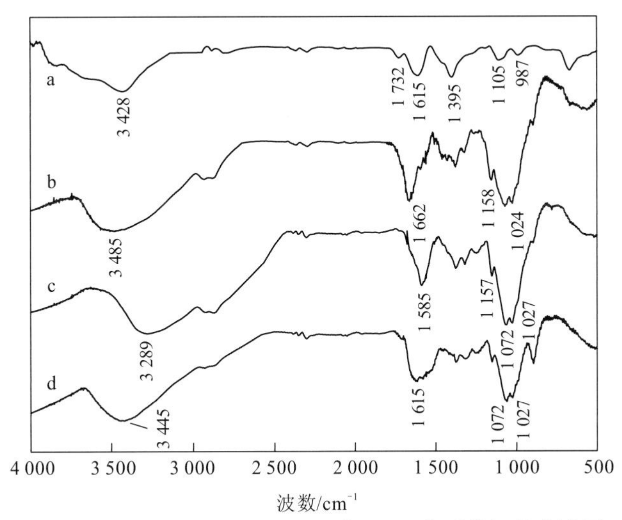

图 4.52　GO、CS 及 CS/GO 吸附 U(VI)前后的红外光谱图

a 为 GO 吸附 U(VI)，b 为 CS 吸附 U(VI)，c 为 CS/GO 吸附 U(VI)前，d 为 CS/GO 吸附 U(VI)后

在 CS/GO 的吸收曲线中，在 3289 cm^{-1} 处的峰为仲酰胺—NH 和—OH 相互重叠形成的伸缩振动峰，该峰相对于 CS 在 3485 cm^{-1} 处的峰出现偏移，可能是由于 CS 上的—NH_2 与 GO 的—COOH 反应生成酰胺引起的。1585 cm^{-1} 处的峰是壳聚糖“酰胺 II 带”烷基伯酰胺—NH_2 的弯曲振动峰，1072 cm^{-1} 处是 GO 上环氧基 C—O—C 和 CS 上脂肪伯胺 C—NH_2 的重叠峰，1157 cm^{-1} 和 1027 cm^{-1} 处的峰则分别来自壳聚糖 C_6 位叔醇基团 C_6—OH 和 C_3 位 C_3—OH 的吸收峰，上述结果表明 CS/GO 成功合成。

比较 CS/GO 吸附铀前后的 FTIR 结果可知，CS/GO 吸附 U(VI)后有部分峰位置偏移或者强度发生变化。其中，3289 cm^{-1} 处的峰移到 3445 cm^{-1} 处，峰形未变但峰强减弱，可能是—OH 与 U(VI)通过氢键发生了配位络合。1585 cm^{-1} 处的峰偏移到了 1615 cm^{-1} 处，表明烷基伯酰胺—NH_2 参与了铀的螯合。此外，1072 cm^{-1} 和 1027 cm^{-1} 处的峰强明显减弱，说明脂肪伯胺 C—NH_2 和 C_3—OH 基团也参与了 U(VI)的吸附。以上结果表明，在 CS/GO 对 U(VI)的吸附过程中，羟基和氨基为主要吸附位点。

9. X 射线衍射结果分析

在对 CS/GO 表面形貌和官能团分析的基础上，利用 X 射线衍射对其晶体结构进行表征，如图 4.53 所示。从图中可以看出，GO 在 2θ=10.6° 处出现了一个反映 GO（100）晶面的特征峰，说明石墨已经被充分氧化成 GO（Yang et al.，2011）。CS 在 2θ=20.7° 的峰对应于壳聚糖的无定形结构。当 CS 中加入 GO 后，复合材料 CS/GO 的衍射峰明显减弱，这可能是 GO 和 CS 的相互作用影响了 CS 分子链在晶格中的排列，对其结晶有序性造成破坏。在 2θ=10.6° 处没有出现 GO 的特征峰，说明 GO 均匀分散在 CS 中，没有发生团聚而形成 GO 的有序结构（赵茜 等，2011）。

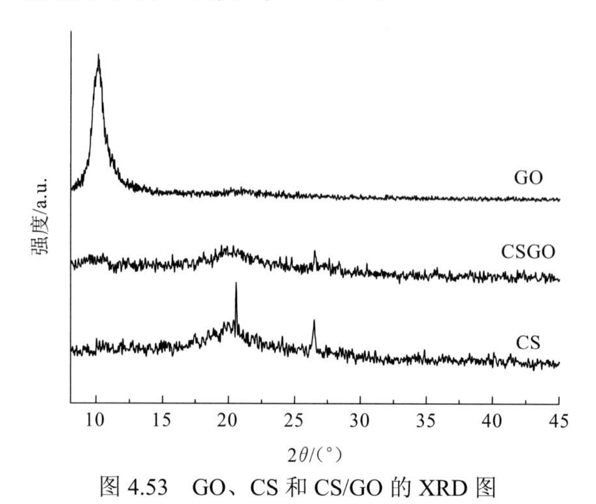

图 4.53　GO、CS 和 CS/GO 的 XRD 图

4.4.2　膨胀石墨负载纳米零价铁处理含 U(VI)废水效果与机理

纳米零价铁是一种强还原性的金属颗粒，其比表面积和表面活化能均较大，已经证明其对含铀废水处理效果良好。但其颗粒微小，在水中极易团聚与失活，且处理后纳米零价铁难以分离再利用。如果将纳米零价铁负载于稳定载体上，对含铀废水处理效果及稳定性可能更好。

膨胀石墨由普通鳞片石墨经氧化、加热膨胀等方法加工而成，是一种经济环保的材料，具有价格低廉、密度较水小及在放射性废水中结构稳定等特点，适合用于纳米零价铁的载体。且膨胀石墨本身是一种吸附材料，与纳米零价铁组成复合材料后可能促进铀的去除。考虑将纳米零价铁颗粒负载在膨胀石墨上，形成稳定的膨胀石墨负载纳米零价铁复合材料，探讨影响其处理含铀废水因素及其机理（胡珂琛 等，2016）。

1. 材料制备

1）膨胀石墨预处理

膨胀石墨由 80 目可膨胀石墨经 1 000 ℃高温加热 60 s 膨胀而成，膨胀倍数 200～300 倍，呈蠕虫状。将其用蒸馏水冲洗 2 遍后，于 100 ℃烘箱中烘干 24 h 备用。

2）膨胀石墨负载纳米零价铁（NZVI/EG）复合材料的制备

称取适量 $Fe(NO_3)_3·9H_2O$ 溶于 70%乙醇溶液中，按比例向溶液中加入膨胀石墨，充分搅拌混合，1 h 后将溶液蒸干，置于马弗炉 300 ℃下煅烧 3 h。然后再次将其加入 70%乙醇溶液中，边搅拌边少量多次地加入适量的 KBH_4 粉末，两次加入粉末的间隔以溶液中的气泡消失为准。粉末加入完毕后继续搅拌 1 h，确保反应充分。停止反应后，将产物过滤分离，并分别以蒸馏水和无水乙醇快速冲洗 3 次，80 ℃下置于真空干燥箱干燥 12 h，产物即负载纳米铁的膨胀石墨（NZVI/EG），在氮气气氛下保存备用。反应方程式为

$$4Fe(NO_3)_3\cdot 9H_2O \longrightarrow 2Fe_2O_3+12NO_2\uparrow+3O_2\uparrow+9H_2O$$

$$2Fe_2O_3+3BH_4^-+3H_2O \longrightarrow 4FeO+3H_2BO_3^-+6H^++6H_2\uparrow$$

2. 膨胀石墨负载纳米零价铁对铀的吸附

1）pH 对 U(VI)吸附去除的影响

分别量取 50 mL 浓度为 10 mg/L 的 U(VI)溶液，pH 调为 2～7，加入精确称量的 0.05 g NZVI/EG，即投加量为 1 g/L。30 ℃恒温振荡 4 h，过滤后测定滤液中铀的浓度，考察初始 pH 对去除率的影响，结果如图 4.54 所示。

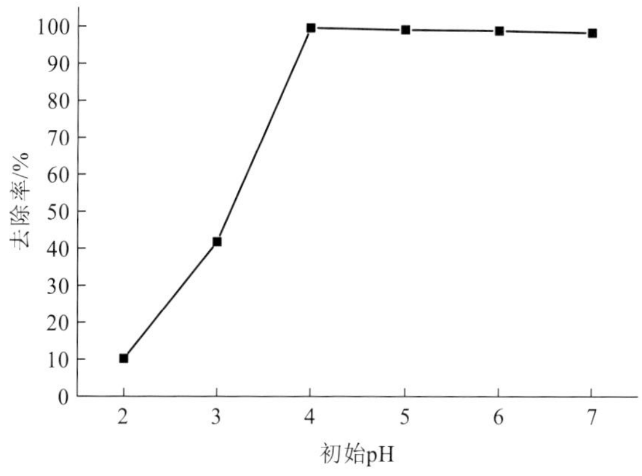

图 4.54　pH 对 NZVI/EG 去除 U(VI)的影响

当 pH 为 2～3 较强酸性条件下时，NZVI/EG 对铀的去除率低于 50%，滤液呈淡黄色，经测定有铁元素残留，可见 NZVI/EG 在强酸条件下不稳定，且 H^+浓度过高，与溶液中 UO_2^{2+} 存在竞争吸附，导致铀的去除率不高。当 pH 由 3 升至 4 时，去除率迅速升高，达到最高值 99.56%，pH 继续升高，去除率略微下降，在 pH＞4 的滤液中几乎检测不到铁元素。说明在弱酸条件下，NZVI/EG 结构较稳定，且 UO_2^{2+} 易被零价铁还原为难溶的沥青铀矿 UO_2 或是被铁的腐蚀产物吸附。此后，随着 pH 上升到 7，去除率下降的幅度并不大，NZVI/EG 在弱酸条件下对 U(VI)都有良好的去除效果。

2）NZVI/EG 投加量对 U(VI)去除的影响

称取定量 NZVI/EG，在 pH＝4、30 ℃条件下投加于 50 mL 的初始质量浓度为 10 mg/L 的 U(VI)溶液中，使投加量为 0.01～0.15 g（0.2～3.0 g/L），恒温振荡 4 h，过滤后测定滤液中铀的浓度，考察 NZVI/EG 投加量对 U(VI)去除效果的影响，结果如图 4.55 所示。

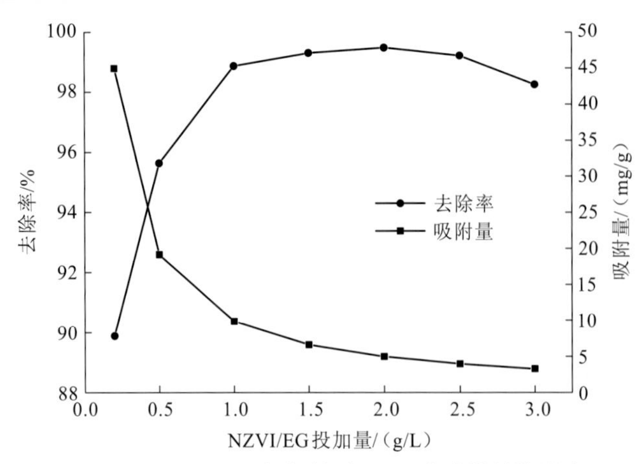

图 4.55　NZVI/EG 投加量对 U(VI)去除效果的影响

随着 NZVI/EG 投加量不断增加，去除率迅速升高，当其投加量为 0.05 g（1 g/L）时，去除率达到98.87%，之后再提高投加量，去除率上升幅度较小，当其投加量为0.1 g（2 g/L）时，去除率达到最高值 99.3%，继续提高投加量后，去除率反而微降；可见，当其投加量达到 1 g/L 后，NZVI/EG 的量已经足够，继续投加对去除率的提高帮助不大，当其投加量超过一定值后（2 g/L），去除率小幅度降低，可能是废水中 NZVI/EG 密度过高，U(VI)不能与之充分接触，导致去除不完全。而 NZVI/EG 对 U(VI)的吸附量随投加量的升高一直在降低，在投加量为 0.025 g（0.5 g/L）时达到最高，为 44.9 mg/g。

3）反应时间对 U(VI)吸附去除的影响及动力学研究

分别将 0.1 g NZVI/EG 投入 50 mL 浓度为 10 mg/L 与 20 mg/L 的 U(VI)溶液，调节 pH 至 4，在 30℃下振荡，时间为 5～240 min，过滤后定期测定滤液中铀的浓度，考察时间对 U(VI)吸附去除的影响，结果如图 4.56 所示。NZVI/EG 对铀的去除十分迅速，去除率在前 40 min 快速增长到 90%，之后再缓慢上升，4 h（240 min）后趋于平衡，稳定在 99.3%左右。因此后续试验都将平衡时间设为 4 h。

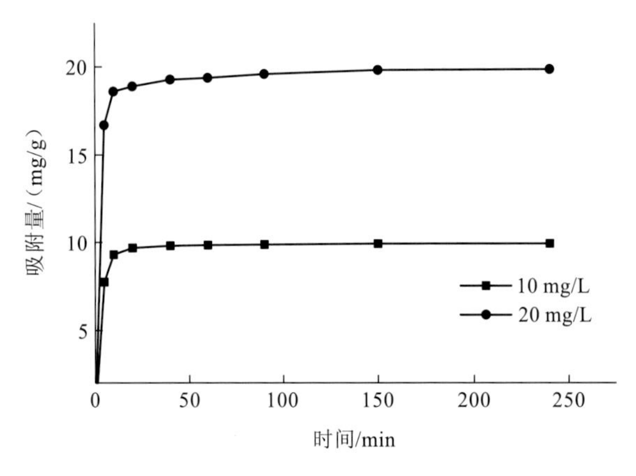

图 4.56　反应时间对 NZVI/EG 去除 U(VI)的影响

用准一级动力学与准二级动力学方程拟合 NZVI/EG 对铀的吸附过程，结果如表 4.11 所示，准二级动力学方程在两个初始浓度下 R^2 均为 1，计算得出的理论平衡吸附量与实际值基本相同，说明准二级动力学模型更适合其吸附过程，而吸附速率控制步骤主要是化学反应。

表 4.11　NZVI/EG 去除 U(VI)的动力学参数

C_0/（mg/L）	q_e^0/（mg/g）	准一级动力学方程 $\ln(q_e-q_t)=\ln q_e-k_1t$			准二级动力学方程 $\frac{t}{q_t}=\frac{1}{k_2q_e^2}+\frac{t}{q_e}$		
		k_1/min^{-1}	q_e/（mg/g）	R^2	k_2/min^{-1}	q_e/（mg/g）	R^2
10	9.93	0.032 2	0.834	0.884 2	0.119 6	9.97	1.000
20	19.86	0.025 4	2.090	0.949 2	0.041 5	19.96	1.000

4）吸附等温线与热力学研究

称取 0.05 g NZVI/EG，当初始 pH 为 4，投加于 50 mL 的初始质量浓度分别为 2 mg/L、5 mg/L、10 mg/L、15 mg/L、20 mg/L、30 mg/L、40 mg/L、50 mg/L、70 mg/L、100 mg/L 的 U(VI)溶液中，分别在 10℃、20℃和 30℃下恒温振荡 4 h，过滤后测定滤液中铀浓度，结果如图 4.57 所示。

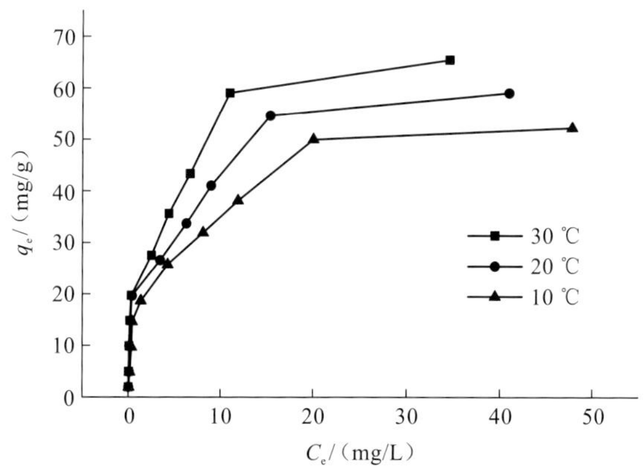

图 4.57　NZVI/EG 去除 U(VI)的吸附等温线

在 10℃、20℃和 30℃三个温度下，在低平衡浓度时吸附量均随着平衡浓度的提高迅速增加，当接近该温度材料的饱和吸附量时，增速趋于平缓进而达到吸附平衡。同时，在同一浓度下，较高温度下的吸附量明显高于低温度，随着浓度升高这种差距更明显，可见温度高利于 NZVI/EG 对铀吸附去除，反应过程是吸热反应。

表 4.12 为 NZVI/EG 吸附铀的吸附等温方程参数结果。10℃、20℃与 30℃条件下 Langmuir 方程拟合度 R^2 分别达到 0.9877、0.9796 与 0.9780，而 Freundlich 方程的拟合度并不高，可见前者更适合该吸附过程。经 Langmuir 方程计算，得到三个温度下饱和吸附量分别为 53.19 mg/g、60.6 mg/g 与 67.11 mg/g，与实际测得最大吸附量 52.25 mg/g、59.04 mg/g 和 65.44 mg/g 相近。

表 4.12 NZVI/EG 去除 U(VI)的吸附等温方程参数

T/℃	Langmuir 方程 $\frac{1}{q_e}=\frac{1}{bQ_{max}c_e}+\frac{1}{Q_{max}}$			Freundlich 方程 $\ln q_e=\ln k_F+\frac{1}{n}\ln c_e$		
	Q_{max}/（mg/g）	b	R^2	K_F	n	R^2
30	67.11	0.56	0.978 0	19.71	2.38	0.886 6
20	60.60	0.48	0.979 6	16.86	2.42	0.876 8
10	53.19	0.52	0.987 7	15.38	2.54	0.880 9

3. 机理分析

1）NZVI/EG 的扫描电镜分析

NZVI/EG 的扫描电镜结果如图 4.58 所示。纳米零价铁以针状形态出现在膨胀石墨表面孔隙与裂缝中，长度为 2～3 μm，直径为 300 nm 左右，其中纳米铁整体排列较为松散，没有很明显的团聚现象，说明载体起到了分散纳米铁的作用。对负载纳米铁前后的膨胀石墨进行 BET 测试，发现材料的平均孔径由 19.47 nm 减小至 16.29 nm，可见纳米铁已经进入膨胀石墨表面孔隙，使孔径减小；而比表面积从 19.85 m^2/g 增大到 44.52 m^2/g，可能是虽然膨胀石墨表面被纳米铁覆盖，但纳米铁比表面积较膨胀石墨更大，整体上提高了材料的比表面积。

图 4.58 合成的 NZVI/EG 扫描电镜结果

2） NZVI/EG 除铀前后的 EDS 分析

图 4.59 为膨胀石墨与 NZVI/EG 吸附 U(VI)前后的 EDS 结果。对比图 4.59 中（a）和（b）可见，改性后，图谱中出现了较强的铁峰，表明大量铁负载在膨胀石墨表面，同时氧元素的含量较改性前升高，说明纳米铁可能部分被氧化。对比图 4.59（b）和（c）发现，吸附后，图谱中出现了一定强度的铀峰，说明试验后铀存在于材料表面，而氧元素含量进一步增加，可能是由于去除过程发生氧化还原反应，零价铁被氧化，U(VI)被还原为 U(IV)。

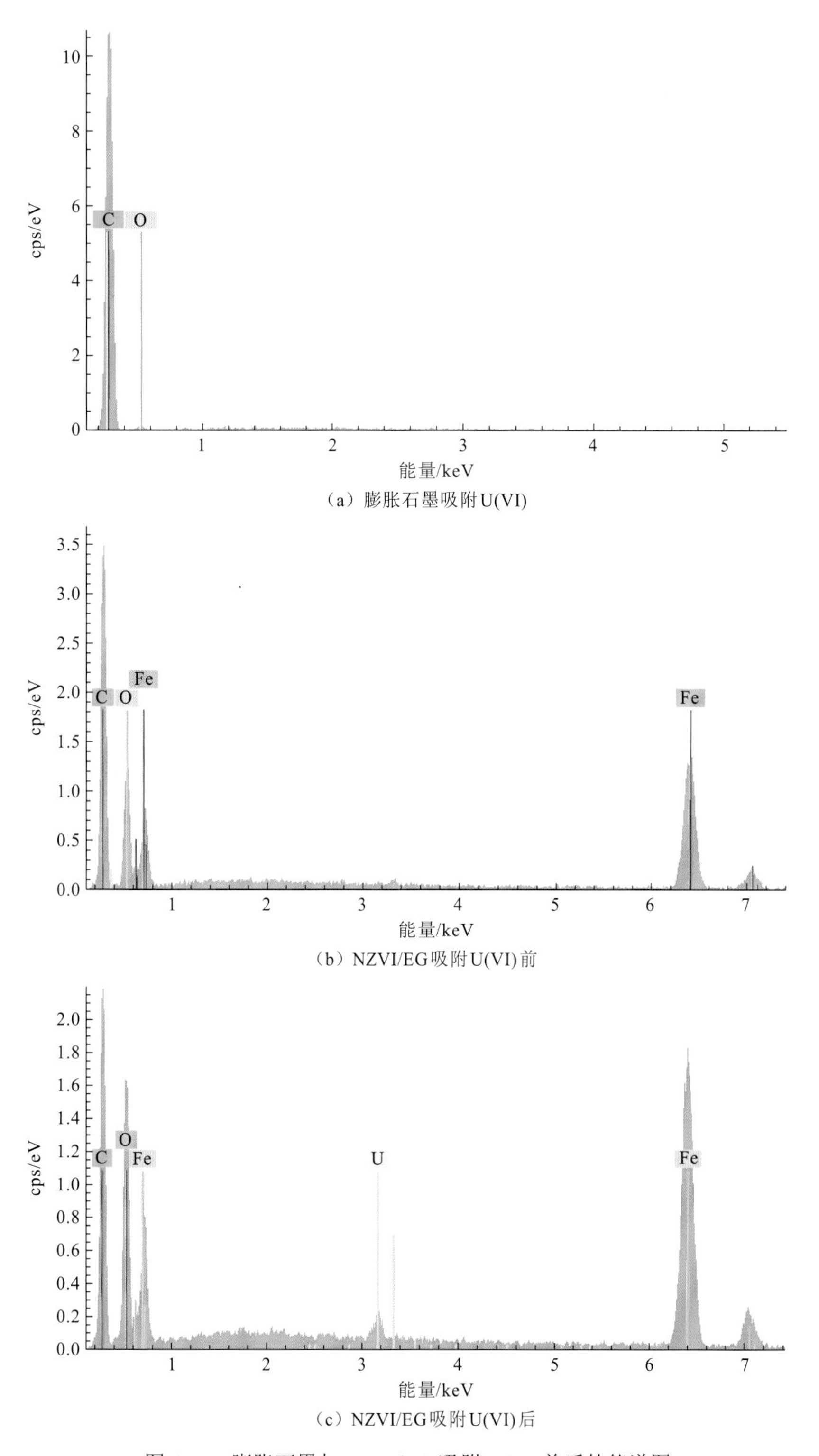

（a）膨胀石墨吸附U(VI)

（b）NZVI/EG吸附U(VI)前

（c）NZVI/EG吸附U(VI)后

图 4.59　膨胀石墨与 NZVI/EG 吸附 U(VI)前后的能谱图

3）NZVI/EG 的 X 射线衍射（XRD）分析

取吸附 U(VI)前后的 NZVI/EG 样品，通过 X 射线衍射仪分析的晶型变化，结果如图 4.60 所示。

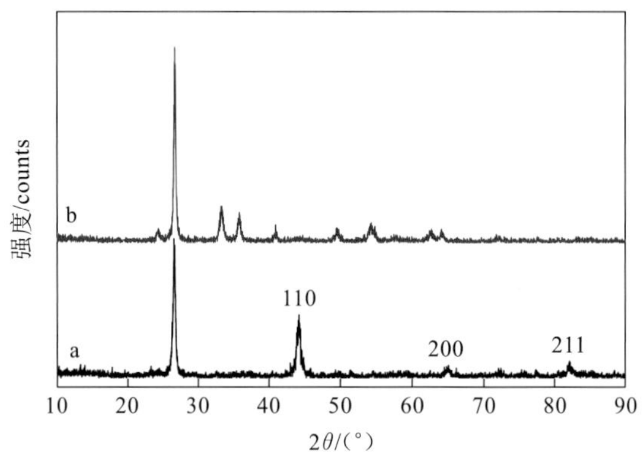

图 4.60 NZVI/EG 吸附 U(VI)前后的 XRD 图谱

a 为吸附前，b 为吸附后

如图 4.59（a）为负载纳米零价铁后膨胀石墨的 X 射线衍射图谱，2θ 在 26.7° 附近是膨胀石墨尖锐的衍射峰，表明在经过一系列处理后，膨胀石墨晶体依然完整；而在 44.7° 处有 α-Fe 体心立方结构晶面（110）较尖锐的特征衍射峰，而在 65°、82.3° 附近两个微弱的衍射峰分别代表 α-Fe 另两个晶面（200，211），这表明 Fe^0 以晶体形式出现在膨胀石墨表面，成形较好，且没有发现铁的氧化物的衍射峰存在，说明产品纯度较高，NZVI/EG 制备成功。处理铀后 XRD 图谱（图 4.60 中谱线 b）中衍射峰基本不变，可见其在废水中稳定性极好，而在 2θ 在 24.2°、33.2°、35.6°、54.3°、62.7° 和 64° 等处均产生新的较明显衍射峰，经与标准图谱比对，为 Fe_2O_3 或 FeOOH 的衍射峰，证明 Fe^0 在处理废水过程中发生了氧化还原反应，生成了铁的氧化物或氢氧化物，而这些产物同时可促进 U(VI)的去除。

4.4.3 固定化纳米 α-Fe_2O_3 微球处理含 U(VI)废水效果与机理

纳米铁氧化物具有丰富的羟基、巨大的表面积，对铀的络合吸附能力强。海藻酸中含有大量的羧基基团，可以与金属离子配位形成盐结构，而在一定条件下可以脱去金属离子再生，且能重复利用。本小节在研究赤铁矿（α-Fe_2O_3）粉末吸附 U(VI)的基础上，根据纳米 α-Fe_2O_3 的高吸附性和海藻酸钠的无毒、可重复利用性制成纳米 α-Fe_2O_3 固定化微球来处理低浓度含铀废水，并分析其吸附特性及其热力学、动力学，为固定化处理低浓度含铀废水提供参考（李银 等，2012）。

1. 固定化纳米 α-Fe_2O_3 微球的制备

分别称取 0、3.0 g、3.75 g 和 4.5 g 的纳米 α-Fe_2O_3 粉末；与 3 g 海藻酸钠溶于 150 mL

去离子水混合搅拌 30 min 后，用注射器滴入（*w/v*）4%的 $CaCl_2$ 水溶液中形成微球；置于 4℃冰箱中分别交联 12 h、24 h，得到 α-Fe_2O_3 粉末与去离子水质量体积比（*w/v*）分别为 0、2%、2.5%和 3%的微球。取出过滤，用去离子水冲洗 4 次后于室温中用滤纸吸水，使其干湿比达到 4.9%～17.4%（通过真空冷冻机干燥后测得），保存于 4℃冰箱中备用。

2. 固定化纳米 α-Fe_2O_3 微球处理含铀废水的影响因素试验

1）α-Fe_2O_3 含量对吸附 U(VI)的影响

在 30℃、U(VI)初始质量浓度 10 mg/L、湿微球投加量 20 g/L、不同初始 pH 条件下，研究纳米 α-Fe_2O_3 含量对 U(VI)吸附的影响，结果如图 4.61 所示。当微球中没有纳米 α-Fe_2O_3 时，微球对 U(VI)的吸附率较低，且 pH＝3 时吸附效果最好，吸附率为 44.8%；随着纳米 α-Fe_2O_3 含量的升高，对 U(VI)的吸附率也逐渐升高，当纳米 α-Fe_2O_3 的含量达到 3%时，U(VI)的吸附率最高达到 80%，可见纳米 α-Fe_2O_3 粉末在固定化微球吸附铀的过程中起到了关键作用。后续试验中纳米 α-Fe_2O_3 的含量均采用 3%。

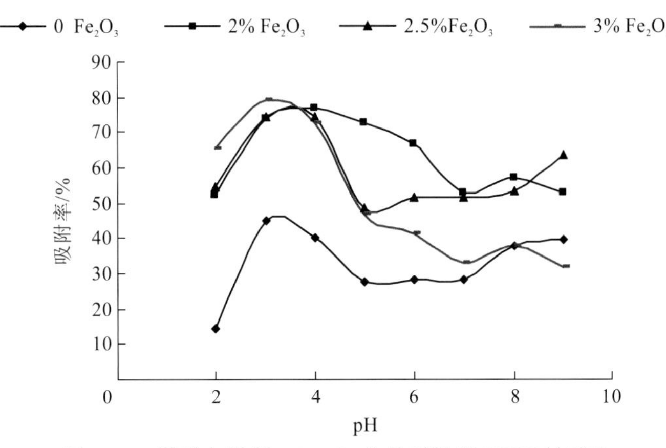

图 4.61　微球中纳米 α-Fe_2O_3 含量对吸附 U(VI)的影响

2）交联时间、pH 对固定化纳米 α-Fe_2O_3 微球吸附 U(VI)的影响

将固定化纳米 α-Fe_2O_3 微球放入 4℃冰箱中分别进行 12 h 和 24 h 交联，调节初始 pH 为 2～9，湿微球投加量为 20 g/L，U(VI)初始质量浓度为 10 mg/L，30℃下振荡 3 h 后，铀吸附率如图 4.62 所示。与交联 24 h 后的固定化纳米 α-Fe_2O_3 微球相比，交联 12 h 后的固定化纳米 α-Fe_2O_3 微球对铀的最大吸附率由 80%升高到了 83.5%，这是因为交联时间越短，形成的孔隙越不密实，从而利于铀的吸附。考虑微球的机械稳定性，不再缩短其交联时间，选择 12 h 作为后续试验的交联时间。

从交联 12 h 的试验结果可知，当 pH 由 2 上升到 3 时，吸附率由 64%上升到 83.5%，当 pH 由 3 上升到 7 时，吸附率又明显下降。因此初始 pH 为 3 是适宜的 pH 条件。

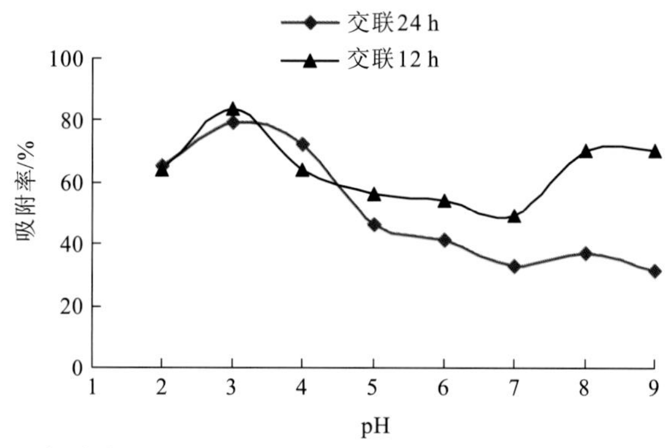

图 4.62　交联时间和 pH 对固定化纳米 α-Fe_2O_3 微球吸附 U(VI)的影响

3）固定化纳米 α-Fe_2O_3 微球投加量对吸附 U(VI)的影响

在初始 pH 为 3、30℃、U(VI)初始质量浓度 10 mg/L、振荡 3 h 条件下，进行不同投加量对 U(VI)吸附去除的影响试验，结果如图 4.63 所示。固定化纳米 α-Fe_2O_3 微球投加量由 5 g/L 逐渐增加到 60 g/L 时，吸附率由 70.3%升高到 95.5%。吸附量则由 8.08 mg/g 微球干重降到 0.91 mg/g 微球干重。综合这两个因素后，将 20 g/L 湿微球作为后续试验的投加量。

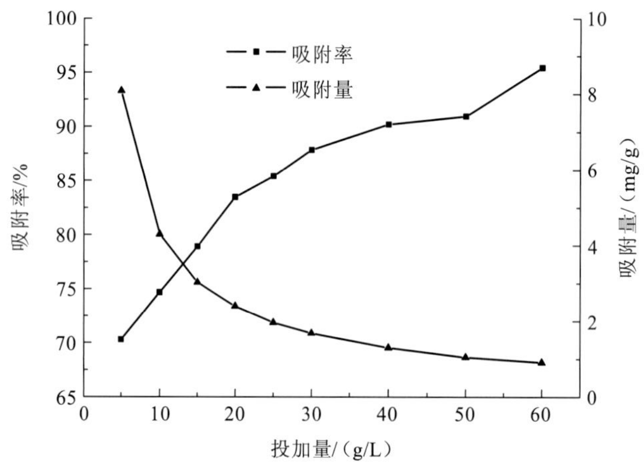

图 4.63　投加量对固定化纳米 α-Fe_2O_3 微球吸附 U(VI)的影响

4）反应温度对固定化纳米 α-Fe_2O_3 微球吸附 U(VI)的影响

设置温度为 30～60℃，U(VI)初始质量浓度为 10 mg/L、振荡 3 h 后考察温度对吸附效果的影响，结果如图 4.64 所示。吸附率随温度的升高而逐渐上升，吸附量略有增加，表明在常温下固定化纳米 α-Fe_2O_3 微球对铀的吸附便可达到一定效果。在动力学试验中，温度采用 30℃。

5）U(VI)初始浓度对固定化纳米 α-Fe_2O_3 微球吸附 U(VI)的影响

将固定化纳米 α-Fe_2O_3 微球添加到锥形瓶内，分别加入铀初始质量浓度为 2.5～30 mg/L 的溶液，在 15℃、30℃、45℃、60℃这 4 个温度环境下振荡 12 h，得到平衡吸

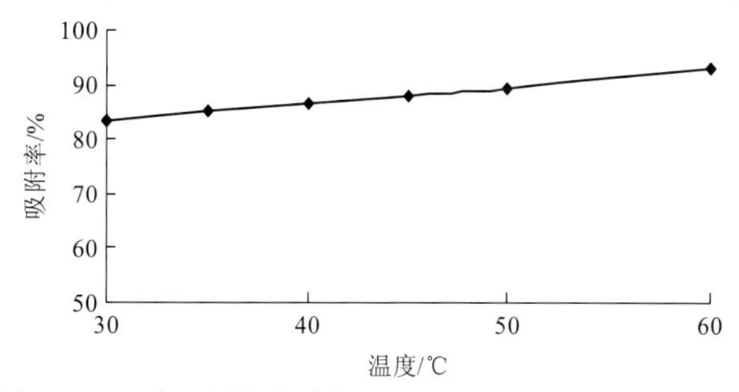

图 4.64　温度对固定化纳米 α-Fe_2O_3 微球吸附 U(VI)的影响

附量。绘制平衡吸附量 q_e 与 U(VI)初始质量浓度 C_0 的曲线，如图 4.65 所示。随着铀初始浓度的上升，其平衡吸附量逐渐增加，吸附量与初始浓度呈正相关。

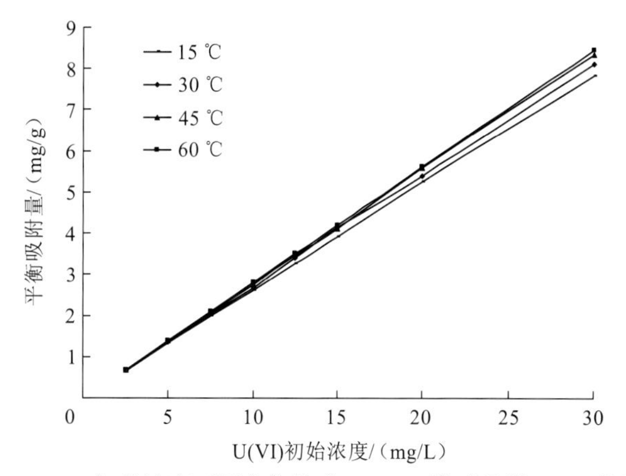

图 4.65　U(VI)初始浓度对固定化纳米 α-Fe_2O_3 微球吸附 U(VI)的影响图

6）吸附时间对固定化纳米 α-Fe_2O_3 微球吸附 U(VI)的影响

将固定化纳米 α-Fe_2O_3 微球添加到锥形瓶内，U(VI)初始质量浓度为 10 mg/L 的，30℃，振荡 12 h，定时取样测定吸附率，如图 4.66 所示。随着吸附时间的增加，U(VI)在固定化纳米 α-Fe_2O_3 微球上的吸附量逐渐增加，且初始阶段（1.5 h 之前）反应进行得很快，反应 9 h 时达到吸附平衡，饱和吸附量为 2.64 mg/g。因此，固定化纳米 α-Fe_2O_3 微球对 U(VI)的吸附包括 2 个阶段，即快速阶段和慢速阶段。在快速阶段，微球吸收金属离子速度较快，此时金属离子在细胞表面的吸附方式主要包括离子交换和表面络合；在慢速阶段，被微球表面吸附的金属离子由于渗透压而转移至微球内部，吸附方式包括传输和沉积，速度较慢。

7）固定化纳米 α-Fe_2O_3 微球对 U(VI)的吸附动力学

采用准一级动力学方程和准二级动力学方程来拟合微球吸附动力学过程，如图 4.67、图 4.68 所示。准一级和准二级动力学方程拟合结果的相关系数 R^2 均大于 0.99。通过准一级动力学方程可计算出平衡吸附量为 q_e = 1.37 mg/g，与试验测量值 2.64 mg/g 差异较大；而准二级动力学方程计算出的平衡吸附量为 2.77 mg/g，与试验结果基本吻合，因此吸附动力学更符合准二级动力学模型。

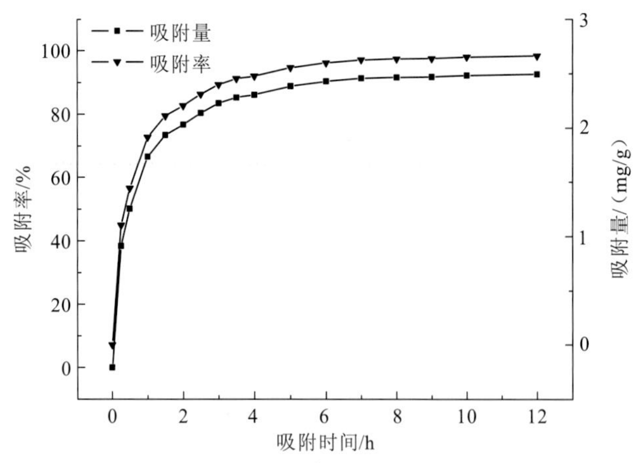

图 4.66 吸附时间对固定化纳米 α-Fe_2O_3 微球吸附 U(VI)的影响

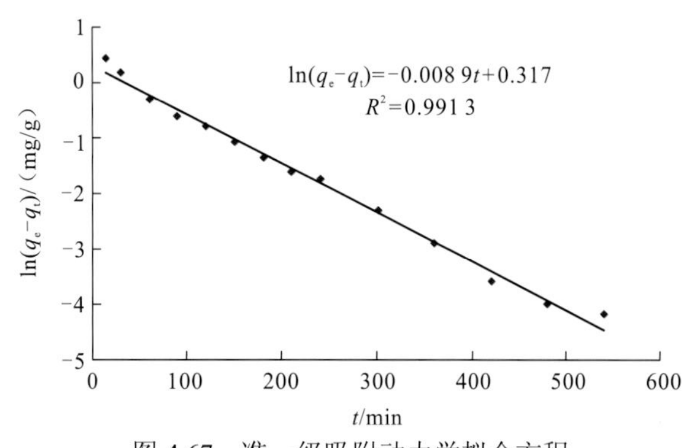

图 4.67 准一级吸附动力学拟合方程

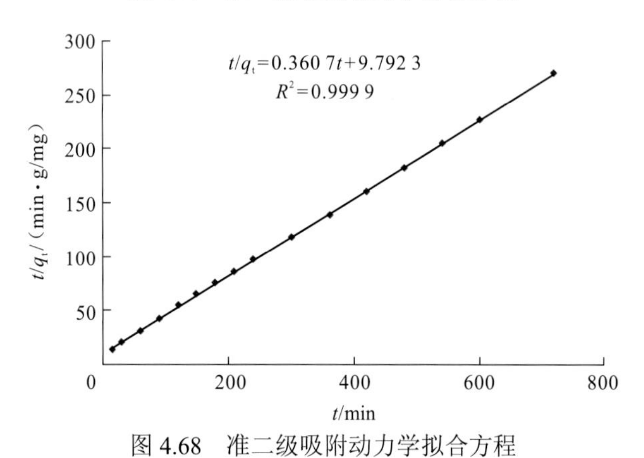

图 4.68 准二级吸附动力学拟合方程

3. 固定化纳米 α-Fe_2O_3 微球吸附除铀机理分析

1）固定化纳米 α-Fe_2O_3 微球的 SEM 分析

固定化纳米 α-Fe_2O_3 微球吸附 U(VI)前后的 SEM 结果见图 4.69。从图 4.69（a）可知，微球表面粗糙，凹凸不平，大小空隙密布，这一结构非常利于吸附重金属离子。而图 4.69（b）中，吸附 U(VI)后的固定化纳米 α-Fe_2O_3 微球表面相对较平整，密布的小孔也被填平，推测铀离子通过离子交换进入固定化纳米 α-Fe_2O_3 微球内部，以及通过络合作用填充在微球表面。

（a）吸附前

（b）吸附后

图 4.69　固定化纳米 α-Fe_2O_3 微球吸附 U(VI)前后的扫描电镜图

2）FTIR 红外图谱分析

通过 NICOLET 6700 检测仪器，采用 KBr 压片法，对固定化纳米 α-Fe_2O_3 微球吸附 U(VI)前后进行 FTIR 分析，结果如图 4.70 所示。

从处理铀前后 FTIR 结果可知，固定化纳米 α-Fe_2O_3 微球吸附 U(VI)后，在 916 cm^{-1} 处出现一个新的谱峰，其他基团也发生了位移。在 916 cm^{-1} 处的为 UO_2^{2+} 铀酰特征峰，证明 U(VI)已被吸附到固定化纳米 α-Fe_2O_3 微球表面。固定化纳米 α-Fe_2O_3 微球吸附 U(VI)后，由于 C—H 发生了弯曲振动，由 1 419 cm^{-1} 变成了 1 408 cm^{-1}，发生了红移，这是因为 C—H 中的氢与 UO_2^{2+} 中的轴向氧形成了弱氢键；由于醚键 C—O—C 中的氧和 UO_2^{2+} 发

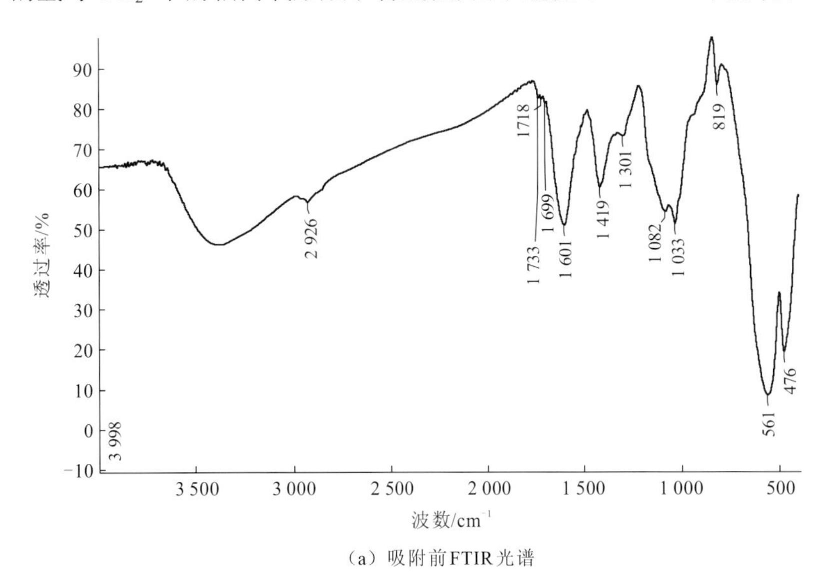

（a）吸附前FTIR光谱

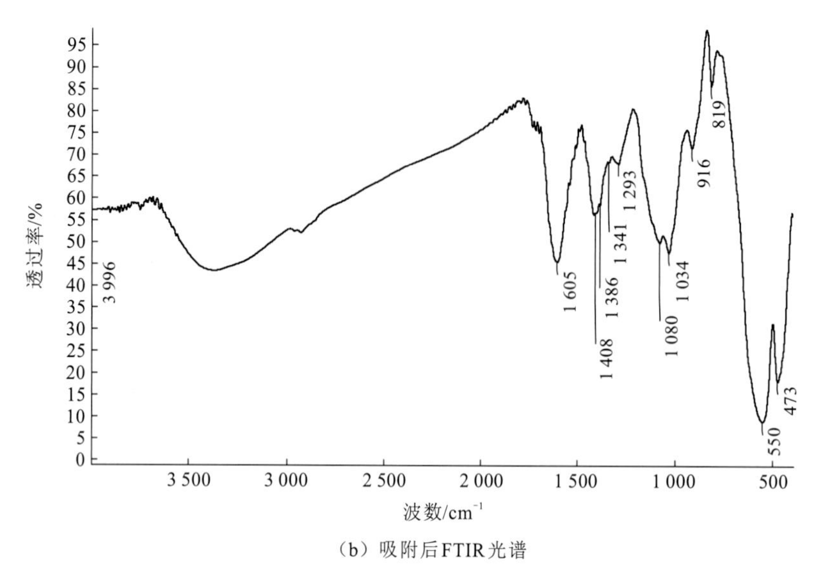

（b）吸附后FTIR光谱

图 4.70　吸附 U(VI)前后的表面红外图谱

生配位作用，使波峰由 1 033 cm^{-1}、1 082 cm^{-1} 分别移动到了 1 034 cm^{-1} 及 1 080 cm^{-1}；而 1 601 cm^{-1} 处的谱峰移动到了 1 605 cm^{-1} 处，这是因为羧酸键中的 C═O 键与 UO_2^{2+} 发生了配位作用，引起蓝移。因此，固定化纳米 α-Fe_2O_3 微球吸附 U(VI)所作用的主要有机官能团有 C—H、C—O—C 与 C═O 等。

参 考 文 献

陈婧, 谢水波, 曾涛涛, 等, 2016. 羟基铁插层膨润土的制备及其对铀(VI)的吸附特性与机制. 复合材料学报, 33(11): 2649-2656.

陈月芳, 曹丽霞, 林海, 等, 2013. 中药渣和麦麸对模拟矿山酸性废水中 Cu^{2+}的吸附. 中国有色金属学报, 23(6): 1775-1782.

范荣玉, 郑细鸣, 2013. 铅(II)离子印迹复合膜对重金属离子的吸附热力学与吸附动力学. 化工学报, 64(5): 1651-1659.

胡珂琛, 谢水波, 刘迎九, 等, 2016. 膨胀石墨对 U(VI)的吸附特性. 环境工程学报, 10(3): 1126-1132.

李克斌, 王勤勤, 党艳, 等, 2012. 荞麦皮生物吸附去除水中 Cr(VI)的吸附特性和机理. 化学学报, 70(7): 929-937.

李仕友, 史冬峰, 唐振平, 等, 2017. 壳聚糖/氧化石墨烯复合材料吸附 U(VI)的特性与机理. 环境科学学报, 37(04): 1388-1395.

李银, 谢水波, 刘迎九, 等, 2012. 纳米 α-Fe_2O_3 微球对 U(VI)的吸附特性研究. 安全与环境学报, 12(2): 66-71.

刘星群, 谢水波, 曾凡勇, 等, 2017. 亚铁铝类水滑石吸附铀的性能与吸附机制. 复合材料学报, 34(1):

183-190.

聂小琴, 董发勤, 刘明学, 等, 2013. 生物吸附剂梧桐树叶对铀的吸附行为研究. 光谱学与光谱分析, 33(5): 1290-1294.

潘多强, 吴王锁, 2015. 铀酰在金云母上吸附的光谱学研究. 南宁: 第三届全国核化学与放射化学青年学术研讨会.

王哲, 易发成, 冯媛, 2015. 铀在木纤维上的吸附行为及机理分析. 原子能科学技术, 49(2): 263-272.

夏良树, 谭凯旋, 王晓, 等, 2010. 铀在榕树叶上的吸附行为及其机理分析. 原子能科学技术, 44(3): 278-284.

谢水波, 段毅, 刘迎九, 等, 2013. 交联海藻酸钠固定化的腐殖酸多孔性薄膜对铀(VI)的吸附性能及机理. 化工学报, 64(7): 2488-2496.

谢水波, 罗景阳, 刘清, 等, 2015. 羟乙基纤维素/海藻酸钠复合膜对六价铀的吸附性能及吸附机制. 复合材料学报, 32(1): 268-275.

徐静, 闻宏亮, 欧阳建波, 等, 2013. 氧化石墨烯-壳聚糖复合材料对甲烯蓝的吸附动力学. 上海大学学报(自然科学版), 19(4): 400-404.

赵茜, 邱东方, 王晓燕, 等, 2011. 壳聚糖/氧化石墨烯纳米复合材料的形态和力学性能研究. 化学学报, 69(10): 1259-1263.

郑伟娜, 夏良树, 王晓, 等, 2011. 谷壳对铀(VI)的吸附性能及机理研究. 原子能科学技术, 45(5): 534-540.

AKHTAR K, KHALID A M, AKHTAR M W, et al., 2009. Removal and recovery of uranium from aqueous solutions by Ca-alginate immobilized *Trichoderma harzianum*. Bioresource Technology, 100(20): 4551-4558.

ANIRUDHAN T S, JALAJAMONY S, 2013. Ethyl thiosemicarbazide intercalated organophilic calcined hydrotalcite as a potential sorbent for the removal of uranium(VI) and thorium(IV) ions from aqueous solutions. Journal of Environmental Sciences, 25(4): 717-725.

ANIRUDHAN T S, SREEKUMARI S S, 2010. Synthesis and characterization of a functionalized graft copolymer of densified cellulose for the extraction of uranium(VI) from aqueous solutions. Colloids and Surfaces A: Physicochemical and Engineering Aspects, 361(1): 180-186.

CAMACHO L M, DENG S, PARRA R R, 2009. Uranium removal from groundwater by natural clinoptilolite zeolite: Effects of pH and initial feed concentration. Journal of Hazardous Materials, 175(1-3): 393-398.

CHEN J H, NI J C, LIU Q L, et al., 2012. Adsorption behavior of Cd(II) ions on humic acid-immobilized sodium alginate and hydroxyl ethyl cellulose blending porous composite membrane adsorbent. Desalination, 285: 54-61.

CHENG H, ZENG K, YU J, 2013. Adsorption of uranium from aqueous solution by graphene oxide nanosheets supported on sepiolite. Journal of Radioanalytical and Nuclear Chemistry, 298(1): 599-603.

DONAT R, 2009. The removal of uranium (VI) from aqueous solutions onto natural sepiolite. The Journal of Chemical Thermodynamics, 41(7): 829-835.

DONAT R, 2010. Adsorption and thermodynamics studies of U(VI) by composite adsorbent in a batch system.

Ionics, 16(8): 741-749.

FATIMA H, DJAMEL N, SAMIRA A, et al., 2013. Modelling and adsorption studies of removal uranium (VI) ions on synthesised zeolite NaY. Desalination & Water Treatment, 51(28-30): 5583-5591.

GUO Z J, LI Y, WU W S, 2009. Sorption of U(VI) on goethite: Effects of pH, ionic strength, phosphate, carbonate and fulvic acid. Applied Radiation and Isotopes, 67(6): 996-1000.

HE Y Q, ZHANG N N, WANG X D, 2011. Adsorption of graphene oxide/chitosan porous materials for metal ions. Chinese Chemical Letters, 22(7): 859-862.

INNOCENZI P, MALFATTI L, CARBONI D, 2015. Graphene and carbon nanodots in mesoporous materials: an interactive platform for functional applications. Nanoscale, 7(30): 12759-12772.

KILINCARSLAN A, AKYIL S, 2005. Uranium adsorption characteristic and thermodynamic behavior of clinoptilolite zeolite. Journal of Radioanalytical and Nuclear Chemistry, 264(3): 541-548.

KIM G, BASARIR F, YOON T H, 2011. Synthesis and characterization of poly(triphenylamine)s with electron-withdrawing trifluoromethyl side groups for emissive and hole-transporting layer. Synthetic Metals, 161(19-20): 2092-2096.

LI Y, YUE Q Y, GAO B Y, 2010. Adsorption kinetics and desorption of Cu(II) and Zn(II) from aqueous solution onto humic acid. Journal of Hazardous Materials, 178(1-3): 455-461.

LIU H J, XIE S, LIAO J, et al., 2018. Novel graphene oxide/bentonite composite for uranium(VI) adsorption from aqueous solution. Journal of Radioanalytical and Nuclear Chemistry, 317(3): 1349-1360.

LIU H J, ZHOU Y C, YANG Y B, et al., 2019. Synthesis of polyethylenimine/graphene oxide for the adsorption of U(VI) from aqueous solution. Applied Surface Science, 471: 88-95.

LIU L, LI C, BAO C, et al., 2012. Preparation and characterization of chitosan/graphene oxide composites for the adsorption of Au(III) and Pd(II). Talanta, 93: 350-357.

MA J, LIU C H, LI R, et al., 2012. Properties and structural characterization of chitosan/poly(vinyl alcohol)/graphene oxide nano composites. E-Polymers, 33: 1-13.

MONIER M, ABDEL-LATIF D A, 2013. Synthesis and characterization of ion-imprinted resin based on carboxymethyl cellulose for selective removal of UO_2^{2+}. Carbohydrate Polymers, 97(2): 743-752.

MUKHERJEE J, RAMKUMAR J, CHANDRAMOULEESWARAN S, et al., 2013. Sorption characteristics of nano manganese oxide: efficient sorbent for removal of metal ions from aqueous streams. Journal of Radioanalytical and Nuclear Chemistry, 297(1): 49-57.

NILCHI A, DEHAGHAN T S, GARMARODI S R, 2013. Kinetics, isotherm and thermodynamics for uranium and thorium ions adsorption from aqueous solutions by crystalline tin oxide nanoparticles. Desalination, 321: 67-71.

TAN J, XIE S B, WANG G H, et al., 2020. Fabrication and optimization of the thermo-sensitive hydrogel carboxymethyl cellulose/poly (N-isopropylacrylamide-co-acrylic acid) for U(VI) removal from aqueous solution. Polymers, 12(1): 151-171.

TAN L C, LIU Q, JING X Y, et al., 2015. Removal of uranium(VI) ions from aqueous solution by magnetic cobalt ferrite/multiwalled carbon nanotubes composites. Chemical Engineering Journal, 273: 307-315.

WANG G, LIU J, WANG X, et al., 2009. Adsorption of uranium(VI) from aqueous solution onto cross-linked chitosan. Journal of Hazardous Materials, 168(2): 1053-1058.

YAN H J, BAI J W, CHEN X, et al., 2013. High U(VI) adsorption capacity by mesoporous Mg(OH)(2) deriving from MgO hydrolysis. RSC Advances, 3(45): 23278-23289.

YANG F, XIE S B, WANG G H, et al., 2020. Investigation of a modified metal-organic framework UiO-66 with nanoscale zero-valent iron for removal of uranium (VI) from aqueous solution. Environmental Science and Pollution Research, 27(16): 20246-20258.

YANG J T, WU M J, CHEN F, et al., 2011. Preparation, characterization, and supercritical carbon dioxide foaming of polystyrene/graphene oxide composites. Journal of Supercritical Fluids, 56(2): 201-207.

第 5 章　铀矿冶放射性废水治理实践

5.1　概　　述

铀矿冶用水量较大，其废水产生量也大。废水主要来自铀矿开采废水和水冶废水。铀矿开采废水是指地下常规开采、露天开采及原地爆破浸出开采等过程中产生的各种矿坑水和尾矿库产生的地表径流。水冶废水是指铀浸出过程和回收过程中产生的各种工艺废水，主要有：①浸出过程中搅拌浸出后固液分离和残渣洗涤产生的废水与尾矿渗出水，以及堆浸工艺产生的尾渣渗出水（徐乐昌 等，2010）；②回收过程中吸附尾液、萃取残余液、转型液和沉淀母液（含压滤洗涤后的滤液）（谢水波 等，2018）。废水中含有放射性与重金属等有毒有害组分，若直接外排，将造成资源浪费，污染环境；如果全部处理后外排，则会显著增加企业成本，影响企业经济效益（杨庆 等，2007）。因而，采冶废水应尽可能地循环利用，尽量减少排放，或者实现废水零排放。

对拟退役的铀矿山矿井，可以采用全井充填方式或者封闭淹井的方式进行封闭。但对存在的放射性废水，可以通过物理法、化学法或者生物法进行处理。放射性废水的处理对象主要是铀等放射性核素，遵循的一般原则是：将放射性水平极低的废水稀释扩散排入水体；对高中、低水平放射性废水进行处理或浓缩，将其浓缩产物与人类的生活环境长期隔离，使其自然衰减。

5.1.1　国外铀矿冶放射性废水治理

保加利亚使用 $Al(OH)_3$、$Ca_3(PO_4)_2$ 作混凝剂，再通过离子交换，Co 的去除率可大于 99%。芬兰洛维萨（Loviiss）核电站（Loviiss NPP）废水处理中，采用混凝剂、离子交换剂及吸附剂来去除 ^{60}Co，去除率为 95%～98%；J Schunk 报道在一处放射性污水处理中，采用多层选择离子交换-吸附工艺，发现经预处理过的活性炭对 ^{54}Mn、^{60}Co、^{58}Co 有很强的亲和力（孙寿华 等，2019）。

俄罗斯库兹涅佐夫等研究发现，斜发沸石对于放射性物质 ^{137}Cs 的选择性比其他的碱元素和碱土元素的阳离子高得多。一个柱容积的斜发沸石可以从含 24 mg/L Ca^{2+}、Mg^{2+} 的 50 000 柱容积的水中去除 99%的 ^{137}Cs（闫小琴，2016）。

美国爱达荷核反应堆试验站曾采用斜发沸石处理中低水平放射性的废水，沸石颗粒粒径为 1～6 mm，用以去除 ^{137}Cs 和 ^{50}Sr，对 ^{90}Sr 的净化系数为 200，而对 ^{137}Cs 的净化系数还要高一些。

5.1.2　国内铀矿冶放射性废水治理

【例 1】　某铀矿冶放射性废水处理工艺

絮凝沉淀—木屑吸附—多孔过滤—电渗析—离子交换（图 5.1）。

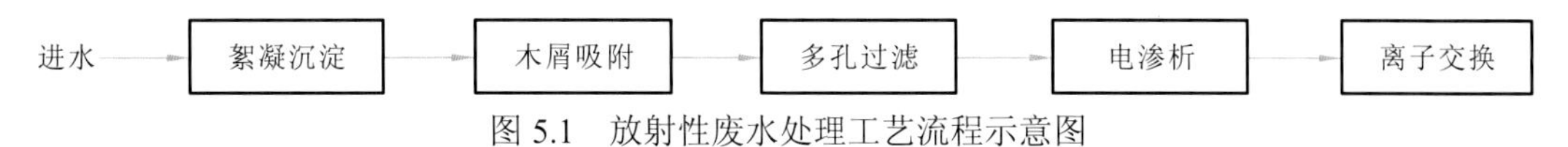

图 5.1　放射性废水处理工艺流程示意图

经絮凝沉淀和木屑吸附—多孔过滤工艺净化后，^{147}Pm 浓度达到排放标准。电渗析—离子交换单元作为备用工艺手段。经离子交换后的排放水浓度为 $1.5\times10^2\sim8.1\times10^2$ Bq/L，净化系数达到了三个数量级。采用远红外蒸发单元处理时，原液为 7.26×10^5 Bq/L，冷却液为 50 Bq/L，净化系数可达 4 个数量级（HU et al.，2016）。

【例 2】　某铀矿冶低放废水处理组合工艺

用磺化聚砜膜超滤（UF）组件与离子交换联合及超滤—反渗透—电渗析进行组合（图 5.2）。

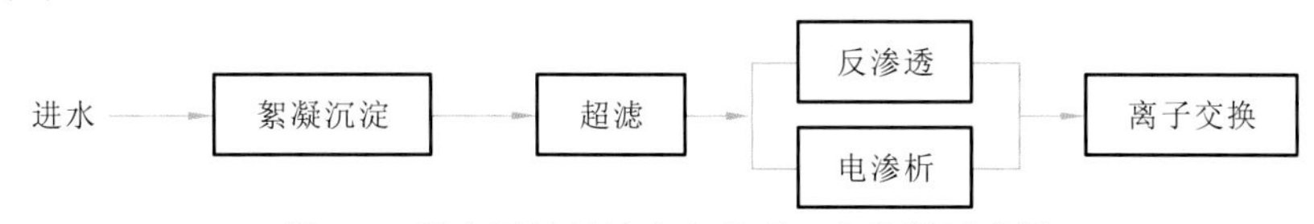

图 5.2　低水平放射性废水处理工艺流程示意图

含 ^{131}Ba 的铀矿冶放射性废水处理工艺：通过放射性核素 ^{131}Ba 与稳定性同位素 Ba^{2+} 共沉淀，用 $Al_2(SO_4)_3$ 进行混凝，活性炭吸附，石英砂过滤。

不同材料对稳定同位素与放射性同位素吸附率的试验表明，离子交换树脂对两者的去除效果基本相同，用稳定同位素可以代替放射性同位素进行筛选试验。

5.2　美国某地浸铀矿山放射性废水治理

5.2.1　工程概况

位于美国怀俄明州中部的某铀矿山，为 P 山脉北部典型的丘陵地形，海拔 1450 m。该铀矿山生产能力为 U_3O_8 340.9 t/a。在采铀区，地形起伏变化一般不超过 50 m，但在开采区凹陷和隆起的地方其高差变化有的接近 150 m。该地区年降水量为 320 mm，夏季气温最高达 40 ℃，冬季气温最低至−40 ℃，该地人口稀少。该矿床铀矿体主要位于始新世 Wasatch 建造的 K 砂岩层的前卷状矿床。铀主要来源于环绕盆地周围山体中的前寒武纪花岗岩，由河流冲刷作用被迁移至盆地而在长砂岩中富集。覆盖在表面的渐新世火山沉积层可溶铀的含量较高，由于淋滤作用这部分铀进入地下水及砂岩层中。当溶解的铀经过渗透岩层向下运移时，遇到促使铀沉积的还原环境，铀便会沉积富集，形成前卷状矿床。铀矿化发生在砂砾岩和薄煤层之间的充填孔隙中。

含铀砂岩位于不渗漏的承压含水层中，地形起伏变化，地下水位深度为 15～75 m。整个砂岩层顺序排列分布，厚度接近 90 m，虽然有许多黏土和泥（粉）砂岩基底存在，整个含矿砂岩层还具有较好的水力联系。含矿砂岩层上下连续的泥（页）岩层正好为溶浸开采提供了良好的隔水项底板，可防止溶液的垂向泄漏。

通过持续 5～6 h 的大量区域水文地质试验，获得了含矿含水层的水文地质参数。在上下覆盖层进行监测确定含矿含水层上下顶底板的完整性。区域水文地质试验资料包括：地下水流的主要流向为西北方向，平均水力传导系数为 6.2 m/d，水平方向的渗透系数为 116～220 m/d，贮水系数为 7.8×10^{-5}～1.2×10^{-3}，水平方向的渗透系数远大于垂直方向。矿床可看成河流沉积（孙寿华 等，2019）。

Malapai 公司进行了溶浸采铀试验，评价矿床地浸开采的可行性，以及采矿结束后复原的技术经济性；充分论证了试验矿床的可溶浸开采性，得出了铀的总价值、产品的纯度和浸出液中铀的含量。地下水中钠离子浓度较高，从采矿和复原的角度选择 $Na_2CO_3/NaHCO_3$ 作为浸出剂，O_2 作氧化剂。井场包括 4 个注入井和 3 个生产井，行列式布置，抽取流量为 5.7 m^3/h。钻孔位于 Laney 组格林河（Green River）构造带，属下始新世。

5.2.2 治理方法

地浸矿山废水包括浸出操作、浸出液处理过程中产生的废水，以及含矿含水层复原过程中产生的废水。

生产过程产生的放射性废水不能直接外排，须通过严格的废水处理设施进行处理，分别送到两个废水处理站进行处理。最初排出的生产废水通过蒸发池进行蒸发处理，为了提高蒸发速率，安装有大型喷洒装置。蒸发处理后的残渣采用深井处置法处理，注入距地表 2225 m 深的 Teckla 地层。

对地下水中可迁移的和静止的污染物进行复原，如图 5.3 和图 5.4 所示，主要包括三种方法：①地下水清除法；②反渗透处理后的水重新注入；③注入硫化氢等还原物质使污染物迁移。

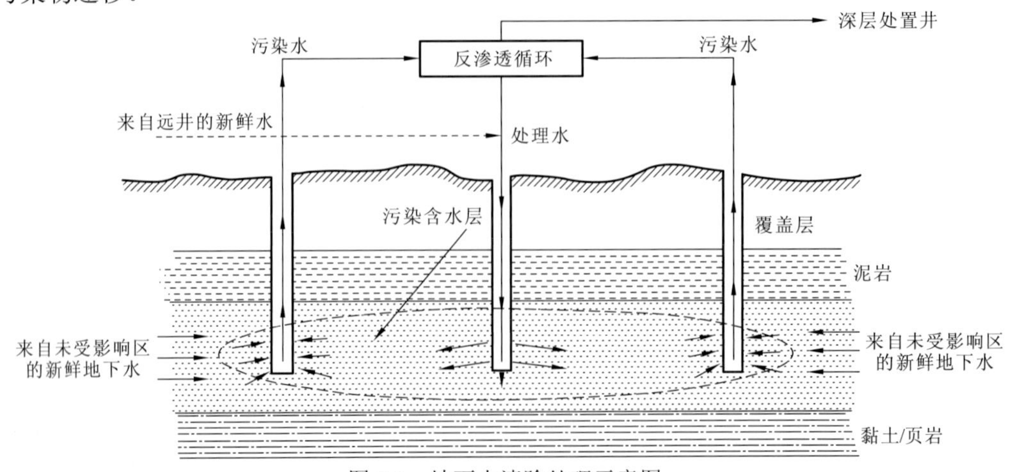

图 5.3　地下水清除处理示意图

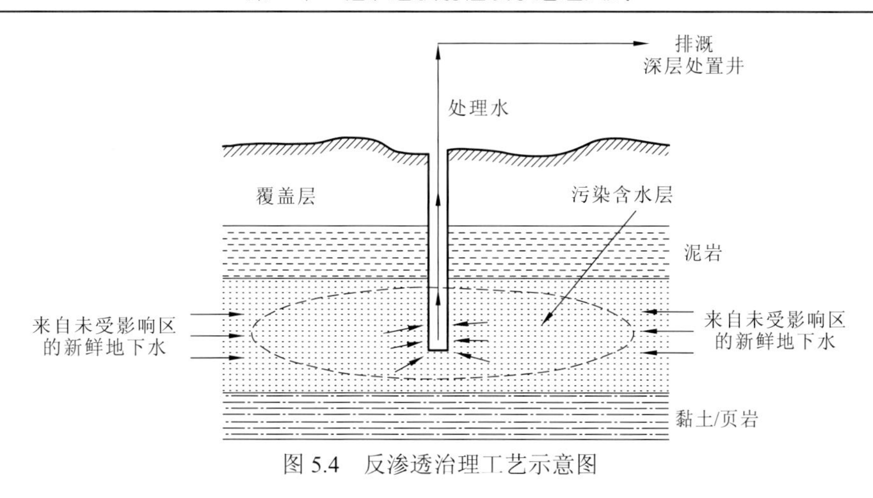

图 5.4　反渗透治理工艺示意图

为了降低处理成本，上述方法通常结合起来使用，还原物质注入法使用较少。当一个井场生产结束而该矿山的其他井场还在生产时开展地下水复原，可带来巨大的经济效益。

5.2.3　治理工艺流程

复原操作产生的废水主要排放到地表，复原废水必须经过反渗透工艺进行处理，其处理出水水质须达到排放标准。水质排放标准由怀俄明州制定，水质标准每 5 年重新修订一次。某铀矿约有 75%复原后的废水排放至地表，剩下的高浓度卤水送到处理厂。最后，高浓度卤水与处理厂废水一道汇入蒸发池处理，蒸发池的残留物采用深井处理法处置。废水处理工艺流程如图 5.5 所示。

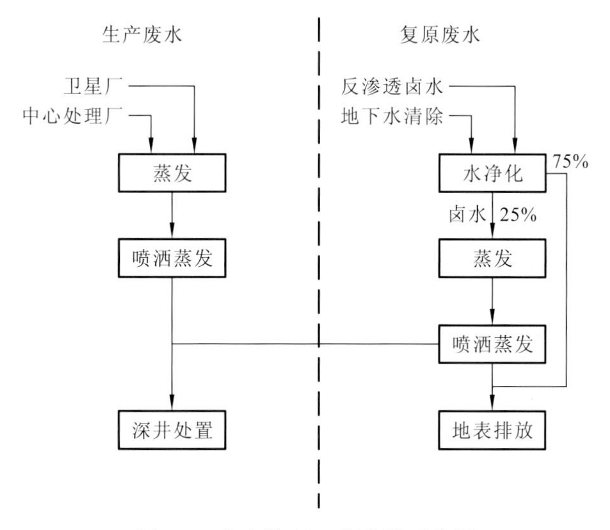

图 5.5　废水处理工艺流程示意图

5.2.4 治理效果

地下水复原目标：清除和处置一个孔隙体积的地下水，称为地下水清除；采用反渗透法处理五个孔隙体积的地下水，将经过反渗透处理的淡水重新注入含矿含水层，而高卤水还需得到进一步处理。反渗透处理过的淡水注入矿层前须同时加入适量的还原剂。

复原过程中和复原后应加强对地下水的监测，确保最后的复原结果的稳定性和实效。

1. 地下水清除

抽取地下水是开采单元地下水复原的第一步。在不注入溶液的前提下，通过井场的抽液钻孔抽取地下水，主要是抽出残留于矿层的溶浸剂。抽取地下水不仅可将溶解固体总量（total dissolved solid，TDS）高的地下水抽出，还可使井场外围溶解固体总量低的地下水涌入井场内含矿含水层，降低井场地下水的溶解固体总量。

抽取地下水是重要的控制过程，抽水时，大量的地下水连续迁移但不致使含矿含水层的水位低于泵的位置，地下水清除的速率应保证含矿含水层的水位高于泵的位置。某铀矿计划抽取地下水的流量为 68 m^3/h。抽出的地下水既要对铀进行回收处理，又要去除 ^{226}Ra，达到美国国家污染物排放消除系统（National Pollutant Discharge Elimination System，NPDES）的许可标准，以便地表排放、进行蒸发和最终的深井处置。地下水抽取时每抽出一个孔隙体积的地下水可去除残留于井场含矿含水层内的大部分溶浸剂，这时可进入下一级反渗透处理工艺。

2. 反渗透处理工艺

反渗透是地下水复原的第二阶段，从井场抽出的水首先经过调节 pH，再送入反渗透装置，通过乙酸纤维素压力膜过滤。抽出的地下水经过反渗透处理，再将处理过的地下水注入井场（苏学斌 等，2012）。反渗透工艺是降低金属离子浓度和溶解固体总量的有效方法，其效率约 65%～90%。反渗透处理设施出水可分为淡水和卤水两部分。根据抽出的地下水的水质，淡水与卤水的比例范围为 70：30～90：10。

某铀矿计划反渗透处理时，地下水抽出流量为 114 m^3/h（500 gal/min）。反渗透阶段约要处理 5 个孔隙体积的地下水，在渗透和迁移的过程中为了使含矿含水层的氧化环境降低，通过将 H_2S 气体或 Na_2S 等还原剂注入矿层，去除氧气（孔劲松 等，2012）。

3. 还原剂的加入

砂岩铀矿床的成矿条件具有天然还原环境，在该条件下岩石中的 As、Se、V 和 U 等痕量元素是无法溶解的，但随着原地浸出工艺过程中氧化剂的加入，矿石中的铀和其他一些微量元素将同时被溶解。采铀操作结束后，需要对含矿层地下水进行恢复处理，使地下水中的痕量元素的浓度恢复到开采前的背景值水平。为此，在浸出结束后必须将氧化环境的含矿含水层恢复至还原环境，由于地下水复原过程是短期活动，有必要加入还原剂。在复原操作结束后的地下水中的元素含量通过化学平衡反应，将逐渐降至其原有的水平。

4. 稳定性监测

对于某个采铀单元，虽然地下水复原操作结束后，其地下水可成功地恢复到原有背景值水平，但还须监测复原效果的稳定性，监测工作应从复原工作结束即进行。监测孔应具有代表性，应与原始背景值水质监测取样孔相同，能够反映和确定复原效果的稳定性。在监测期内，监测孔每月采样一次，直到稳定为止。根据地下水质变化情况，由相关环境质量部门和企业共同确认井场地下水复原效果，当其对复原和稳定性监测结果形成共识，认为地下水复原达到了预期的目标后，再进行井场退役和地表复垦。

5.3　湖南某铀矿矿井水治理

5.3.1　工程概况

1. 水文地质条件

湖南某铀矿区的西南灰岩出露区为矿床地下水的渗水补给区，矿井水主要来自地下水。该矿的地下水由五部分构成。

（1）石炭系壶天灰岩岩溶裂隙承压水。层厚大于 278 m，岩溶发育。溶洞一般为 0.1～0.5 m，最大为 14.5 m，含水层厚度为 28～147 m，渗透系数为 3.791～5.102 m/d，温度为 23～36.5 ℃，钻孔测温最高达 48.7 ℃，水质类型为 HCO_3-Ca-Mg 型或 HCO_3-SO_4-Ca-Mg 型。

（2）二叠系栖霞灰岩岩溶裂隙承压水。层厚 150～200 m，溶洞一般直径为 0.5～1.0 m，最大为 18.4 m，含水层厚度为 20～121 m，渗透系数为 0.012～17.52 m/d，抽水温度为 25～45 ℃，钻孔测温最高达 58.5 ℃。水质类型为 HCO_3-Ca 型或 HCO_3-SO_4-Ca-Mg 型。

（3）二叠系当冲组裂隙承压水。当冲组在矿区出露厚度为 90～150 m，为该矿床主要含矿岩层。含水层厚度一般为 40～80 m，渗透系数为 0.111～1.941 m/d，最大值为 23.381 m/d，水温为 22～47.5 ℃。含水极不均匀，呈脉状分布，呈现有矿无水、有水无矿的规律。

（4）白垩系红砂岩孔隙、裂隙潜水，局部承压水。含水层厚度为 50～185 m，局部具承压性。渗透系数为 0.000 3～0.803 4 m/d，水温为 18～22 ℃，水质类型为 HCO_3-Ca 型（Keshtkar et al.，2015）。

（5）第四系孔隙潜水。含水层厚度为 2～15 m，泉水流量一般为 0.1～0.5 L/s，最大范围为 1.50～6.00 L/s，水温为 18～22 ℃，水质类型为 HCO_3-Ca 型。

矿区地下水的特点有以下三个方面。

（1）储量丰富。主要出水裂隙常发育在构造断裂带两侧，裂隙率微 16.3%～34%，一般裂隙率在 0.65%～2.10%（杨解，1989）。温热水的水力联系条件较好，一旦出水流量就很大。如主矿带 80 m 中段 132 穿脉突水点的突水量为 1 206 m^3/h，114 穿脉的突水量达 4 700 m^3/h。

（2）水温较高。井下涌水点水温主矿带为 54℃左右，东矿带为 48℃左右。井下作业面水温在 35℃左右，在涌水点附近水温可达 40～45℃。

（3）水量丰富，水质好。地下水是含锶和偏硅酸、硫酸-钙镁型优质矿泉水，水中铀浓度为 0.008 mg/L，符合国家现行饮用水标准。水位稳定，是当地重要的自然资源（廖伟 等，2018）。

2. 矿岩的化学组成

矿井水的污染物主要来自矿石和岩石。表 5.1 为湖南某铀矿矿岩石的化学组成。

表 5.1 湖南某铀矿矿岩化学组成 （单位：%）

组分	石英岩		微石英岩		板状硅质岩		黄铁矿-石英胶结角砾岩		石英胶结砾岩	
	岩石	矿石	岩石	矿石	岩石	矿石	岩石	矿石	岩石	矿石
SiO_2	92.83	88.40	86.93	84.56	84.16	88.76	77.01	77.13	86.70	87.92
Fe_2O_3	0.380	0.490	0.480	0.950	1.070	0.230	1.480	0.98	1.560	1.120
FeO_2	1.610	1.670	1.740	1.290	1.040	0.950	1.290	1.34	1.000	0.150
Al_2O_3	2.090	2.120	4.090	4.050	6.110	3.660	1.880	2.05	4.840	1.270
TiO_2	0.085	0.078	0.150	0.160	0.160	0.086	0.100	0.10	0.220	0.150
MnO	0.056	0.027	0.130	0.081	0.025	0.021	0.016	0.021	0.058	0.470
CaO	0.48	0.73	0.830	0.740	0.730	0.800	0.614	0.75	0.350	3.300
MgO	0.125	0.084	0.470	0.110	0.240	0.097	4.000	0.07	0.440	0.170
P_2O_5	0.075	0.173	0.140	0.450	0.150	0.250	0.156	0.24	0.085	0.160
K_2O	0.015	0.051	0.230	0.220	0.580	0.220	0.120	0.00	0.650	0.420
Na_2O	0.025	0.049	0.120	0.100	0.100	0.000	0.000	0.000	0.130	0.160
FeS	1.040	3.950	1.590	3.010	2.560	1.900	9.720	11.38	1.310	1.49
C	0.370	0.460	0.930	1.120	0.880	0.970	1.530	1.050	0.230	0.69
CO_2	0.280	0.370	0.290	0.540	0.210	0.260	0.190	0.180	0.270	0.46
As	0.031	0.066	0.044	0.052	0.048	0.038	0.230	0.150	0.051	0.035
Cr	0.047	0.045	0.037	0.035	0.028	0.036	0.029	0.032	0.033	0.036
Ni	0.036	0.062	0.025	0.036	0.022	0.174	0.058	0.114	0.027	0.054
Mo	0.010	0.022	0.021	0.003	0.013	0.044	0.010	0.05	0.072	0.046
V	0.009	0.007	0.017	0.018	0.020	0.021	0.005	0.008	0.024	0.020
Cu	0.003	0.012	0.005	0.005	0.005	0.012	0.006	0.006	0.002	0.004
Zn	0.010	0.083	0.009	0.020	0.002	0.038	0.005	0.016	0.016	0.040
Co	0.001	0.002	0.013	0.002	0.006	0.006	0.001	0.003	0.002	0.005
U	0.005	0.218	0.011	0.150	0.006	0.204	0.018	0.056	0.008	0.219
样品数	15	8	10	4	6	6	2	4	9	11

矿岩中影响湖南某铀矿矿井水的重要组分是黄铁矿（FeS），其含量较高。黄铁矿氧化生成二氧化硫，进一步生成硫酸和亚硫酸，导致矿井水显酸性，对岩矿石中的金属有极强的浸出能力，使矿井水成分复杂化（张建国 等，2010）。矿岩石中的黄铁矿氧化剧烈，井下曾发生过黄铁矿自燃。矿井下潮湿温暖的微环境条件十分利于氧化亚硫铁杆菌的生长，促进了黄铁矿的氧化和矿井水的酸化。

5.3.2 矿井水特点及存在问题

1. 湖南某铀矿矿井水的特点

1）水量大

湖南某铀矿在开发过程中，与地下水建立了的紧密联系，矿井排水成为地下水的主要排泄渠道。随着矿山开采深度增加，矿井的涌水量逐渐增大。表5.2列出了1969～1979年各中段的涌水量和全矿的总涌水量。

表5.2　1969～1979年的涌水量

年份	水位/m	涌水量/（m^3/h）					
		主130	东130	东90	主80	小计	总涌水量
1969	181	214	85.76	237.5	377	914.3	895
1970	177	253	61.43	259.8	455	1 024.2	1 050
1971	172	243	36.75	387.3	433	1 100.5	1 212
1972	167	224	31.65	540.6	472	1 268.3	1 483
1973	169	2150	98.00	659.1	570	1 542.1	1 542
1974	171	215	91.67	668.2	552	1 526.9	1 389
1975	175	180	92.70	477.6	399	1 149.3	1 022
1976	170	180	76.60	461.7	684	1 402.2	1 245
1977	169	172	55.20	449.0	835	1 511.2	1 224
1978	161	153	31.20	401.6	800	1 386.0	1 456
1979	154	118	22.50	394.6	840	1 375.0	1 451

2）温度高

矿井水主要来自地下水，地下水的温度高，导致矿井水的温度高。这种高温十分利于矿石的溶浸作用并能促进溶浸工艺的氧化亚硫铁杆菌的生长。

3）pH 低

矿石中伴生有较多的黄铁矿，且碱性物质含量很少，与空气充分接触氧化后，致使矿井水呈强酸性，pH 一般为 3～4。

4）铀浓度高

在酸的作用下，矿石中的铀等放射性物质转移到水中，使水中的放射性活度大幅度升高，成为放射性污水，淹井后取样的矿井水中铀浓度最高达 85.2 mg/L。

按上表数据绘制的总涌水量变化的散点图和趋势线如图 5.6 所示。

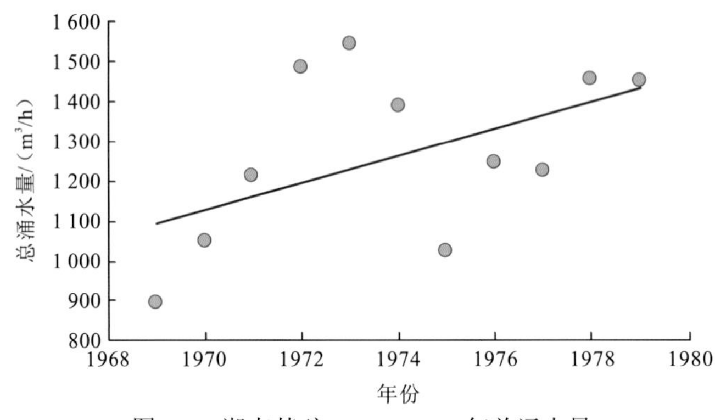

图 5.6　湖南某矿 1969～1979 年总涌水量

2. 矿山退役淹井可能污染地下水

铀矿开采建立了铀矿体与地下水的直接联系通道，井下空间成为含水层的一部分。被污染的矿井水一旦参与了地下水的整体运动，有可能对地下水体和含水层造成放射性污染。这种污染将使原有泉水的放射性物质含量升高，长期影响当地居民的正常生产和生活，使水资源失去意义。

5.3.3　治理技术要点

1. 封堵出水点，尽量切断矿井水与地下水的联系

切断矿井水与地下水的联系，是保证地下水不被采铀矿井水污染的首要措施。为切断这种水力联系，须封堵涌水量或原始涌水量较大的涌水点（如 5 m^3/h 以上）。湖南某铀矿原有涌水点 440 个，设计封堵 339 个涌水点和 26 个涌水钻孔。

1）科学安排封堵顺序

封堵顺序的安排，由下往上的堵水方式效果较好，不但单位压差下涌水能力减少，出水点标高不断升高，地下水位上升和涌水量减少均较快，堵水效果较为明显。湖南某铀矿山治理施工中先封堵东矿带 10 m、50 m 中段和主矿带 80 m 中段的全部出水点，再封堵主矿带 107 m、130 m 中段和东矿带 90 m 中段的所有水点，最后封堵东矿带 130 m

和 180 m 中段的出水点。

2）封堵工艺确定

根据矿坑涌水特点，井下涌水点封堵以堵水墙形式为主，另外还有止水垫注浆、钻孔注浆、巷道隔离段充填注浆等。注浆又分为单液注浆和双液注浆，单液注浆即用纯水泥作浆液，双液注浆一般用水泥和水玻璃按 1∶1 或 1∶0.5 的比例配制而成（汪志平 等，2020）。封堵墙有混凝土楔形墙和混凝土碎石注浆墙两种。混凝土碎石注浆墙注浆量计算式为

$$V = ab(M - 2m)(1+\sigma)e/\phi \tag{5.1}$$

式中：V 为注浆量，m^3；a 为墙体的宽度，m；b 为墙体的高度，m；M 为注浆墙体的厚度，m；m 为止浆墙厚度，m；σ 为超注系数，0.3～0.5；e 为碎石空隙率，42%～45%；ϕ 为结实率，80%～100%。

注浆终压计算式为

$$P = 0.01k(H - h) \tag{5.2}$$

式中：P 为注浆终压，MPa；k 为安全系数，取 2～3；H 为原始水位标高，206.58 m；h 为中段标高或墙体位置基础标高，m。

湖南某铀矿用计算矿坑涌水量的方法预计堵水效果并检查封堵效果。根据水均衡原理、直线和非直线渗透定律，结合其水文地质特点，应用达西定律可推导出井下涌水量计算公式。

$$Q_1 = K_1(H_0 - H) \tag{5.3}$$

$$Q_2 = K_2A_2(H - h) \tag{5.4}$$

式中：Q_1 为外围补给区域流入矿坑周边含水层的水量，m^3/h；Q_2 为矿坑周边含水量水层流入矿坑的水量，m^3/h；K_1 为常数，平均值为 33.09 m/h·m；K_2A_2 为出水点单位压差下的涌水量的总和，$m^3/h·m$；H 为矿区地下平均水位，m；H_0 为地下水原始水位，平均为 206.58 m；h 为各涌水点的加权平均标高，m。

计算的平衡水位和各中段、矿坑总涌水量及 1995 年 12 月实测值列于表 5.3。

表 5.3　1995 年 12 月涌水量计算值与实测值对照表

地段	矿区水位/m		矿坑涌水量/（m^3/h）		
	计算	实测	计算	实测	误差%
主矿带	157.17	156.16	1 319	1 300	1.5
主 130	—	—	72.80	70	4.0
主 107	—	—	30.10	30	0.3
主 80	—	—	936	920	1.7
热水	—	—	280	280	0
东矿带	157.17	156.16	316	300	5.3
合计/平均	157.17	156.16	1 635	1 600	2.2

注：—表示数据不存在

由表 5.3 可知，应用式（5.3）～式（5.4）计算的水位和涌水量与实测值相近。保证了堵水效果预测的可靠性。

湖南某铀矿矿坑堵水从 1994 年 4 月开始，至 1996 年底堵水工程全部结束，共完成涌水点封堵 250 个，占全部涌水点近 60%，占设计封堵涌水点的 74%；设计封堵井下钻孔全部完成。封堵工程使铀矿井涌水量明显减少。封堵前铀矿井涌水量为 2 150 m^3/h，封堵后为 1 172 m^3/h，减少 978 m^3/h。

2. 提高矿井水的 pH，降低矿井水的铀浓度

矿山生产期间废水处理的经验表明，利用石灰提高矿井水的 pH，沉淀矿井水中的铀，效果显著。

采场撒石灰。根据湖南某铀矿具体情况和已有试验结果，采场在淹井前撒一层石灰，矿石中的铀不易浸出。因此淹井前首先在东矿带 130 m 巷道和采场充撒石灰。

井下充填电石渣浆液。采用矿电化厂排出的电石渣制成石灰浆液（CaO 质量分数为 68%），用泵输送至井下污水流经的 5 个点进行中和处理，提高污水的 pH，使铀尽量沉淀于井下。

3. 适量排水，保持压差

适量排水，使矿井水水位低于地下水水位。湖南某铀矿地下水的原始水位为 206.58 m，铀矿山退役淹井后，地下水位将逐渐恢复。通过对淹井后地下水动力条件分析，当地下水水位恒高于矿坑污水水位 5～7 m 以上时，矿坑污水不会倒灌入地下水系统造成污染。在矿坑水治理方案中，采取先堵后淹方案。淹井前封堵了井下大部分涌水点，基本切断了地下水和矿坑水之间的联系，使矿区地下水位预先升高，在淹井过程中地下水位与矿坑水位始终保持 6 m 以上的落差，防止矿坑污水倒灌。湖南某铀矿泄水口标高约 172 m，低于原始水位约 34 m，泄水量 300～690 m^3/h。虽然在矿井退役后的相当长的一段时间内，地下水的水位难于恢复到原始水位，但其实际水位高于 172 m，就能够保持适量排水，使退役矿井成为地下水的泄水口之一，矿井水不会反流到含水层，防止了矿井水污染地下水。

5.3.4　治理效果

1. 地下水得到了有效的保护

监测表明，淹井 14 个月后地下水中铀的浓度平均值为 0.007 8 mg/L，与退役淹井前铀的浓度 0.008 0 mg/L 相近，表明地下水未受污染。随着区域地下水位上升，矿区周围温泉逐渐恢复，水质良好，区域地下水资源得到保护。矿山可用井下热水作为工业、生活用水，取得了良好的经济效益和社会效益。

2. 矿井泄水量减少

计划退役淹井后 172 泄水口泄水量为 300～690 m^3/h，1984 年的“6.16”事故淹井 172 泄水口的泄水量为 800～1 200 m^3/h，矿井水治理减少泄水量约 500 m^3/h。

3. 水中铀含量达到设计要求

从退役淹井前东矿带 130 m 巷道和采场充撒一层石灰开始，1997 年计划淹井后一周，在东矿带斜井（4 号中和点）开始加石灰乳中和井下污水，井下污水 pH 为 6～9，中和效果较好，至 1998 年 7 月底，共向井下注入石灰乳超过 17 700 m^3。排出水中铀的浓度从 1997 年 5 月的 1.32 mg/L 逐步下降到 1998 年 6 月的 0.12 mg/L，降低 90%，以后浓度持续下降，pH 稳定在 6.5 左右。1998 年 6 月对矿排放口郴河以下 150 m 位置进行水质监测，铀浓度为 0.002 0 mg/L，^{226}Ra 活度浓度为 0.027 Bq/L，表明河水未受污染。

5.4　某铀矿酸性矿坑水治理

5.4.1　工程概况

某铀矿的矿井水主要来源于地下水。矿山共有 I、II、III、IV 四个含水层，含水层厚度为 10.57～18.87 m，平均值为 14.74 m。含水层水位标高最高为 246 m，平均为 239.5 m，单位涌水量为 0.593～1.449 L/sm，平均涌水量为 1.389 L/sm，渗透系数为 5.295 m/d，pH 为 4.8～6.7。其中 II 含水层为主要含水层，它分布于既是矿层本身又是一个断层破碎带的 F-23 号带中。而且，矿层越好，含水越丰富，含水层厚度也大，对矿坑有直接充水作用。含水层 I、III 和 IV 分别位于矿层的顶部、底部，对矿层有间接充水作用。其中，含水层 I 与含水层 II 水力联系密切，含水层 III 水量很小，含水层 IV 距矿体较远。

地下水的补给以大气降水和地表水体为主。矿山开发前，矿区内出露地表的泉水较多，207 坑口附近是一片沼泽。207 坑口开发后，泉水断流。坑内涌水点取样分析结果表明，水质类型基本为 SO_4-Ca-Mg 型，pH 为 2.5～5.5，UO_2^{2+} 浓度为 0.32～4.4 mg/L，Cd^{2+} 浓度为 0.24～1.75 mg/L，总铁浓度为 25～110 mg/L。

该矿的含矿层处于 F-23 号带中。F-23 号带包括三个铀矿体，平均品位在 0.1%左右。围岩铀质量分数为 0.01%～0.02%。F-23 号带中镉的平均质量分数为 0.038%，202 地段镉金属储量为 42 t，品位为 0.0147%。开采过程增大了矿石的氧化机会。该铀矿的岩矿石中含有较多的硫，当地气候温和，适宜氧化硫铁杆菌的生长，加速了矿井水的酸化和有害物质的溶解。表 5.4 中列出了该铀矿主要矿岩的化学组成。

表 5.4　某铀矿 F-23 号带主要矿岩化学组成

组分	主要矿岩				
	富炭泥岩	厚层炭板岩	薄层炭板岩	含钙炭板岩	泥灰岩
SiO_2	64.19	59.18	72.00	58.93	17.64
CaO	0.400	0.450	0.230	8.140	36.61
MgO	0.970	1.220	1.150	1.970	3.380
Fe	4.490	3.230	0.750	1.690	2.160
Al_2O_3	12.20	12.16	8.860	8.700	2.120
TiO_2	0.310	0.560	—	0.400	0.066
MnO	0.008	0.006	—	—	0.031
P_2O_5	0.056	0.060	—	—	0.310
V	0.024	0.041	—	—	0.000
S	3.210	1.680	—	1.270	0.980
C	1.770	2.860	0.940	2.120	0.950
U	0.016	0.062	0.003	0.002	0.003
Cd	0.012	—	0.024	—	—

注：— 表示数据缺失

5.4.2　矿坑水的特点

矿坑水成分复杂，铀镉浓度高，pH 低。某铀矿矿石含有多种金属元素，井下氧化条件好，矿坑水中含有多种有害物。其中铀镉浓度高，实际构成了对环境污染的主要成分。见表 5.5。某铀矿矿岩中的硫极易被氧化，使矿坑水呈酸性，有较强的腐蚀性。表 5.5 所列数据表明 pH 大部分为 3～4。

表 5.5　1975～1980 年 207 坑口排水分析结果

年份	水量/（m^3/h）	pH	U 质量浓度/（mg/L）	Gd 质量浓度/（mg/L）	^{226}Ra 活度浓度/（Bq/L）
1975	16.5	3.9	8.4×10^{-3}	—	—
1976	1.65	6.1	3.7×10^{-3}	0.01	—
1977	19.5	3.6	1.1×10^{-3}	0.04	0.70
1978	12.7	4.4	3.5×10^{-2}	0.02	0.56
1979	15.4	3.6	9.5×10^{-2}	0.12	0.70
1980	11.3	3.2	2.0×10^{-1}	0.09	1.15

注：— 表示数据缺失

5.4.3　治理工艺流程

矿坑水治理工艺流程见图 5.7。离子交换法回收铀是成熟的工艺。重点介绍“氯化钡—污渣循环—石灰乳沉淀”工艺流程及其特点（潘英杰，1984）。

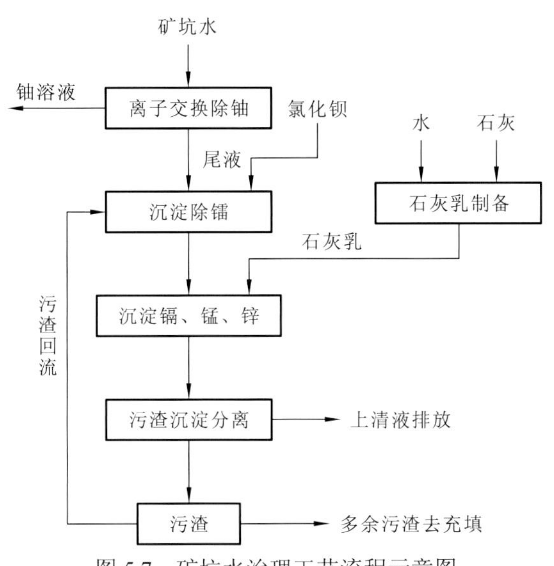

图 5.7　矿坑水治理工艺流程示意图

先在吸附尾液中加入氯化钡以沉淀镭，再加入循环污渣，经过鼓风氧化，将尾液中亚铁氧化成高铁以消除亚铁的不良影响。pH 控制在 6 左右，加石灰乳中和，调节 pH 至 8.5 左右，进行搅拌，使锡、锰、锌及镭沉淀。然后进行污渣沉降分离，清液排放部分污渣返回循环系统中使用。污渣回流可以提高上述的氧化效果、减少污渣体积、加速污渣沉降速度，改善污渣过滤性能。废水中 pH 对氧化效果的影响十分显著。试验结果表明，pH 控制在 6 左右，氧化效果最好。不同氧化方法对污渣性能的影响很大，鼓风氧化和自然氧化的效果基本相似，较其他方法好。

氯化钡-污渣循环-石灰乳沉淀工艺的特点有以下三个方面。

（1）一次处理可同时从废水中去除镭、镉、锰、锌等多种有害金属。处理出水可达到国家有关排放的规定。

（2）该方法产生的污渣体积约为普遍中和沉淀法的 1/30，便于储存；过滤效率比普遍中和沉淀法高百倍以上，固液分离效果好。

（3）操作简便、经济，污渣性能稳定，有害金属不易返溶。

氯化钡—污渣循环—石灰乳沉淀工艺可有效地治理该矿酸性矿坑水。该工艺利用加入氯化钡后生成 $BaSO_4$，然后与镭发生同晶置换作用使镭沉淀，再通过加入石灰乳调节 pH，使锰、镁等阳离子形成絮状沉淀物，对 Ba（Ra）SO_4 起絮凝沉淀作用，加快其沉降。该絮状物在浓缩池中进行沉降，底流用泵送去单独存放，上清液经硫酸返调 pH 达到要求后排放。该废水经处理后 pH 在 6～9，镭小于 1.11 Bq/L、锰小于 2 mg/L，达到国家废水排放标准（许根福 等，1994）。

5.5 某铀矿尾矿堆场受污染地下水的渗透反应墙修复

5.5.1 工程概况

某铀矿为小型铀矿采冶联合企业，采用软锰矿与硫酸渗滤浸出、清液胺类萃取、碳酸铵反萃取结晶的水冶工艺，最终产品为三碳酸铀酰铵，于1994年关停退役。渗滤浸出设施由13个4.0 m×6.0 m×1.2 m的浸出池组成，池底设有圆形泄渣孔。铀尾矿经泄渣孔由矿车运至约100 m远的尾矿堆场（徐乐昌 等，2006）。尾矿堆场由主沟和副沟组成，之间由一小山丘相隔，底部为弱渗透性黏土。主沟尾矿的堆存为不规则台阶状，而副沟尾矿则为大斜坡堆积。堆场占地面积2.65万m^2，其中主沟2.09万m^2、副沟0.56万m^2；裸露面积2.77万m^2，其中主沟2.19万m^2、副沟0.58万m^2。渗滤浸出结束后，堆浸铀尾矿未采取任何中和处理措施，仍处于强酸、强氧化环境中。堆置在尾矿堆场中的尾矿在降雨渗入淋滤作用下，尾矿中残留的铀等放射性组分继续浸出并随地下水迁移，并以渗滤水的形式在尾矿堆场下游末端渗出，污染地表与地下水。表5.6为所监测尾矿堆场渗滤水的放射性水质水量情况。尾矿的流失和渗出水的排放使该尾矿堆场周边的农田和受纳河流受到污染，其中受纳河水ρ(U)达0.46 mg/L、^{226}Ra的活度浓度为0.34 Bq/L、pH为3.65，退役治理非常必要。

表5.6 某矿堆浸尾矿渗滤水放射性特征

样品数	流量/（L/s）		pH		ρ(U)/（mg/L）		^{226}Ra活度浓度/（Bq/L）	
	范围	均值	范围	均值	范围	均值	范围	均值
12	0.08～1.21	0.36	2.50～2.90	2.71	7.4～16.8	12.2	0.02～1.21	0.30

5.5.2 实验设计

考虑尾矿堆场地下水的酸性环境及矿山所在地廉价石灰石，采用石灰墙被动式反应墙修复尾矿堆场地下水，先通过实验室研究探索石灰墙修复的有效性。

采用动态柱浸方法。试验用圆柱尺寸为直径160 mm、高400 mm。装填料为1.5 kg的石灰，给料液为尾矿水。给料液按昼夜25 h不断地从柱顶淋入，监测从柱底出水口渗出的渗出液流量、pH和ρ(U)。尾矿水的石灰中和渗出液的pH、流量和ρ(U)分析结果见表5.7。

表5.7 尾矿水的石灰中和渗出液的pH、流量和ρ(U)分析结果

取样日期（月-日）	累积流过体积/L	pH	ρ(U)/（mg/L）
07-09	—	2.6	8.4
07-11	8.52	＞13.0	0.00

续表

取样日期（月-日）	累积流过体积/L	pH	ρ(U)/（mg/L）
07-14	27.68	＞13.0	0.01
07-18	53.13	＞13.0	0.00
07-24	90.12	＞13.0	0.00
07-31	122.02	＞13.0	0.01
08-12	168.15	＞13.0	0.04
08-19	191.19	＞13.0	0.23
08-26	226.89	11.5	0.14
09-02	254.70	10.3	0.07
09-09	285.44	8.7	0.91
09-16	309.51	8.1	2.08
09-23	337.21	4.6	2.24
10-03	363.15	4.4	4.96
10-11	397.98	4.3	5.80
10-18	432.32	4.3	5.60
10-25	465.97	4.3	5.10
11-01	510.12	4.3	4.10
11-08	548.05	3.6	4.30
11-29	661.40	3.1	5.90

注：pH 达 8.7 时，流出液 ^{226}Ra 活度浓度为 0.32 Bq/L；—表示数据缺失

由表 5.7 可知，当 pH 达到 8.70，出水中 ρ(U)和 ^{226}Ra 活度浓度仍不高，分别为 0.91 mg/L 和 0.32 Bq/L；当 pH 达到 8.1 时，水中 ρ(U)急剧升高至 2.08 mg/L。因此，当石灰中和尾矿水使 pH≈9 时，出水水质基本达标可以考虑外排。这时 1 kg 石灰中和的尾矿水量为 190.29 L（徐乐昌 等，2006）。

5.5.3　渗透反应墙的设计与施工

该铀尾矿堆场在生产期间未采取任何拦蓄措施，造成铀尾矿流失。在对该尾矿堆场进行整治过程中，首要任务是补筑尾矿坝，控制尾矿的进一步流失。考虑该铀尾矿为干尾矿、自然粒度、无积水，以及尾矿堆场所在场地为 VIII 度地震区。因此尾矿坝设计为抗震浆砌石坝，仅拦蓄尾矿和覆盖层。治理后的尾矿堆场不积水，洪水能及时排泄。经

验算，在地震条件下，尾矿坝抗倾覆、抗压、抗剪能力和抗滑能力均满足要求。尾矿堆场位于分水岭处，降水入渗是退役整治后尾矿渗漏水的主要来源。为了降低氡及 γ 的辐照、减少尾矿堆场的渗水量，改善尾矿堆场渗水的水质，尾矿堆场覆盖层采用多层覆盖，铀尾矿坝内侧采用消石灰渗透反应墙。覆盖层从上至下分别为植被层、0.3 m 厚泥砾层、0.9 m 厚黄土层、2.0 m 厚废石层、0.3 m 厚的石灰层。

石灰层起到中和尾矿的作用，使降水入渗呈碱性，同时也起到降氡、屏蔽 γ 的作用。黄土用来降氡、屏蔽 γ、减少降雨入渗。废石主要起到排水作用，穿过黄土的少量降雨入渗水在该层排泄到尾矿堆场外，以进一步减少降雨入渗到尾矿的降雨入渗量。采用采矿废石的另一个重要考虑是使采矿废石集中处理，使小而分散的废石都到尾矿堆场集中处理，这不仅可以减少了废石的处理量，而且利用废石起到了对尾矿降氡、屏蔽 γ 的作用，减少了尾矿的黄土覆盖量，从而降低了退役成本、达到了废物处置和环境保护的目的，便于退役后的管理（徐乐昌 等，2006）。

尾矿坝分为 1 号和 2 号铀尾矿坝，分别位于尾矿堆场主沟和副沟的下游末端。1 号坝体基底持力层为细-中砂岩层，承载力特征值为 120 kPa，2 号坝体基底持力层为中-粗砂岩层，承载力特征值为 180 kPa。挡土墙及排水沟采用 M7.5 水泥砂浆、MU30 毛石砌筑。挡土墙纵向每 15～20 m 设置一条变形缝，缝宽 20 mm，缝内灌注沥青砂浆；每 2 m 间距设 PVC 100 mm 泄水孔，立面用水泥砂浆勾凸缝，顶面用水泥砂浆抹面 30 mm 厚。排水沟内壁用水泥砂浆勾平缝。尾矿坝内侧至尾矿之间分别设置砾石反渗滤墙、沙土墙、消石灰墙，如图 5.8 所示（徐乐昌 等，2006）。

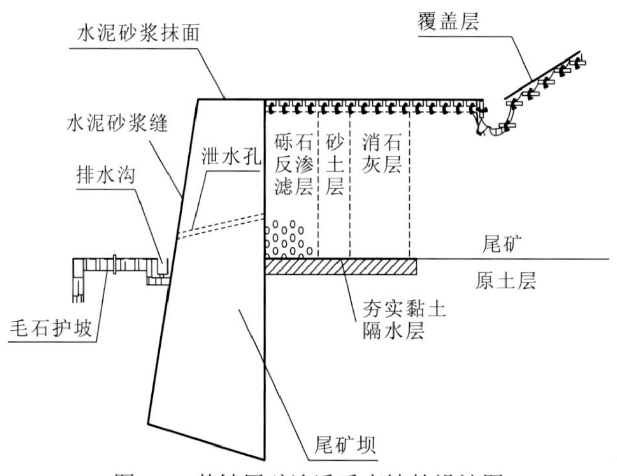

图 5.8 某铀尾矿渗透反应墙的设计图

消石灰墙为可渗透反应墙，墙体材料为石灰和砂子的混合物。沙土墙和砾石反渗透层一方面用来保护消石灰墙，另一方面进一步缓冲渗漏水。墙体深度一般为 3 m，自尾矿表面深入尾矿堆场底部轮廓线 0.2 m 深，墙体底部加铺厚 0.3 m 的夯实黏土隔水层，以防渗漏水未通过整个墙体而入渗到地下水，造成地下水的污染。墙体长度与坝体长度相同，等于尾矿堆场主沟和副沟的下游末端宽度。

5.5.4　治理效果

某铀矿尾矿堆场渗透反应墙建设完成后，经 4 个多月的运行已经取得了明显的处理效果，表 5.8 为渗透反应墙运行效果参数。

表 5.8　渗透反应墙运行效果参数

监测点	建设 PRB 前		建设 PRB 后	
	pH	ρ(U)/（mg/L）	pH	ρ(U)/（mg/L）
A	2.71	12.20	6.85	0.003
B	3.65	0.46	7.50	0.001

从表 5.8 可以看出，地下水修复效果明显，尾矿渗出水对受纳河的污染已基本消除，生态基本得到修复。根据该铀矿水冶工艺，尾矿渗出水呈酸性，铀以易溶的硫酸铀酰盐形态存在，如 $UO_2(SO_4)_2^{2-}$、$UO_2(SO_4)_3^{4-}$。UO_2^{2+} 在水溶液中产生强烈的水解作用。通常当 pH＞3 时，UO_2^{2+} 开始水解。随着水中 pH 升高，UO_2^{2+} 水解生成 $UO_2(OH)_2$ 沉淀：

$$UO_2^{2+}+H_2O \longrightarrow UO_2(OH)_2$$

$UO_2(OH)_2$ 沉淀析出所需的 pH 与溶液中的 ρ(U)有关。当溶液中的 ρ(U)为 7.14 mg/L 时，$UO_2(OH)_2$ 沉淀析出所需的 pH 为 6.80；当溶液中的 ρ(U)为 23.8 mg/L 时，$UO_2(OH)_2$ 沉淀析出所需的 pH 为 6.62。渗透反应墙利用墙体中的消石灰材料中和酸性渗漏水，使 pH 接近中性，加上沙土墙、砾石反渗滤墙的吸附过滤，渗漏水中的 ρ(U)得以显著降低（徐乐昌 等，2006）。

参 考 文 献

孔劲松, 郭卫群, 2012. 反渗透技术在放射性废水处理中的应用进展. 核动力工程, 33(3): 121-124.

李小燕, 张叶, 2010. 放射性废水处理技术研究进展. 铀矿冶, 29(3): 153-156.

廖伟, 曾涛涛, 刘迎九, 等, 2018. 生物硫铁复合材料对水中 U(Ⅵ)的去除性能及作用机理. 安全与环境学报, 18(1): 241-246.

刘金香, 蒲亚帅, 谢水波, 等, 2019. 植物乳杆菌吸附水中 U(VI)的特性与机理研究. 水处理技术, 45(2): 61-66.

潘英杰, 1984. 某铀矿矿坑水的治理经验. 铀矿冶, 3(4): 67-68.

潘英杰, 2012. 论矿山开发对环境的影响与矿山退役及土地复垦. 中国矿业, 21(S1): 4-8.

苏学斌, 杜志明, 2012. 我国地浸采铀工艺技术发展现状与展望. 中国矿业, 21(9): 79-83.

孙寿华, 冉洺东, 林力, 等, 2019. 放射性废液处理技术的现状与展望. 核动力工程, 40(6): 1-6.

唐振平, 童克展, 谢水波, 等, 2018. 氧化石墨烯/膨润土复合材料对废水中铀(Ⅵ)的吸附试验研究. 科学技术与工程, 18(16): 175-180.
汪志平, 黄磊, 张建, 等, 2020. 三维矿业软件在某铀矿山采矿总图设计中的应用. 采矿技术, 20(5): 143-145.
王文景, 李国平, 李琦, 等, 2008. 加筋土在姑山采场边坡治理中的应用. 金属矿山, 383: 37-39.
谢水波, 2007. 铀尾矿(库)铀污染控制的生物与化学综合截留技术. 北京: 清华大学.
谢水波, 蒋元清, 丁蕾, 等, 2018. 聚磷菌协同生物炭对水中 U(VI)的去除特性及机理研究. 安全与环境学报, 18(3): 1082-1088.
熊木辉, 2017. 工作面预注浆在竖井井筒施工中的应用. 采矿技术, 17(1): 20-21.
徐乐昌, 张国甫, 高洁, 等, 2010. 铀矿冶废水的循环利用和处理. 铀矿冶, 29(2): 78-81.
徐乐昌, 周星火, 詹旺生, 等, 2006. 某铀矿尾矿堆场受污染地下水的渗透反应墙修复初探. 铀矿冶, 26(3): 153-157.
许根福, 蔡志强, 蒋大宾, 等, 1994. 七四一矿水冶厂尾矿库外排废水处理工艺研究. 铀矿冶, 13(3): 185-189.
闫小琴, 2016. 放射性废水的膜处理技术研究进展. 资源节约与环保(5): 34.
杨解, 1989. 浅谈热水矿床超前疏干. 华东地质学院学报, 12(1): 47-55.
杨庆, 侯立安, 王佑君, 2007. 中低水平放射性废水处理技术研究进展. 环境科学与管理, 32(9): 103-106.
杨瑞丽, 荣丽杉, 杨金辉, 等, 2016. 柠檬酸对黑麦草修复铀污染土壤的影响. 原子能科学技术, 50(10): 1748-1755.
张建国, 王亮, 薛永社, 等, 2010. 某铀矿山酸性工艺废水处理研究. 铀矿冶, 29(4): 210-213.
张晓文, 付长亮, 肖静水, 等, 2011. 离子交换树脂从含铀矿坑水中深度回收铀. 化工进展, 30(S2): 126-129.
周文, 苏豪, 雷治武, 等, 2020. 固定床生物反应器处理铀矿冶废水中 NO_3^- 模拟试验研究. 南华大学学报(自然科学版), 34(5): 37-43.
邹皓, 谢水波, 刘迎九, 等, 2017. 回生淀粉吸附 U(VI)的特性及机理分析. 科学技术与工程, 17(13): 97-101.
KESHTKAR A R, MOHAMMADI M, MOOSAVIAN M A, 2015. Equilibrium biosorption studies of wastewater U(VI), Cu(II) and Ni(II) by the brown alga Cystoseira indica in single, binary and ternary metal systems. Journal of Radioanalytical and Nuclear Chemistry, 303(1): 363-376.
HU N, DING D X, LI S M, et al. , 2016. Bioreduction of U(VI) and stability of immobilized uranium under suboxic conditions. Journal of Environmental Redioactivity, 154: 60-67.

第6章　铀矿冶放射性固体废物管理

6.1　概　　述

铀矿冶的放射性固体废物管理的总目标是防止放射性固体废物的扩散污染环境，实现铀矿冶的可持续发展。它涉及铀矿冶生产的前期、中期和后期的管理。前期指铀矿勘探与开发建设的初期，产生的固体污染物较少；中期是指铀矿区生产运行阶段，也是重点阶段，将产生大量的废石、尾矿和尾渣等放射性固体废物，也是环境污染最严重的阶段，必须得到有效处置，以及后期铀矿冶企业的退役治理。

铀矿冶生产中主要的放射性固体废物是采掘的废石、水冶尾矿和堆浸尾渣等。它们尽管放射性水平较低，但数量巨大、种类多、分布广，是核燃料生产过程中构成环境污染的主要方面，这些废石和尾矿（渣）长期堆存不仅占用大量土地，还会不断地释放出氡，受雨水淋滤而产生放射性流出物，对周围环境构成潜在辐射危害，包括污染大气、水体和土壤等，对环境和公众影响极大。据不完全统计，全球的铀废石存放量超过400亿t，铀尾矿存放量达200多亿t。而我国铀矿冶废石总量约为2800万t，占地面积250 hm^2；铀水冶厂排出的尾砂量约3000万t，若按平均堆放高度4 m计算，约需占地375 hm^2（张学礼 等，2010）。

虽然中国铀矿冶在放射性污染防治方面取得不错的效果，整体矿区周围环境良好，公众的受照剂量小于国家规定的限值标准，但必须认识到我国铀矿冶放射性污染环境还存在一些问题。如铀矿山辐射防护状况与国际仍存在较大差距，铀矿井氡仍存在超标现象，铀矿冶放射性固体废物还存在管理不善的现象，部分地方个人剂量比主要产铀国个人剂量高3～5倍。因此，加强对铀矿冶放射性固体废物控制与管理，对于保持生态良性循环，促进铀矿冶可持续发展具有重要意义。

6.2　铀矿冶放射性固体废物的来源与分类

6.2.1　铀矿区放射性固体废物的主要来源

1. 铀矿区土壤重金属污染的来源

铀矿区土壤重金属污染的来源如图6.1（韩玲 等，2019）所示。

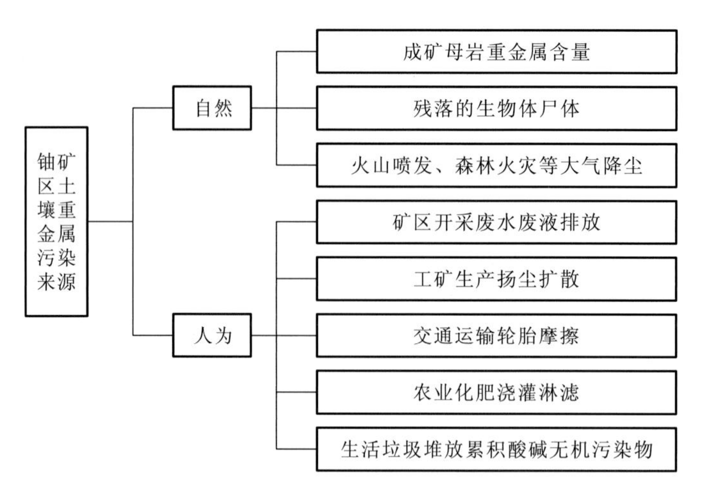

图 6.1　铀矿区土壤重金属污染来源

2. 铀矿冶放射性固体废物的来源

铀矿冶放射性固体废物主要来源有废石和选冶尾矿等，主要包括：①在铀矿开采中会产生大量废石和表外矿石，在铀水冶生产中产生大量尾矿；②污染的工业场地和露天采矿场也是放射性污染来源，它们将产生氡及其子体、铀矿尘和气溶胶等；③在工艺生产厂房、设施、设备、仪器、器材、废旧劳保用品及其他的放射性废物如废旧坑木和碎木屑等；④在生产过程中大量被污染的废坑木、铁轨、废旧设备、器材、塑料制品和劳保用品等。

6.2.2　铀矿冶放射性固体废物的分类

1. 含放射性的废石

废石场是潜在的放射性污染源。我国铀矿冶现有大小废石场数百个，遍布在多个省区，位于矿区附近的近百个山沟。由于开采的铀矿矿层薄、矿量少、夹石多及开采方式不同，不同矿山采出的废石量也存在差异。我国大部分废石堆都没有得到妥善处理，风吹雨淋，风化侵蚀，对周围环境存在一定的放射性污染。废石中铀含量平均为 1×10^{-4}～3×10^{-4} g/g 岩石，比土壤中天然本底值高 4～10 倍；含镭量为 1.8×10^{3}～54×10^{3} Bq/kg，比一般土壤中天然本底值高 1.5～25 倍；其表面 γ 辐射剂量率为 77×10^{-3}～200×10^{-3} Gy/h，比一般地面平均高 5～70 倍（袁勤 等，2016）。

2. 铀尾矿

铀尾矿来源于选矿、水冶两道工序，将铀矿石磨细选取有用组分后所排放的固体废物即为选矿尾矿；铀水冶尾矿是铀水冶中产生的废渣。铀尾矿多数堆置于地表，在诸如降水作用下发生的淋浸、侵蚀等，可导致铀等放射性核素及其他非放射性有毒元素被浸出而进入区域环境中。有的铀尾矿中还含有硫化矿物，它们在氧气和水的作用下逐渐被氧化，加剧了铀尾矿中有害物质的释放溶出，通过地下水或地表水进行迁移，污染水体和周边土壤（李咏梅 等，2014）。

3. 铀矿冶退役设施

我国有诸多铀矿冶单位准备或已经退役，它们遗留的大量受放射性污染的设备、器材、建（构）筑物需要进行去污处置。我国早期退役的铀矿冶设施曾出现过设备、器材未经去污或去污未达标而流入市场的现象，这些设备、器材放射性污染严重，结构复杂，不易去污。在铀矿冶退役环境评价报告审查中，对于去污的要求更高，设备、器材必须经生态环境部门验收合格后方可流入市场，以防放射性污染扩散（周耀辉，2003）。

6.3　铀矿冶放射性固体废物的特点及危害

6.3.1　铀矿冶放射性固体废物的特点

铀矿冶产生的放射性固体废物具有数量大、比放低，分布与影响范围广，放射性核素含量高，辐射危害时间长，放射性危害与非放射性危害同时存在，受自然和社会影响因素多等特点。

1. 数量大、比放低

铀矿冶放射性固体废物，属于低放水平。露天式开采铀矿山主要特点为剥采比大、矿石贫化率高，一般采 1 t 铀矿石产生 1～6 t 废石，有时高达 8 t。铀矿山地下式采掘时根据矿体赋存条件和地下采掘比，每开采 1 t 矿石约产生 0.6～1.6 t 废石。水冶厂生产 1 t 铀浓缩物约产生 1 200～2 400 t 尾矿。我国铀矿的品位不均，单一铀矿石的工业最低品位为 0.05%，但从其他矿石副产品中回收铀时，铀质量分数可低至 0.01%～0.03%。废石和表外矿石中的铀质量分数为 1×10^{-4}～3×10^{-4} g/g，镭质量分数是 0.1×10^{-8}～20×10^{-8} g/g。尾矿中的铀质量分数为 0.8×10^{-4}～3×10^{-4} g/g，镭质量分数一般为 0.2×10^{-7}～15×10^{-7} g/g。为了降低废石远距离运输成本，一般进行放射性选矿，选出的废石率约为 15%～30%。我国铀矿采掘出来的废石总量约为 2.8×10^{6} t，占地面积约为 2.5×10^{6} m^2。

2. 分布与影响范围广

我国铀矿冶企业的废物处置涉及地区多，影响范围广。铀矿和水冶厂分布在全国 14 个省区 30 多个地县，其废石场和尾矿库等固体废物堆存场地约 180 处。我国 2/3 以上的铀矿山位于山区和潮湿多雨地区，近 1/3 位于丘陵和干旱区。约有 82%的废石、92.4%的尾矿分布在人烟稠密的湘、赣、粤等地区。这些地区人口密度可达 200～400 人/km^2；当地年平均气温可达 14～20℃；雨量充沛，平均年降水量达 1200～2000 mm。一些地区部分厂矿企业与村庄或农田相隔较近，其生产活动与产生的放射性固体废物与当地百姓及生态环境关系密切。我国少数铀矿企业处于人烟稀少、干旱少雨、风沙大的地区（潘英杰 等，2012）。

3 放射性核素含量高

铀废石、尾矿及废水中的放射性核素含量高，对公众的剂量贡献大。铀废石、尾矿及废水中的放射性核素含量可比本底值高 2～3 个数量级，详见表 6.1。铀矿冶系统产生的三废对公众集体剂量的贡献约占整个核燃料循环系统对公众集体剂量贡献的 93%，其中铀废石、尾矿对公众的集体剂量的贡献又占铀矿冶总贡献的 80%（潘英杰 等，2012）。

表 6.1　铀废石、尾矿及废水中放射性核素含量

名称	a_B/（kBq/kg）				w(U)/%
	^{226}Ra	^{210}Po	$\sum\alpha$	^{232}Th	
废石	0.25～12.36	—	4.19～25.90	—	0.03
尾矿（粗砂）	5.77～24.10	11.1～14.8	15.50～52.90	11.8	0.01～0.03
尾矿（细砂）	11.50～48.10	55.5～66.6	74.00～92.50	—	0.007～0.01
一般岩土	0.18～1.41	—	1.29～2.17	—	0.002～0.006
废水	0.37～26.30	3.7～66.6	2.48～72.00	0.29～55.5	0.30～3.27

注：a_B 为放射性核素的活度；废水中 ^{226}Ra、^{210}Po、$\sum\alpha$、^{232}Th 活度浓度的单位为 Bq/L，U 质量浓度的单位为 mg/L

4. 辐射危害时间长

铀矿山固体废物潜在辐射危害时间长。铀废石和铀尾矿中的铀及铀系全部衰变子体，包括水冶后残余的铀，99%以上的 ^{232}Th 及 ^{226}Ra 均集中在尾矿中。铀废石、尾矿中的母体核素半衰期都相当长，如 ^{238}U 半衰期为 4.47×10^9 a，^{232}Th 半衰期为 7.7×10^4 a，^{226}Ra 半衰期为 1602 a。它们将随时衰变释放氡及短寿命氡子体 RaA、RaB、RaC、RaC^1、RaC^{11}，以及长寿命的 ^{210}Pb、^{210}Bi、^{210}Po。这些核素对环境构成长期的潜在辐射危害（黄帅 等，2014）。

5. 放射性危害与非放射性危害同时存在

铀矿冶三废中不仅存在大量放射性核素，还存在大量非放射性有害物质，如废渣和废水中含有的锰、铁、氟、氯、硫酸根、硝酸根等有害物质，见表 6.2。它们随着废渣的流失和扩散，将对环境造成一定的污染，有时非放射性污染物危害尤为突出。例如有的矿坑废石中镉含量很高，易造成附近农田镉污染超标。

表 6.2　铀废石、尾矿中化学有害物质质量分数及废水中化学有害物质质量浓度　（单位：%）

名称	SO_4^{2-}	NO_3^-	Mn	Fe	F^-	Cl^-
尾矿（粗砂）	0.24	0.7	0.12	1.83	0.23	0.28×10^{-4}
尾矿（细砂）	15.90	0.7	1.9	3.18	1.27	0.88×10^{-4}
一般岩土	—	0.35～0.75	<0.03	—	—	—
废水	0.081～0.34	0.3	≈0.03	≈0.0016	≈0.018	—

注：废石中 SO_4^{2-} 的质量分数为 2.48%

6. 受自然和社会影响因素多

由于铀矿冶所处地区自然和社会环境的复杂性，确定放射性固体废物治理方案必须因地制宜。铀矿冶废物量巨大，借用处理高水平放射性废物的固化隔离处置方法成本过高，只能采取就地整形覆盖，将隔离和稳定化相结合进行处置。南方地区雨水淋浸和冲刷严重，且人烟稠密，农田池塘多，治理标准高。在西北干旱地区，风沙大，暴雨山洪袭击严重，因此对覆盖层和稳定化要求高。

铀矿冶退役治理工程受暴雨、山洪、地震、风蚀等自然因素破坏和影响严重，铀矿冶固体废物储存设施的拦渣墙或尾矿坝，以及废石场、尾矿库的覆土植被工程，还会遭受野生动物和家畜的破坏。这些工程设施也可能受到人为活动侵扰等，增大了长期稳固管理废物的难度。

6.3.2　铀矿冶放射性固体废物的危害

1. 含放射性废石的危害

在核设施退役治理过程中，工程量和难度最大的是含放射性废石堆的整治。废石堆的氡析出率常常超过国家管理目标限值 0.74 Bq/（m^2·s）。废石堆的治理方法直接关系到退役治理投资与效果。废石堆的危害大，主要有以下方面。

1）γ 辐射

在铀矿废石堆中存在较丰富的钍，其中钍的活度为 3.39 Bq/g。γ 辐射主要是钍的衰变结果，而钍是铀的衰变子体，大部分废石堆的贯穿辐射水平会超过勘探矿区本底水平的数倍甚至数十倍。废石的 γ 辐射剂量率为 30×10^{-8}～$1\,000\times10^{-8}$ Gy/h，为天然辐射本底值的 4～40 倍，造成的辐射危害的危险度国际上估计为 0.003%～0.03%（王文凤 等，2019）。

2）氡的析出

在铀矿山生产期、退役期、退役治理后的三个时期，尾矿、废石堆场表面自然析出的氡都是最主要的辐射源。氡是铀衰变的子体，是一种惰性放射性气体，其半衰期仅为

3.8 d，是致癌物之一。氡气通过扩散从废石堆、尾矿中进入大气，吸入含氡空气是公众所受内照射危害的主要途径。流行病学研究表明，氡及其衰变子体的吸入是矿工肺癌发病的重要原因，1987 年氡被国际癌症研究机构列入室内重要致癌物质，不过人们对由居室内氡引起照射的潜在健康的认识仍然有限。

3）放射性粉尘

在风力的作用下，废石堆表面含放射性核素和重金属的土壤进入大气，形成气溶胶或大气降尘，从而使放射性核素和重金属扩散，危害生态环境。

4）废石堆的浸出液

在废石或尾矿堆中，铀主要以 U(IV)或 U(VI)形式存在。U(IV)多以 UO_2 形式存在，在氧化环境中，易于氧化成 U(VI)，而 U(VI)呈易溶的 UO_2^{2+} 状态。在废石或尾矿堆中，UO_2^{2+} 主要被吸附于 Fe-Mn 的氧化物表面，或形成铀酰碳酸盐、铀酰磷酸等沉淀而被固定在废石堆中，部分呈 UO_2^{2+} 的游离态（可溶态）。由于废石堆中常含较丰富的硫化物和重金属元素，硫化物的风化导致孔隙水和地下水的酸化，从而加速铀等放射性核素和其他重金属的释放。因此，废石堆浸出液通常为富含放射性核素和重金属的酸性废水（王文凤 等，2019）。

5）污染水体和土壤

铀尾矿、废石场经雨水淋滤的渗出水，可能呈中性或者酸性。呈中性的渗流出水内常含有 ^{238}U、^{234}U、^{230}Th、^{226}Ra、^{210}Po 和 ^{210}Pb 等放射性核素。若铀尾矿、废石内含有硫化物或磷化物，尾矿、废石场经雨水淋滤的渗出水呈酸性，其 pH 可低至 2～3。酸性渗出水中常含有较多的放射性核素，还可能含有铁、镉、铅、锌、铜等重金属。含有害物质的堆场渗出水，会造成水环境污染。另外，铀废石和尾矿由于降水的淋洗，使废石场和尾矿库中渗出的废水含有大量的放射性核素，使土壤中的铀、镭等放射性核素含量剧增，污染土壤。不同类型土壤中 U、Ra、Th 的含量不同，氡的析出率也存在差异，见表 6.3（王洁 等，2008）。

表 6.3 不同类型土壤的放射性物质含量及氡的析出率

土壤类型	天然铀含量 /（$\times 10^2$ Bq/kg）	^{226}Ra 含量 /（$\times 10^2$ Bq/kg）	^{232}Th 含量 /（$\times 10^2$ Bq/kg）	氡的析出率 Bq/（$m^2 \cdot s$）
黏性黄土	1.63	1.29	1.90	0.02～0.09
高岭土	1.02	1.15	2.26	0.13～0.16
亚砂土	1.63	1.19	1.81	0.03～0.09
泥砾土	1.02	1.04	4.41	0.07
山基土	2.24	1.13	6.44	0.03～0.10

2. 铀尾矿的危害

铀矿冶所产生的大量尾矿一般集中堆存于尾矿库中，占用大量土地，导致局部范围生态环境自然景观遭到破坏，还存在尾矿坝安全隐患，而且铀尾矿淋滤液可能严重破坏生态环境。在铀矿冶发展初期的 20 世纪 60～70 年代，各国由于对铀尾矿、废石的危害认识不足，认为铀尾矿中残余铀等放射性物质的含量很低，不足以危害环境，对这些废物缺乏合理的管理和处置，出现了不少铀尾矿引起的污染事件，造成巨大的经济损失。

1）铀尾矿的放射性危害

铀尾矿的放射性随其放射性核素含量的升高而增加，其中放射性核素的含量通常比本底高 2～3 个量级。尽管铀尾矿所含核素的比活度较低，但其数量巨大，且含有 ^{230}Th、^{226}Ra、^{210}Po、^{210}Pb、^{238}U、^{234}U、^{222}Rn 多种放射性核素，这些核素大多数是长寿命核素，^{238}U 的半衰期为 4.51×10^9 a，^{230}Th 的半衰期为 7.7×10^4 a，^{236}Ra 的半衰期为 1.6×10^3 a，它们长期衰变，释放出氡及其短寿命子体 ^{218}Po、^{214}Pb、^{214}Bi、^{214}Po 及长寿命子体 ^{210}Pb、^{210}Bi、^{210}Po，对生态环境构成长期的潜在危害。

人们在放射性环境中，可受到来自体外的射线照射，或通过吸入污染的空气或摄入受污染的食物和水而受到放射性核素的射线照射，危害健康。《中国铀矿山三十年辐射环境评价及铀矿冶退役环评报告》中指出，铀矿冶生产、退役及退役治理后这三个时期，由铀尾矿引发的一个重要的放射性环境问题是氡的析出，铀尾矿表面所析出的氡气体是主要辐射源。氡是天然放射性铀钍衰变系列中镭同位素的衰变子体，本身具有放射性。如果人体长期呼吸高浓度氡气，会造成上呼吸道和肺伤害，甚至引发肺癌。由于铀尾矿中残留有 99%以上的 ^{226}Ra（尾砂中 ^{226}Ra 的比活度在 8 510～55 500 Bq/kg，而氡主要由镭衰变产生的，镭发生 α 衰变时产生氡，氡经过扩散作用迁移进入大气，造成空气污染（李咏梅 等，2014）。

2）铀尾矿产生的重金属污染

在长期的地球化学环境下，铀尾矿中的铀、钍、镭等放射性核素，铁、铬、锌、铅、汞等非放射性有毒物质将被淋浸出来进入尾矿库区的地下水或地表水体。如果尾矿中含有的硫化物或磷化物被氧化，将导致淋滤水呈酸性，有时 pH 低至 2～3，酸性环境会加剧尾矿中污染物的淋出，污染物会随着库区的水系向地下和周边区域扩散，污染地表水、地下水及周围的土壤。淋滤水可能呈中性或酸性，取决于尾矿中硫化物和磷化物的含量及其风化氧化程度。刘娟等（2012）测定了广东某铀矿的矿山、水冶厂及周围地表水体中铀、钍及多种重金属的含量，探讨了其在矿区水体中的迁移规律，认为铀尾矿的露天堆放是铀矿区水体污染的主要来源之一，尾矿渗滤水的重金属均超出环境水平，构成重金属污染。铀尾矿区淋滤出的重金属对水体的污染程度与尾矿堆的渗透能力和地表水的污染程度，以及库区的降水量、尾矿底部及下游地区表层土的性质有关。地下水的更替周期较长，一旦水源被污染，很难修复治理。植物主要通过其根部吸收重金属，如果其吸收量超过植物所需则会影响植物的生长发育，严重的可致植物枯死。人主要通过呼吸道和消化道，或者皮肤等吸入重金属，重金属主要留存在肝、肾和脑等器官组织，虽然锌、铜等重金属是人体所必需的，摄入过量时也会对器官组织造成毒害，严重时可能使组织功能完全丧失（李咏梅 等，2014）。

3）其他危害

铀尾矿的安全与铀尾矿库紧密相关。尾矿库通常被认为是安全的，但由于某些自然灾害，可能导致尾矿库发生溃坝和尾矿泄漏等事故。尾矿库溃坝有可能导致库区下游的房屋、村庄被毁坏，矿砂可能将农田、池塘淹没，堵塞河道，危及广大人民群众的生命财产安全。

在水冶厂正常运行期间，尾矿库中的尾矿还未进行覆盖处理，多裸露于地表。在较湿润地区，粒径较小的尾矿，通过水和气载的长期弥散作用，将提高库区周边的放射性本底。在干燥、季风频发的季节或地区，尾矿库运行期间，细粒尾砂则以扬尘的形式随风扩散，由于尾矿中残留有大量的铀系和钍系核素，尾砂随风扩散后，以悬浮或沉积固体的形态存在于库区周围，通过 γ 外照射或经呼吸后造成的 α 内照射途径对周围的居民造成辐射危害。

6.4 铀矿冶放射性固体废物处置

受资源赋存特点影响，我国天然铀矿冶集约化、规模化程度较低，单个项目产能规模小，效率低，成本高，建设难度大。目前埋藏浅、品位高、矿体规模大或较集中、浸出性能较好的易采矿床已基本采完，大量低品位、难处理的资源将成为开发利用主体，多属于采冶工艺较复杂、品位较低的铀矿床，开发成本逐年上升。

6.4.1 铀矿冶放射性固体废物处置原则

在铀矿资源开采中，我国十分重视资源节约和环境保护，推行绿色生产。铀矿冶放射性固体废物处置的原则是管理最优化、循环利用、减容、降低源项。切实落实“预防为主、防治结合”和“三同时”等方针，环境保护与铀矿冶生产建设同步开展。经过 60 余年的努力，建立了完整的环境保护治理与监管体系，实行了有效监督、控制，整治了放射性废物，使铀矿冶放射性固体废物最小化，有效防止了放射性核素扩散，生态环境不断得到改善（张学礼 等，2010）。

（1）管理最优化。从管理上采取优化措施，从行政上强化措施落实，将废物最小化纳入国家和铀矿冶企业放射性固体废物管理政策的核心环节，以最高效率、最少成本投入的方式实施放射性固体废物处置。

（2）循环与再利用。放射性固体废物不可避免地产生，应使废物尽可能地循环和再利用。这样，不仅能降低废物的体积，减少放射性核素向环境的释放量，且能实现资源有效利用，还可带来一定的经济效益。

（3）减容处理。针对铀矿冶不可再利用和再循环的放射性固体废物，进行减容，以降低最终处置的废物体积，主要包括开发脱水与压实等有效减容技术。

（4）降低源项。在铀矿山和水冶厂的建设设计阶段，深入考虑从采、选、冶等源头方面控制废石和尾矿的产生量和活度，减少放射性固体废物的产生。

6.4.2　铀矿冶放射性固体废物管理

1. 管理最优化

管理最优化是实现放射性固体废物最小化最重要的措施，涉及国家和企业两个层面。

1）国家管理职责

（1）我国制定有关法律、法规与标准，明确规定营运单位放射性固体废物处置要求。如出台了《中华人民共和国放射性污染防治法》《放射性固体废物安全管理条例》《放射性固体废物储存和处置许可管理办法》《铀、钍矿冶放射性固体废物安全管理技术规定》（GB 14585—1993）等。

（2）国家有关部门建立相关机构。建立放射性固体废物顾问管理委员会或评审小组，定期评审和评价放射性固体废物管理活动，并提出有关解决办法措施、建议或改进方案。

2）企业职责

（1）铀矿冶企业需严格遵照执行上级规定，健全放射性固体废物管理组织机构，制定放射性固体废物管理制度，授权有经验人员负责废物管理。

（2）制定合理的经济政策和奖惩办法并加强管理，以降低矿石贫化率。

（3）铀应急预案。制定应急响应和应急准备措施，加强辐射环境监测，防止放射性污染扩散。

（4）加强对员工在放射性固体废物管理知识方面的培训，提高其技术、安全文化素养，增强其使命感。帮助其了解放射性固体废物管理和废物处置技术，熟悉放射性固体废物产生的过程，激励员工在废物处置方面的积极性与主动性。

（5）通过适当渠道定期通告放射性固体废物产生量及其趋势，建立废物统计和跟踪系统，以及废物处理与处置的策略、文档和数据库。通过专门标志或宣传方式强化放射性固体废物处置情况。

2. 循环与再利用

循环利用能降低废物的体积，减少放射性核素向环境的释放量，给企业带来经济效益。

1）废石

按照堆置于地表废石的放射性比活度对废石进行分类。低比活度废石进行再利用，高比活度废石可回收铀或回填采空区。

在铀矿区内，尽可能利用低比活度废石来建造废石场的挡渣墙和尾矿库的坝基，以及矿山工业厂房的基础等。在非民用建筑方面，低比活度废石可用来制作混凝土、铁路和公路筑路路基、矿山建筑物基础或者其他构筑物。我国铀废石的利用率一般在20%左右。

某些铀矿山废石场的废石，大部分属表外矿，也有低品位的表内矿。对这些高比活度废石，可利用残矿回收技术或细菌堆浸技术进行进一步回收，降低废石中铀的比活度，回收铀资源。有报道，铀质量分数为 0.02%～0.05%（以 U_3O_8 计）的废石，堆浸后可回收其中 50%～80%的铀；浸出液平均 ρ（U）为 1.2 g/L，废石中铀质量分数降至 0.012%～0.015%。废石经回收处理后产生的尾渣可再利用或回填采空区。

2）尾矿

通过创新技术回收尾矿中的铀资源或对其进行无害化处理，实现铀尾矿的循环与再利用。

有些铀水冶厂对原生铀矿已经采用传统水冶工艺进行了铀的提取，残留在尾矿中的铀再用传统的工艺提铀时，铀的回收率低且成本较高。研发具有商业化提取价值的铀尾矿二次回收方法，对于降低铀尾矿中的铀含量，提高铀矿资源的综合利用水平意义重大。某企业针对某火山岩型铀尾矿的二次回收，采用硝酸搅拌浸出-阴离子交换-沉淀黄饼的工艺，在最佳工艺条件下，可得到铀质量分数为 65%～75%的铀浓缩物，回收率达 90%以上，浸出渣中铀质量分数可控制在 $20\times10^{-6}\%\sim30\times10^{-6}\%$。植物采铀技术研发为铀尾矿（渣）等含铀基质的回收与再利用提供了环境友好型新方法。通过种植水莎草、燕麦、一年蓬、芦苇、博落回等铀富集植物于铀尾矿（渣）中，待植物收割后便可回收铀尾矿（渣）中的铀（王昌汉 等，2003）。

3. 减容处理

对于不可再利用和再循环的铀矿冶放射性固体废物，做减容处理，以减小最终处置的废物体积。有效的减容技术主要包括脱水与压实。

在尾矿处置之前除去其中的大部分水分，可减小尾矿体积，减少与封隔层结构有关的土工危害，减轻企业的环境责任等。可采用贮仓沉降脱水技术或浓缩堆坝法等对尾矿泥浆进行脱水处理。如对某铀水冶厂尾矿库矿浆进行浓缩，当尾矿浆中固体质量分数达到 40%～60%时，可降低尾矿浆体积 1/4 以上，大大提高了尾矿堆的安全稳定性。对铀尾矿还可采用烧结造粒工艺以脱水减容并降低铀、镭浸出速率，从而减少对环境的危害。加拿大在特制的加热炉内将尾砂球（直径 10 mm）加热到 800℃，保持 5 min 后在 1100℃下焙烧 15～20 min，缓缓冷却，所得球粒中的铀、镭几乎不浸出（张学礼 等，2010）。

6.4.3　采掘工艺、选矿工艺、水冶工艺对放射性固体废物的影响

铀矿冶放射性固体废物源于探矿、采矿、冶炼等过程。创新铀矿冶生产工艺，从采、选、冶等过程源头控制废石和尾矿的产生量和活度，实现放射性固体废物最小化。

1. 采掘工艺

选择合适的开采方法，从源头控制废石产率是实现放射性固体废物最小化的重要途径之一。

1）地浸采铀工艺

地浸采铀过程产生的固体废物（废渣）量极少，其废渣主要来自两个方面：①抽出溶浸液中的悬浮物在集液池沉降产生的废渣，一般小于 6.4 mg/L；②外排液经石灰乳中和后产生的残渣，当中和至 pH=7.5 时，残渣量约为 2 g/L。

以某地浸铀矿山年浸出液量 1000 万 m^3 计，则抽出液中的悬浮物量为 64 t/a。若外排液量以抽大于注 0.5%计，即外排液量为抽出液量的 0.5%，则外排液产生的残渣量约为 100 t/a。

2）原地爆破浸出采铀工艺

原地爆破浸出采铀是另一种放射性固体废物产生量较少的方法。一方面，原地爆破浸出采铀的井巷工程量和凿岩工程量较常规大为减少，废石量大大减少。另一方面，井下 70%左右铀矿石留在原地浸出，不必运出，仅少部分矿石出窿地面堆浸。如某矿原地爆破浸出采铀矿山，79%的矿石留在采场原地浸出，21%的矿石出坑地表堆浸。按年产矿石 4 万 t、生产 10 年计算，堆置于地表的废石、废渣量将会从常规开采方法的 51 万 t 下降为 12.75 万 t，减少了 3/4（张学礼 等，2010）。

3）充填采矿法

地浸与原地爆破浸出采铀工艺均可以显著降低废石的产出和排放量，但这种开采工艺只能用于具备合适的开采工艺条件的矿山。具有普遍应用前景的废物最小化工艺是充填采矿工艺，即把充填作为矿床开采的一道必要工序，将采矿和选矿工序所产生的废石与尾矿等固体废物作为充填工序的原料被重新加以利用。如果做到掘进废石不出窿与尾矿全部回填处置，可实现矿山地表无废石与尾矿的堆存。充填采矿法既避免了放射性固体废物大量堆置于地表而引起的环境问题，也解决了采场空间的充填材料来源的问题。

4）优化留矿法

传统留矿法出矿短穿脉的掘进废石不能就地处理，需要提升至地表，且矿体底部三角区的矿石因为施工安全原因不能从出矿短穿脉溜出，存在矿石的损失和粉矿的流失。

优化留矿法采矿工艺解决废石需要提升的问题，能将出矿短穿脉掘进废石就地回填到采矿空区，并能避免矿体底部矿石的损失和粉矿的流失，提高了矿石回收率。

在开采过程中混入矿石中的废石数量称为废石混入量，其占矿石开采量的百分比称为贫化率。表 6.4 为常用采矿方法的采用率及矿石贫化率。从表 6.4 可知，矿石贫化率的最大值和最小值差距大，可见控制矿石贫化率是极为重要。

表 6.4　常用采矿方法的采用率及矿石贫化率

采矿方法		矿床类型	方法采用率/%	矿石贫化率/%
充填法	水平分层	花岗岩、火山岩、碳硅泥岩	51～53	5.8～65
	倾斜分层	含铀煤	3～6	22.0～45.0
空场法	留矿法	花岗岩、火山岩、碳硅泥岩	5～12	6.4～37.8
	全面法	碳酸盐	7～12	18.0～23.7
崩落法	壁式法	砂岩	15～16	18.8～45.0
	分层法	碳硅泥岩	8～10	7.8～22.8

降低矿石贫化率，使贫化最小化，既可减少铀矿石中的废石量，降低水冶尾矿（渣）的数量，还可提高供矿品质，降低矿物加工成本。以下是常用降低铀矿石贫化的措施。

（1）优化设计施工，避免因工程报废、断面增大、矿石贫化而增加废石量。加强切割工作研究，避免过多切割围岩的存在。

（2）重视采场安全保障，控制顶板冒落。对缓倾斜极薄矿体采取高进路低采幅的采掘工艺；实行分采分爆、分采分运的操作程序，控制夹石混入量。

（3）合理布置炮孔、提高凿岩爆破技术水平，严格控制采幅，避免帮壁残矿和围岩塌落。

（4）有放选厂的矿山，加强机选，当矿石和废石肉眼能分辨时，强化手选，降低矿石贫化率。

2. 选矿工艺

对于中低品位且矿化很不均匀的铀矿山，在选矿过程中可以就地大量处理块状废石，降低水冶尾矿运输成本，包括破碎、磨矿费及浸出费。放射性选矿方法是采用选矿方法种类最多，其选出的废石率为 15%～30%，通过采用分选效率和灵敏度高的放选机可提高废石的选出率。如澳大利亚 UltraShort 公司生产的 UFS 型及 ULS 型放射性分选机，可以从入选矿石中分选出 50%的废石（其铀品位＜0.006%）。我国生产的 54212II 型系列放射性分选机在某铀矿分选作业中，可分选出 75%的废石（其铀品位＜0.101%）。通过铀矿石的选矿作业，能从入选矿石中分选出 1/2～3/4 的废石，大大减少水冶尾矿的数量。

选矿方法不仅能选出矿石中的废石，还能用于堆浸尾渣的二次回收，进一步降低渣品位。我国铀堆浸尾渣品位为 0.01%～0.03%，甚至更高。可利用浮选、放选、筛选等选矿方法，把未得到充分浸出的粒级大、品位高的铀矿石从尾渣中分离出来，再加工或掺入新矿石中进行堆浸。采用合适的选矿工艺可对低品位铀矿石进行回收。对某低品位的铀铌铅多金属矿采用以跳汰为主的重选工艺，其原矿石中铀品位为 0.016%，与堆浸尾渣中的铀品位相当，获得的粗精矿中铀质量分数提高到 0.071%，有价金属得到初步富集。该粗精矿再经磁-浮工艺进行分离和精选后，获取的铀铌精矿铀的质量分数可达 0.1184%（张学礼 等，2010）。

3. 水冶工艺

先进的水冶工艺不仅可降低铀尾矿（渣）中的放射性核素铀、镭、钍含量，还可减少废水处理的沉渣污泥量，有助于放射性固体废物的减量化。

1）创新优化水冶工艺技术

采用堆浸与搅拌浸出相结合的浸出方式，即铀矿石经过湿法破碎分级后，粗粒级矿石进行堆浸；细泥采用搅拌浸出处理，可获得较高的浸出率，降低铀尾矿（渣）品位。如某铀矿采用“堆浸+泥矿的搅拌浸出”工艺，结合堆浸和搅拌浸出的优点，既提高了资源利用率，又降低了尾矿中放射性核素的比活度。在堆浸中还可采取其他有效措施来降低尾渣品位，如合理控制堆浸工艺条件、采用强化堆浸技术等。

在铀矿石水冶提铀的同时，直接进行无害化处理，尽量减少尾矿中铀、镭、钍等放射性核素和有害元素的含量，甚至实现无害水平。如采用硝酸、盐酸等矿物酸及无机盐 $Fe(NO_3)_3$、$CaCl_2$、$FeCl_3$ 进行较富铀矿石回收与无害化处理，可使铀、镭、钍的浸出率达到 99%以上，渣中镭比活度可低至 0.5～0.6 Bq/g。

2）改进放射性废水处理工艺

改进废水处理工艺，降低沉渣污泥产生量。如某铀矿采用氯化钡-循环污渣（泥）-分步中和法处理酸性矿坑水（张黎辉，2017），污泥产生量仅为处理废水量的 0.42%；而当废液中铁和铝的质量浓度均为 60 mg/L 时，采用石灰乳中和沉淀法，产生的泥量则为所处理废液体积的 10%，且很难浓缩。针对某矿堆浸试验场和堆浸生产厂的酸性废水（吸附尾液），采用石灰石-石灰两步中和-沉渣循环的方法进行处理，相比一次石灰中和法，药费可以节省 1/3，沉渣生成量（以体积计）降低 2/3，并且改善了沉渣的过滤和沉降性能（张学礼 等，2010）。

6.4.4　铀矿冶放射性固体废物处置面临的问题

我国现存的铀尾矿（渣）储存在十几个地区的专用尾矿（渣）库中，多数建造在山谷和丘陵地区。常规水冶的尾矿大多采用上游堆坝法将其储存在尾矿库中，堆浸尾渣以干尾渣堆积在尾渣坝内储存。六十多年的实践证明，我国建造的铀尾矿（渣）库，满足了铀水冶生产建设的需要，基本实现了安全储存的目的。由于尾矿（渣）库周围多与居民生存环境紧密相连，在地表建库储存铀尾矿（渣）的处置方法还存在诸多问题（潘英杰，2014）。

（1）大量占用土地。铀尾矿中含有一定量残存的铀，以及绝大部分的钍、镭等核素，即使铀尾矿（渣）库经治理后，仍不能被无限制开放使用，造成大量土地闲置。

（2）铀尾矿（渣）中的铀、钍、镭等放射性核素，有毒重金属，以及有害化学元素，可能通过大气降雨、风蚀等途径发生迁移、扩散而造成一定范围内的水体和土壤污染，在干旱大风季节，形成堆、滩面的铀尾矿颗粒物扬尘而污染环境。

（3）铀尾矿（渣）中的镭可析出放射性氡气，不断地衰变成氡子体，造成空气污染；铀尾矿（渣）是γ辐射体，使尾矿库区的环境γ辐射水平升高，造成环境公众的附加剂量。据调查，尾矿库析出氡所造成的公众集体剂量贡献可占整个铀矿冶总剂量的24.5%以上。铀尾矿库附近环境关键居民组的年受照剂量见表6.5。

表6.5 铀尾矿库附近环境关键居民组的年受照剂量 （单位：mSv）

γ辐射	氡子体	*Ra*	总剂量
0.47	0.88	0.26	1.67

（4）公众对铀尾矿（渣）了解较少，加之管理不严，出现铀尾矿（渣）库被附近村民破坏或误取尾矿做建筑材料的事件，造成不必要的辐射危害。

（5）由于铀尾矿（渣）库退役后必须对其进行隔离覆土治理，以控制氡的析出。需要选取数量庞大的土源，造成取土区被破坏，带来新的生态环境问题。

6.4.5 铀矿冶放射性固体废物处置方法

我国一般综合运用回填、覆盖与封堵的方法，建设挡渣墙与护坡等工程措施，采用多种形式的覆盖方案和强化恢复植被等手段，处置铀矿冶放射性固体废物。国际各产铀国的铀矿区多数位于低海拔地区。美国采用安全封存、拆除、集中、浅地层覆盖等方法；澳大利亚多采用集中后水覆盖、土覆盖和回填等方法；俄罗斯除上述常规方法外，还有利用磷肥废渣等其他材料进行覆盖。美、澳也有用土以外的其他物质作为覆盖材料，如岩盐、活化沥青等（王文凤 等，2019）。

1. 废石的处置

对于放射性废石，首先消除铀矿石中释放出的氡及其子体对人的危害，防止铀矿石中铀元素淋失进入水体，降低铀矿石中的辐射对人体的健康影响。其次是防止露天堆放的放射性废石被山洪和地表径流冲刷、流失，扩大污染范围。我国采用“封、拦、疏、填、清、盖、植”七字方法有效治理放射性废石堆。

（1）封：封堵坑道口，阻隔氡气和废水的外排，根据坑道中流出物的酸碱度来确定所需的水泥量。结合坑道涌水量的大小选择单层或双层封闭法，无积水时，采用单层坑口封闭法；有流水时，采用双层坑口封闭法。

（2）拦：筑墙拦渣，毛石筑坝挡渣稳定废矿石堆。防止因副产矿石及废渣沿沟谷、山坡等堆放，经过雨水的侵蚀、淋滤及洪水的冲刷大量流失而污染环境。

（3）疏：修建排水沟，疏导地表水，避免冲刷废矿石堆和减少废矿堆的淋浸水。

（4）填：选择铀含量较高的矿石回填至坑井内。

（5）清：清挖流失的废矿石回填坝内，减少污染面积。

（6）盖：用黄土或风化土覆盖废矿石堆，减少氡气析出、屏蔽贯穿辐射，将有害物质与周围气、水环境阻隔减弱降落在尾矿堆上的雨水或地表径流对尾矿堆的侵蚀。

（7）植：植被绿化覆盖层，防止覆盖层流失，改善生态环境。种植草皮和小灌木修复自然景观，避免废石堆直接被雨水冲刷，维护治理工程的稳定性。

七字治理法主要是针对放射性废石堆围盖，封闭坑道，从而减少有害气体扩散进入大气，降低贯穿辐射强度，阻止雨水渗入和废水流出携带有害元素进入水体，切断其污染通道。修筑拦渣坝（墙），阻挡放射性废石堆因坍塌而扩散覆盖土层，有利于植被绿化。上述治理方法是铀矿地质系统勘查工程退役后的环境治理工作的经验总结，为放射性废渣（石）治理工作步入规范化、制度化，以及铀矿地质勘探工作的环境保护打下了基础（胡凯光 等，2006）。

2. 铀尾矿（尾渣）的处置

铀尾矿管理的重点在于尾矿库的选址和安全尾矿坝的建设，尾矿坝（堤）是尾矿库的核心组成部分，坝（堤）基选择较库址尤显重要，是尾矿不可缺少的拦阻和隔离屏障，应对其安全性进行综合分析。铀水冶厂尾矿将长期储存在尾矿区中，加设围栏进行防护区控制。为减少尾矿区的面积，可以利用尾矿来筑坝。现用的尾矿稳定处理方法包括以下三种。

（1）用岩石或泥土覆盖尾矿坝的顶部和坝体侧面。

（2）用化学药剂和黏合剂处理尾矿，使尾矿堆表层生成阻气、隔水的硬壳层。

（3）先平整尾矿，再进行盖土、施肥、植被绿化。

1）铀尾矿建造的矿坝治理

根据法国铀水冶厂的实践，将尾矿粗砂一半用来回填矿井采空区，另一半用来建尾矿坝不失为一种经济而有效的措施。尾砂建造矿坝不是最终处理尾矿的方法。

尾矿坝的选址、尾坝的高度是设计中两个重要问题。尾矿坝应尽可能建在不透水岩层的地段，如果要将其建在饮水源的含水岩层之上，必须用膨润土或其他防水措施处理好岩石的渗透性。目前我国最大堆筑高度为 72 m，最大设计堆高 205 m。为了节约投资成本，应尽量选在库容较大的山谷筑坝，筑坝不必太高，以降低事故风险。大多数尾矿坝选址都是山谷型的，一面傍山，三面筑坝。还有的是山坡型的，平地型的（袁勤 等，2016）。

堆坝方法包括上、中、下游筑坝法，其操作与管理应注意以下 4 个问题。

（1）优选堆矿坝方法，加强操作管理，确保坝前形成均匀的沉积滩和保持足够的有效积滩长。

（2）在冰冻期间，堆高子坝，以便储存水冶厂冰冻期排出的尾矿。

（3）严格控制堆积设计平均外坡，是保持坝牢固的基础。我国现有设计堆积坝坡度一般为 1∶6～1∶5，国外堆积坝边坡为 1∶4～1∶2。

（4）堆积坝的外坡护坡，种草皮、植树或加水泥板等增强坝堤的稳定性，防止雨水冲刷及刮风时矿粉飞扬扩大污染面。加强尾矿坝巡检，及时处理隆起、管涌、坡裂等异常状况。

2）尾矿堆的物理法、化学法和植被法稳定化处理

（1）物理稳定法：向细粒尾矿喷水和覆盖岩石、泥土和炉渣等，覆盖泥土还能为植被提供有利条件，然后再用污泥和树叶、锯末覆盖。也有设置防风林，用石灰石粉和硅酸钠混合物覆盖。研究表明，对铀尾矿采用芒苇防风林结合较为有效（袁勤 等，2016）。

（2）较经济的化学法：包括：①树脂黏合剂，可使尾矿表面防风；②水泥和石灰浆液；③一种石蜡和树脂的混合物和一种树脂乳浊液；④添加硅酸钾、硅酸钠、硅酸二钙等高分子化合物；⑤硫酸处理过的黄铁矿，其气喷黏合剂可以作为一种有效的稳定剂；⑥覆盖厚度约 0.635 cm 的沥青，能显著降低氡气的逸出；⑦水泥、黄铁矿、磁黄铁矿能与含硅的细粒尾矿发生反应，形成混凝土和亚硫酸盐，可抵风雨的浸蚀；⑧用沥青、液体玻璃溶液固化尾矿的药剂，也可抵御风雨的浸蚀。

（3）植被稳定法。植树能显著地改善尾矿床的景色，降低因扬尘对空气带来的污染，也可能通过再植被来减少水的污染。覆盖土壤层和植被可使尾矿场空气中的氡降低 0.5 Bq/m^3 左右。

6.4.6 铀矿冶退役设施去污的处置方法

铀矿冶设施的退役去污较成熟的方法有物理去污法、化学去污法、电化学去污法、熔炼去污法和激光去污法。广义上的放射性污染去污是把放射性核素从不希望存在的部位全部或部分去除。我国铀矿区不少单位已经或正在进行退役，这些单位遗留了大量受放射性污染且需要去污处置的设备、器材、建（构）筑物。我国早期退役铀矿冶企业曾出现过设备、器材未经去污或去污处理未达标而流入市场的现象，主因是这些设备、器材放射性污染严重，结构复杂，不易去污。国家环保部门在审查退役铀矿冶环评报告时，多次强调设备、器材必须经地方环保部门验收合格后方可流入市场，为去污提出了更高的要求（周耀辉，2003）。

1. 物理去污法

（1）吸尘法：用吸尘器吸除存在物体表面的尘埃性污染物的方法。

（2）机械擦拭法：利用机械擦拭作用去除不复杂的物体表面结合疏松的污染物的方法。

（3）高压水-蒸汽喷射法：利用高压水汽冲击作用去除物体表面污染物的方法。

（4）磨料喷射法：借助高速流体（空气或水＋磨料）的喷射力，利用磨料冲刷物体表面实现去污的方法。

（5）超声去污法：利用高频（18～100 kHz）机械振动在固液界面产生空化作用实现去污的方法（邹树梁 等，2017）。

物理去污法对环境要求较低，简单易控制，成本及操作风险较低。但产生的二次固体废物量较大，且部分表面去污法对设备表面伤害较为严重。

我国利用高压水射流清洗去污技术对801堆进行去污，完成了不锈钢管件的去污。韩国利用常压喷射等离子去污方法，很好地去除金属表面结合牢固的钴氧化层。日本利用高功率脉冲CO_2激光清洗金属表面铀污染物，去污率达99%以上。

2. 化学去污法

化学去污法是利用去污剂的溶解、氧化还原、络合、螯合、缓蚀、钝化、表面湿润等物理或化学作用，除去退役对象内外表面带有放射性核素的污垢物、油漆涂层、氧化膜层等。

化学去污剂易于制取且能够重复使用，耗时耗工较少，可以处理难以接近的表面污染物，可实现就地去污和远程操作模式去污，且去污中产生的气载有害废物较少。但它难以处理表面积较大、多孔、易腐蚀等设备的表面，去污工艺复杂，去污剂种类繁多，还可能产生混合废物，液体废物量大，运行成本较高。

我国利用Ce(IV)/HNO_3对受放射性污染的碳钢模具和铸铁块进行去污，取得了良好效果。美国采用HNO_3-HCl系列无机酸对反应堆进行去污，获得了较高的净化因子。

3. 电化学去污法

电化学去污法是利用电化学溶解原理，除去受放射性污染的金属表面的薄膜层，实现去污目的。金属表面电化学去污原理如下式所示，见图6.2。

阳极反应：

$$M \longrightarrow M^{n+} + ne^-$$

$$4OH^- \longrightarrow O_2 + 2H_2O + 4e^-$$

阴极反应：

$$2H^+ + 2e^- \longrightarrow H_2$$

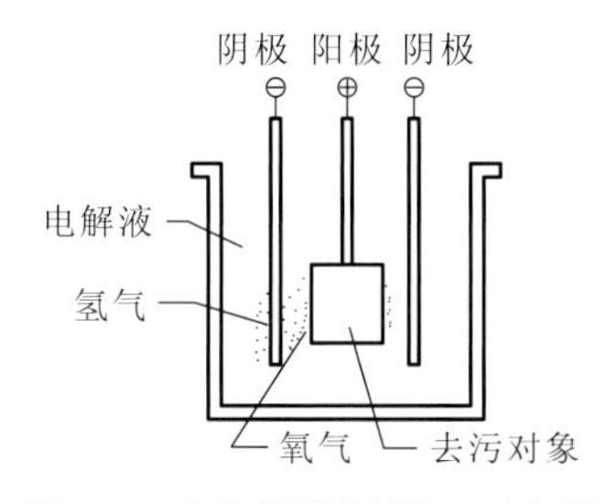

图6.2　电化学溶解原理示意图

电化学去污法具有作业时间较短，费用较低，去污操作现场对放射性气溶胶与人员外照射剂量影响均不大，对现场辐射防护要求较低。对大面积或形状复杂的导电体部件去污效果显著。但该方法要求去污表面导电，需要将去污对象放置于电解槽内，去污过程中产生氢气和氧气，对环境要求较高。

我国自主设计了可移动式电解去污工程试验装置，实现对铀钚污染金属设备的深度去污，对钚样品的平均去污率达99.8%。电解去污装置能够对反应堆一回路管道样片、仪表罩、事故工具清洗箱盖板及α污染取样柜后盖板进行现场电解去污。

4. 熔炼去污法

金属熔炼去污是将受放射性污染的碳钢、不锈钢、铜、铝、镍等金属材料或者构件经过去污预处理后，在电弧炉或感应炉中进行熔炼，加入造渣剂和氧化剂使其发生化学反应，使存在于金属中的放射性核素络合到渣中，实现降低金属材料中铀残留量的去污方法。

熔炼去污法能够有效地去除金属废物中的放射性核素，熔炼后便于处理富集放射性核素的固体废物。但前期处理工序复杂，去污成本高，烟气产生量大。

污染金属熔炼工艺过程包括熔化、氧化、还原、出钢四个阶段。首先对废金属（碳钢或不锈钢）进行分检、分解切割后投入电弧炉或感应炉，同时添加助熔剂进行熔炼，中间进行取样检测，根据分析结果及用户的需求，采取不同的熔炼步骤。

5. 激光去污法

激光去污法是利用激光对受放射性核素污染的部件、装置或构件进行去污处理，实现低污染金属物清洁解控或循环再利用。

激光去污法应用范围广、安全、效果好、操作简便且便于远程操作。激光头能够进入狭小空间，适用于复杂环境，可用于污点类去污或大面积去污。激光光束通过多关节镜和光纤，可进行远距离转输。其中不使用催化剂的干式工艺，产生的二次废物少，深浅污染都适用，无污染物沉积现象。但低功率激光去污机去污效果不佳，不适合复杂形状构件的去污。

国内外利用激光清洗方面成果较多。利用 Apex-150 准分子激光器，对铸铁、不锈钢、碳钢等多种金属表面钴、铯污染层进行了清洗实验，表明 1 J/cm^2 的紫外激光连续辐照 100 次，污染物去除率不小于 80%。日本动力炉核燃料开发事业部利用高功率脉冲 CO_2 激光清洗受放射性污染的金属表面，不锈钢、铸铁样品除污率达 99%，对基体表面不良影响小。

6.4.7 国内外铀矿冶放射性固体废物处置

放射性固体废物处置的目的是实现其安全管理，在废物可能对人类造成不可接受的危险的时间内，将废物中的放射性核素限制在处置场内，防止其以不可接受的浓度或数量向环境释放，影响生态环境安全。放射性固体废物处置方法主要包括近地表处置、洞穴处置（近地表处置的一种特殊形式）及地质处置。洞穴式处置方式对人类活动和自然干扰影响小、安全性好。但是，水文地质情况复杂，往往一些地下水与洞室不宜直接处置废物，需要经过整治和安全评价与环境影响评价后方能使用。地质处置安全性高，但处置成本非常高，通常用于处置高水平放射性固体废物。工程近地表处置方式是应用最早、最广泛的低、中水平放射性固体废物的处置技术，工程应用实践广泛，易于选址建造、操作简便、投资较低。我国西北处置场、北龙处置场都是近地表处置场。

1. 国外中、低水平放射性固体废物处置情况

1）美国

美国对于中、低水平放射性固体废物处置的处置方式是采用简陋浅地表填埋方法，在处置时未考虑核素迁移，对回填和覆盖层给予重视不多。

从 20 世纪 60 年代开始，美国陆续建造了 6 个商用处置场，在 70 年代相继关闭了 4 个，剩下华盛顿州汉福特的里奇兰和南卡罗来纳州的巴威尔设施。后来又建造了犹他州恩罗克尔处置场。

2）法国

法国的芒什和奥布处置场是中、低水平放射性固体废物近地表处置场的典型代表。它是以混凝土构筑物、水泥浇筑回填的一体化工程设施，有严格的回填、覆盖和排水设施。

（1）芒什处置场。法国的第一座放射性固体废物近地表处置库芒什中心处置设施，与阿拉格后处理厂相邻，于 1969 年开始运行，规划处置容量 50 万 m^3。1994 年关闭时共处置低、中水平放射性废物 53 万 m^3，芒什处置场如图 6.3 所示，采用混凝土窖仓，分两层叠放 8 个大型混凝土废物容器（单体积 2 m^3），中间空隙堆放卵石，然后浇注水泥灰浆成为一个整体。上面浇铸混凝土盖板后，再堆放放射性水平较低的 200 L 废物桶，最后盖 1.0～1.5 m 土层、植被。

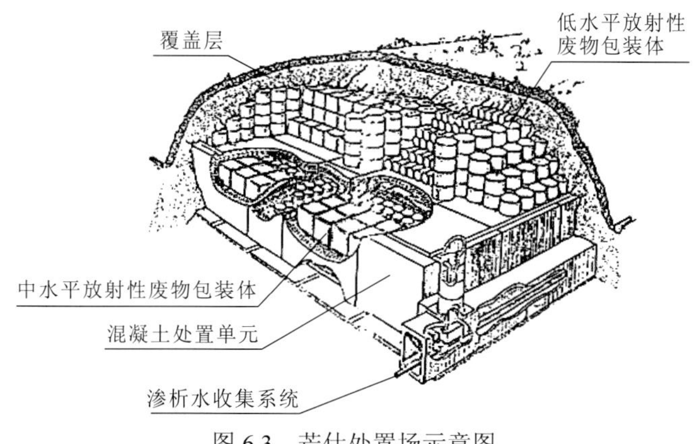

图 6.3　芒什处置场示意图

（2）奥布处置场。在法国东部奥布建造了近地表处置设施——奥布处置场。它采用全地上式处置方式，处置单元（图 6.4）上面有可移动仓房，避免雨水进入。废物被处置在大型混凝土处置单元内，所有操作都是在金属隔框的保护下进行，防止废物包与雨水接触。奥布处置场 1992 年开始运行，规划处置容量为 100 万 m^3，到 2005 年，已经处置了约 16 万 m^3 低、中水平放射性固体废物。该设施的设计可以顺利适应可能产生的不同类型的废物包，无论是传统规格 200 L 的废物桶还是更大的包装(核电站的反应堆顶盖)。

3）日本

日本核燃料公司在北海道六所村建造了低水平放射性废物处置场，到 2004 年处理能

图 6.4　奥布处置场处置单元

力为 8 万 m^3，设计规模为 60 万 m^3。处置场有具体的安全目标，在 300 a 的有组织控制阶段，公众剂量限制为 1 mSv/a。在 300 a 后，公众剂量限值为 10 μSv/a。

日本处置场设有 10 个混凝土处置单元，每个单元分 16 室，每室可处置 320 L/200 L 桶废物，装满后回填，盖混凝土 4 m。1992 年 12 月开始接收废物，设计处置容量满足处置到 2030 年。

4）捷克

捷克杜库凡尼处置库是位于杜库凡尼核电站附近的一座近地表处置库，如图 6.5 所示，处置核电厂产生的低、中放废物，库容 5.5 万 m^3。共有 112 个处置单元，可处置核电厂运行和退役全部废物，至 2011 年已有 17 个处置单元装满了废物，计划运行到 2100 年。

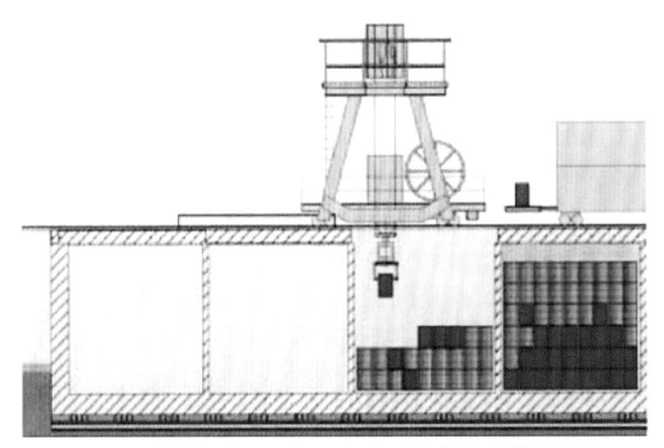

图 6.5　捷克杜库凡尼低、中水平放射性废物处置库

杜库凡尼处置库处置核电厂运来的沥青固化体等废物。废物装载于 200 L 镀锌钢桶中，验收卸车后，吊到处置单元中。将剂量率高的废物放在处置单元的底部和中部，这种运行工艺规程发挥废物桶的自屏蔽作用，降低处置单元外部的辐射。处置单元装满废物后，浇注水泥砂浆和盖混凝土盖板。

2. 我国中、低水平放射性固体废物处置概况

我国建造的第一座近地表处置场——西北处置场于 1999 年投入试运行，当年接收并处置了首批低、中水平放射性固体废物。它位于干旱少雨、人烟稀少的戈壁滩上，采用地下式处置方式，处置单元设计为无底板的钢筋混凝土构筑物。

西北处置场位于干旱地区，风沙较大，覆盖层结构要防止水分的蒸发和腐蚀两个问题。经过多年的运行，为我国低、中水平放射性固体废物处置方面积累了一定的处置工艺和处置场选址、设计、建设及运行管理的经验。

北龙处置场位于多雨潮湿地区，场址离海岸较近，处置单元设计成有底板的地上式钢筋混凝土构筑物，处置单元上有挡雨仓房，避免雨水进入。为了弥补场址自然条件的不足，加强了处置单元的工程设计。覆盖层顶部设计成屋脊形，并在其边坡处设排水沟，便于雨水径流。

3. 各国近地表处置场比较

各国的中、低水平放射性废物处置场均采用工程近地表处置技术，处置单元一般都是钢筋混凝土结构，由顶板、侧墙和排水管廊等组成。为了适应不同的场址特性和不同类型的废物，处置单元设计可以采用地上式、地下式和半地下式结构。如采用地上式结构的奥布处置场和北龙处置场，而我国西北处置场的处置单元采用地下式结构。表 6.6 为各国近地表处置场对比情况。

表 6.6　各国近地表处置场比较

项目	法国		日本	捷克	中国	
	芒什	奥布	六所村	杜库凡尼	西北	北龙
处置技术	工程近地表处置库	工程近地表处置库	工程近地表处置库	工程近地表处置库	工程近地表处置库	工程近地表处置库
处置单元方式	混凝土槽坑放置 8 个大混凝土容器（两层）浇盖板，上层再堆放 200 L 废物桶，上盖 1.0～1.5 m 土，覆土植被	混凝土槽 24 m×21 m×6 m，上面有可移动仓房，避免雨水进入	地表下 14～19 m 深处，混凝土地下构筑物	混凝土槽，装满废物后，浇注水泥砂浆和盖混凝土盖板	无底板地下式处置单元，无地下管网，覆盖层为 5 层共 2 m	底板地上式处置单元，有地下管网，处置单元上有可移动仓房，覆盖层为 6 层共 5 m

各国选建中、低水平放射性废物处置设施，取决于国土环境、废物处置方针策略和国家社会、经济、技术条件，还应重点考虑处置设施的长期安全性。我国的中、低水平放射性废物处置已经取得长足进步，但仍有待健全和完善废物管理相关法律、法规和管理体制，重视深入研究国外先进的经验，适应发展的需要。

参 考 文 献

韩玲, 刘志恒, 宁昱铭, 等, 2019. 矿区土壤重金属污染遥感反演研究进展. 矿产保护与利用, 39(1): 109-117.

胡凯光, 陈祥标, 谢水波, 等, 2006. 地浸采铀工艺中氯离子的作用及其影响. 矿业研究与开发(3): 43-45.

黄帅, 彭小勇, 张欣, 等, 2014. 铀尾矿库滩面析出氡在覆土中运移的数值模拟. 安全与环境学报, 14(3): 176-179.

李咏梅, 谭凯旋, 周泉宇, 等, 2014. 铀尾矿粒度对氡析出影响的蒙特卡罗模拟. 原子能科学技术, 48(9): 1725-1728.

刘娟, 李红春, 王津, 等, 2012. 华南某铀矿开采利用对地表水环境质量的影响. 环境化学, 31(7): 981-989.

刘迎九, 周泉, 谢水波, 等, 2006. 某铀矿床碱法地浸溶浸液配方探讨. 株洲工学院学报(6): 39-40.

潘英杰, 薛建新, 陈仲秋, 2012. 我国铀矿冶废物的利用与有用资源的回收. 铀矿冶, 31(1): 40-45.

潘英杰, 2014. 铀尾矿(渣)库安全技术问题探讨. 第六届全国尾矿库安全运行与尾矿综合利用技术高峰论坛论文集. 中国冶金矿山企业协会.

王文凤, 陈功新, 曾文淇, 等, 2019. 不同酸度降水对某铀矿废石中铀钍核素释放迁移的影响. 有色金属(冶炼部分)(10): 46-49.

王洁, 黄晓乃, 2008. 铀矿冶退役后的固废治理方法探讨. 矿业快报(2): 49-51.

王昌汉, 童雄, 才锡民, 等, 2003. 矿业微生物与铀矿精矿细菌浸出. 长沙: 中南大学出版社.

谢水波, 2007. 铀尾矿(库)铀污染控制的生物与化学综合截留技术. 北京: 清华大学.

袁勤, 蔡松, 2016. 某铀矿山尾渣堆与废石堆覆土试验研究. 湖南有色金属, 32(6): 64-66.

严政, 谢水波, 苑士超, 等, 2012. 放射性重金属污染水体的植物修复技术. 铀矿冶, 31(1): 51-56.

杨彬, 方祥洪, 王棋赟, 等, 2015. 国内外低、中水平放射性固体废物处置技术研究. 核科学与技术, 3 (2): 17-21.

杨金辉, 胡鄂明, 王清良, 2017. 铀矿山化学分析. 北京: 化学工业出版社.

杨金辉, 王清良, 周书葵, 等, 2014. 铀矿山及周边环境放射性污染现状调查及治理对策. 湖南生态科学学报, 1(4): 7-9.

张黎辉, 2017. 中国铀矿冶放射性污染防治“十三五”规划思路研究. 环境科学与管理, 42(12): 183-186.

张学礼, 徐乐昌, 魏广芝, 等, 2010. 铀矿冶放射性固体废物最小化.铀矿冶, 29(4): 204-209.

邹树梁, 徐守龙, 杨雯, 等, 2017. 核设施退役去污技术的现状及发展. 中国核电, 10(2): 279-285.

周耀辉, 2003. 铀矿冶退役的放射性污染去污的方法和途径探讨. 铀矿冶(3): 144-147.

LIU Q, XIE S B, HE S H, 2006. The situation and strategy of pollution control technology of radionuclides diffusion on uranium mill-tailing sites of China. International Symposium on Environmental Issue for East Asia's Sustainable Devvlopment, Weihai.

XIE S B, CHEN Z A, ZHANG X J, et al., 2005. Modeling of migrationof the radionuclides in shallow groundwater and uncertainty factors analysis at the uranium mill-tailing site-a case study in southern China. Environmental Informatics, Proceeding of the ISEIS 2005 Conference, Xiamen.

第7章　铀矿区铀污染土壤评估与生态修复

7.1　铀矿区铀等放射性污染土壤的特点

7.1.1　矿区土壤重金属污染的特点

矿区的污染源废石和尾矿是矿区土壤污染的主要来源。土壤重金属污染是指由于人类活动所导致的土壤中重金属的含量明显高于环境背景值，并可能引起土质退化、生态与环境恶化。重金属土壤污染具有如下特点（钱春香 等，2013）。

1. 地域性与形态多变性

矿区地成土母质存在差异，有的地区本底值较高，有的地区较低。土壤系统又不同于大气和水体，其中的污染物很难发生扩散和迁移。

2. 难降解性、不可逆性或持久性

重金属污染元素在土壤中常常只能发生迁移或者形态转变，很难降解。当重金属在土壤中的富集超过某一阈值时，将引起土壤结构和功能的改变，受到污染的土壤很难恢复到之前的正常状况。如20世纪60～70年代沈阳抚顺污水灌溉而引起的镉、酚、油污染，导致大面积水稻矮缩病，水田土壤中污染物镉严重超标，其后十余年来，投入大量的人力和物力，采用各种工艺方法不间断地治理，才部分地恢复了该地区土壤的肥力。

3. 隐蔽性或潜伏性

与大气和水体污染相比，重金属造成的矿区土壤污染主要通过动植物或人体健康受损才能体现出来，该过程需要相当长的时间，因此具有隐蔽性和潜伏性。

4. 表聚性

土壤中存在着大量胶体对铀等重金属有较强的吸附能力，土壤的这种特征意味着重金属污染物主要影响表层土壤，而动植物绝大多数生活在表层土壤附近，因此，重金属污染对动植物的危害性更大。

5. 间接危害性

食物链是维持生态系统稳定的基础，重金属通过食物链进入动物和人类体内，另外重金属污染致使动植物赖以生存的土壤受到损伤。重金属还可通过土壤进入地下水，造

成更严重的污染。

7.1.2　铀矿区铀污染土壤的特点

铀矿区污染土壤除具有一般矿区重金属污染土壤的特点外，还具有以下特点，主要是由于放射性核素带来的（荣丽杉，2015）。

1. 地域性更加明显

铀矿冶、核燃料铀加工、废物的再处理等可能引起核素在土壤中的积累。铀等污染程度因矿点的大小及分布、地区土质不同而存在很大差异，地域性更强。放射性三废的产生源自天然铀的开采，铀矿分布不均，其周边环境将受到不同程度的污染。铀的迁移受到其形态的影响，只有在酸性等特定条件下才会迁移，在土壤中蓄积起来，它是一种不可降解的放射性元素，一般的微生物不会使之降解，存在累积性。

2. 滞后性和隐蔽性更强

铀无色无味，它除具有化学毒性外，还具有放射毒性，仅可通过放射性检测、分析、动植物生长状况，判断是否污染，且污染后并非很快产生不良后果，需要经过一段时间的积累，造成生物机体或作物组织发生不良变化，才可判断得知，污染隐蔽性更强。

3. 长期性和不可逆性

在自然条件下，铀的放射活度基本无法改变。由于铀的积累性，受污染的土壤很难依赖其自净能力而得到恢复，铀的放射性衰变周期长，^{238}U 的半衰期为 4.5×10^9 a，即使更新技术处理也需近 200 a 方可消除。放射性核素，特别是铀及其衰变产物，在环境中往往危害生态系统的稳定性，并对人体健康构成威胁。

7.2　铀等放射性污染土壤评估方法

7.2.1　总量法

总量法是以矿区污染土壤中铀等重金属元素的含量来判断尾矿、矿渣等对矿区生态环境的影响。土壤中铀等重金属的含量越高，尾矿、矿渣等对环境的潜在影响就越大。然而，仅用总量法来预测重金属在环境中的生物可利用性、毒性等行为，还远远不够。生物只能利用离子形态的重金属，而重金属存在形式与其总量高低没有直接关系。有时重金属总量很高，但活性很差，对动植物造成的影响就很小。但研究铀矿区土壤污染问题时，土壤中重金属总量仍是一个必要的参数。

7.2.2 实验模拟法

实验模拟法先根据水和铀尾矿等相互作用的模拟结果，弄清楚重金属的释放机理，再预测自然条件下铀尾矿的潜在环境效应。

但实际情况下，土壤中存在的生物（微生物）会对铀尾矿的风化产生很大的影响；pH、温度、溶氧浓度、尾矿颗粒尺度等环境条件，也会影响实验结果。实验模拟法能在多大程度上反映自然条件下的真实过程成为该方法的最大挑战，也成为该方法应用受限的原因。

7.2.3 环境地球化学法

环境地球化学法先借助扫描电镜等手段，探明铀等重金属元素在尾矿、矿渣中的赋存状态，然后依据哥尔迪奇（Goldich）矿物风化系列确定赋存重金属元素的矿物抵御风化能力的强弱。若铀等重金属赋存于稳定性好的矿物中，在自然风化过程中它们将继续留存于尾矿中，对环境影响较小。反之，它们会随着矿物的风化分解，进入环境中。

然而，多数情况下尾矿组成复杂，赋存铀等重金属元素的矿物分解后，重金属元素可能会形成次生矿物或被其他物质（如胶体、有机质等）吸附，仍存留于尾矿的残余骨架上，很难得到可靠的结果（张晶 等，2011）。

7.2.4 化学形态分析法

化学形态分析法是利用化学试剂萃取样品中的重金属元素，根据萃取程度的难易，可将样品中的重金属分为不同的形态。根据采用萃取剂的种数和萃取步骤，可将化学形态分析法分为连续萃取法和单一萃取法两大类。

连续萃取法是用萃取性能不断增强的化学试剂来逐步提取环境样品中不同活性重金属元素的方法。根据重金属元素活性，可将其分为水溶及可交换态、碳酸盐结合态、有机质结合态、无定形 Fe-Mn 氧化物/氢氧化物结合态、晶质 Fe-Mn 氧化物/氢氧化物结合态和残渣态 6 种化学形态。

张彬（2015）归纳了土壤中铀的六步逐级化学提取流程。

第一步，可交换态/包括水溶态铀。研磨过 200 目筛的土壤干样 2 g 加入 20 mL 1 mol/L 的 $MgCl_2$ 溶液（pH=7），室温下振荡 2 h，8000 r/min 离心 10 min，用 10 mL 超纯水清洗 2 次，上清液保留分析。

第二步，碳酸盐结合态。第一步残渣加入 50 mL 1 mol/L NaAc 溶液（pH=5，用 HAc 调节），室温下振荡 7 h，8000 r/min 离心 10 min。用 10 mL 超纯水清洗 2 次，上清液保留分析。

第三步，有机质结合态。第二步残渣加入 20 mL 30%的 H_2O_2 溶液在室温下反应 1 h，在 85 ℃下水浴加热蒸干，重复以上操作 1 次；加入 50 mL 1 mol/L NH_4Ac 溶液（pH=2，

用 HNO_3 调节），在室温下振荡 2 h，8 000 r/min 离心 10 min。用 10 mL 超纯水清洗 2 次，上清液保留分析。

第四步，无定形 Fe-Mn 氧化物/氢氧化物结合态。第三步残渣加入 20 mL Tamm's 溶液（10.9 g/L 草酸+16.1 g/L 草酸铵，pH=3），室温下在暗室中反应振荡 5 h，8 000 r/min 离心 10 min。用 10 mL 超纯水清洗 2 次，上清液保留分析。

第五步，晶质 Fe-Mn 氧化物/氢氧化物结合态。第四步残渣加入 20 mL CDB 溶液（连二亚硫酸钠-柠檬酸钠-碳酸氢钠溶液，pH=7.0），室温下振荡 10 h，8 000 r/min 离心 10 min。用 10 mL 超纯水清洗 2 次，上清液保留分析。

第六步，残渣态。第五步残渣加入 15 mL 王水＋8 mL 氢氟酸后用微波消解，完全溶样后用超纯水稀释至 50 mL 以备分析。

单一萃取法也可提供土壤中重金属化学形态方面的信息。与连续萃取法相比，该方法通常仅用一种萃取剂或仅萃取一次，且萃取的相态为多个。样品的组成或者萃取重金属元素种类等存在差异，单一萃取时所用的试剂也会不同。

7.2.5 植物指示法

植物指示法是利用在铀矿区周围被污染的土壤中找到的一些植物作为生物指示剂，依据其体内吸收的铀与其他重金属的量来直接判断土壤的污染程度。它被认为是一种很有前景的方法。

按照植物对重金属的反应差异，将植物分为富集、指示及免疫植物三类。其中富集植物能不区分重金属的浓度高低有效地吸收重金属，可用于重金属污染土壤的生物修复；指示植物对重金属的吸收与土壤/沉积物中重金属可利用性部分成正比，可根据植物体内的重金属含量，直接用于土壤中重金属活动性和生物可利用性的判断；免疫植物则在一定的浓度范围内不吸收重金属，可直接在重金属污染地区种植。

7.3 铀等重金属污染土壤物理与化学修复技术

7.3.1 铀等重金属污染土壤物理修复技术

铀污染土壤物理修复方法是通过改变土壤的物理属性来实现污染土壤修复，恢复土壤的功能，主要有客土法、换土法、翻土法、土壤淋洗法、电热法、动电修复等。在修复前，一般先对表土进行处理，包括堆置、平整等；对矿坑进行充填、积水坑进行疏排等处理。

1. 客土法与换土法

客土法是根据污染土壤的危害程度直接在其上覆盖一定厚度的非污染土壤；换土法与客土法类似，差别是先挖除部分或全部污染土壤，再换上非污染土壤。客土法和换土法所用新土厚度越大，一般作物中铀含量的降低效果就越显著。这类方法适用于修复低浓度、小面积的铀污染土壤，对于区域性的铀污染土壤的修复，基本难以实现，同时需要防止置换出的污染土壤引起二次污染。

2. 翻土法

翻土法是将污染土壤的上下层原地翻动进行混合，降低表层土壤中重金属的含量，该方法在严重污染和长时间污染地区修复效果欠佳。

3. 土壤淋洗法

该方法是利用淋洗液将土壤固相中的铀及其他重金属移到土壤液相中，再将含重金属的废水进一步处理，达到土壤修复的目的。当前淋洗法使用相对较多，应重点考虑淋洗液的选择及二次污染问题。

4. 电热法

通过电能加热污染土壤，使铀等污染物从土壤颗粒内解吸出来。该方法修复成本较高，且易引起土壤基本性状的改变，甚至还伴随有毒气体的释放。

5. 动电修复

在被污染的土壤两端施加低直流电，在电场作用下，土壤中的铀及伴生重金属离子向电极富集，从而实现污染物分离。

对比其他方法，动电技术修复土壤（地下水）污染有以下优势。

（1）对原有建筑和结构等的影响最小。

（2）适用面广，安装和操作简单，不受深度限制。

（3）动电技术通过改变土壤中原有成分的 pH 使金属离子活化，而土壤结构不会受破坏，该过程不受土壤低渗透性的影响，且不需要向土壤中引入新的物质与金属离子结合产生沉淀进行固定。

（4）动电修复接触毒害物质少，成本低、经济效益高。

此外，动电技术在应用上存在以下不足之处。

（1）易受土壤的组成与堆放方式，以及理化环境影响。如被修复场地土壤的介质不均匀性，埋藏的地基、碎石、丰度较高的离子等都会严重影响处理效果。

（2）金属电极电解过程中可能会溶解，产生腐蚀性物质。电极需采用惰性物质如碳、石墨、铂等。

（3）在非饱和带，水的引入会将污染物冲洗出电场影响区域，埋藏的金属或绝缘物质会引起土壤中电流的变化；土壤含水量低于 10%的场地，修复效果又会大大降低。

7.3.2 铀等重金属污染土壤化学修复方法

化学修复方法目前采用相对较少，它是利用化学修复剂，如酸化、碱化、去除毒物、营养物添加到污染土壤，以改造土壤系统的结构与化学特征。它主要用于小范围的污染土壤生态修复，如向铀矿区尾矿或废弃地土壤体系中加入酸碱调整土壤的酸碱度，或者加入其他化学物质使土壤中的污染物重新稳定或被提取。化学修复方法可分为化学固定法和化学提取法两大类。

（1）化学固定法是向受污染土壤中加入修复剂（钝化剂）提高土壤自身的吸附和沉淀作用，降低土壤中铀等重金属的生物可利用性，控制污染物的迁移。该方法不会扰动土壤结构，适用于污染面积大的土壤修复，但它仅改变了铀等重金属在土壤中的存在形态，金属元素还停留在土壤中，可能再次影响生态环境。

（2）化学提取法是利用具有润湿、增溶、洗涤、分散等特性的提取液（如硝酸、柠檬酸及 EDTA 等螯合剂），将土壤中稳定形态的铀转化为络合物和螯合物置换出来，达到去除铀等污染物的目的。该方法一定程度上可以解决土壤铀的污染问题，但有些提取剂本身就是污染物，投加量不当可能会导致新的污染问题产生。

7.4　铀等重金属污染土壤生物修复技术

7.4.1　铀等重金属污染土壤微生物修复技术

1. 微生物修复技术

微生物修复是指利用自然界或者人工培养的功能微生物，在适宜的环境下，利用其吸附和富集作用、氧化还原作用、生物矿化作用等来降低土壤中铀等重金属含量或改变其化学形态而降低重金属的迁移性或毒性。

吸附和富集作用是指微生物中的阴离子型基团（如—NH_2、PO_4^{3-}等）与带正电的重金属离子通过离子交换、络合、螯合、静电吸附及共价吸附等作用进行结合，实现对重金属离子的吸附。微生物富集是发生在活细胞的主动运输过程中，需借助细胞代谢活动提供能量。在一定的条件下，可以通过脂类过度氧化、复合物渗透、载体协助、离子泵等多种金属运送机制实现微生物对重金属的富集（Sousa et al.，2013；Xie et al.，2009，2008）。

生物还原是在硫酸盐还原或者铁还原条件下，添加电子供体（如乳酸等）到污染水体中激活土著还原菌群（硫酸盐还原菌、铁还原菌等），把溶解度较高的六价铀还原为溶解度较低的沥青铀矿或者非结晶态的四价铀，达到污染修复的目的（Xue et al.，2013）。

生物矿化是利用微生物磷酸酶的活性将有机物分解，释放出的磷酸盐、碳酸盐及氢氧化物等与土壤中的铀等重金属结合形成无机微沉淀。研究发现大肠杆菌、沙雷氏菌属及假单胞菌属等通过酶促反应矿化分解磷酸盐类有机物产生的正磷酸盐，能与铀结合生成稳定的磷酸铀沉淀，如 HUO_2PO_4、$Ca(UO_2)_2(PO_4)_2$ 和 $H_2(UO_2)_2(PO_4)_2$ 等（Suriya et al.，2017）。

2. 铀等重金属污染土壤微生物修复效果

近年来，已有多种微生物被用于修复铀及其他重金属污染的地下水和土壤，其有效性也被反复验证。自发现修复铀污染的微生物以来，铀污染修复过程中生物-水文-地球化学相互作用的研究也取得了长足的进步。在自然选择的作用下，铀矿区作为污染源，也是一个物种丰富的耐铀生物王国，铀污染的原位生物修复技术潜力无限（Xie et al.，2018；Suriya et al.，2017）。

Gavrilescu 等（2009）指出，通过改进土壤中氧气、水分及养分等环境因素可以强化铀、钍和铯等放射性重金属污染农田的生物修复效果。经过 8 个月田间修复后，土壤中的核素的含量可降至环境容许值以下。另外，还原条件下铀等有毒重金属可暂时形成难溶性 U(IV)矿物，但之后又被氧化并溶解。为了确保固铀的长效性，需要优化生物修复程序，合理评估修复终点。

有研究者发现了一种奇球菌，该菌对放射性具有超强耐受性，而且能在营养极贫乏和干燥环境中存活。因此，该菌可能成为修复放射性污染土壤的优良菌种（任柏林 等，2010）。

3. 微生物修复技术的优点与局限性

微生物修复铀及其他重金属污染土壤具有成本低、易操作、可重复等优点，但也存在局限性。

（1）可修复铀等重金属污染土壤的微生物，需要适宜的温度、pH 等条件才能发挥代谢活性，而实际修复环境很难与实验条件一致。

（2）相关功能微生物在繁殖过程中可能发生变异，从而影响实际修复效果。

（3）投加的微生物可能与土著微生物存在竞争关系，影响土壤修复效果。

（4）微生物修复很难彻底根除土壤中的重金属，如果自然环境改变，重金属可能重新被释放到土壤中。

4. 微生物修复技术发展方向

将微生物技术与分子生物学、克隆技术和遗传工程相结合，加强微生物修复基础研究与应用基础研究，扩大微生物修复铀及其他重金属污染的应用范围。

加强微生物菌种选育方法研究，提高筛选优势菌种的稳定性与效率。

根据土壤污染情况与微环境，培养驯化特定的高效功能菌。

7.4.2　铀等重金属污染土壤植物修复技术

1. 植物修复机理

植物修复（phytoremediation）是指利用植物吸收等作用，去除土壤、水体中的污染物，或使污染物固定以减轻其危害性，或使污染物转化为毒性较低化学形态的就地治理技术。越来越多的植物被用于控制铀等放射性污染修复。铀等重金属污染土壤的植物修复包括植物提取、根系过滤、植物挥发、植物稳定等机制。

1）植物提取

植物提取技术应用较为广泛，是指利用超富集植物通过根系从土壤中吸取重金属，并将其转移、储存到植物茎叶等地上部分，然后通过收割茎叶部和连续种植超富集植物将土壤中的重金属污染降到环境容许的水平（图 7.1）（荣丽杉 等，2016）。植物提取法不仅能够有效降低土壤中重金属污染物的含量，还能够实现金属物质的回收利用，被认为是最经济有效的植物修复手段（杨瑞丽 等，2016b）。

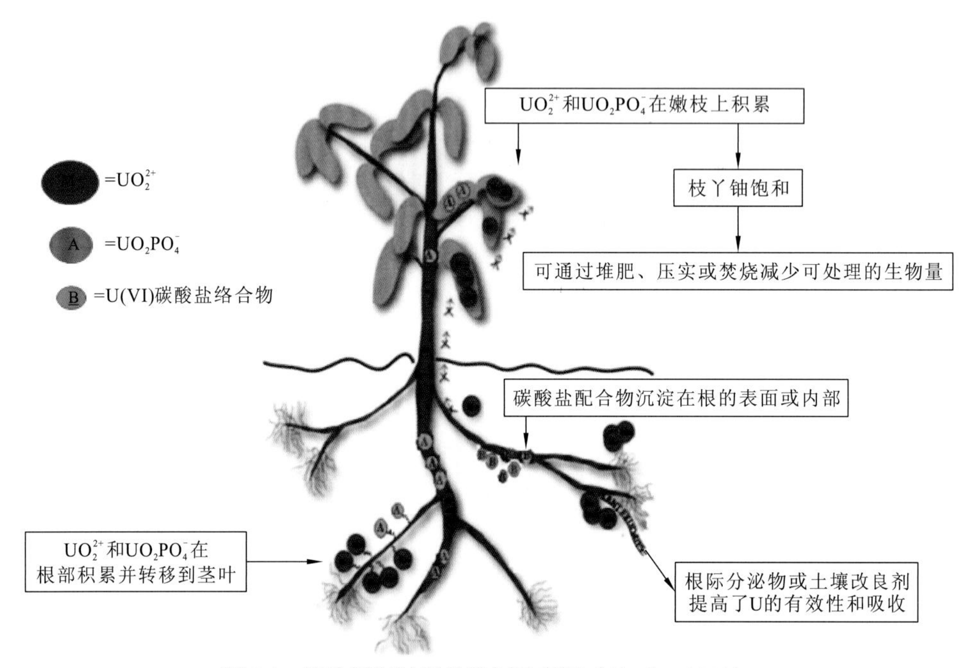

图 7.1 植物提取过程及机制示意图（Singh，2012）

植物提取的应用依赖于超富集植物，目前，已知的超富集植物有 500 多种，涉及植物 45 个科。超富集植物具备 4 个主要特征：①植物地上部分富集的重金属应达到一定的量，是同等生长条件下普通植物含量的 100 倍以上；②植物地上部分重金属含量要高于地下部分；③抗重金属毒害能力极强；④临界含量特征。

超富集植物修复重金属污染土壤的机制主要涉及两方面：一是植物对土壤重金属的吸收和积累机制；二是植物对重金属的耐受和解毒机制。

（1）植物对土壤重金属的吸收和积累机制。植物对土壤重金属的吸收和积累机制主要涉及植物对重金属的吸收、迁移和积累三个过程。

植物根系通过主动运输和被动运输吸收重金属离子。其中，主动运输为逆离子浓度梯度转运，需要呼吸供能。离子的被动运输包括扩散、离子交换、唐南平衡和蒸腾作用等机制。

重金属在植物体内的分布以尽可能避免损伤功能相对比较重要的部位，而表现出选择性分配，有些植物在根部积累重金属并向叶片转运，根细胞壁和叶片均可以结合有毒重金属，使其远离细胞敏感部位或是将其转运到非生理活性的位点（液泡）进行储存。

植物对重金属的转运过程主要是重金属首先与根毛分泌物相互作用形成化合物，然后跨根细胞转运至中柱，然后经中柱转运至木质部，木质部是吸收重金属的主要部位，并以络合态形式被转运。细胞膜上的离子载体和通道蛋白，能迅速地把重金属离子从根系转运到地上部分，有效吸收重金属。有研究表明，重金属与木质部小分子有机酸、氨基酸结合是影响重金属离子在植物体内转运的重要影响因素。

（2）植物对重金属的耐受和解毒机制。一般来说，当植物体内重金属积累到一定浓度时，重金属会干扰细胞正常代谢，对植物体产生危害。然而有些植物具有独特的重金属的耐受和解毒机制，能够在重金属含量相对较高的环境中正常生长。植物对重金属的耐受解毒机制主要包括外部排斥和内部耐受两大类。外部排斥机制是指植物能够阻止重金属离子进入植物体或是避免其在植物细胞内敏感位点的积累，主要包括铀等重金属在植物细胞壁上的沉淀作用，质膜对重金属的选择透过性作用，根系分泌物的螯合作用。内部耐受机制是指植物体自身可产生重金属螯合物质（如结合蛋白，小分子的氨基酸等），将进入细胞的重金属转化为无毒或是低毒的结合形式，从而缓解体内重金属毒害作用，主要包括重金属在细胞内的区室化作用，金属配体的螯合作用，植物体合成胁迫蛋白。

2）根系过滤

根系过滤（rhizofiltration）原理是利用植物根系强大的过滤、吸收、富集功能，将土壤中的铀等重金属进行处理，减轻铀等重金属的污染。该方法常被用在水污染治理方面。根系过滤功能强大的水生或半水生植物，个别的陆生植物（如耐盐的野草、向日葵等）都具有强大的根系过滤功能。

Dushenkov 等人在温室实验中发现，向日葵在 24 h 之内可以从水中去除超过 95%的铀，其效率高于豆类（*Phaseolus*）或印度芥末（*B.juncea*）。在根际过滤系统中，向日葵根部浓缩的铀占到根部干重的 1%。通过生物浓缩，根部铀浓度与水相中铀浓度的比值可高达 30 000（Dushenkov et al.，2015）。

生长于德国东部废弃铀矿山中的浮萍植物（*Lemnagibba*）可以浓缩处理铀污染。该植物铀积累量的季节性变化非常明显，铀积累的最高值是在 7～8 月。这是因为浮萍属大型植物在该时期的生长状况最好。此外，当池塘水体中的铀浓度升高到 1000 μg/L，生物富集效果明显下降。在初始 PO_4^{3-} 浓度较高（13.6 mg/L）时，由于磷酸铀酰沉淀的形成导致生物积累系数降低，生物可利用铀的含量急剧下降。虽然电导率与尾矿水中 SO_4^{2-} 的浓度正相关，高导电性也能降低铀在生物体内的积累。导电效应对铀生物富集的影响可能与铀离子有竞争作用的其他离子相关。

在室内水培及田间盆栽试验条件下，磷、氮对浮萍铀积累的影响实验表明，在尾矿水中加入 40.0 mg/L PO_4^{3-} 可在 2 h 内将铀的浓度从 198.7 μg/L 提高到 856.0 μg/L。在 24 h 以后，铀的浓度再次下降到初始值（190.9 μg/L）并一直保持到实验结束。在室内实验中，添加的磷酸盐浓度为 0.01～13.6 mg/L 时，铀的积累有显著差异；而磷酸盐的浓度在 13.6～40 mg/L 时，对铀积累的促进作用变得不再显著。因此，磷酸盐添加对铀积累的影响可能在达到最佳浓度以后反而会起到抑制作用。此外，污染土壤中铀浓度本身也会对植物积累铀产生影响。荣丽杉等发现印度芥菜对铀的生物富集量随着土壤中铀浓度的提高而升高，当土壤铀质量分数为 20 mg/kg 时，印度芥菜茎叶和根部对铀的生物富集量均达到最大值，茎叶部分铀质量分数为 48.85 mg/kg、根部铀质量分数为 629.05 mg/kg，表明铀在植物根部的富集程度远高于茎叶（荣丽杉，2015）。

Tomé 等（2009）研究了水培体系中向日葵籽苗通过根际过滤作用去除天然铀的效果。研究发现，铀的积累是一个主动过程。该方法除铀效果较好，很大程度上是因为沉淀物的形成，其中绝大部分溶解态的铀被固定，剩下的铀被固定在根部，极少部分转移到植物的地上部分。溶液中的铀与嫩芽中的铀含量很少，仅为 0.45%与 0.08%。与根部（47.8%）及沉淀（51.7%）中的铀含量相比，几乎可以忽略不计。

3）植物挥发

植物挥发（phytovolatilization）是利用植物的吸收、积累和挥发作用，将土壤中的重金属吸收到体内，再将其转化为气态物质，释放到大气中，达到修复重金属污染土壤的目的。目前发现的植物挥发主要是针对具有挥发性的重金属，比如土壤中的硒及汞等。

4）植物稳定

植物稳定（phytostabilization）主要指的是利用具有高耐受性或者超积累植物，积累、沉淀铀等重金属，强化土壤中铀等重金属的固定化，减轻重金属在土壤中的迁移性，减少铀重金属对土壤的进一步污染。然而，铀尾矿库等地区残留金属浓度高、营养不足等生长限制因素，往往对植物生长不利。因此，应从铀尾矿库地区的土著优势植物中筛选重金属耐受性强的植物，此外还可以向污染土壤施用磷肥、接种菌根等有效措施促进植物在逆境中的生存。

2. 铀等重金属污染土壤植物修复效果

在植物修复技术中，植物提取应用最广泛，但是植物提取技术的应用依赖于植物的选择。荣丽杉等（2016）选用对铀富集能力较好的五种常见草本植物：苜蓿、黑麦草、高丹草、苏丹草和印度芥菜，采取盆栽试验，研究不同铀浓度胁迫下，这五种植物对铀污染的耐受性及其积累特征。为铀污染土壤的植物修复研究提供参考。

1）植物对铀胁迫的生理响应

（1）铀胁迫对植物光合色素的影响。光合色素是植物进行光合作用的物质基础，分子水平上植物叶片的衰老表现在叶绿素的降解。光合色素含量是植物光合作用的直接反映指标，可以有效地反映植物的生产动力情况，可作为植物对重金属的耐受性指标。图 7.2～图 7.4 反映了苜蓿、黑麦草、高丹草、苏丹草和印度芥菜生长在不同铀浓度土壤中，光合色素含量的变化情况。随着铀胁迫浓度的升高，植物体内光合色素含量呈先升高后降低的趋势，苜蓿、黑麦草、苏丹草和印度芥菜在铀质量分数为 1 mg/kg 的土壤中，叶绿素 a 和叶绿素 b 含量达到最大，高丹草则在铀质量分数为 5 mg/kg 的土壤中，叶绿素 a 和叶绿素 b 含量达到最大。五种植物的类胡萝卜素含量均在土壤铀质量分数为 1 mg/kg 时，达到最大。当土壤铀质量分数为 20 mg/kg 时，五种植物叶片的叶绿素 a、叶绿素 b 和类胡萝卜素含量均低于对照组。其中，苏丹草光合色素含量在土壤铀质量分数为

20 mg/kg 时下降最为明显，其体内的叶绿素 a、叶绿素 b 和类胡萝卜素含量与对照组相比，分别降低了 53.91%、56.95%和 48.86%。此外，苜蓿、苏丹草和印度芥菜在土壤铀质量分数为 20 mg/kg 时生长情况受到严重损害。苜蓿有部分植株死亡，印度芥菜和苏丹草有部分叶片发黄。黑麦草和高丹草叶片没有发黄和植株死亡的现象。

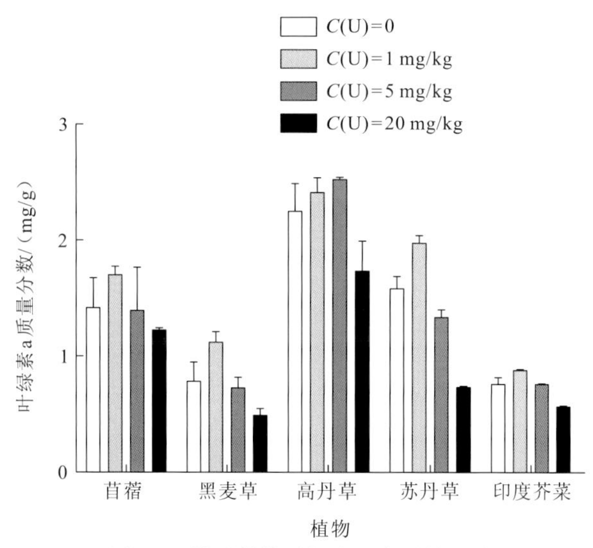

图 7.2 铀对植物叶绿素 a 含量的影响

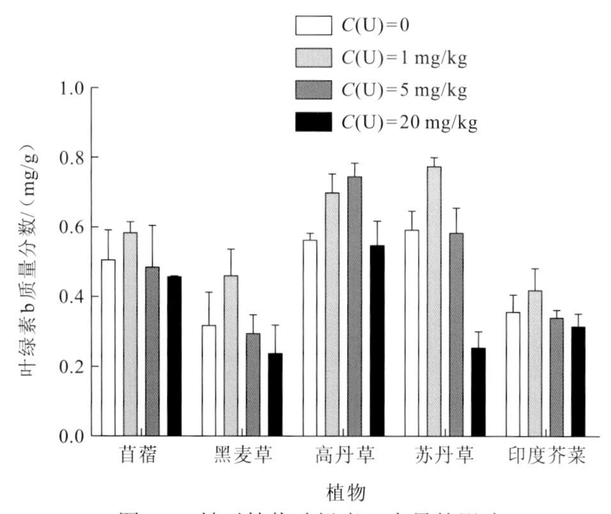

图 7.3 铀对植物叶绿素 b 含量的影响

（2）铀胁迫对植物可溶性蛋白质的影响。植物体内的可溶性蛋白质含量是植物受逆境胁迫时生长发育的一个重要的生理生化指标（李仕友 等，2015；赵聪 等，2015）。植物受重金属胁迫时，重金属离子进入植物体其他化合物结合成金属络合物，会抑制植物蛋白质的合成。细胞中可溶性蛋白质可与重金属离子直接结合形成金属结合蛋白，降低游离态重金属离子的含量，减轻重金属离子对植物细胞的伤害。因此，可溶性蛋白质含量可作为衡量植物是否发生重金属胁迫的指标。

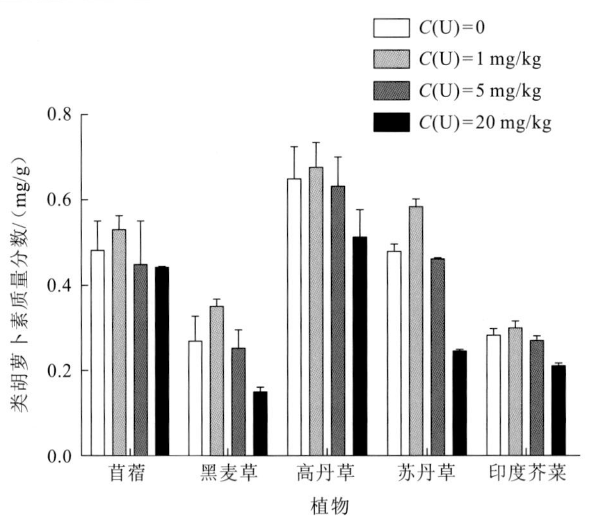

图 7.4　铀对植物类胡萝卜素含量的影响

由图 7.5 和图 7.6 可知，当土壤铀质量分数为 1 mg/kg 时，植物茎叶和根部的可溶性蛋白质含量均较对照组略有增加，随着土壤铀质量分数的增加，植物茎叶和根部的可溶性蛋白质含量均呈降低趋势，且均低于对照组。土壤铀质量分数为 20 mg/kg 时，就植物的地上部分（茎叶部分）而言，高丹草茎叶部的可溶性蛋白质含量较对照组降低最为明显，达 57.59%；对于植物的根部，苏丹草根部的可溶性蛋白质含量与对照组相比较，下降幅度最大，为 57.68%。图 7.5 和图 7.6 中苜蓿缺一组数据，是因为在铀质量分数为 20 mg/kg 的土壤中生长受损，部分植株死亡，样本数量较少，无法检测到相关数据。

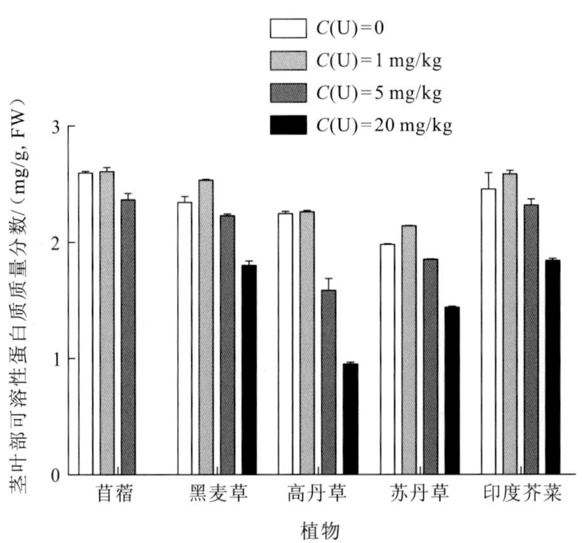

图 7.5　铀胁迫对植物茎叶可溶性蛋白质含量的影响

（3）铀胁迫对植物丙二醛（MDA）的影响。植物器官衰老或在逆境下遭受伤害时，自由基作用于脂质发生过氧反应，其中丙二醛（MDA）含量的高低可以反映植物膜脂过氧化程度和遭受逆境伤害的程度，以及植物的抗逆性。

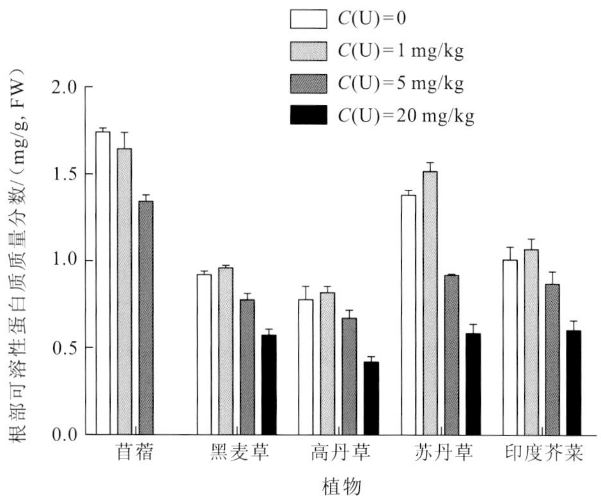

图 7.6　铀胁迫对植物根部可溶性蛋白质含量的影响

由图 7.7 和图 7.8 可知，植物叶片和根部的 MDA 含量均随着铀胁迫浓度的升高而逐渐升高，呈显著正相关。这说明铀对植物叶片的膜脂过氧反应影响显著。图 7.7 和图 7.8 中苜蓿缺一组数据，是因为在铀质量分数为 20 mg/kg 的土壤中生长受损，部分植株死亡，样本数量较少，无法检测到相关数据。

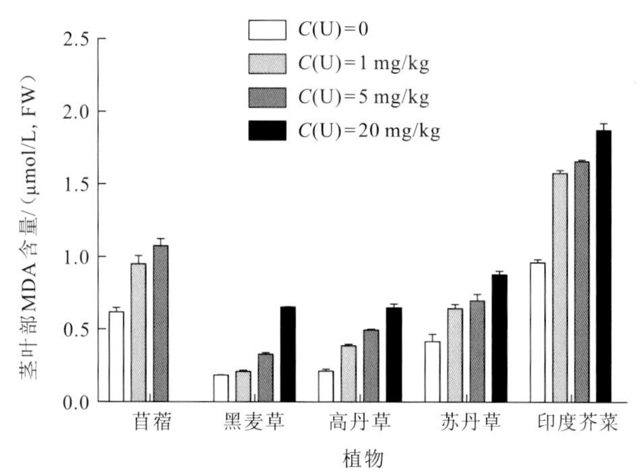

图 7.7　铀胁迫对植物茎叶部 MDA 含量的影响

2）不同植物对铀的富集效果

不同科属植物对铀的吸收能力与积累模式存在很大的差异。五种植物茎叶部和根部铀的含量见图 7.9 和图 7.10。五种植物对铀的生物富集量（bioaccumulation weight，BW）随着土壤中铀浓度的升高而增加，当土壤铀质量分数为 20 mg/kg 时，五种植物对铀的生物富集量均达到最大值。就植物茎叶部的铀含量而言，苜蓿的铀含量最大，为 119.76 mg/kg，其次是黑麦草 90.94 mg/kg。就根部铀含量比较，也是苜蓿最高，为 853.86 mg/kg。一般情况下，重金属元素主要吸收在植物根部，本试验中，黑麦草、苜蓿、苏丹草、高丹草和印度芥菜茎叶部铀含量均比根部低，其中高丹草的差异最为显著。由图 7.9 和图 7.10

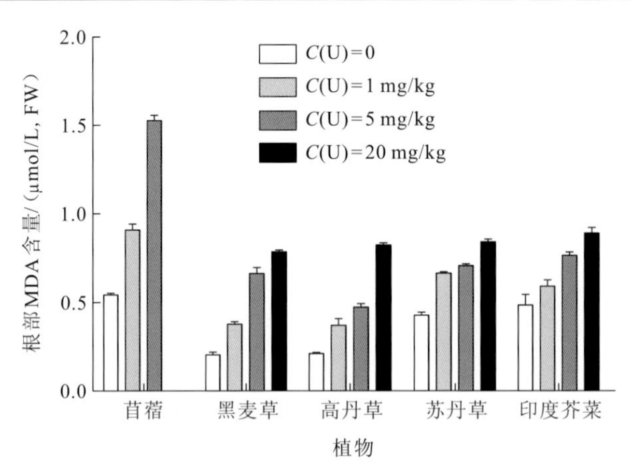

图 7.8　铀胁迫对植物根部 MDA 含量的影响

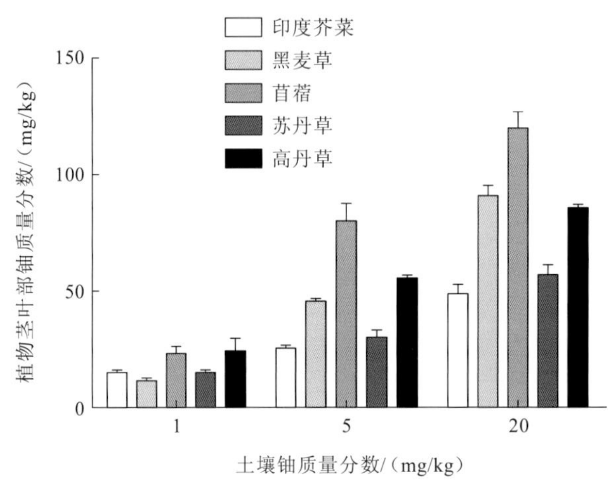

图 7.9　植物茎叶部对铀的富集量

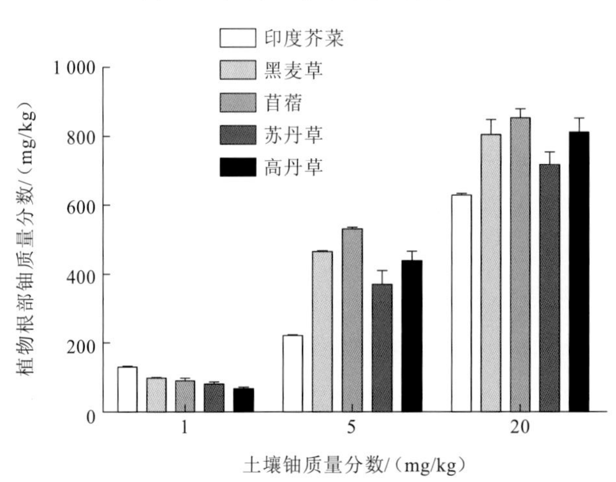

图 7.10　植物根部对铀的富集量

可知，苜蓿、黑麦草和高丹草对铀的富集能力较好。但是在铀质量分数为 20 mg/kg 的土壤中，苜蓿的生长明显受损严重，因此，苜蓿只适用于低浓度铀污染土壤修复中。

3）植物修复强化方法

螯合剂能活化土壤中的重金属离子，提高其生物有效性，降低重金属对植物的毒性；促进植物对重金属的吸收和由根部向茎叶部转运能力，从而可以提高植物重金属的积累量和提取效率（杨瑞丽 等，2016a）。在植物修复过程中常通过施加螯合剂活化土壤重金属，提高重金属的生物有效性，促进植物吸收。

（1）螯合剂对黑麦草生理生化指标的影响。

① 柠檬酸对黑麦草株高的影响。株高是植物形态学中最基本的指标之一，为植株基部至主茎顶部的距离。作为筛选富集植物的重要指标，株高可以很好地反映生长介质对植株的影响。图 7.11 表明，铀胁迫下，黑麦草于第一个月（30 d）生长速度最快，第二个月（30～60 d）生长速度缓慢，且第二个月添加柠檬酸前各组植株生长情况相近，而施加 1 mmol/kg、5 mmol/kg、10 mmol/kg 的柠檬酸后，黑麦草 45～60 d 生长速度分别为 30～45 d 生长速度的 1.18 倍、1.32 倍、1.03 倍。说明，低浓度柠檬酸的施加相应地促进了黑麦草的生长，添加 5 mmol/kg 柠檬酸时效果最为显著，较对照组生长速度加快 52.94%；1 mmol/kg 时次之，较对照仅加快 29.41%；10 mmol/kg 效果不明显且稍有抑制现象。

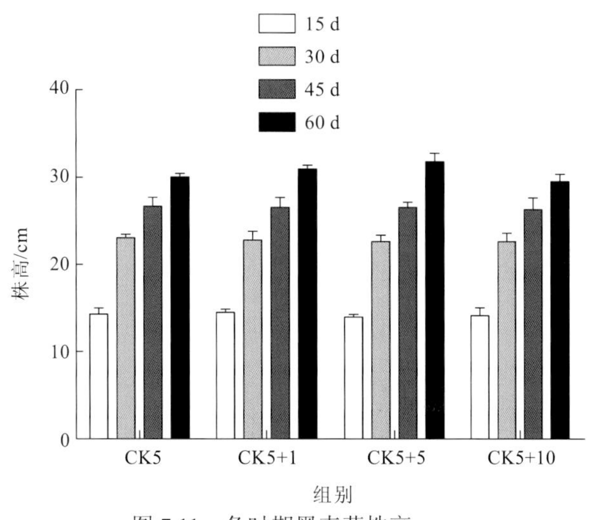

图 7.11　各时期黑麦草株高

CK5 代表未添加柠檬酸土壤铀浓度为 5 mg/kg 的黑麦草；CK5+1 代表土壤铀浓度为 5 mg/kg 的黑麦草，收割前一周添加 1 mmol/kg 柠檬酸；CK5+5 代表土壤铀浓度为 5 mg/kg 的黑麦草，收割前一周添加 5 mmol/kg 柠檬酸；CK5+10 代表土壤铀浓度为 5 mg/kg 的黑麦草，收割前一周添加 10 mmol/kg 柠檬酸；后同

②柠檬酸作用下黑麦草生理指标反应。由图 7.12 可知，添加不同浓度柠檬酸，对黑麦草光合色素含量的影响各不相同，以 5 mmol/kg 柠檬酸浓度为界，向两侧递减，叶绿素 a、叶绿素 b 及类胡萝卜素所受影响趋势相同。施加 5 mmol/kg 浓度柠檬酸时，叶绿素 a、叶绿素 b 及类胡萝卜素含量分别较对照组升高 28.29%、44.16%、28.99%。数据分析表明，黑麦草叶绿素 b 含量变化与添加的柠檬酸浓度有显著相关性（$P<0.05$），叶绿素 a 和类胡萝卜素含量变化与柠檬酸浓度相关性不明显（$P>0.05$）。

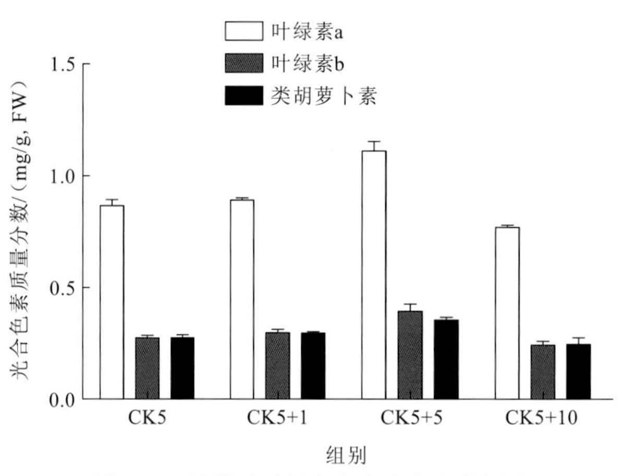

图 7.12　柠檬酸对黑麦草光合色素的影响

由图 7.13 和图 7.14 中电导率和 MDA 质量分数可知，随柠檬酸浓度增加，黑麦草根叶相对电导率及 MDA 质量分数呈先降后升的趋势；均于 5 mmol/kg 柠檬酸浓度时最低，其根部和茎叶部相对电导率及 MDA 质量分数分别较对照降低了 20.19%、20.26%、22.16% 和 23.63%；根部电导率和 MDA 质量分数普遍高于叶部。根据数据分析，黑麦草根叶相对电导率变化与柠檬酸浓度呈极显著相关性（$P<0.01$），根部和叶部 MDA 质量分数变化与柠檬酸浓度呈显著相关性（$P<0.05$）。由图 7.15 可知，柠檬酸浓度增加，黑麦草可溶性蛋白质量分数先升后降，1 mmol/kg、5 mmol/kg、10 mmol/kg 柠檬酸浓度时根部及茎叶部黑麦草可溶性蛋白质量分数分别为对照的 1.31 倍、1.90 倍、1.49 倍、1.03 倍、1.39 倍、1.05 倍，5 mmol/kg 柠檬酸浓度时可溶性蛋白含量最高，且根部含量均低于茎叶部。数据分析表明，黑麦草根部和茎叶部可溶性蛋白含量变化与柠檬酸浓度呈显著相关性（$P<0.05$）。

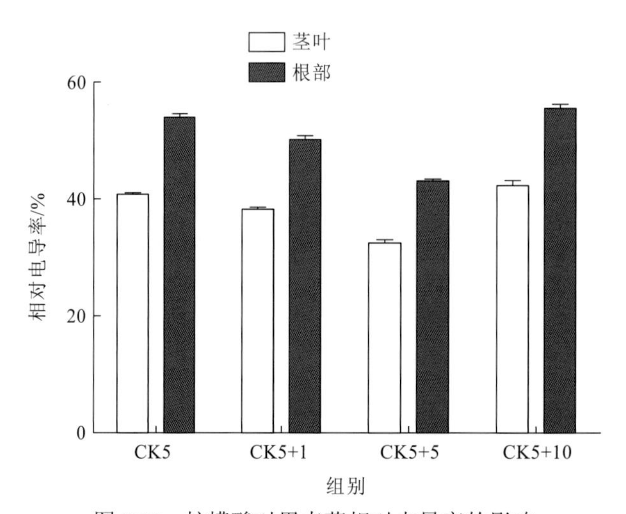

图 7.13　柠檬酸对黑麦草相对电导率的影响

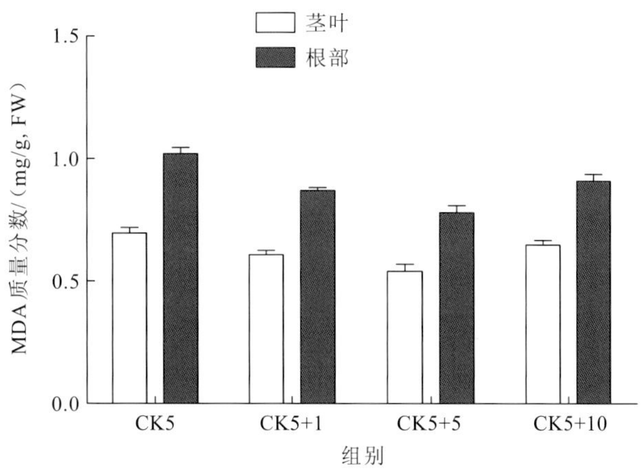

图 7.14　柠檬酸对黑麦草 MDA 质量分数的影响

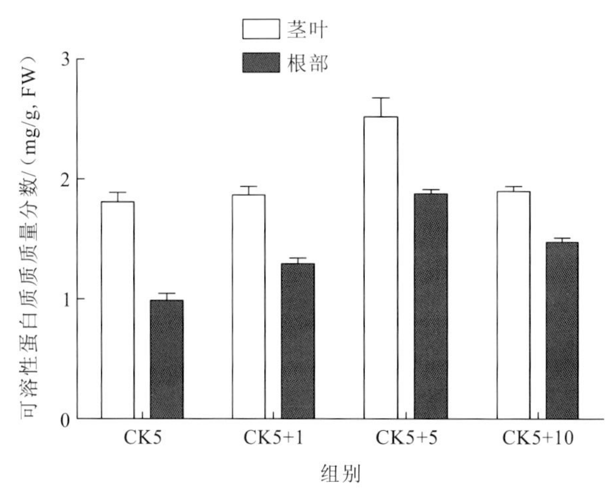

图 7.15　柠檬酸对黑麦草可溶性蛋白质质量分数的影响

由图 7.16～图 7.19 可知，四种抗氧化酶[过氧化物酶(POD)、超氧化物歧化酶(SOD)、过氧化氢酶（CAT）、谷胱甘肽还原酶（GR）] 活性均随柠檬酸浓度的升高呈先升后降的趋势。其中，POD 和 CAT 在根部及茎叶部酶活性分别为对照的 1.55 倍、1.37 倍、1.48 倍、1.39 倍，均于 5 mmol/kg 柠檬酸浓度时活性最高，分别为对照的 2.29 倍、1.82 倍、2.32 倍、1.93 倍。SOD 和 GR 在根部及茎叶部酶活性分别比对照升高了 20.33%、26.71%、21.93%、14.03%，同样是在添加浓度为 5 mmol/kg 柠檬酸时活性最高，分别较对照升高 44.66%、50.32%、57.66%、28.30%。

谷胱甘肽是生物体内最重要的非蛋白巯基化合物之一，广泛存在于生物体细胞中。还原型谷胱甘肽（GSH）与氧化型谷胱甘肽（GSSG）并存，但只有 GSH 大量存在并具有生理活性时，会与多种化学物质及代谢物结合，清除体内 $\cdot O_2^-$ 及其他自由基，保护细胞膜、抗氧化，以减轻 ROS 对细胞的损害。而 GSSG 需与 GR 作用还原为 GSH 才发挥作用。

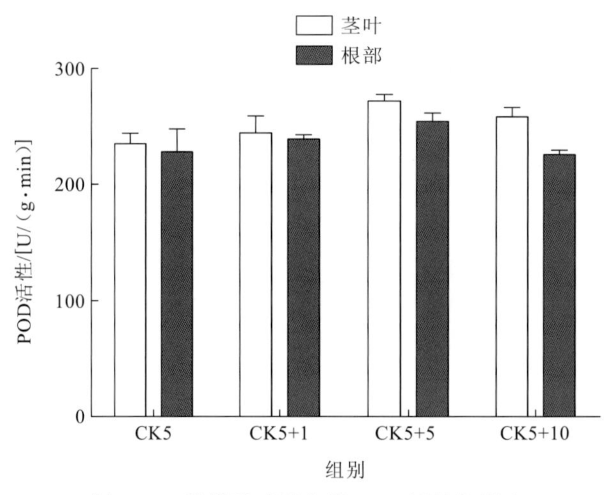

图 7.16　柠檬酸对黑麦草 POD 活性的影响

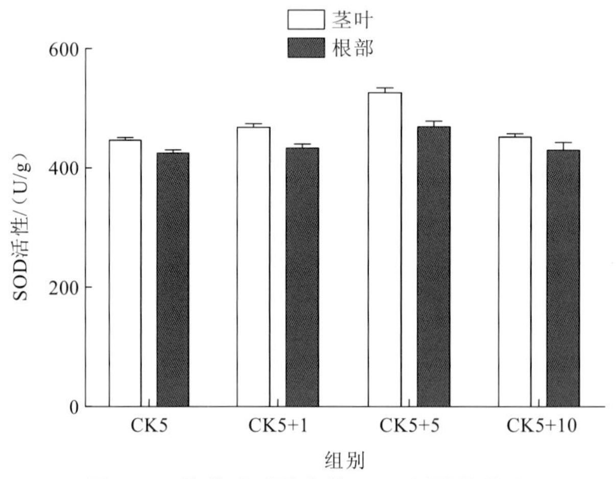

图 7.17　柠檬酸对黑麦草 SOD 活性的影响

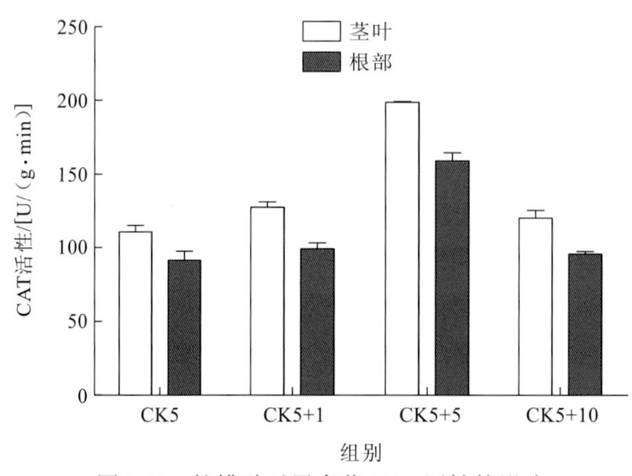

图 7.18　柠檬酸对黑麦草 CAT 活性的影响

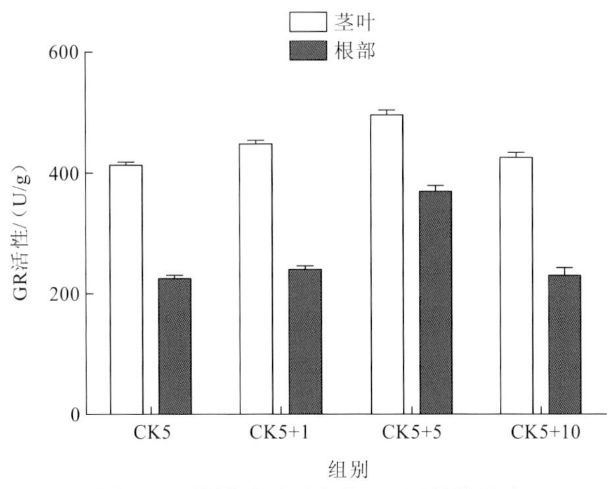

图 7.19　柠檬酸对黑麦草 GR 活性的影响

由表 7.1 可见，黑麦草体内 GSSG 含量随柠檬酸浓度升高而先降后升，但均低于对照，1 mmol/kg、5 mmol/kg、10 mmol/kg 柠檬酸浓度时茎叶部和根部 GSSG 含量分别较对照降低了 12.22%、35.56%、11.11%、9.09%、25.62%、6.61%，且根部 GSSG 含量均高于茎叶部。黑麦草 GSH 含量随柠檬酸浓度升高呈先升后降趋势，以添加柠檬酸浓度为 5 mmol/kg 的 CK5+5 组为界向两侧递减，GSH 含量均低于对照组 CK5，茎叶部和根部分别较对照降低 10.55%、5.53%、35.18%、6.01%、2.91%、12.40%，根部 GSH 含量均高于茎叶部。黑麦草总谷胱甘肽量随添加的柠檬酸浓度升高而递减。当添加浓度为 1 mmol/kg 和 5 mmol/kg 的柠檬酸时茎叶部和根部 GSH/（GSSG+GSH）较对照组分别高出 0.59%、10.97%、0.63%、4.65%，而添加 10 mmol/kg 柠檬酸时 GSH/（GSSG+GSH）低于对照 10.36%、1.24%。这表明，1 mmol/kg 和 5 mmol/kg 的柠檬酸促进了 GSH 的产生，使其进一步保护细胞膜，降低细胞的损伤程度，5 mmol/kg 柠檬酸效果最佳。

表 7.1　柠檬酸对黑麦草 GSH、GSSG 含量的影响

组别	GSSG/（nmol/gFW）		GSH/（nmol/gFW）		GSSG+GSH/（nmol/gFW）		GSH/（GSSG+GSH）/%	
	茎叶部	根部	茎叶部	根部	茎叶部	根部	茎叶部	根部
CK5	0.090±0.002	0.121±0.002	0.199±0.006	0.516±0.007	0.289±0.008	0.637±0.008	68.858±0.69	81.004±0.96
CK5+1	0.079±0.002	0.110±0.002	0.178±0.007	0.485±0.003	0.257±0.006	0.595±0.004	69.261±0.84	81.513±1.01
CK5+5	0.058±0.001*	0.090±0.001*	0.188±0.005	0.501±0.004	0.246±0.006	0.591±0.005	76.423±0.92*	84.772±1.12
CK5+10	0.080±0.001	0.113±0.003	0.129±0.004*	0.452±0.001*	0.209±0.005*	0.565±0.007*	61.722±0.61	80.001±0.78

注：平均值±标准差（SD），n=3

* P<0.05 与 CK5 组相比较的显著性差别

（2）柠檬酸作用下黑麦草生物量和铀富集特征。由表 7.2 可知，在收割前一周添加柠檬酸，均增加了黑麦草茎叶部和根部的生物量，其中添加浓度为 5 mmol/kg 柠檬酸的黑麦草生物量增加最显著，与对照组相比，茎叶部和根部分别增加了 17.41%和 12.21%。

表 7.2　柠檬酸对黑麦草生物量和铀富集特征的影响

组别	茎叶部干重 /（g/盆）	根部干重 /（g/盆）	茎叶部铀质量分数 /（mg/kg）	根部铀质量分数 /（mg/kg）	茎叶部铀积累量 /mg
CK5	0.897±0.010	0.327±0.002	59.043±2.316	528.745±33.033	0.052±0.002
CK5+1	0.946±0.036	0.341±0.009	69.569±3.004	539.371±15.476	0.066±0.001
CK5+5	1.054±0.020*	0.368±0.015	87.014±5.187*	687.910±4.299*	0.091±0.006*
CK5+10	0.935±0.010	0.355±0.020	46.356±2.879*	440.630±19.358*	0.044±0.002

组别	根部铀积累量/mg	茎叶部富集系数	根部富集系数	转运系数（TF）	铀提取率/%
CK5	0.174±0.010	11.809±0.463	105.749±6.607	0.112±0.011	4.527±0.160
CK5+1	0.184±0.008	13.914±0.601	107.874±3.095	0.125±0.012	5.002±0.168
CK5+5	0.254±0.011*	17.403±1.037*	137.582±0.860*	0.165±0.008*	6.899±0.114*
CK5+10	0.156±0.007	9.271±0.576	88.126±3.872	0.105±0.010	3.991±0.103

注：平均值±标准差（SD），n=3

* P<0.05 与 CK5 组相比较的显著性差别

收割前一周添加浓度为 1 mmol/kg 和 5 mmol/kg 的柠檬酸时，黑麦草茎叶部和根部的铀含量增加，与对照组相比，CK5+1 组茎叶部和根部分别增加了 17.83%和 2.01%，转运系数和铀提取率也升高了；CK5+5 组与对照组相比，铀含量明显增加，茎叶部和根部分别增加了 47.37%和 30.05%，转运系数和铀提取率也显著升高。而添加 10 mmol/kg 的柠檬酸时，黑麦草茎叶部和根部的铀含量反而有略微降低，与对照组相比，茎叶部和根部铀含量分别降低了 21.49%和 16.67%。同时，其转运系数和铀提取率都有所降低。

（3）铀的亚细胞分布及黑麦草超微结构分析。

①黑麦草体内铀的亚细胞分布。表 7.3 中铀的亚细胞含量数据显示，黑麦草根部及茎叶部各亚细胞结构中铀含量随柠檬酸施加浓度的升高而先增后降，5 mmol/kg 时铀含量最高，茎叶部和根部细胞壁及残渣部分（F1）、细胞器及膜部分（F2）、可溶性部分（F3）铀含量分别为对照的 1.52 倍、1.36 倍、1.42 倍、1.32 倍、1.18 倍、1.34 倍；1 mmol/kg 时次之，茎叶部 F1、F2、F3 铀含量较对照分别升高 19.95%、15.80%、15.20%；根部 F1、F3 铀含量分别较对照升高了 3.58%、2.70%，F2 略低于对照组 CK5 组 3.05%。10 mmol/kg 时最低，分别低于对照 21.09%、18.97%、24.44%、16.97%、17.93%、13.54%。数据分析表明，黑麦草根部和茎叶部 F1 铀含量与柠檬酸施加浓度有极显著相关性（P＜0.01），

F3 铀含量与柠檬酸施加浓度有显著相关性（$P<0.05$），而 F2 铀含量与柠檬酸施加浓度相关性不明显（$P>0.05$）。这表明，低浓度（1 mmol/kg 和 5 mmol/kg）柠檬酸促进黑麦草亚细胞结构对铀的富集，5 mmol/kg 柠檬酸效果最好，稍高浓度（10 mmol/kg）柠檬酸则会抑制，可能是因为低浓度柠檬酸加速了黑麦草对含铀介质的适应，优化了其生理生化指标，而高浓度柠檬酸则相应胁迫黑麦草各项生理活动。

表 7.3　柠檬酸对黑麦草中铀的亚细胞分布的影响

部位	组别	铀质量分数/（mg/kg）				回收率/%
		F1	F2	F3	总量	
茎叶部	CK5	35.16±1.41	10.40±0.66	12.95±0.39	59.043±2.316	99.09±0.23
	CK5+1	42.18±1.68	12.04±0.49	14.92±0.80	69.569±3.004	99.38±0.42
	CK5+5	53.33±3.01*	14.17±0.78*	18.415±1.25*	87.014±5.187*	98.74±0.71
	CK5+10	27.74±1.62	8.424±0.56	9.787±0.62	46.356±2.879*	99.14±0.35
根部	CK5	330.21±21.43	105.29±5.65	87.58±7.26	528.75±33.033	98.92±0.30
	CK5+1	342.02±10.77	102.09±3.75	89.93±2.27	539.37±15.476	99.01±0.08
	CK5+5	439.05±5.81*	124.62±0.84*	117.57±1.65*	687.91±4.299*	99.03±0.09
	CK5+10	274.17±11.99	86.41±3.22	75.72±4.52	440.63±19.358	99.01±0.16

注：平均值±标准差（SD），n=3

* P<0.05 与 CK5 组相比较的显著性差别

表 7.3 中 F1、F2、F3 中 U 的分配比例数据显示，黑麦草根部和茎叶部 U 的亚细胞结构分布均为细胞壁及残渣部分（F1）>可溶性部分（F3）>细胞器及膜部分（F2），且随柠檬酸浓度升高，F1 中铀的分配比例先升后降，于 1 mmol/kg、5 mmol/kg 时均大于对照，茎叶部和根部铀的分配比例分别超出对照 1.51%、2.85%、1.44%、2.09%，当添加柠檬酸浓度为 10 mmol/kg 时，仅根部 U 的分配比例低于对照 0.46%，叶部超出对照 0.45%；F2 中铀的分配比例与 F1 完全相反表现为先降后升，仅叶部 10 mmol/kg 时高于对照 3.21%，其余部分均低于对照；F3 中根部与茎叶部 U 的分配形势相反，根部为逐渐上升趋势，且比例均高于对照，茎叶部则先升后降，比例均低于对照；但于 5 mmol/kg 柠檬酸浓度时，黑麦草根部和茎叶部的 U 在 F1 及 F3 中的分配比例均高于 1 mmol/kg 和 10 mmol/kg 组，在 F2 中的分配则相反均低于 1 mmol/kg 和 10 mmol/kg。由表 7.3 中铀含量及回收率数据可知，随柠檬酸施加浓度的增加，黑麦草对铀的富集程度先升后降，而对铀的回收率并无显著变化。数据分析表明，黑麦草根部及茎叶部铀含量与柠檬酸施加浓度有显著相关性（$P<0.05$），而黑麦草对铀的回收率与柠檬酸施加浓度相关性不明显（$P>0.05$）。

② 黑麦草细胞超微结构分析。在无铀胁迫下，黑麦草叶部细胞结构完全正常，线粒体为正常的椭圆形，基质分布均匀，嵴突明显，双层外膜清晰[图 7.20（a）1]；细胞核核仁和核质明显，且染色质均匀[图 7.20（a）2]；叶绿体于细胞中分布最多、最明显，由双层膜包围且膜结构完整，直径约 5 μm，呈长椭圆形，内部基粒类囊体堆叠整齐而致密，基质类囊体片层排列整齐，细胞壁完整，质膜平滑连续，且无质壁分离现象[图 7.20（c）]。在 5 mg/kg 铀胁迫下，黑麦草叶部细胞结构与对照形成鲜明对比，线粒体数量明显减少，嵴突消失，并出现空泡化和解体现象；细胞核损伤明显，核仁消失、核膜破损、核质絮状化，且质间出现黑色颗粒[图 7.20（b）]；叶绿体出现膨胀、双层膜受损、类囊体片层结构消失、出现较大淀粉粒，且有黑色物质出现；细胞壁有较多断裂现象，且明显变薄，膜结构无法识别，黑色物质遍布边缘[图 7.20（d）]。与之相较，施加 5 mmol/kg 柠檬酸后，黑麦草叶部细胞线粒体增多，呈圆球形，稍显嵴突且可模糊辨别出膜结构，同时基质内空腔明显减少；细胞壁壁厚增加，可辨别出受损的膜结构，且质壁分离现象得到缓解，细胞壁断裂现象明显减少，黑色物质增多；叶绿体变形较少，淀粉粒减小，黑色物质增多；细胞核核仁有解体现象但可观察出轮廓，有黑色物质分布[图 7.20（g）]。

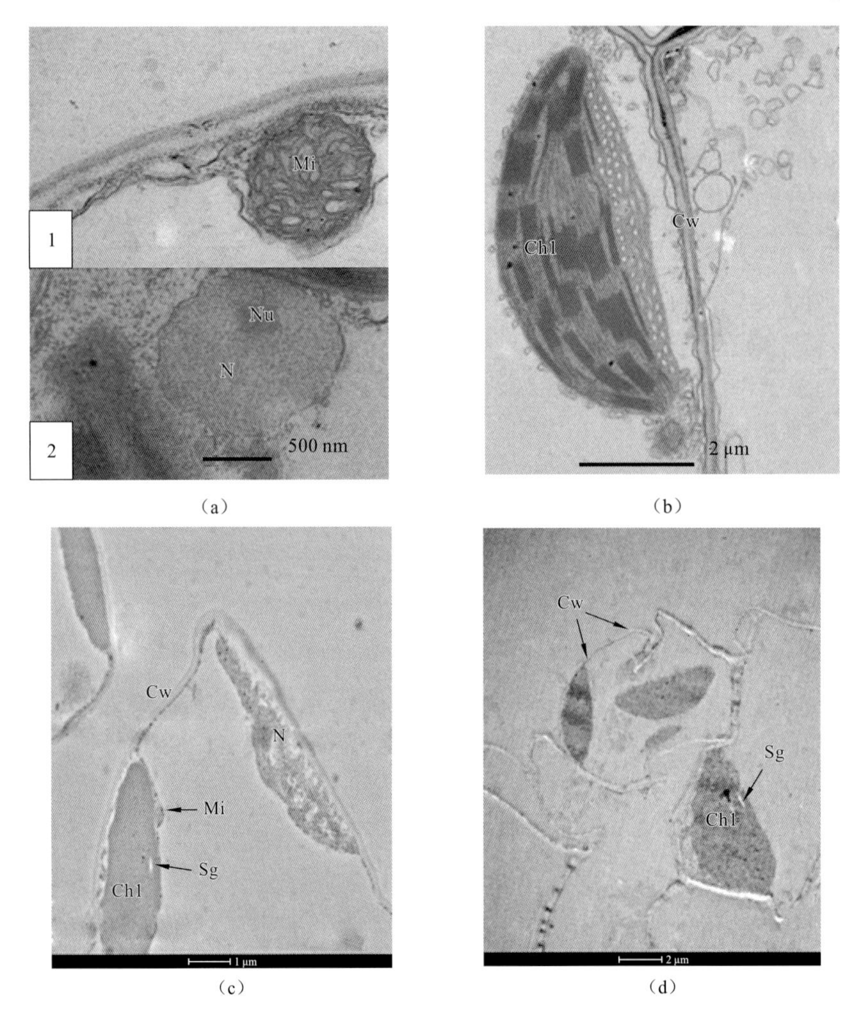

（a）　（b）

（c）　（d）

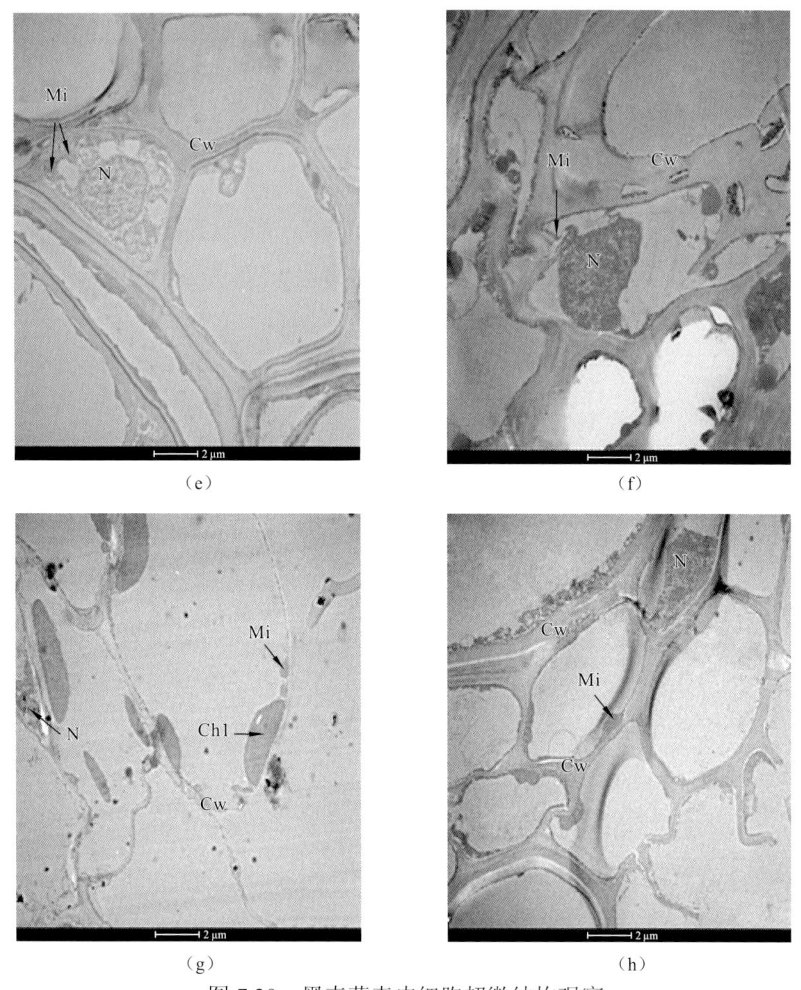

图 7.20　黑麦草表皮细胞超微结构观察

Chl 为叶绿体；Cw 为细胞壁；Nu 为核仁；N 为细胞核；Mi 为线粒体；（a）1 为对照线粒体，500 nm；（a）2 为对照细胞核，500 nm。（a）和（c）无铀处理叶细胞，代表正常细胞，叶绿体、线粒体、细胞核形态完整；（b）和（d）5 mg/kg 铀处理叶部细胞；（e）无铀处理根细胞，代表正常细胞，线粒体、细胞核形态完整；（f）5 mg/kg 铀处理根部细胞；（g）5 mg/kg 铀处理下，施加柠檬酸叶部细胞；（h）5 mg/kg 铀处理下，施加柠檬酸根部细胞

黑麦草根部细胞，于无铀环境下，线粒体数量较多，性状和特征与无铀胁迫下叶部细胞相似；细胞核核膜明显，核质均匀，可见有核透明区；细胞壁质膜平滑连续，无质壁分离[图 7.20（e）]。5 mg/kg 铀胁迫下，细胞核核膜消失，核质混浊，并伴有黑色物质；线粒体解体，且同样分布有黑色物质，细胞壁严重受损，多处破裂缺口，质壁分离严重[图 7.20（f）]。而施加柠檬酸的黑麦草细胞壁质膜平滑连续，质壁分离现象明显减轻，而黑色物质分布变化不大；线粒体明显增多，且黑色物质相对减少；细胞核变化不大，但黑色物质增多[图 7.20（h）]。

如图 7.21（a）所示，叶部细胞中遭损害的叶绿体内和类囊体上、线粒体及细胞核中均有黑色颗粒物质。能谱分析表明，铀元素占整个区域的 0.3%（表 7.4）。图 7.21（b）中叶部细胞壁断裂部分及细胞壁边缘均吸附有黑色颗粒物，铀元素占整个区域的 1.3%。

图 7.21（c）中根部部分分解的线粒体及核膜质受损的细胞核中有黑色物质，区域铀质量分数为 1.0%。图 7.21（d）中严重受损的细胞壁边缘细胞质中有黑色颗粒，区域铀质量分数为 4.6%。图 7.21（a）和图 7.21（c）说明叶绿体类囊体、线粒体及细胞核内也有少量铀富集。

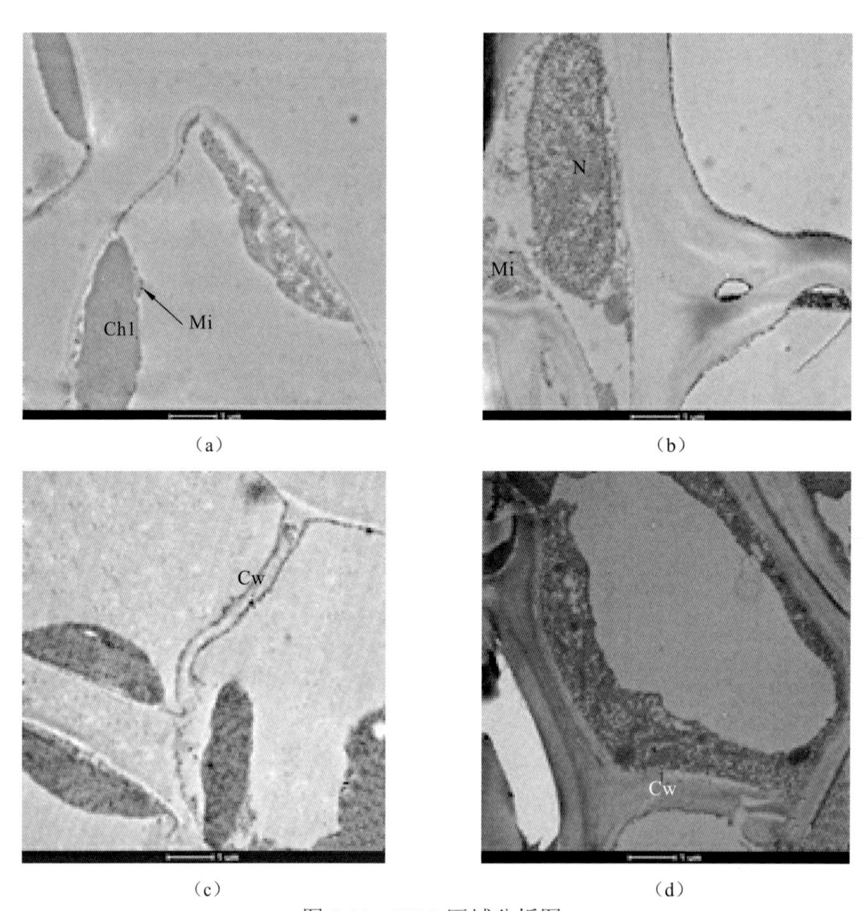

图 7.21 EDS 区域分析图

（a）和（b）均为 5 mg/kg 铀处理叶部细胞；（c）和（d）均为 5 mg/kg 铀处理根部细胞

表 7.4 EDS 能谱分析结果

编号（对应图 7.21）	U 质量分数/%	Os 质量分数/%
（a）	0.30	5.30
（b）	1.30	3.40
（c）	1.00	4.90
（d）	4.60	2.90

注：单位为铀元素占整个检测区域化学元素总和的质量分数，其他元素如 C、O 等未列入表格

3. 植物修复技术的优点与局限性

1）植物修复技术的优点

植物修复的优点主要体现在以下几个方面。

（1）植物修复最大的优点是处理成本比较低，据美国实践，种植管理的费用在 200～1 000 美元/hm^2，费用大大低于传统的物理化学处理的费用。

（2）植物修复为原位修复，更加便捷，可节省更多的人力和物力。

（3）植物修复可以最大限度地降低污染物的浓度，同时，通过它的蒸腾作用又可以促进污染物的降解，防止污染物向下迁移。

（4）植物的固定技术利于地表长期稳定，避免水土流失，能够改善生态环境，而且维持固化的成本低。

（5）植物对污染物的修复过程，同时也是土壤肥力和有机质含量升高的过程，因而，被植物修复过的土壤更利于农作物的生长。

（6）利用植物对污染水体进行修复，能促进水体营养平衡，为微生物提供附着场所，改善水体的自净能力。

（7）植物修复不会形成二次污染或导致污染物的转移、环境扰动小，对原始景观生态造成破坏较小，还能绿化和美化环境。

2）植物修复技术的局限性

植物生存需要一定的环境条件，因此植物修复有以下局限性。

（1）植物修复周期较长，且气候、土壤条件等都会对修复效果产生较大影响。

（2）植物修复的效果是有限的，一种植物往往只能对一种或两种重金属有较好的修复效果，而对环境中其他的重金属作用不大，甚至表现出某些中毒症状。因此，仅用一种植物难以全面清除复合污染环境中的所有污染物。

（3）用于放射性污染环境修复的超富集植物通常比较矮小、生物量较低、生长缓慢、生长周期长，影响了修复效率。

（4）用于修复污染环境的植物器官往往会通过腐烂、落叶等途径使污染物重返环境。因此，必须及时收割并做后续处理。

（5）因为大多数植物根系的大部分只是集中在土壤表层，植物修复大多只能针对土壤表层，对于深层土壤，植物修复效果欠佳。

（6）异地引种非本地植物可能会对该地区的生物多样性和生态平衡造成一定的威胁。

4. 植物修复技术的发展方向

继续丰富超富集植物物种资源，并结合遗传工程、杂交技术等手段，培育出耐受能力强、适应范围广、转运系数大、富集效率高的物种；进一步研究植物修复过程的吸附、运输和解毒机制；探讨植物修复过程的协同调控措施，如添加螯合剂、微生物制剂等强化生物修复过程（李仕友 等，2017）。

7.4.3 铀等重金属污染土壤微生物-植物联合修复技术

1. 微生物-植物联合修复机理

土壤微生物-植物联合修复技术的主要类型有以下几种。

1）植物-根际微生物联合修复

与植物修复相关的微生物中，根际细菌值得特别注意，国内外学者对植物根际细菌的研究报道也甚多，因为它们可以通过直接改变土壤 pH、释放螯合剂及发生氧化/还原反应改变重金属的生物有效性来强化植物修复过程。

根际微生物从植物处获取营养物质，而根际微生物则通过改变根部重金属元素的形态和生物有效性，从而降低对植物的毒性，进而间接促进植物生长，增强植物的抗逆性。陈宝等（2012）研究发现，投加铜绿假单胞菌（*Pseudomonasaeruginosa*）可明显促进小白菜生长，且能促进小白菜对 Pb 污染土壤的修复。王京文等（2015）发现耐镉菌株能将土壤中的难溶态镉转化为有效态镉，耐镉菌株可很好地应用到微生物-植物富集镉的联合修复中。张宏祥等（2018）通过盆栽试验研究了棘孢木霉菌对外源砷胁迫下小油菜生长的影响，并对其可能机理进行分析，试验结果表明，棘孢木霉菌促进了小油菜的生长，使土壤中有效态砷含量降低了 15.7%，且棘孢木霉菌显著促进了土壤中砷的甲基化，降低了土壤中砷的毒性。

根际微生物除能影响植物对重金属的抗性生理之外，还能增强植物对重金属的吸收和转运。周小梅等（2016）研究发现，将根际促生细菌芽孢杆菌 T3（*Bacillus*sp.）接种到蒌蒿上，能促进蒌蒿对 Cd 的积累与转运，使得蒌蒿地上部生物富集系数（BCF）升高了 8.3%～29.3%，地下部 BCF 降低了 6.6%～11.1%，转运系数升高了 20.8%～38.3%，同时使蒌蒿内叶绿素含量增加明显，对蒌蒿的生长产生积极的影响。

上述根际细菌能促进植物对重金属的转运和吸收，但某些根际微生物能降低植物对重金属的吸收和积累，从而减轻重金属对植物的毒害作用而促进其生长。Ling 等（2016）研究发现，*Neorhizobiumhuautlense*T1-17 能有效降低土壤中的可溶性 Cd、Pb，并将其固定在根际土壤中，减少植物地上部分对 Cd、Pb 的吸收积累并抑制其在植物体内的移动性，从而减轻重金属的植物毒性，促进植物生长。Belogolova 等（2015）则发现，根际细菌 *Azotobacter* 和 *Bacillus* 可以将 As 吸附在其细胞上，从而阻止 As 进入植物体内、减少植物体中的 As 积累。

2）植物-根瘤菌联合修复

氮素缺乏是土壤中限制植物生长的一个主要因素。植物通过与定殖在根际的有益微生物相互作用可以解决这个问题。根瘤菌与豆类作物根部共生形成根瘤并能固氮，其和豆科植物的共生固氮作用是微生物和植物之间最重要的互惠共生关系。豆科植物与根瘤菌共生体系协同修复重金属污染土壤的研究已引起国内外学者的广泛关注。

根瘤菌对重金属直接作用机制有以下 4 个方面。

（1）根瘤菌通过降低胞外屏障（细胞膜、细胞壁和其他附属结构）对重金属离子的通透性，阻止重金属进入根瘤菌细胞内。

（2）在植物-根瘤菌联合修复体系中，根瘤菌自身的胞外屏障结构吸附重金属，降低重金属对细胞毒害。

（3）根瘤菌细胞在重金属进入细胞后，利用胞内溶质与重金属的螯合、液泡的分隔，以及胞蛋白与重金属的结合作用降低重金属毒性。

（4）根瘤菌对重金属的外排作用。

3）植物-丛枝菌根真菌联合修复

土壤微生物活动是推动土壤养分循环的主要因素，土壤微生物分泌的有机酸、酚类物质、质子等能够加速土壤矿物质的溶解和释放。在所有的土壤微生物中，真菌是在土壤-植物系统中起着重要作用的组成部分，接种真菌能促进宿主对磷的吸收和微量元素的吸收。丛枝菌根作为植物与微生物的共生体，既能改善植物水分、养分状况，促进植物生长、增强植物抗逆境能力，也能改善土壤结构，影响土壤根际微域环境。近年来，丛枝菌根真菌（arbuscular mycorrhizal fungi，AMF）应用于重金属污染土壤的植物修复的实例越来越多，丛枝菌根真菌在生物修复的应用也备受关注。

在重金属污染条件下，尽管诸多研究中丛枝菌根真菌对宿主植物的生长及对重金属的耐受性结果不一致，再加上由于丛枝菌根植物对重金属污染的耐受性研究尚不够深入，关于菌根植物如何吸收、积累和分配重金属，依然具有较大的分歧。但是大量研究表明，接种丛枝菌根真菌对于植物的生长和对重金属的耐受性所起到的积极作用是肯定的。通过总结已有的菌根与重金属关系的研究报道，接种丛枝菌根真菌提高宿主植物对土壤重金属污染的抗逆性机制可归纳为直接作用和间接作用两种。

（1）直接作用。丛枝菌根真菌的直接作用主要表现为真菌菌丝对重金属的机械屏障作用和“过滤”作用，由此避免重金属直接对植物组织和细胞造成伤害。丛枝菌根真菌的外延菌丝顶端可以形成含硫、氮的聚磷酸盐颗粒，它们在真菌体内可以通过细胞质流的方式循环，并可以有效地与重金属离子结合，以此降低其毒性，这种形式称为“过滤”作用。

通常情况下，丛枝菌根真菌的根外菌丝较多，可以在土壤中广泛伸缩，形成根外菌丝网，根外菌丝对重金属吸持能力较强，这些重金属主要与细胞壁中的纤维素、纤维素衍生物、壳多糖、黑色素等成分很好地结合，使其累积在真菌中的菌丝中。菌根可能通过菌丝体表面的吸附作用来缓解锌对植物体的毒害，还有一种可能就是通过外延菌丝分泌的多糖物质与锌结合，从而降低锌对植物体产生的毒害作用。当土壤中的重金属含量较大时，真菌细胞壁分泌的黏液和真菌组织中的聚磷酸、有机酸等也能结合过量的重金属元素，从而减少重金属从根部向地上部分的转移，达到解毒作用。

此外，在重金属污染条件下，菌根共生体还可能合成与重金属发生螯合作用的蛋白。在 Zn 和 Cd 污染的土壤中，接种 3 种丛枝菌根真菌均使植物地上部分重金属含量降低，但植物根部 Zn 和 Cd 的含量反而上升了，这是因为 Zn 和 Cd 可以与菌根中含有真菌蛋白配体的半胱氨酸形成复合体而滞留在根中，从而对过量的 Zn 和 Cd 起螯合作用，形成一类被称为“金属硫因”类结合物质。

（2）间接作用。从枝菌根真菌（AMF）的间接作用主要是通过影响宿主植物来实现的，主要指 AMF 可能通过改变宿主植物根系的形态结构、生理生化功能及根际环境，达到缓解或免除重金属对植物的毒害。可能的机制包括以下三个方面。

①从枝菌根真菌侵染改善植物养分状况。国内外众多学者研究发现，重金属污染条件下，菌根植物对磷的吸收相对于未接种的植物有明显的提高。除此之外，在贫瘠土壤中，菌根真菌不仅能增加植物对水分的吸收，还能够增加植物对磷、锌、铜、铁等元素的吸收。在铀污染土壤中，菌根真菌促进了三叶草对磷的吸收，抑制了三叶草对土壤中铀的富集，从而提高了三叶草对重金属铀污染的耐受性和抗性。

② 从枝菌根真菌侵染改变宿主植物根系的形态结构。从枝菌根真菌侵染会引起宿主植物的根系生物量、根长等发生变化，从而影响重金属的吸收、积累和转移。在锌、镉、镍污染的土壤中，对紫花苜蓿和燕麦分别接种丛枝菌根真菌，结果发现其转运系数，即重金属在由根部向地上部分的转移方面，紫花苜蓿表现为增大，而接种真菌数量增加，燕麦却表现出不同的反应，燕麦根部重金属的含量增加，但转运系数减小。这是因为菌根真菌的侵染，致使植物根长发生了变化，紫花苜蓿根长变短，而燕麦根长却增加了 78%。根细胞表面积会随根长增加而增大，这样其能够吸持更多的重金属离子，从而减少其向地上部分的转移。

③ 从枝菌根真菌侵染改变根际微域环境理化性质。接种 AMF 对根系分泌物、根际 pH、根际微生物群落等可以产生一定的作用，从而进一步影响重金属的移动性和生物有效性。金属元素的活性与土壤的 pH 密切相关。利用尼龙网分室培养装置，发现了菌丝室土壤溶液 pH 比未接种的对照组高出 0.2 个单位左右，而经过接种处理的土壤溶液中锌浓度相对较低，并且随着锌处理水平升高，这种趋势愈加明显。因此，菌根对宿主植物产生的保护作用，可能与 pH 的变化导致锌溶解度改变或者促进锌在菌丝中的固持有关。

4）植物-内生菌联合修复

植物内生菌指一类生活在健康植物组织内部而不引起植物组织明显症状改变的微生物，通常指内生细菌和内生真菌。近些年，利用植物-内生菌联合修复铀等重金属污染土壤受到了学者们的关注。

Li 等（2016）从铜矿废弃地植物苏丹草（*Sorghum sudanense*）根部分离的内生细菌肠杆菌 *Enterobacter* sp. K3-2 能显著增加植物干重，降低根际土壤中可利用 Cu 的含量，接种该菌株后植物对 Cu 的吸收率达到了 49%～95%，根部对 Cu 的吸收率高达 83%～86%。Ren 等（2011）指出接种内生菌可以增强宿主植物苇状羊茅（*Festuca arundinacea*）对重金属 Cd 的耐受性，还能显著增加植株的生物量，促进植物根部的生长及吸收、转运 Cd，提高植物提取重金属的能力。

此外，内生菌还可以通过改变重金属在土壤中的存在形式，促进植物吸收重金属。Sura-de 等（2015）从 Se 超富集植物沙漠王羽（*Stanleya pinnata*）和美国黄芪（*Astragalus bisulcatus*）中分离得到的内生细菌不仅对硒酸盐和亚硒酸盐具有较高的抗性，能将土壤中的亚硒酸盐分解为单质 Se 并将其超富集于植物体内，还能促进植物生长，提高其修复效率。

然而，另一些研究表明内生菌可降低宿主植物对重金属的吸收，提高植物对重金属的耐受性。Likar 等（2013）发现，分离自黄花柳（*Salix caprea* L.）中的深色有隔内生真菌（dark septate endophytes，DSE）能够降低植物对重金属 Cd、Zn 的吸收。将内生菌嗜鱼外瓶霉（*Exophiala pisciphila*）接种到玉米后，DSE 通过诱导 Cd 积累在玉米植株的细胞壁上，将 Cd 转化为非活性形式等方式，减少玉米对 Cd 的吸收、转运，促进玉米根、茎生长并显著提高玉米对 Cd 的耐受性（Wang et al.，2016）。

2. 铀等重金属污染土壤微生物-植物联合修复效果

丛枝菌根真菌广泛分布于各陆地生态系统中，对维持植物的多样性和生态系统的平衡和稳定起着重要的作用。丛枝菌根真菌提高了植物对水分、养分尤其是磷的吸收，因此，不仅可以减少农药和化肥的施用量，而且可以提高植物对重金属的耐受性，抵御重金属对植物的毒害，从而减轻环境的压力。丛枝菌根真菌还可以加快土壤中重金属元素的植物提取或植物稳定。近年来，丛枝菌根真菌应用于重金属污染土壤的植物修复的实例越来越多，丛枝菌根真菌在生物修复的应用也备受关注（Xun et al.，2015；Gustavo et al.，2014；Wang et al.，2011）。本小节以丛枝菌根真菌与植物的联合作用为例说明微生物-植物联合修复效果。

1）丛枝菌根真菌-黑麦草联合修复铀污染土壤效果

（1）丛枝菌根真菌对黑麦草生理生化指标影响。

①丛枝菌根真菌对黑麦草叶片光合色素含量的影响。由图 7.22 看出，与 CK0 比较，在铀污染土壤中，黑麦草体内的叶绿素 a、叶绿素 b 和类胡萝卜素含量均降低，接种了 AMF 的黑麦草光合色素含量均增加了，其中，接种近明球囊霉（*G.claroideum*）的黑麦草相对于接种摩西球囊霉（*G.mosseae*）和扭形球囊霉（*G.tortuosum*）的增加更为明显。此外，铀胁迫的整个生长过程中，四个组黑麦草并无明显的发黄枯死现象。

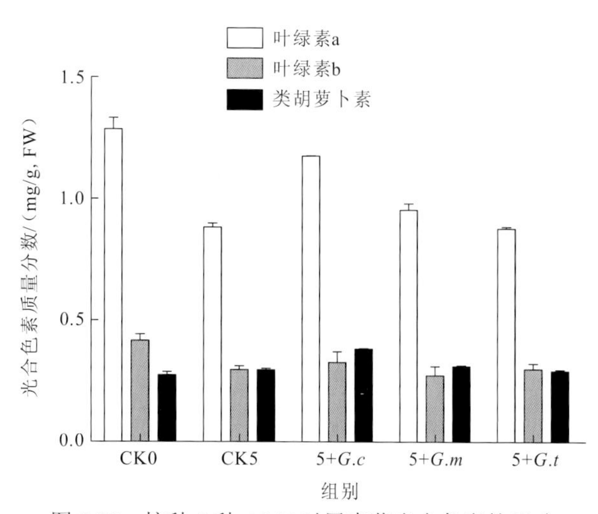

图 7.22　接种 3 种 AMF 对黑麦草光合色素的影响

注：CK0 为未接种土壤铀浓度为 0 的黑麦草；CK5 为未接种土壤铀浓度为 5mg/kg 的黑麦草；*G.c* 为 *G.claroideum*；*G.m* 为 *G.mosseae*；*G.t* 为 *G.tortuosum*

②从枝菌根真菌对黑麦草可溶性蛋白质含量的影响。植物可溶性蛋白质本身既可以参与重金属的处理，又可以作为酶含量的指标参数。因此，可溶性蛋白质含量是衡量植物是否发生重金属胁迫的重要指标。由图 7.23 可见，当土壤铀质量分数为 5 mg/kg 时，黑麦草茎叶部和根部的可溶性蛋白质含量均较对照组略有降低，接种 AMF 后，黑麦草茎叶部和根部的可溶性蛋白质含量均高于 CK5，低于 CK0。

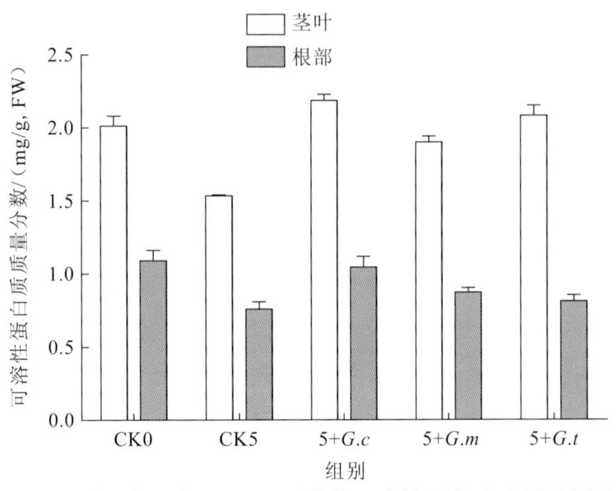

图 7.23　接种 3 种 AMF 对黑麦草可溶性蛋白质含量的影响

③从枝菌根真菌对植物丙二醛（MDA）的影响。植物器官衰老或在逆境下遭受伤害，自由基作用于脂质发生过氧化反应，其中丙二醛（MDA）是膜脂过氧化最重要的产物之一，能够与核酸、糖类和蛋白质发生交联作用，破坏质膜的作用和结构。其含量的高低可以反映植物遭受逆境伤害的程度及植物的抗逆性。由图 7.24 看出，CK5 中黑麦草茎叶部和根部的 MDA 含量均高于 CK0，这说明铀对黑麦草的膜脂过氧化影响作用明显。接种 AMF 后，黑麦草茎叶部和根部的 MDA 含量对比 CK5 均有下降，这表明 AMF 能提高黑麦草体内抗氧化酶系统活性，有效地降低活性氧含量，缓解了膜脂过氧化的程度。

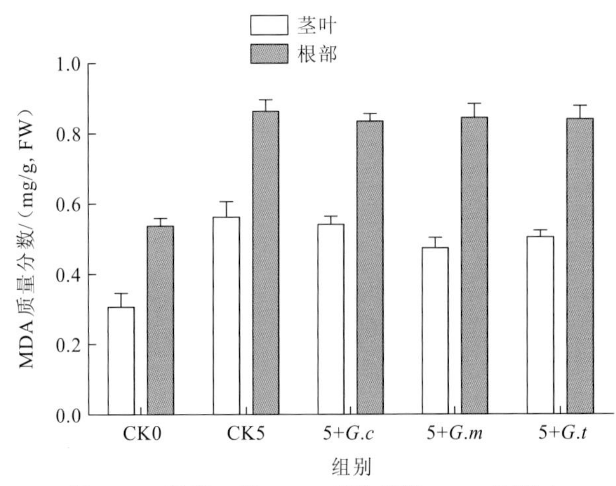

图 7.24　接种 3 种 AMF 对黑麦草 MDA 的影响

④ 从枝菌根真菌对黑麦草体内抗氧化体系酶活性的影响。AMF 对黑麦草茎叶部和根部的 POD 活性影响如图 7.25 所示，接种 *G.mosseae* 的黑麦草茎叶部和根部的 POD 活性均高于 CK5，接种 *G.claroideum* 和 *G.tortuosum* 的黑麦草茎叶部 POD 活性升高，根部 POD 活性降低。接种 AMF 和 CK5 的 POD 活性都低于 CK0。

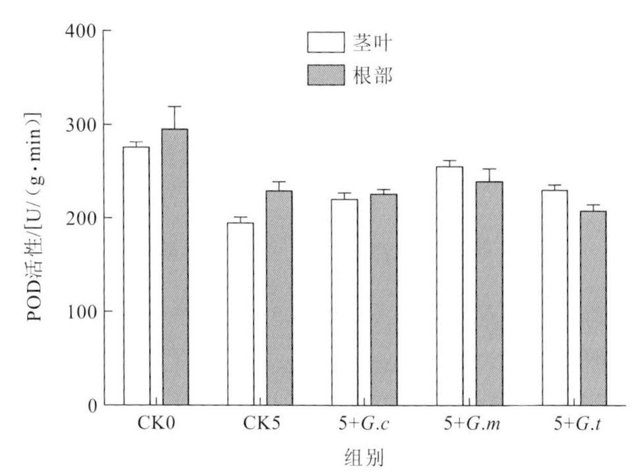

图 7.25　接种 3 种 AMF 对黑麦草 POD 活性的影响

由图 7.26 可知，接种 *G.claroideum* 和 *G.mosseae* 的黑麦草茎叶部 SOD 活性高于 CK0 低于 CK5，而根部却低于 CK0 高于 CK5，接种 *G.tortuosum* 的黑麦草茎叶部 SOD 活性高于 CK0 和 CK5，根部 SOD 活性却低于 CK0 和 CK5。

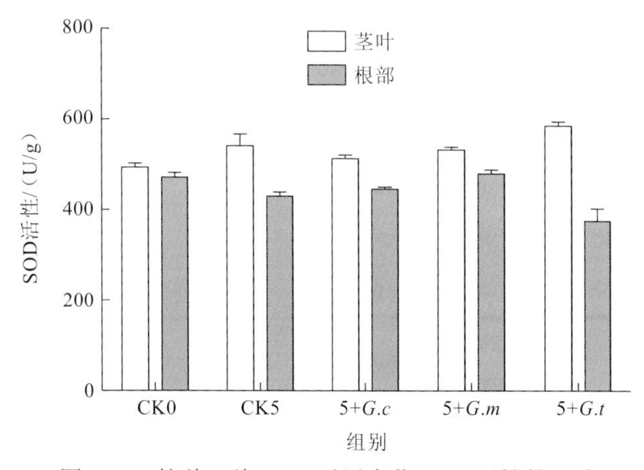

图 7.26　接种 3 种 AMF 对黑麦草 POD 活性的影响

由图 7.27 可知，接种 AMF 后，黑麦草茎叶部和根部的 CAT 活性均高于 CK5，低于 CK5。

（2）从枝菌根真菌侵染黑麦草对铀的富集特征。黑麦草茎叶部和根部的生物量和铀含量见表 7.5。由表 7.5 可知，CK5 的生物量低于 CK0，与 CK5 相比，接种三种不同的 AMF 后，接种 *G.claroideum* 的生物量减少了 10.84%，接种 *G.mosseae* 的黑麦草生物量增加了 29.77%，而接种 *G.tortuosum* 的生物量几乎与 CK5 相同。接种 AMF 后，三组中的

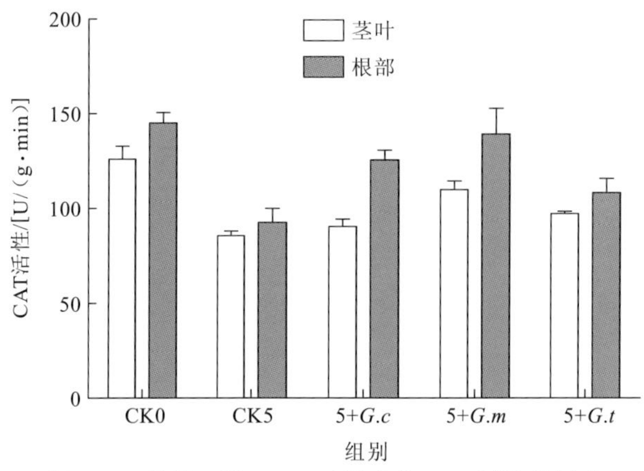

图 7.27 接种 3 种 AMF 对黑麦草 CAT 活性的影响

黑麦草茎叶部和根部的铀含量也表现出不同的趋势，接种 *G.claroideum* 的黑麦草茎叶部铀含量大幅增加，与对照组 CK5 相比提高了 74.26%，转运系数（TF）大幅度升高，接种 *G.mosseae* 的黑麦草则表现出截然相反的特征，根部铀含量明显升高，较对照组 CK5 提高了 33.41%，但是茎叶部铀含量降低，较对照组降低了 45.64%，转运系数明显减小。而接种 *G.tortuosum* 的则与 CK5 对铀的富集特征相差不大。接种 *G.claroideum* 和 *G.mosseae* 的黑麦草的 BCF 都较 CK5 有所提高。接种 AMF 的侵染率见表 7.5。接种 *G.claroideum* 和接种 *G.tortuosum* 的黑麦草侵染率均为 40%左右，接种 *G.mosseae* 黑麦草的侵染率达到 60.333%。

表 7.5 黑麦草接种 AMF 生物量和铀富集特征

组别	茎叶部干重/（g/盆）	根部干重/（g/盆）	茎叶部铀质量分数/（mg/kg）	根部铀质量分数/（mg/kg）	茎叶部铀累积量/mg
CK0	0.954±0.074*	0.270±0.026	—	—	—
CK5	0.786±0.051	0.244±0.006	69.43±10.14	552.31±53.53	0.055±0.009
CK5+*G.c*	0.701±0.032*	0.260±0.014	120.99±4.22*	512.40±60.73	0.085±0.002*
CK5+*G.m*	1.020±0.030*	0.289±0.010*	37.74±4.61*	736.85±59.47*	0.038±0.004*
CK5+*G.t*	0.786±0.033	0.265±0.012	71.54±9.89	551.93±34.42	0.056±0.004

组别	根部铀累积量/mg	茎叶部生物富集系数	根部富集系数	转运系数（TF）	铀提取率/%	侵染率/%
CK0	—	—	—	—	—	—
CK5	0.134±0.012	13.885±2.028	110.46±10.71	0.126±0.014	3.787±0.413	—
CK5+*G.c*	0.133±0.015	24.199±0.845*	102.48±12.15	0.238±0.031*	4.367±0.261	41.333±3.055
CK5+*G.m*	0.198±0.008*	6.0384±0.922*	147.37±11.89*	0.051±0.007*	4.728±0.128*	60.333±2.082
CK5+*G.t*	0.145±0.003	14.308±1.978	110.39±6.885	0.129±0.013	4.036±0.089	40.667±1.528

注：平均值±标准差（SD），n=3

* P<0.05 与 CK5 组相比较的显著性差别

（3）黑麦草细胞超微结构变化分析。图 7.28（a）显示，无铀胁迫下，黑麦草叶部细胞结构完全正常，线粒体为正常的椭圆形，基质分布均匀，嵴突明显，双层外膜清晰；细胞核核仁和核质明显，且染色质均匀；叶绿体于细胞中分布最多、最明显，由双层膜包围且膜结构完整，直径约为 5 μm，呈长椭圆形，内部基粒类囊体堆叠整齐而致密，基质类囊体片层排列整齐，细胞壁完整，质膜平滑连续，且无质壁分离现象。图 7.28（b）中，在 5 mg/kg 铀胁迫下，黑麦草叶部细胞结构与对照形成鲜明对比，线粒体数量明显减少，嵴突消失，并出现空泡化和解体现象；细胞核损伤明显，核仁消失、核膜破损、核质絮状化，且质间出现黑色颗粒；叶绿体出现膨胀、双层膜受损、类囊体片层结构消失、出现较大淀粉粒，且有黑色物质出现；细胞壁有较多断裂现象，且明显变薄，膜结构无法识别，黑色物质遍布边缘。图 7.28（c）为 5 mg/kg 铀胁迫环境下，接种 *G.claroideum* 对黑麦草表皮细胞超微结构的影响观察图。由图可知，5 mg/kg 铀胁迫环境下接种 *G.claroideum*，黑麦草叶部表皮细胞线粒体较少，多数呈不规则图形，无嵴突且伴随有空泡化和解体的现象；细胞壁极薄，已无法辨识膜结构，多处有细胞壁断裂现象，且质壁分离现象严重，同时，周围黑色物质遍布；叶绿体已多数变形膨胀，类囊体片层结构消失，膜结构也无法识别，较大淀粉粒出现且有黑色物质分布；细胞核核膜破损，核仁消

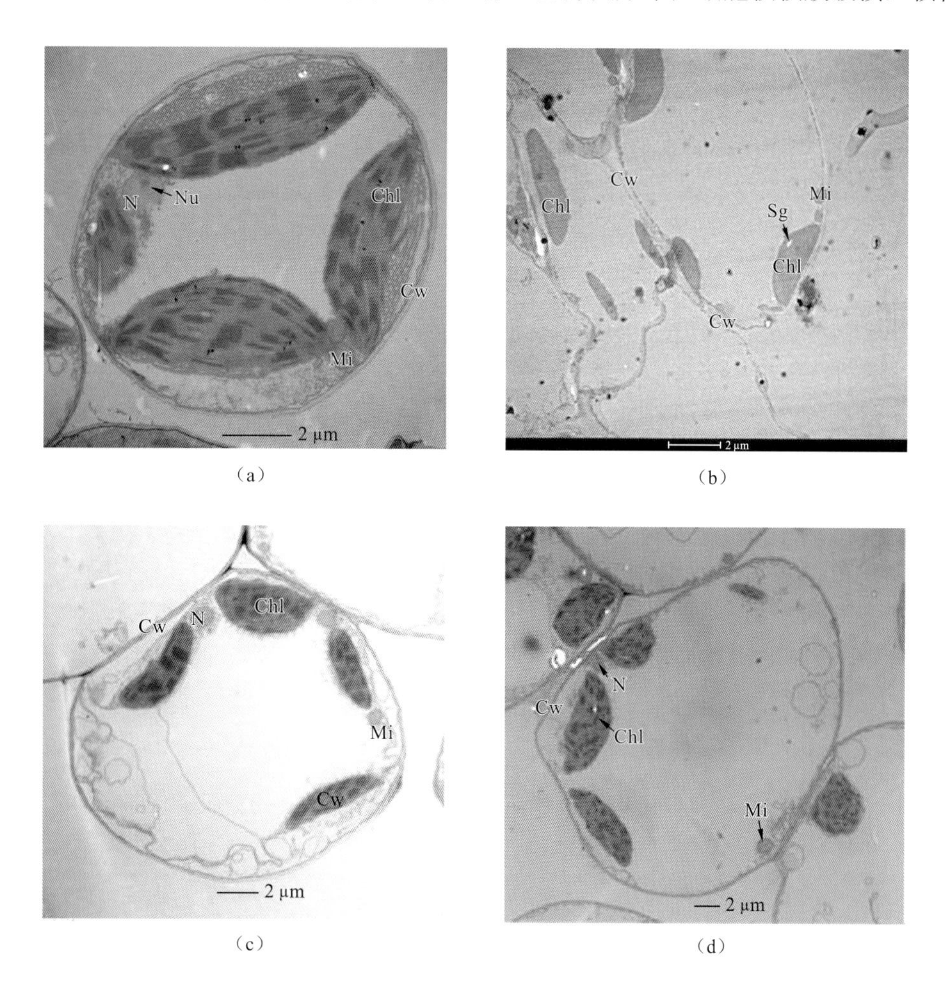

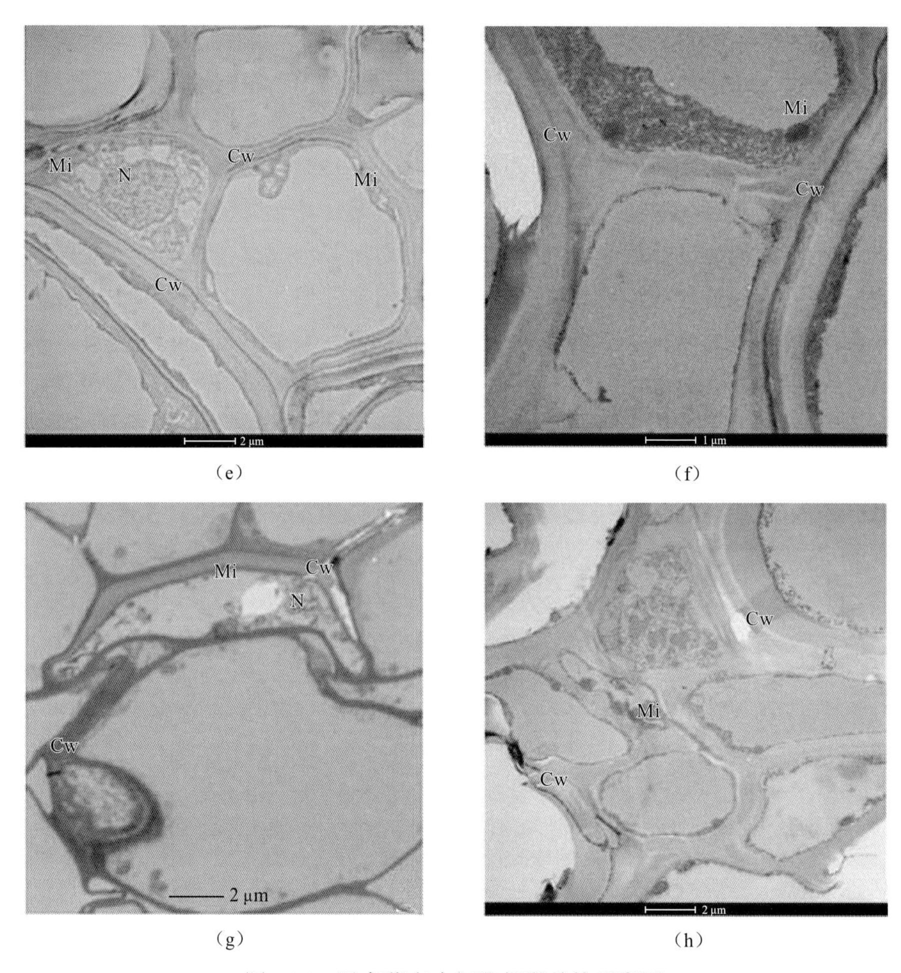

图 7.28 黑麦草表皮细胞超微结构观察图

(a)无铀处理叶细胞;(b)5 mg/kg 铀处理的叶细胞;(c)5 mg/kg 铀胁迫并接种 *G.claroideum* 处理的叶细胞;(d)5 mg/kg 铀胁迫并接种 *G.mosseae* 处理的叶细胞;(e)无铀处理的根细胞;(f)5 mg/kg 铀处理的根细胞;(g)5 mg/kg 铀胁迫并接种 *G.claroideum* 处理的根细胞;(h)5 mg/kg 铀胁迫并接种 *G.mosseae* 处理的根细胞;Chl 为叶绿体;Cw 为细胞壁;N 为细胞核;Mi 为线粒体

失,核质出现絮状化,同样布有黑色物质。而图 7.28(d)较图 7.28(c)显示,接种 *G.mosseae* 时,黑麦草叶部细胞线粒体增多,呈圆球形,稍显嵴突且可模糊辨别出膜结构,同时基质内空腔明显减少;细胞壁壁厚增加,可辨别出受损的膜结构,且质壁分离现象得到缓解,细胞壁断裂现象明显减少,淡黑色物质也相应减少;叶绿体变形较少,淀粉粒减小,黑色物质含量降低;细胞核核仁有解体现象但可观察出轮廓,有黑色物质分布。

图 7.28(e)显示,无铀环境下,黑麦草根部细胞内线粒体数量较多,性状和特征与无铀胁迫下叶部细胞相似;细胞核核膜明显,核质均匀,可见有核透明区;细胞壁质膜平滑连续,无质壁分离。图 7.28(f)中,5 mg/kg 铀胁迫下,细胞核核膜消失,核质混浊,并伴有黑色物质;线粒体解体,且同样布有黑色物质,细胞壁严重受损,多处破裂缺口,质壁分离严重。同时,由图 7.28(g)可看出,5 mg/kg 铀胁迫并接种 *G.claroideum*

环境下，黑麦草根部与铀胁迫情况相似，细胞壁受损严重，质壁分离现象明显，且布有大量黑色物质；线粒体较少，膜质受损，且出现解体现象，黑色物质分布较多；细胞核已完全絮状化，核质混浊并伴有黑色颗粒。而图 7.28（h）中接种 *G.mosseae* 与图 7.28（g）相较，黑麦草细胞壁质膜平滑连续，质壁分离现象明显减轻，而黑色物质分布变化不大；线粒体明显增多，且黑色物质相对减少；细胞核变化不大，但黑色物质增多。

2）植物-微生物与螯合剂联合修复铀污染土壤效果

由表 7.6 所知，与 CK5 相比，接种 *G.claroideum* 的黑麦草（CK5+*G.c*）茎叶部生物量减少，根部生物量没有明显变化。收割前添加浓度为 5 mmol/kg 的柠檬酸，对黑麦草的茎叶部和根部的生物量没有明显的影响。分室培养装置中的黑麦草茎叶部生物量比 CK5 略低一点，根部生物量与 CK5+*G.c* 和 CK5+*G.c*+nms 相差不大。接种 *G.mosseae* 的黑麦草茎叶部和根部的生物量比 CK5 明显增加，柠檬酸的添加和分室培养对黑麦草的生物量影响不大。

表 7.6　黑麦草生物量和铀富集特征

组别	茎叶部干重/（g/盆）	根部干重/（g/盆）	茎叶部铀质量分数/（mg/kg）	根部铀质量分数/（mg/kg）	茎叶部富集系数	根部富集系数	转移系数
CK5	0.718±0.034	0.263±0.006	56.412±2.523	505.061±48.927	11.282±0.505	101.012±9.785	0.112±0.009
CK5+*G.c*	0.617±0.090	0.274±0.014	99.295±4.787	495.511±30.625	19.859±0.957	99.102±6.053	0.201±0.017
CK5+*G.m*	0.883±0.054	0.308±0.035	37.270±5.328	687.910±47.445	7.454±1.066	137.582±9.489	0.054±0.005
CK5+*G.c*+nms	0.627±0.083	0.274±0.012	110.698±10.883	513.055±25.921	22.140±2.177	102.611±5.184	0.216±0.017
CK5+*G.m*+nms	0.866±0.019	0.310±0.019	35.516±1.688	729.138±48.763	7.103±0.338	145.828±9.753	0.049±0.004
CK5+*G.c′*	0.655±0.033	0.277±0.009	8.637±1.309	50.809±48.763	1.727±0.262	10.162±0.605	0.170±0.019
CK5+*G.m′*	0.890±0.048	0.300±0.022	4.548±0.497	74.488±1.682	0.910±0.099	14.898±0.336	0.061±0.005

注：CK5 为土壤铀质量浓度 5 mg/kg；nms 为柠檬酸；CK5+*G.c′*为分室培养，土壤浓度 5 mg/kg，接种 *G.claroideum*；CK5+*G.m′*为分室培养，土壤铀浓度 5 mg/kg，接种 *G.mosseae*；平均值±标准差，*n*=3

接种 *G.claroideum* 的黑麦草茎叶部铀含量升高，转运系数（TF）变大，接种 *G.mosseae* 的黑麦草根部铀含量明显升高，但是茎叶部含量降低，转运系数变小。收割前添加柠檬酸，接种 *G.claroideum* 的黑麦草茎叶部和根部铀含量均升高，接种 *G.mosseae* 的黑麦草根部铀含量升高，茎叶部铀含量变化不明显。

分室培养装置中的黑麦草的生物量变化不大，接种 *G.claroideum* 的黑麦草（CK5+*G.c′*）茎叶部铀含量与 CK5+*G.c* 相比，仅为 CK5+*G.c* 的 8.70%；根部铀含量为 CK5+*G.c* 的 10.25%，转运系数稍微变小。分室培养种植接种 *G.mosseae* 的黑麦草（CK5+*G.m′*）茎叶部铀含量为 CK5+*G.m* 的 12.20%，根部铀含量为 CK5+*G.m* 的 10.83%，转运系数稍微变大。

由图 7.29 可以看出，所有组别中，黑麦草根部的铀积累量高于茎叶部，接种 *G.claroideum* 的黑麦草的茎叶部铀积累量高于接种 *G.mosseae* 的黑麦草茎叶部铀积累量，

但是接种 *G.claroideum* 的黑麦草的根部铀积累量却明显低于接种 *G.mosseae* 的黑麦草根部铀积累量。

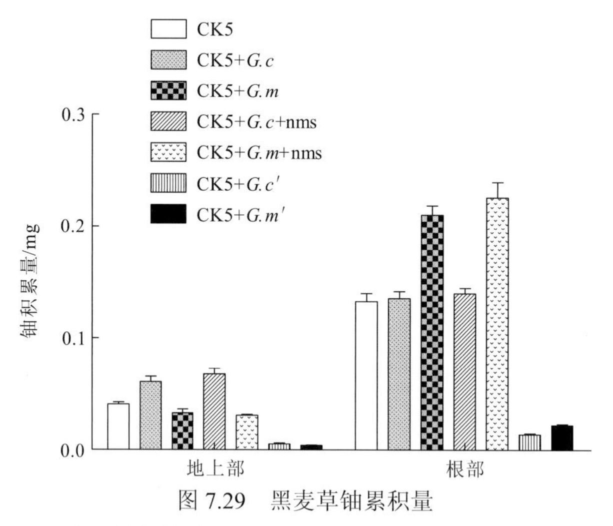

图 7.29　黑麦草铀累积量

从转运系数（TF）看，所有接种 *G.mosseae* 的黑麦草的转运系数均低于对照组 CK5，接种 *G.claroideum* 的黑麦草的转运系数均高于对照组 CK5。分室培养装置中接种 *G.mosseae* 和接种 *G.claroideum* 的黑麦草与盆栽种植的差别不大。

菌根对重金属元素具有较强的络合能力，由于真菌细胞壁分泌的黏液和真菌组织中的有机酸、聚磷酸等均能与重金属发生络合作用。这就减少了重金属离子对真菌、细菌和植物本身的毒害。此外，菌根真菌的根外菌丝，增加了菌根植物对重金属的吸收面积。部分重金属会积累在根内菌丝、根外菌丝及孢子中。

丛枝菌根真菌对重金属植物修复的促进作用是通过自身固定重金属和提高宿主植物的固定作用和提取作用实现的。在重金属污染条件下，丛枝菌根真菌对植物吸收和积累重金属的影响会出现多种情况，接种 AMF 可以增加或降低或没有明显改变植物体内的重金属含量。丛枝菌根真菌对植物转运系数，即重金属从根部向地上部分转运的影响报道也不一致，有促进了重金属向地上部分的转移，也有抑制了转移。丛枝菌根真菌的不同效应取决于很多因素，包括宿主植物的选择、接种菌剂的种类、宿主植物与真菌的共生关系及土壤环境条件，这也决定了丛枝菌根真菌可以应用于不同的植物修复技术中。

3. 微生物-植物联合修复技术的优点与局限性

利用微生物-植物联合修复重金属污染土壤，既要考虑修复植物的选择，植物根部环境与根际微生物类群的相互作用也需要深入研究，结合植物与根际微生物的协同作用有望为铀等重金属污染土壤的修复提供更为有效的植物修复技术。

与物理、化学修复相比，微生物-植物修复土壤污染具有过程简单、操作方便、投资和运行费用低等优点，且该种修复方式对环境的扰动最小，不会带来二次污染，可最大限度地保留和恢复土壤的生态功能。

7.5　铀矿区污染土壤露天矿边采边复技术及生物修复展望

7.5.1　铀矿区污染土壤露天矿边采边复技术

露天矿边采边复技术的核心技术是土壤重构。该技术是以铀矿区被破坏土地的土壤恢复或重建为目的，采取适当的采矿和重构技术工艺，以及工程措施、理化及生物生态措施，重构适宜的土壤剖面与土壤肥力条件及稳定的地貌景观的方法。

重构物料包括土壤和土壤母质，各类岩石、矸石、矿渣、低品位矿石等废弃物，或者是上述物质的两项及多项混合物。短期内可恢复和提高重构土壤的生产力，同时改善重构土壤的环境质量，即为有效的重构材料。

动态、有效的规划露天采矿的土壤重构方案可以缩短复垦周期，提高复垦效益。对于重构材料，则按照材料特性进行合理规划，确定充填顺序与结构层。如通常的泥浆泵复垦，是以泥浆作为充填材料，存在营养贫瘠、含水过多，且沉淀时间过长等问题。采用分层剥离、交错回填的方法，能显著地优化其挖土与充填顺序，使泥浆沉淀获得更多时间。

7.5.2　铀矿区污染土壤生物修复展望

与物理、化学修复技术相比，铀矿区污染土壤生物修复具有环境友好、工艺简单、对土壤生态扰动小、无二次污染等优势，有望成为最有应用前景的铀污染土壤修复方法之一。

（1）微生物修复技术。将微生物修复技术与分子生物学、基因工程相结合，构建新型高效工程菌，扩大微生物修复的应用范围；研究更快捷的优势菌种筛选技术，提高效率；根据土壤污染情况，培养构建出适应不同污染程度的特定的高效功能菌。

（2）微生物-植物联合修复技术。筛选具有耐铀特性且能促进植物生长的特异性功能菌株；对植物-微生物联合修复铀污染土壤过程进行实时监控，探明植物-微生物共生系统协同作用机制，对修复过程的理化参数进行优化和调控，提高共生系统的修复效率。

7.6　铀矿区放射性污染土壤的修复

7.6.1　概述

铀矿区铀等放射性污染土壤修复采用的基本方法包括物理方法、化学方法和生物方法，以及上述方法的有机组合。

生态修复包括自然修复和人工修复。自然修复指靠自然力修复的过程，在生态学、水土保持等领域研究较多。雨、风、重力及冻融等自然界存在的各种生物、理化等作用，包括气候变化、土壤天然种子库和种子的自然传播、土壤和植物的各种自然特性和生物化学及物理作用。土壤系统内因的作用就是自然修复，反之就是人工修复。

人工修复的实施需要通过技术手段构建人工生态系统。人工生态系统指经干预和改造后形成的生态系统，易受环境因素的影响，自我调节能力较差，需受外部的调控。人工生态系统由自然环境（含生物和非生物因素）、社会环境和人类三部分组成。

人工修复和自然修复都是对已破坏的环境采取的治理措施。人工修复与自然修复相辅相成，要因地制宜。自然修复是最高目标，即使采用人工修复技术，只有实现了生态系统的自我维持能力才是最终目的。

7.6.2 边坡治理

我国对铀矿区的边坡治理主要采用生物护坡法，即利用植物，单独或与其他构筑物配合对边坡进行防护和植被恢复。具体来讲，尽量保持矿山路面的平整性，对悬崖进行修整，清除危石、降坡削坡，将未形成台阶的悬崖尽量构成水平台阶，将边坡的坡度降到安全角度以下，消除崩塌隐患；对处理好的边坡进行复绿，在边坡上种植绿色植物，在保持稳定的同时，美化环境。

7.6.3 尾矿退役治理

对于铀矿区，尾矿库是占地面积最大，利用效率最差的地域。在修复措施上要注意对后期尾矿的利用及其综合效益水平的优化。要采用先进技术和合理工艺对尾矿进行再选，最大限度地回收尾矿中的有用组分，进一步减少尾矿数量，实现尾矿资源有用成分的综合回收利用。还可以将铀尾矿用作采空区的填充材料，或者作为原料来制作水泥、硅酸盐制品等实现废物资源化利用。

7.6.4 污染土壤治理

铀矿山开采造成的生态破坏包括土地退化和地表及地下水污染。前者就是土壤因子的改变，即废弃地土壤理化性质变坏、养分丢失及土壤中有毒有害物质的增加。土壤改良是铀矿山废弃地生态修复最重要的环节之一。对铀矿区污染土壤优化改良的方法如下。

异地取土，即在不破坏异地土壤的前提下，适量取土，移至铀矿山受损严重的地方，种植植物，通过植物的根滤、吸收、挥发、降解、稳定等作用对受损土壤/尾矿进行修复。

对废弃地进行改造，在表土改造之前，补充灌注泥浆（可以利用市政污泥、河流底泥等），使其包裹废渣，再铺黏土压实，通过形成人工隔水层降低地面水下渗，防止废渣中有毒污染物的释放迁移。

对土壤增肥，通过添加有效物质，改良土壤的物理化学性质，以此缩短植被演替过程，加快铀矿山废弃地的生态重建，实现矿山资源的再利用。

7.6.5　植被修复

对于遭到铀及其他重金属污染的矿区，通过种植植被的生态方式进行修复效果较好。

可以选择适应性强、生长速度快、抗逆性强的植物在铀矿山废弃场地进行种植。重金属耐性植物能够适应废弃地土壤结构不良、极端贫瘠等不良微环境，也能耐受重金属毒性。可以结合当地气候条件选择适合植物，提高铀矿山重金属污染的修复进程。

植被的两种操作方式如下。

（1）对矿山开发区直接进行植被覆盖。方式简单快捷，成本较低，但见效较慢。

（2）覆土植被。方法应用广泛，在资金充足时，见效快。

7.7　铀矿区生态环境修复与实施步骤

7.7.1　铀矿区生态修复步骤

（1）前期基础调查。开发前的本底调查、治理现状地质环境调查，摸清铀等对于水质和环境不利影响的源头。

（2）矿区污染现状调查分析，确定修复目标，制订修复方案。在调查研究、综合分析的基础上，与当地监管部门、受影响社区进行磋商，编制退役治理方案，经过主管部门论证及审批后，进行退役治理环境影响评价。在环境影响评价文件中，应规定场地如露天采矿场、选冶厂、废石场、尾矿库等经退役治理后的环境辐射水平，明确各退役设施有限制开放或无限制开放的退役治理目标。通过主管部门预审后，报国家生态环境行政主管部门审批。

（3）进行地形地貌和土壤系统恢复。包括边坡治理、地形修整，重建表土层，改良土壤，建设排水系统，以及强化防渗漏措施。

（4）进行修复区内三废治理，为生态系统修复创造条件。

（5）进行生态修复恢复，加强生态修复恢复的监管。退役治理工程完成后，需对退役治理工程进行全面的验收与监测，形成竣工环境保护验收监测报告，并向国家生态环境行政主管部门申请办理竣工验收手续。

7.7.2　铀矿山生态修复/恢复施工步骤

（1）进行地质勘探。

（2）制订施工方案。

（3）固定安全桩。

（4）清理浮石、污染物等，整理废弃场地。

（5）覆盖底土，种植植物。

（6）打锚桩。

（7）挂钢丝网。

参 考 文 献

陈宝, 徐晓萌, 曲娟娟, 等, 2012. 铜绿假单胞菌M2联合小白菜对Pb污染土壤的生物修复. 浙江大学学报(农业与生命科学版), 38(6): 732-740.

李仕友, 魏庆鹏, 谢水波, 等, 2015. 铀(VI)胁迫下菖蒲根叶生理生化指标变化及分析. 环境科学与技术, 38(8): 56-59.

李仕友, 熊凡, 欧阳成炜, 等, 2017. 万年青在镉铀胁迫下的富集特征和生理生化机制, 17(6): 2432-2437.

钱春香, 王明明, 许燕波, 2013. 土壤重金属污染现状及微生物修复技术研究进展. 东南大学学报(自然科学版), 43(3): 669-674.

任柏林, 谢水波, 刘迎久, 等, 2010. 单亲灭活柠檬酸杆菌与奇球菌原生质体融合. 微生物学通报, 7: 975-980.

荣丽杉, 2015. 铀污染土壤的植物-微生物修复及其机理研究. 衡阳: 南华大学.

荣丽杉, 梁宇, 凌辉, 等, 2016. 黑麦草对铀胁迫的生理响应及其积累特征研究. 安全与环境学报, 16(4): 254-257.

荣丽杉, 梁宇, 刘迎九, 等, 2015. 5种植物对铀的积累特征差异研究. 环境科学与技术, 38(11): 33-36.

王京文, 李丹, 柳俊, 等, 2015. 耐镉菌株对土壤镉形态及土壤微生物群落结构的影响. 农业环境科学学报, 34(9): 1693-1699.

杨瑞丽, 荣丽杉, 杨金辉, 等, 2016a. 柠檬酸对黑麦草修复铀污染土壤的影响. 原子能科学技术, 50(10): 1748-1755.

杨瑞丽, 谢水波, 荣丽杉, 等, 2016b. 铀胁迫对 5 种牧草种子萌发的影响. 安全与环境学报, 16(4): 373-378.

张彬, 2015. 铀矿冶地域土壤中铀污染特征及其环境有效性研究. 衡阳: 南华大学.

张宏祥, 李丽娟, 曾希柏, 等, 2018. 土壤接种棘孢木霉菌降低小油菜砷胁迫及其可能机理. 农业资源与环境学报, 35(2): 139-146.

张晶, 胡宝群, 冯继光, 2011. 某铀矿山尾矿坝周边水土的重金属迁移规律研究. 能源研究与管理(1): 27-29.

赵聪, 谢水波, 李仕友, 等, 2015. 铀胁迫对香根草生理生化指标的影响. 安全与环境学报, 15(4): 386-390.

周小梅, 赵运林, 董萌, 等, 2016. 芽孢杆菌 T3 菌株对镉胁迫下蒌蒿生理特性和根际微生物的影响. 西北植物学报, 36(10): 2030-2037.

BELOGOLOVA G A, SOKOLOVA M G, GORDEEVA O N, et al., 2015. Speciation of arsenic and its accumulation by plants from rhizosphere soils under the influence of azotobacter and bacillus bacteria. Journal of Geochemical Exploration, 149: 52-58.

DUSHENKOV S, VASUDEV D, KAPULNIK Y, et al., 2015. Removal of uranium from water using terrestrial plants. Environmental Science & Technology, 31(12): 3468-3474.

GAVRILESCU M, PAVEL L V, CRETESCU I, 2009. Characterization and remediation of soils contaminated with uranium. Journal of Hazardous Materials, 163(2): 475-510.

GUSTAVO C, MAURICIO S, FERNANDO B, et al., 2014. Inoculation with arbuscular mycorrhizal fungi and addition of composted olive-mill waste enhance plant establishment and soil properties in the regeneration of a heavy metal-polluted environment. Environmental Science & Pollution Research International, 21(12): 7403.

LI Y, QI W, LU W, et al., 2016. Increased growth and root Cu accumulation of Sorghum sudanense by endophytic Enterobacter sp. K3-2: Implications for Sorghum sudanense biomass production and phytostabilization. Ecotoxicology & Environmental Safety, 124: 163-168.

LIKAR, REGVAR, 2013. Isolates of dark septate endophytes reduce metal uptake and improve; physiology of Salix caprea L. Plant & Soil, 370(1-2): 593-604.

LING C, HE L Y, QI W, et al., 2016. Synergistic effects of plant growth-promoting Neorhizobium huautlense T1-17 and immobilizers on the growth and heavy metal accumulation of edible tissues of hot pepper. Journal of Hazardous Materials, 312: 123-131.

REN A, LI C, GAO Y, 2011. Endophytic Fungus Improves Growth and Metal Uptake of Lolium Arundinaceum Darbyshire Ex. Schreb. International Journal of Phytoremediation, 13(3): 233-243.

SCHNEIDER J, STÜRMER S L, GUILHERME L R G, et al., 2013. Arbuscular mycorrhizal fungi in arsenic-contaminated areas in Brazil. Journal of Hazardous Materials, 262(8): 1105-1115.

SINGH A, 2012. Phytoremediation Strategies for Remediation of Uranium-Contaminated Environments: A Review. Critical Reviews in Environmental Science & Technology, 42(24): 2575-2647.

SOUSA T, CHUNG A P, PEREIRA A, et al., 2013. Aerobic uranium immobilization by *Rhodanobacter* A2-61 through formation of intracellular uranium-phosphate complexes. Metallomics, 5(4): 390-397.

SURA-DE J M, REYNOLDS R J, RICHTEROVA K, et al., 2015. Selenium hyperaccumulators harbor a diverse endophytic bacterial community characterized by high selenium resistance and plant growth promoting properties. Fronttiers in Plant Science, 6: 113.

SURIYA J, CHANDRA S M, NATHANI N M, et al., 2017. Assessment of bacterial community composition in response to uranium levels in sediment samples of sacred Cauvery River. Applied Microbiology & Biotechnology, 101(2): 1-11.

TOMÉ F V, RODRÍGUEZ P B, LOZANO J C, 2009. The ability of Helianthus annuus L. and Brassica juncea to uptake and translocate natural uranium and ^{226}Ra under different milieu conditions. Chemosphere, 74: 293-300.

WANG F Y, ZHAO Y S, RUI J T, et al., 2011. Dynamics of phoxim residues in green onion and soil as influenced by arbuscular mycorrhizal fungi. Journal of Hazardous Materials, 185(1): 112-116.

WANG J L, LI T, LIU G Y, et al., 2016. Unraveling the role of dark septate endophyte (DSE) colonizing maize (Zea mays) under cadmium stress: physiological, cytological and genic aspects. Scientific Reports, 6(1): 22028.

XIE J C, WANG J L, LIN J F, et al., 2018. The dynamic role of pH in microbial reduction of uranium(VI) in the presence of bicarbonate. Environmental Pollution, 242: 659-666.

XIE S B, ZHANG C, ZHOU X H, et al., 2009. Removal of Uranium (VI) from Aqueous Solution by Adsorption of Hematite. Journal of Environmental Radioactivity, 100: 162-166.

XIE S B, YANG J, Chao C, et al., 2008. Study on Biosorption Kinetics and Thermodynamics of Uranium by Citrobacter freudii, Journal of Environmental Radioactivity, 99(2): 126-133.

XUE R, JAE K M, O'LOUGHLIN E J, et al., 2013. Bioreduction of hydrogen uranyl phosphate: mechanisms and U(IV) products. Environmental Science & Technology, 47(11): 5668-5678.

XUN F F, XIE B, LIU S, et al., 2015. Effect of plant growth-promoting bacteria (PGPR) and arbuscular mycorrhizal fungi (AMF) inoculation on oats in saline-alkali soil contaminated by petroleum to enhance phytoremediation. Environmental Science & Pollution Research, 22(1): 598-608.

第 8 章　铀矿区生态环境修复实践

8.1　概　　述

铀矿区废弃地是指在铀矿冶活动中被破坏的、无法使用的土地，包括排土场、开采场、尾矿区及其他采矿作业面、机械设施、矿区辅助建（构）筑物、道路交通等占用后废弃的土地。铀矿区废弃地生态修复的核心工作是修（恢）复废弃地土壤的物理、化学性状，建立适宜植物生长的土壤层，达到绿色植物恢复的要求。

8.1.1　生态环境学基础理论

矿区废弃地生态恢复基本理论，包括恢复生态学理论、景观生态学理论和生态系统健康理论等。

1. 恢复生态学理论

矿区废弃地生态恢复的理论基础是恢复生态学，它是为了恢复当地自然生态系统或建立人工生态系统，包括矿区废弃地环境质量的恢复，以及生物群落的恢复与重建（高林 等，2003）。铀矿区废弃地生态恢复也是生态演替，即生态系统从一种类型转变为另一种类型。

2. 景观生态学理论

景观生态学以整个景观为研究对象，强调空间异质性的维持、发展和生态系统间的相互作用。景观生态规划与设计是以景观生态学理论为指导，谋求区域生态系统的整体功能优化，以模拟、规划方法为手段，在景观生态分析、综合及评价的基础上，建立区域景观优化利用的空间结构和功能，并提出相应的方案、对策及建议的生态地域规划方法。铀矿区废弃地隶属各种尺度的景观类型，其生态恢复的实现在确保放射环境保护功能的前提下，开展景观生态规划与设计。按照景观生态学原理，在宏观上设计合理的景观格局，在微观上创造出适当的生态条件，实现矿区废弃地生态恢复目标。

3. 生态系统健康理论

近二十年发展起来生态系统健康的新概念，是新的环境管理和生态系统管理目标。生态系统健康是指一个生态系统所具有的稳定性和可持续性，即在时间上能够维持其组织结构和活力，对外界的胁迫具有恢复或修复能力（李茂娟 等，2013）。铀矿区生态系统健康是指矿区这一自然-经济-社会复合生态系统由于受到采铀的扰动而被破坏的生态得到及时重建与恢复，污染的环境及时得到治理，具有维持其组织结构、活力的相对稳定性及自我调节与恢复能力（李兵 等，2011）。

8.1.2　影响土壤中重金属活性的主要因素

铀矿区废弃地放射性污染修复受到土壤 pH、氧化还原电位、土壤中微生物、土壤胶体吸附和沉淀溶解等因素的综合影响。

（1）土层重金属污染物的活性受土层氧化还原影响很大，一些重金属在不同的氧化还原状态、pH 下能够表现出的毒性和迁移性不同。土体水分是控制土体氧化还原状态、pH 的主要因素，可通过控制它来影响重金属的活性，将危害性降到最低（孙万刚，2019）。

（2）土壤微生物是土壤中的活性胶体，其比表面积大、带电荷和代谢活动旺盛。且土壤中的微生物种类繁多，数量庞大，它们不仅参与土壤中污染物的循环过程，还可作为环境载体吸持重金属等污染物。在重金属污染土壤上，往往富集多种耐重金属的真菌和细菌，微生物可通过多种作用方式影响土壤重金属的毒性及重金属的迁移与释放（谢学辉，2010）。

8.1.3　植物修复

将微生物修复技术、植物修复技术、工程技术与土壤动物修复相结合，更能发挥其功能，提高修复能力。

1. 植物修复机理

铀矿区植物修复指对铀等重金属污染物的原位固定和转化，是植被提取技术，是土体和植被及根系生物综合作用的效应（孙万刚，2019）。铀的植物修复机理包括植物提取、根系过滤、植物挥发、植物稳定等。植物提取是指利用超富集植物通过根系从土壤中吸取铀等重金属，并将其转移、储存到植物茎叶等地上部分，通过收割茎叶部和连续种植超富集植物便可以将土壤中的铀等重金属污染降到环境容许的水平。根系过滤是指利用植物根系从废水中沉淀或者浓缩放射性铀。植物挥发是指植物从土壤中提取挥发性铀等核素，然后经由树叶挥发到空气中。植物稳定是指植物通过限制铀等放射性核素的迁移来稳定土壤中的放射性核素，降低它们的毒害性（荣丽杉，2015）。

铀矿区废弃地的植物修复效能与恢复植物的种类密切相关，需要考虑当地的地质、水文、土壤类型等自然条件，以及铀矿冶造成的具体污染情况。宜采用较多的物种，比如将乔、灌、草、藤多层次配置进行植被恢复，这样构建植物群落的稳定性和可持续性更好。

2. 植物修复常用植物种类

优选恢复植物应因地制宜，有利于植物适应当地环境与生态演替，发挥不同植物的恢复效能，改良修复土壤。

（1）豆科植物：有较强固氮能力，改善土壤肥力，克服干旱胁迫，常用作先锋植物。

（2）盐生植物：能降低废弃地土壤盐碱的浓度，富集金属元素。

（3）土著植物：能更好地适应当地微环境，在较为恶劣的生境及粗放的管理条件下仍能表现出植物的生物学特性，但生长缓慢。

（4）外来植物：生长迅速，生物量大，能在相应的矿区废弃地成功生存，但要预防生态入侵。

（5）耐性草本植物：覆盖率高，对根际土壤的改良效益较好，但植物单株生物量较小，恢复改良效益的时间较长。

3. 植物选择原则

植物修复措施需要考虑许多因素，如植物生态适应性、抗逆性、植物多样性、先锋植物持续稳定性、土著植物与外来植物相结合、场地的划分及功能合理性的原则等。一般植物的抗逆性优先，同时要能形成稳定的目标植物群落，实现植被恢复、生态修复的目的，对整个目标生态系统要具有生态适应性，挑选植被需要更多样化。

8.1.4　微生物修复

微生物修复在土壤中接种功能微生物以去除或者降低污染物浓度，达到修复土壤系统的目的，是铀矿区污染土壤改良的主要技术之一。借助微生物群落优势，促进植物生长和植被覆盖，减少或避免土壤侵蚀。比如，利用植物根际微生物生命活动来改善植物营养条件，促进植物生长和发育。随着植物修复和微生物修复过程的推进，矿区土壤的渗透性将显著提高，土壤调节和地表径流转化能力改善。微生物在有机物质的分解、合成和转化，无机物质的氧化还原过程中发挥重要作用，它们是土壤生态系统代谢的重要驱动力，可以提高土壤肥力，使生土熟化，便于复垦。

菌根技术在微生物修复中具有重要作用，可以改善生态系统多样性，促成矿区环境改善，有利于矿区植被恢复。如在矿区复垦中广泛采用的丛枝菌根真菌，80%以上的陆生植物能与其形成互惠共生关系，可增强并且改善矿区生态系统的多样性，强化生态系统功能。其菌丝非常纤细，直径仅为 2～7 μm，可以穿透土壤中有机物的颗粒间隙，吸收到根系所不能吸收的水分与养分。菌丝对磷的亲和力较高，磷在菌丝中移动的速率为在植物体内运输速率的 10 倍，确保在根外吸收的磷等营养元素及时运输给植物。

丛枝菌根真菌可在根内菌丝和根外菌丝表面生成球囊霉素，从而增加土壤有机碳库。它通过自身将土壤颗粒黏结在一起，达到增加土壤团聚体的目的，还可间接改善土壤微环境（毕银丽，2017），增加土壤中有益微生物的数量。球囊霉素是丛枝菌根真菌对其寄主植物生长环境的调整和适应，是微生物活动的一种积极应答机制。

8.1.5 土壤动物修复

土壤动物是土壤生态系统的重要组成部分，对物质循环和能量流动有着重要作用。土壤动物可帮助铀矿区土壤肥力维持，土壤动物采食细菌或真菌或粉碎有机物质、微生物繁殖体等，间接改变了有效营养物质的传播，并改变了微地形，使土壤中的水、气、热量状况和物质的转化都产生影响，继而影响微生物群落的生物量和活动（武海涛 等，2006）。蚯蚓可通过挖掘、采食，混合不同层次的土壤，能促进土壤整体结构的形成。马陆、蠼螋等腐食性动物通过对地表枯落物的采食，将富含有机质的粪便排出体外，在一定程度上能够改善土壤质量（曹四平 等，2017）。

8.2 铀矿区生态环境修复案例

8.2.1 某铀矿区废弃地生态修复规划与实践

1. 概况

我国某铀矿山地处山地向高原过渡带，植被类型主要为灌草地，退役治理设施源项分布在矿床东、西侧山沟中。主要污染点有八处：坑（井）口三个，矿床东沟有废石场一个（废石量 14 万 t，面积 0.62 万 m^2），工业场地两处（面积 2.28 万 m^2），污染建（构）筑物占地面积 1.30 万 m^2，废旧设备及材料 478 t，废弃运矿公路长 5.4 km（面积 1.66 万 m^2），矿床西沟有尾渣库一座（尾渣 13 万 t，面积 0.60 万 m^2，库容已满），以及矿床东、西、南三面废水排放沟长 6.5 km（面积 1.54 万 m^2）（梁家玮 等，2018）。

2. 治理依据与实施方案

根据《铀矿冶设施退役环境管理技术规定》（GB 14586—1993）和《铀矿冶辐射防护和环境保护规定》（GB 23727—2009），该矿区废弃地治理项目采用以下实施方案。

（1）坑（井）口须进行永久性封堵。

（2）废旧金属设备及材料进行去污回收利用，对不能回收使用的污染物品应进行矿坑埋藏处置。

（3）污染建（构）筑物进行去污、拆除治理，产生污染建筑垃圾约 3.4 万 m^3。

（4）尾渣库应采用原地覆盖方案进行综合治理。

（5）运矿公路和废水排放沟（位于矿山用地外）进行清挖去污治理，将产生污染土壤 2.9 万 m^3。

（6）废石场、工业场地等两类源项的治理方案可选择清挖去污治理或原地覆盖治理。采用清挖去污治理，将产生废石及污染土 8.1 万 m^3，工业场地污染土壤 2.5 万 m^3。采用覆盖治理，则采用“覆土屏蔽层＋复合土工膜＋砾石排水层＋覆土种植层”的多层覆盖结构，以实现抑制氡析出、屏蔽 γ 辐射，将放射性废物与生态环境有效隔离并恢复植被的目的。

8.2.2　铀尾矿库退役治理与生态修复

1. 广西某关停的铀矿采冶场地退役治理

广西某铀矿于 20 世纪 80 年代初投产，当时只实施露天采矿，不冶炼。采矿工程于 1994 年政策性关停，2000 年开始进行残矿回收，主要是对已揭露的矿石进行开采与回收，并采用堆法浸出和搅拌浸出双法并举的水冶工艺提取铀钼金属。2010 年 10 月，残矿回收工作结束，实施退役治理。该铀矿场地于 2011 年基本完成露天采矿场及废石场退役治理，相关治理设施开始运行，2012 年 11 月全部完成矿山退役治理（廖燕庆 等，2017）。

2012 年 12 月启动退役治理工程竣工环境保护验收监测工作，并于 2013 年通过环境保护部的退役治理工程竣工环境保护验收审批。

本项目退役治理设施包括露天采场废墟、西部废石场、东部废石场、工业场地、建（构）筑物及运矿公路。露天采场废墟、西部废石场、东部废石场面积大、污染重，是退役治理的重点，也是退役目标设立为有限制开放使用的退役治理区域。

矿区海拔 266～576 m，为丘陵山区，喀斯特地貌，地质属华南准地台的桂南岛屿式褶皱系、桂南格状断裂系，降水充沛。露天采场废墟由单面山坡露天开采而形成，东西走向，东西长为 500 m，南北宽 400 m。西部废石场位于采场西部，由主废石场和七个零星废石堆组成，占地面积达 4.2 万 m^2，其中顶部面积为 1.2 万 m^2。东部废石场位于采场境界外东部山坡上，东以沟为界，西与采场毗邻，总占地面积为 7.91 万 m^2。

（1）退役治理工程方案：对治理区域采取边坡稳定化、黏土层覆盖与植被、修建防排洪设施、清污与表面去污等措施。

（2）露天采场废墟主要治理措施：底部回填、整坡、覆盖前用砼进行浇筑，厚度为 0.5 m；露天采场废墟平台和边坡上覆盖 1.0 m 厚的黏土，平台进行机械碾压，斜坡人工夯填，最终进行植被恢复。

（3）西部废石场、东部废石场的治理措施：修建截排洪沟、挡土墙，平整平台、整修边坡，分段整坡、自然放坡等。西部废石场顶部平台、边坡及坡脚台地均覆土 0.3～0.9 m 厚并进行植被恢复；东部废石场采用清挖废石、表土后，根据平台、边坡的稳定情况覆土 0.3～0.6 m 并进行植被恢复。

2. 辽宁某退役铀尾矿库绿色生态公园修复

1）基本情况

辽宁某铀尾矿库地处辽宁西部两城区之间，20 世纪 90 年代闭库，共堆存铀尾矿砂 44 万 t，占地面积为 9.5 hm^2，2008 年完成退役治理并通过验收（吴冬 等，2017）。

2）治理方案

（1）滩面覆土厚 1.1 m 并进行植草护面。

（2）坝坡按坡率 1∶3.5 削坡，覆土厚 1.2 m 并砌筑干砌块石护坡。在坝体一端修建溢洪道等，退役治理深度规划为有限制使用区域，设立警示牌，严防破坏、严禁烟火、播种、放牧、建筑和长期停留等。

3）退役治理效果

放射性废物已得到有效隔离，坝体稳定，覆盖治理效果良好，滩面植物生长茂密并形成可自然更替的原生态草灌植物群落，达到退役治理目标并能长期保持。该尾矿库经覆盖治理后，其表面氡析出率均值降至 0.051 Bq/（$m^2·s$），γ 辐射剂量率均值降至 1.0×10^{-7} Gy/h，满足地表氡析出率均值不超过 0.74 Bq/（$m^2·s$）、γ 辐射剂量率扣除本底后不超过 1.6×10^{-7} Gy/h、退役终态公众剂量约束值不超过国家规定的 0.1 mSv/a 退役治理目标值。该尾矿库退役治理后进行长期监护，历年环境监测结果显示该库及周边区域的 γ 辐射剂量率、空气中氡浓度、土壤和水中天然 U、Ra-226 含量与对照点监测值基本处于同一水平，辐射状态保持在天然本底水平。

4）保护性开放利用方案

退役治理工程竣工数年后，随着当地经济社会快速发展，相邻的两个城区开始向该库址方向扩张，目前该库东北距城市新建社区约 1.2 km，西南距县城规划公建群约 1 km，紧邻库址外部建设了连接两个城区的城市快速公路，形成了组合型城市格局，该库址“与旧景观共生”的现状与所处社会环境的变迁不相协调，有进一步开展环境整治的需求。该尾矿库退役治理后再进行环境整治，可考虑采用更科学合理的方式进行改造，如采用复合覆盖隔离技术与景观园林工程相结合，将其改建为铀尾矿库绿色生态公园。

（1）铀尾矿库改建绿色生态公园的要求。在铀尾矿库已有退役治理的基础上，对退役场址由原来的退役治理进行生态恢复，由封闭管理的有限制使用，提高到面向公众开放使用的绿色生态公园有限制开放使用。

治理后其辐射环境水平基本达到当地天然本底水平，即氡析出率≤0.01 Bq/（$m^2·s$）、γ 辐射剂量率≤1.6×10^{-7} Gy/h；水工设施的配套改造须确保尾矿坝安全和长期稳定。

在用于景观园林及市政管理的条件下，改造后的覆盖隔离结构应确保其下所填埋的放射性废物与环境之间长期有效隔离，在公众游玩和自然力作用下长期安全可靠。

（2）复合覆盖层改造方案。将库址由原来的单层黏土覆盖结构改造为保护性开放利用的复合覆盖层结构。复合覆盖层结构见图 8.1（吴冬 等，2017）。

复合覆盖结构由六层组成，自上而下分别为：植被利用层（材质为黏土、粉质黏土）；防生物侵扰的阻隔层（材质为鹅卵石）；导水层（材质为级配碎石层）；复合防渗层（材质为 HDPE 土工膜-布-膜，上覆钠基膨润土、下垫黏土）；底基层（材质为级配碎石层）；防氡屏蔽层（材质为黏土）。

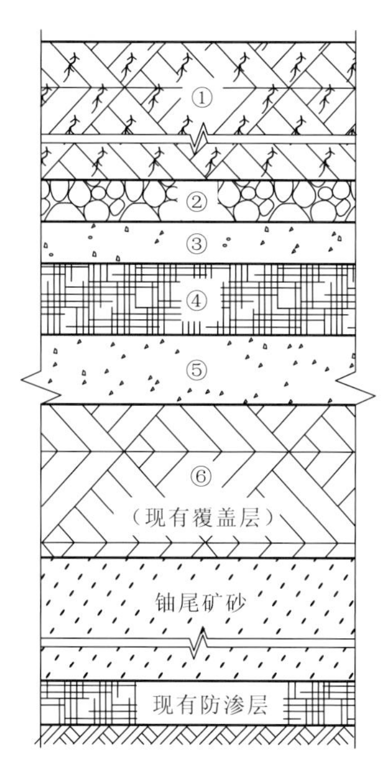

图8.1 复合覆盖层结构示意图

其中①、④、⑥层用于拟制氡析出与屏蔽γ辐射，②、③、⑤用于导水作用

（3）生态公园规划方案。铀尾矿库绿色生态公园规划方案示意图见图8.2（吴冬 等，2017）。

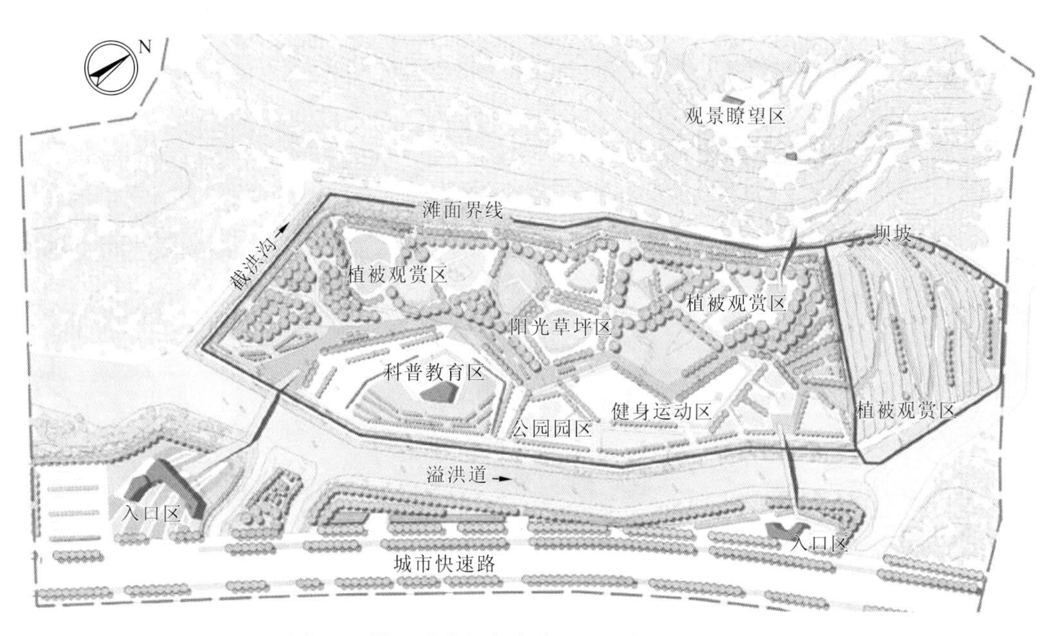

图8.2 铀尾矿库绿色生态公园规划方案示意图

8.2.3 我国广西某铀矿山废石场退役治理

1. 基本情况

广西某铀矿山为露天开采中型铀矿企业，投产期间，采用露天采矿法开采矿石。1994年1月，对该矿山实行政策性关停。在关停时，露天开采的矿体部分暴露于地表，为了避免对环境的污染，于2000年对已完成剥离的残矿资源进行了回收。2009年，该矿山的退役治理工程获批，2010年开始退役治理（徐乐昌 等，2012）。

该铀矿退役设施主要包括：露天采场，87 620 m^2；东部废石场，71 710 m^2；西部废石场，57 828 m^2；转运站、工业场地，9 370 m^2；建筑物，24 995 m^2；构筑物，1 600.9 m^2；运矿公路，1 020 m；设备（器材），246台（件）；塑料管道，3 000 m；钢管，2 500 m。

1）露天采场

露天采场由单面山坡露天开采而形成，为东西走向，东西长500 m，南北宽400 m，边坡高度为145 m（标高325～470 m），采场最终边坡角为34°～50°，分为16个梯段，15个平台，最终开采梯段为325 m，每个梯段高10 m。345 m平台以上梯段矿石停产前已开采完毕，其平台及边坡采用了人工加固。325～345 m进行了残矿回收，矿石基本开采完毕，边坡尚未加固，残矿回收产生的废渣堆放在露天采场废墟335～365 m平台上。距采场北部边界约40 m处（最近距离）有巴那河自西向东流过，采场段河面宽约4 m。南部边坡整治后，生产期间处于相对稳定状态。停产后，部分整治工程如井桩、预应力锚索、锚杆等被当地村民挖开盗取钢材，对边坡稳定造成了一定的破坏，给退役治理带来不利影响，退役治理考虑加固修复。

2）西部废石场

西部废石场包括1个主废石场和7个零星废石堆，其周围环山为国有林场林地。西部废石场顶部以上约100 m处有座小水塘，其顶部有一条引水沟将水塘流出水从废石场顶部引开。因引水沟部分被损坏，水沟渗出水流经废石场坡脚。主废石场顶部平坦，坡角30°～50°，边坡不够稳定，冲沟较多，大的冲沟深达1m。零星废石堆位于主废石场与露天采场之间，集中堆放于露天采场西部山谷东侧，共6个废石堆，分别位于标高385 m、400 m、408 m、415 m、425 m、441 m处，还有一个副产矿石堆（435 m处）。各废石堆上下连成一片，为剥离和采矿的废石和副产矿石，水沟渗出水流经385 m、408 m、415 m、425 m废石堆西侧坡脚。385 m废石堆曾作为堆浸试验场，堆放有一定量的堆浸渣。

3）东部废石场

东部废石场紧邻露天采场，南起405 m标高至335 m梯段，以10 m一个梯段，共分布8个梯段，北至巴那河边挡土墙，全部由废石填埋而成。挡土墙部分损坏，并有部分废石流失至巴那河。

4）转运站及工业场地

转运站位于南凭铁路线崇左火车站附近，距离矿区露天采场公路约 100 km。矿石用汽车运至转运站，再经火车运至某水冶厂进行水冶处理。转运站主要工业设施包括 1.3 km 铁路专用线、铁路装矿仓、抓斗矿仓、露天矿仓、汽车站台、堆矿场地，以及生产辅助建筑物、构筑物。堆矿场地残留低品位矿石约 5 000 t。该矿关停后共遗留了老洗车场、新洗车场、矿石标准源库、污水（水冶）处理车间、机修车间和汽修车间 6 个工业场地。

5）建筑物、构筑物

关停后共遗留的建筑物、构筑物包括水冶车间、破碎间、炸药间、汽修车间、机修车间、材料库、浴室、电厂、空压机房、油库等建筑物，总面积达 24 995 m^2。其中钢筋砼框架结构建筑物 460 m^2，砖混结构建筑 2687 m^2，砖木结构建筑 21 848 m^2。构筑物容积 1 600.9 m^3，其中钢筋砼构筑物 222.8 m^3，砖砌体构筑物 1 378.1 m^3。

6）运矿公路

运矿公路包括从采场到转运站和从采场到各废石场的公路，共 227 km，其中矿部至转运站路况良好。采场至西部主废石场约 1020 m 的运矿公路堆放了约 1500 m^3 的废石。

2. 退役治理方案

1）退役治理目标

该矿退役设施中的露天采场和废石场按治理后有限制使用的深度进行退役；转运站、工业场地、运矿公路按无限制使用的深度退役；受污染的设备、器材经清污达到有关标准后，或转为其他矿山再利用，或转民再利用；报废及经清污未能达标的设备、器材送中核铀矿冶放射性污染金属熔炼处理中心回炉熔炼去污，转为一般工业使用；受污建（构）筑物拆除后集中到露天采场废墟掩埋。

2）退役治理项目及内容

根据退役治理源项调查及退役治理管理限值，确定的治理项目及治理内容见表 8.1（徐乐昌 等，2012）。

表 8.1　退役工程治理项目及具体内容

项目名称	治理内容
露天采场与边坡	对边坡进行稳定性分析及加固处理，平整场地，进行抑制 ^{222}Rn 析出及屏蔽环境贯穿辐射的覆盖处理；建立排水设施、挡土墙，植被恢复，防护和加固边坡，防止水土流失，减少渗流水；修复 365～385 m 梯段遭破坏的支挡结构，325～355 m 梯段回填、整坡与覆盖
西部废石场	对主废石场及零星废石堆进行稳定化处置，并覆土抑制 ^{222}Rn 析出及屏蔽环境贯穿辐射；表面植被，局部砌挡土墙，建立排水设施疏导地面水，防止水土流失；采用 1∶2 的整坡；在最低坡脚与零星废石堆坡脚相连之处修建 240 m 长的排洪沟；重新修建上部水塘排水设施

续表

项目名称	治理内容
东部废石场	平整场地整坡放坡；零星废石堆、副产矿石堆集中运至采场废墟掩埋；平台及坡覆土并植被恢复；修缮旧挡土墙，清理并掩埋因挡土墙倒塌等原因流失至巴那河的废石及受污底泥；疏导地面水
工业场地	新、老汽车洗车场，矿石标准源库，水冶车间场地清挖处理，黄土回填并植被恢复
建（构）筑物	仅保留未污染的变电所及材料库三层楼房且不需清污治理，其他建（构）筑物一律拆除，拆除的建筑垃圾运往露天采场回填处置；场地经清理后复垦，提高土地利用率
设备、器材	停产初期，该铀矿已进行了部分设备器材清污处理，经监测 α 表面污染水平已达到管理限值；对目前在用的 117 台（件）设备、3 000 m 塑料管、2 500 m 钢管进行清污处理
供水系统改造	供水设施、供水主干管网更新改造
运矿公路	恢复采场废墟占用的乡村公路，清挖被污染的运矿公路
转运站	抓斗矿仓清污改造；残矿（碴）堆场清污；5 000 t 低品位矿石运至露天采场进行堆浸回收铀后回填露天采场处理；运矿公路治理；污水沉淀池回填；植被恢复

3. 退役治理效果

该铀矿退役治理后，各污染源得到有效治理与管理，环境质量得到改善。露天采场及东、西废石场覆土厚度及其降氡、γ 辐射屏蔽效果见表 8.2（徐乐昌 等，2012）。

表 8.2 退役工程治理项目及具体内容

覆土场地		覆土厚度/m	氡析出率/[Bq/（$m^2 \cdot s$）]		环境贯穿辐射剂量率/（μGy/h）	
			治理前	治理后	治理前	治理后
露天采场 365～325 m 梯段		1.00	4.20	0.74	3.85	0.385
西部废石场	主废石场	0.90	3.49	0.74	0.93	背景值
	441 m 废石堆	0.30	0.35	0.21	0.32	背景值
	435 m 副产矿石堆	0.80	2.76	0.74	2.63	0.40
	425 m 废石堆	0.30	0.72	0.43	0.40	背景值
	415 m 废石堆	0.50	1.59	0.74	0.63	背景值
	408 m 废石堆	0.80	2.99	0.74	1.01	背景值
	400 m 废石堆	0.30	0.54	0.32	0.53	背景值
	385 m 废石堆	0.90	3.57	0.74	0.90	背景值

续表

覆土场地		覆土厚度/m	氡析出率/[Bq/（m^2·s）]		环境贯穿辐射剂量率/（μGy/h）	
			治理前	治理后	治理前	治理后
东部废石场	405 m 梯段	0.60	2.03	0.74	0.81	背景值
	395 m 梯段	0.60	1.94	0.74	1.03	背景值
	385 m 梯段	0.60	1.87	0.74	1.10	背景值
	375 m 梯段	0.30	0.47	0.47	0.50	背景值
	365 m 梯段	0.40	1.30	0.47	0.59	背景值
	355 m 梯段	0.40	0.81	0.47	0.55	背景值
	345 m 梯段	0.30	0.35	0.47	0.47	背景值
	335 m 梯段	0.40	1.31	0.74	0.79	0.24

（1）露天采场废墟，东、西部废石场，工业场地，运矿公路，以及转运站都进行了覆盖、植被的就地处置或清除污染源的易址处置，有效地抑制了 ^{222}Rn 的析出，成功地屏蔽 γ 辐射。治理后的 ^{222}Rn 比活度、析出率和环境贯穿辐射剂量率均达到了管理限值，其中工业场地、运矿公路和转运站的环境贯穿辐射剂量率达到背景值，达到无限制使用。

（2）转运站随着污染源的彻底清除及覆土治理后，其残留的 ^{226}Ra 比活度及其他有害物含量均达到了管理限值或背景值，可以实现无限制地使用。

（3）露天采场废墟和东、西部废石场设置了挡土墙、截（排）水沟、排洪沟，采取了削坡或填坡、加固边坡和植被措施，可有效地抵抗水土流失和人为侵扰。露天采场废墟底部采用混凝土作隔离层，有效地防止因地表水入渗后溶解矿石中的有害物质而污染地下水。

（4）矿石、残矿回收堆浸尾渣、废石经覆盖后，隔绝了氧，使矿石、废石中的有害物质不再因氧化而释放出来。通过修筑排水设施，疏通了地表水，最大限度地减少了地表水向矿石、尾渣、废石中的入渗。退役治理后，消除了污水源。拆除后受到污染的建（构）筑物，并且集中到露天采场废墟掩埋，控制了污染扩散。

（5）对于设备、器材、钢材等经清污处理后，可利用的或转为其他矿山再利用，或转民再利用；不能利用的污染设施、材料应送到中核铀矿冶放射性污染金属熔炼处理中心，回炉熔炼去污后再在内部利用，既达到循环利用的目的，又防止了污染扩散。

（6）治理后公众最大个人有效剂量远低于管理限值。在退役治理前，公众最大个人有效剂量和半径 80 km 评价范围内的集体剂量分别为 0.145 mSv/a 和 0.40 人·Sv/a；退役治理后分别为 0.045 mSv/a 和 0.117 人·Sv/a，仅为退役治理前的 31%和 29.3%，分别降低了 69%和 70.7%。

8.2.4 美国矿山废弃地生态修复

美国矿山废弃地生态修复案例主要有（王美仙 等，2015）。

1. 加利福尼亚峡谷硬岩矿废弃地生态修复工程

项目位于美国科罗拉多州莱克县，受损面积为 258 hm^2，2011 年 5 月完成修复。该项目主要以土壤修复为主，施用无机和有机两种特色土壤改良剂，最大程度减少开挖和污染土壤，运用土壤改良剂进行原位修复。利用石灰来提高土壤的 pH，增加土壤微生物活性以促进植物生长。项目选择本土草种种植，对土壤改良区 68 hm^2 重新播种。

2. 米德维尔矿渣场修复工程

项目位于美国犹他州，受损面积达 280 hm^2，修复时间为 2008～2011 年。

采用对场地中污染区土壤进行挖掘移除，并在地表回填 0.6 m 厚的清洁土壤，然后进行植被恢复；对场地中高污染水平的矿渣等设置垂直阻隔进行屏障，阻断接触：对少量高污染水平的冶炼废料进行异位集中处理。

3. 科铂希尔铜矿湿地治理工程

项目位于美国田纳西州的波克县和佐治亚州的范宁县，受损面积为 259 hm^2，2006 年 10 月完成修复。

该项目设计有一个湿地，湿地内部由 0.7 m 厚石灰土层、0.7 m 厚平均粒径 2.5 cm 的碎石石灰层、0.3 m 厚的干草捆、0.15 m 腐殖质层组成。设有流水管道，保障污水能在石灰层缓慢流动，并在流水管道中引入耐高浓度重金属、高富集重金属的香蒲植物，净化水质。

8.2.5 德国铀尾矿库退役治理

德国东部的图林根州（Thringen）和萨克森州（Sachsen）的南部是德国主要铀矿区，在数百平方千米范围内，先后建成数十个铀矿山、铀水冶厂和铀尾矿库，其中废石场、铀尾矿库实际占地面积达 2 250.5 hm^2。这些铀矿山曾先后经历由东德单独经营、东德和苏联联合经营及统一后的德国经营几个阶段。这些铀矿山目前已全部关闭，进行规模化的退役治理。治理总费用约为 66 亿美元，其中治理耗资工程最大的是铀尾矿库和废石堆（高尚雄 等，2003）。

1. Helmsdof 铀尾矿库退役治理

Helmsdof 尾矿库位于萨克森州茨维考市（Zwickau）以南约 20 km 处，系丘陵区尾矿库，储存铀尾矿约 5 600 万 t。尾矿库初期坝为土坝，高约 20 m，汇水面积为 2.09 km^2。

尾矿库退役治理的主要包括以下内容。

1）铀尾矿坝的稳定处理

针对尾矿坝的坝坡稳定问题，委托专门的设计咨询公司在勘察的基础上进行计算和设计。与其他西方国家在土石坝稳定计算方面的要求一样，坝坡抗滑稳定计算采用简化毕肖甫法，其要求最小稳定安全系数为 1.5。

2）铀尾矿库废水处理

用浮船泵房将库中的废水送往附近的废水处理站进行处理：先用离子交换法除铀、镭；然后通过沉淀法除其他 As 等毒物。

3）滩面覆盖处理

主要是用黏土和采矿废石进行覆盖，厚度约 1 m。由于库内长期积水，通过抽水使滩面疏干露出表面，但因为尾矿颗粒极细，孔隙水仍难排出，致使滩面上无法站人，也不能上机械，给覆盖施工造成困难。为此，采用先在滩面上敷设一层土工布，然后铺上一层土工格栅，最后铺一层土工布，即“两布一栅”方法。加强排水固结后，作业人员和专用小型施工机械可进入场地，沉陷在可控范围内。为了加速深层尾矿的排水固结，降低覆盖后的沉陷量，采用专用机械向深度约 20 m 处尾矿层内安装竖向塑料排水带，间距 2～3 m，排水带宽 15 cm。

把废石堆和尾矿库的治理结合起来考虑，覆盖所用的采矿废石是来自 6 km 以外的一个铀矿山的废石堆，为此建了数千米长的专用皮带运输系统，把废石直接运到尾矿库边缘，再用载重汽车运至滩面。

辐射防护设计要求：覆盖后，表面氡析出率降至 1.0 Bq/（m^2·s）以下，工程实践上已达到＜0.1 Bq/（m^2·s）。

4）水下滩面覆盖处理

由于废水处理车间的能力所限，至今库内仍有很大面积的水面。为加速工程进度，在库的滩面最低处（即水深最深处）已进行了“水下覆盖”作业。工作人员通过浮船用专用管路将覆盖材料送往水下，进行水下滩面覆盖，用专用的检测系统控制覆盖的位置和覆盖厚度。

2. Ronnerberg 废石堆和露天采坑的治理

Ronnerberg 露天采坑总容积为 1.6 亿 m^3，最大深度为 240 m。而附近的废石堆来自这个采坑的地表废石和附近的其他几个地下铀矿开采时的废石。

退役治理的基本方案：利用附近废石堆的废石回填露天采坑。

考虑采坑中南北两部分的矿坑水水质相差较大，南部矿坑水中铀浓度高，而北部矿坑水中铀浓度低，在 1998 年曾建设了 120 个水隔离带，把南北两部分水隔开。为有效中和矿坑水，根据回填的废石的物理化学成分实行分区回填。回填料分层铺筑，每层厚约 60～120 cm，利用汽车压实，压实后的密度约为 2 t/m^3。

在施工现场，载重 150 t 的大型载重汽车和装卸机械有序开展回填工作。这项工作整个工程耗时 8 a。按照原设计规划，大型废石堆将消失并恢复为绿地；采坑填平后再覆土形成山丘，并植草绿化。降雨径流将沿坡面流向四周的三个小谷地，在三个谷地出口建坝形成小型水库。为了留住这几十年的历史，附近的几个采矿竖井将在清理后予以保留，供参观，建成后将成为可供附近居民休闲的去处。

3. Coschtz/Gittersse 铀水冶厂及尾矿库的治理

Coschtz/Gittersse 铀水冶厂及尾矿库始建于 1950 年，位于德累斯顿市郊区，是煤型铀矿，从煤中提取铀，包括一个水冶厂和两个尾矿库。1964 年水冶厂停产后，未对厂房做清洗，用于生产轮胎。小尾矿库占地 9 hm^2，初期坝是用铀尾矿建成（坝内设有黏土心墙），停产后，曾在尾矿表面堆放了约 10 m 厚的垃圾。大尾矿库用当地土石料建成，占地约 20 hm^2，尾矿库停产后，也在尾矿滩面上堆放了大量垃圾和污土。1994 年开始进行退役治理。

1）铀水冶厂区治理

将建筑物、构筑物拆除、清洗、解体、减容后运往尾矿库；清除厂房地面的污染土层，回填新土，并进行了植草绿化。

小尾矿库治理。由于小尾矿库的尾矿坝外壳是用铀尾矿建成的，其放射性比活度＞1 Bq/g，为此，先用新土对其贴坡并加高。滩面上事先用约厚 1 m 的黏土覆盖并植草。

2）大尾矿库退役治理

大尾矿库的坝是利用当地土石料建成的。稳定计算表明，稳定安全系数符合设计规范要求，加以利用，暂未采取任何措施。滩面上也暂时先覆盖厚 1 m 的黏土并植草。在尾矿库的治理的第一阶段，由于技术、经费及公共关系等多方面原因，尾矿库治理的最终方案尚在研究之中。

尾矿库滩面采用多层覆盖，在现有黏土覆盖层之上，先铺一层土工布，再铺一层厚 30 cm 的砾石排水层，其上再铺一层土工布，然后铺一层砾石层（以防树根植入），最后覆盖厚 1.5～2.5 m 黏土层，并进行植草。

由于尾矿库滩面上堆积了很厚的垃圾、有机物，很多专家对其物理化学性质和可能带来的危害（如垃圾产生的易爆气体）提出质疑，最终方案迟迟难以确定。

尾矿库的坝坡采用 1 : 2～1 : 5，并均有较好的植被。计算结果表明，坝坡稳定安全系数符合设计规范要求，可暂不做加固处理，但德国专家认为，从长期稳定出发，考虑长期受风雨侵蚀，坝坡要放缓到 1 : 8～1 : 10 更加安全。因此，采用附近修建高速公路挖出的砂石料贴坡放缓尾矿坝坡至约 1 : 10。

两个尾矿库均已停止使用多年，但坝址处仍可见渗水流出。为减少渗出污水对环境的污染，在两个尾矿库渗水水流的交汇处，建设活性渗滤墙设施，长期处理这些渗水。

治理的代价较高。治理这两个尾矿库，共花费 1000 万欧元，其成本相当于 34.5 欧元/m^2；最终处置完成后将花费 5000 万欧元，相当于 172.5 欧元/m^2 可以将治理后的厂区土地出卖，用其收入补充部分治理资金。

参考文献

毕银丽, 2017. 丛枝菌根真菌在煤矿区沉陷地生态修复应用研究进展. 菌物学报, 36(7): 800-806.

曹四平, 刘长海, 2017. 土壤动物群落特征及生态功能研究进展. 延安大学学报(自然科学版), 36 (4): 38-42.

高林, 杨修, 2003. 矿山废弃地生态恢复与重建: 以江西德兴铜矿为例. 厦门: 中国资源危机矿山对策研讨会.

高尚雄, 叶开发, 李承, 等, 2003. 德国铀尾矿库退役治理技术考察报告. 铀矿冶, 22(4): 208-211.

李兵, 李新举, 李海龙, 等, 2011. 物元分析法在矿区生态健康评价中的应用. 安全与环境学报, 11(5): 119-122.

李茂娟, 李天奇, 王欢, 等, 2013. 基于模糊综合评判的长春市生态系统健康评价. 水土保持研究, 20(1): 254-259.

梁家玮, 吴冬, 王剑, 等, 2018. 硬岩铀矿山退役治理项目前期工作若干问题的探讨. 铀矿冶, 37(2): 135-141.

廖燕庆, 卢德雄, 彭崇, 等, 2017. 广西某铀矿山退役治理后环境放射性调查与分析. 辐射防护, 37 (1): 62-66, 72.

荣丽杉, 2015. 铀污染土壤的植物-微生物修复及其机理研究. 衡阳: 南华大学.

孙万刚, 2019. 重金属污染土壤修复技术及其修复实践. 世界有色金属, 34 (19): 226-227.

王美仙, 贺然, 董丽, 等, 2015. 美国矿山废弃地生态修复案例研究. 建筑与文化, 12 (12): 99-101.

吴冬, 李岩, 王剑, 等, 2017. 某退役铀尾矿库保护性开放利用方案研究. 铀矿冶, 36 (4): 306-311.

武海涛, 吕宪国, 杨青, 等, 2006. 土壤动物主要生态特征与生态功能研究进展. 土壤学报, 43 (2): 314-323.

谢水波, 2007. 铀尾矿(库)铀污染控制的生物与化学综合截留技术. 北京: 清华大学.

谢学辉, 2010. 德兴铜矿污染土壤重金属形态分布特征及微生物分子生态多样性研究. 上海: 东华大学.

徐乐昌, 张钊, 张国甫, 等, 2012. 广西某铀矿山露天采场及废石场的退役治理. 铀矿冶, 31 (3): 158-161.

索　　引